Pour tous mes enfants

DU MÊME AUTEUR :

La Quête de Spyridon, éditions Sarina 2002

Editions SARINA Lausanne Suisse. Première édition Mai 2013
www.editions-sarina.ch
ISBN : 9-781-482-605457
© Ronald Cicurel 2013 ronald.cicurel@gmail.com

L'ordinateur ne digérera pas le cerveau

Sciences et cerveaux artificiels
Essai sur la nature du réel

Ronald Cicurel

EDITIONS SARINA

PRÉFACE

La science rate quelque chose de fondamental et totalement évident, mais qui change sa nature même: le cerveau qui fait la science. Je ne parle pas de la science du cerveau, mais du fait que le cerveau produit la science. En incorporant cette notion, un changement copernicien de paradigme s'opère dans notre description de la nature de la réalité. Sous ce nouvel éclairage, quantité de points mystérieux à ce jour s'expliquent. Ce paradigme, que nous appelons le cerveau intrinsèque, permet des interprétations nouvelles qui s'ouvrent sur une science de l'avenir. Si cette vision n'est pas vraiment nouvelle, à ma connaissance ses conséquences n'ont pas été jusqu'ici menées à leur terme. Si les notions d'objectivité et de vérité absolue[1] disparaissent, le cerveau intrinsèque, lié à la méthode scientifique de Popper, donne une vision de la nature même de la connaissance, de sa génération et de sa transmission. Cette vision positionne l'homme dans l'univers. Entre insignifiants, comme nous désignent les théories cosmologiques, en nous situant sur une petite planète perdue dans l'immensité, et unique, comme nous le ressentons au fond de nous-mêmes.

Sommes-nous des robots évolués? Sommes-nous des mécaniques comme les autres? La question se repose en cette époque où des milliards sont investis pour simuler mécaniquement le cerveau, la pièce manquante pour compléter le paradigme mécaniste qui nous gouverne.

Lorsqu'une question se repose continûment à l'homme pendant des millénaires, lorsqu'elle revient parce que les réponses que certains ont apportées sont jugées insuffisantes et qu'elle se retrouve dans l'assiette quotidienne de chacun, des milliers d'années après qu'elle a été posée la première fois, on peut dire qu'il s'agit d'une grande question.

Lorsque l'une de ces grandes questions cesse tout d'un coup de se poser parce qu'un homme a apporté une solution qui convient à toutes les générations suivantes, on peut dire qu'il s'agit d'un grand homme. Il n'y a pas beaucoup de grandes questions qui se posent simultanément, comme il n'y a pas eu beaucoup de très grands hommes, dans le sens que nous avons indiqué.

Même si une solution est acceptée pendant des milliers d'années, il n'est pas certain qu'un jour elle ne soit pas remise

---

[1] La vérité de certaines affirmations peut être attestée par l'expérimentation

en cause. Il est caractéristique de la connaissance d'être temporaire; c'est ce qui la distingue de la vérité absolue.

Si la vérité ne peut être que révélée, la connaissance doit être conquise, elle ne se présente pas gratuitement et sans effort. Elle ne s'acquiert que par la redécouverte par chacun qui doit se faire à chaque nouvelle génération. Cela fait aussi sa fragilité.

Bien sûr, il a fallu la préparation de Copernic, Galilée et Kepler pour qu'apparaissent les lois de Newton. Mais, depuis Newton, comment fonctionne l'Univers, n'est plus une question pour laquelle l'on repart de zéro. Ce que l'on fait, c'est enseigner Newton. À quelques détails près, Newton a mis un point final à une lignée longue de plusieurs millénaires. De même, Gödel et Turing ont mis fin à une autre question fondamentale, une lignée tout aussi longue en quête de la nature de la «vérité» exprimée dans un langage. Darwin a fait de même en ce qui concerne le vivant et sa diversité. Certaines lignées de questions demeurent toujours ouvertes.

L'une de ces questions principales me paraît être celle du déterminisme. L'évolution de l'univers est-elle figée une fois pour toutes? Y a-t-il symétrie entre le passé et l'avenir? Le futur présente-t-il plusieurs possibles ou bien est-ce une illusion. En d'autres termes, le monde est-il une énorme mécanique, un mécanisme horloger, ou l'avenir est-il modifiable? Par qui serait-il modifiable et par rapport à quoi? Le présent serait-il comme un rouleau qui passe sur une foule de possibles avenirs et le tisse un unique passé? Cette question est au cœur d'une bataille importante aujourd'hui, une bataille dont l'issue doit dire finalement qui nous sommes: des machines sophistiquées, mais remplaçables ou des êtres vivants et uniques.

Les questions concernant la nature de la *réalité*, de la matière et de l'esprit, de la conscience sont liées au fonctionnement de notre cerveau. Bien sûr, nous avons fait des progrès, nous avons bien plus de moyens d'aborder ces questions que les générations précédentes. Mais nous ne pouvons pas être certains que nous sommes *conceptuellement* sur la bonne voie.

Devant les incroyables succès des technologies, nous étendons le paradigme mécaniste hors du champ de la machine à ce qui est purement humain. Nous appliquons les méthodes qui ont fait les succès technologiques au travail et à la vie de l'homme. Ainsi, l'aspect comptable s'infiltre dans nos âmes jusque dans les amitiés. Les besoins de respect, de tendresse, d'amour, de diversité sont simplement des fonctions à remplir à moindre coût.

Ainsi, la morale et l'éthique sont confiées au marché libre et au profit. La direction à suivre est celle qui rapporte le plus, le plus rapidement possible. Nous robotisons l'homme. Cela est la conséquence d'une vieille dispute entre Platon et Aristote qui demeure non résolue et qui, avec l'apparition de l'ordinateur, est devenue une véritable bataille et un poison pour l'humanité. Des penseurs, comme les promoteurs de la singularité technologique, donnent à croire que la connaissance évolue comme la technologie, ce qui n'est évidemment pas le cas. Nous ne pouvons prévoir les futures découvertes ni les programmer sur une courbe exponentielle. La véritable connaissance ne se programme pas. La communication massive entretient l'illusion. Le buzz, la célébrité, l'apparence sont maintenant ce qui anime le monde, d'un bout à l'autre de la planète. Je souhaiterais présenter la science comme une révolte et non comme une camisole de force. Les scientifiques ont toujours été des révoltés, des hommes qui n'acceptent pas les choses comme elles paraissent être et qui regardent plus loin. Des révoltés contre la pauvreté, contre la violence et l'injustice économique. Je prétends que c'est leur révolte qui les a poussés à envisager les choses autrement. De Platon à Einstein, ils n'acceptaient pas le monde qu'ils voyaient là-dehors. Ils ont utilisé leur esprit pour le vaincre. Malheureusement, certaines de leurs découvertes ont produit exactement l'effet contraire.

Il va falloir que cela change. Nous devrons tenir compte du fait que notre cerveau produit la science.

AVERTISSEMENT AU LECTEUR

Écrire un livre, c'est comme se lancer à l'escalade d'une montagne. Au départ, on croit voir le sommet que l'on voudrait atteindre. En chemin, on se rend compte que de nombreux détours sont nécessaires pour avancer et que le sommet que nous avions perçu au départ cachait un sommet plus élevé. Certains détours nous ramènent au point de départ et il faut choisir une autre route. L'obsession s'installe, plus rien ne compte que cette montagne à gravir. Chaque pas supplémentaire va étendre le paysage et la solitude de l'auteur. Quand finalement ce dernier décide qu'il est arrivé à son sommet, soit parce qu'il est satisfait, soit par lassitude, soit parce que la brume cache maintenant trop son horizon, il a écrit tout ou partie de son testament.

Pour ma part, je n'ai pas terminé ce livre par satisfaction ni parce que je considère que tout est dit, c'est certainement une sorte de brume qui est en cause. Ou peut-être ai-je besoin de savoir ce que vous en pensez ou ce que vous en ferez. On ne peut pas écrire sur une chose, sans écrire sur toute chose, mais la vie est limitée, l'esprit est lent et le temps court.

Ceci est un essai, les positions exprimées n'engagent que l'auteur lui-même, qui ne représente aucun groupe, aucune école de pensée et qui ne se réclame d'aucune autre autorité que sa propre réflexion. Il n'a bénéficié d'aucun sponsoring ou soutien financier, il assure le lecteur de son intégrité totale en ce qui concerne les sciences décrites ici. L'auteur espère avoir le temps de regretter tous les concepts ci-dessous, c'est-à-dire d'avoir le temps d'en découvrir et en apprendre de meilleurs. L'auteur assure avoir fait de son mieux pour citer les sources des idées exposées et s'excuse des oublis ou omissions qui se sont nécessairement produits. Il est probable qu'en cours de lecture, vous soyez souvent en désaccord avec ce qui est exposé ou que vous vous disiez que cette pensée ne peut pas fonctionner, car elle n'explique pas un point ou un autre qui vous viennent à l'esprit. L'auteur vous assure qu'il a fait de son mieux pour couvrir tous les points critiques et vous engage à poursuivre jusqu'au bout votre lecture, il est probable que des réponses à vos questionnements viendront plus loin. Si cela n'est pas le cas, vous pouvez toujours lui écrire à: ronald.cicurel@epfl.ch.

Les lecteurs totalement convaincus de la mécanisation envahissante de notre société et de la nocivité des émergences associées peuvent directement se lancer dans la lecture de la deuxième partie. La lecture ne demande aucune connaissance spécialisée préalable.

Table des matières

INTRODUCTION

J'ai découvert jeune que je n'avais pas besoin de tout connaître. Il me suffisait de repérer certains principes généraux (encore faut-il repérer les bons principes!) à partir desquels il m'était relativement facile d'imaginer, comment s'articulait une situation particulière. Cette découverte rend paresseux. Elle fait aussi passer à côté des choses. Je ne l'ai réalisé que bien plus tard. Cet essai comporte un constat, une vision mécaniste du monde et de la société humaine s'est imposée et est en train de nous détruire. Issue de la mécanique newtonienne et du matérialisme scientifique, la vision mécaniste a conquis tous les domaines de la pensée et de l'activité humaine. En particulier ceux où elle ne saurait s'appliquer: les systèmes complexes, la société, l'homme et le vivant en général.

Ayant pris possession du moindre recoin de nos vies, l'économie et le profit sont aussi devenus nos guides vers la connaissance, comme si nous acceptions de laisser le progrès de l'espèce humaine se laisser diriger par des opportunités commerciales à court terme. D'un côté nous mécanisons l'homme, de l'autre algorithme après algorithme, les robots s'améliorent. De plus en plus, l'imitation est confondue avec ce qu'elle imite, au point que nous nous comportons de plus en plus comme si chacun de nous était un robot. Les deux courbes tendent à se rejoindre. J'appelle ce phénomène la *robotisation*. Elle commence visiblement à générer une souffrance et un désarroi insupportables jusque dans notre vie quotidienne. Nous avons perdu le contrôle. Nous constatons les émergences absurdes du système et ne nous sommes pas équipés pour réagir. L'insupportable extrême pauvreté du cinquième de la population, les dégâts environnementaux, la stupidité de certains commerces énergétiques et alimentaires, le triomphe des apparences et des modes, la folie et l'emballement du système financier, l'incapacité et le manque apparent de vision des dirigeants, la dictature médiocre de la démocratie, les contradictions internes du système, le manque de véritables projets, l'économie et les profits envahissant le moindre recoin de nos existences sont des manifestations de cet emballement.

Sous la pression de nos théories économiques, nous cherchons à optimiser la rentabilité du travail; par ailleurs, nous sommes préoccupés par le chômage croissant et ne voyons comme solutions que l'augmentation de productivité, et donc l'accroissement de la robotisation.

La thèse de ce livre soutient que la seule réalité que nous puissions connaître est celle que notre cerveau fabrique. C'est de lui que proviennent nos concepts et nos représentations. Cette thèse propose une nouvelle interprétation des mécanismes connus du cerveau dit *intrinsèque*. L'analogie, la réduction et la causalité sont, dans cette vision, la structure même du cerveau. L'approche intrinsèque éclaire différemment le matérialisme. Elle propose une autre interprétation de nos concepts primitifs et met la «connaissance» au centre des capacités humaines. Nous examinerons donc le fonctionnement du cerveau, la manière dont il fabrique ses représentations et construit la réalité virtuelle dans laquelle nous vivons. À la lumière de ces connaissances, nous étudierons comment le dualisme cartésien pourrait être remplacé par un dualisme s'intégrant et complétant le matérialisme scientifique actuel.

La technologie veut résoudre les problèmes du système et elle laisse à penser qu'elle peut résoudre les problèmes de l'homme. L'approche intrinsèque va nous conduire à un nouvel éclairage de la nature de la connaissance où mythes et science jouent chacun leur rôle. Nous examinerons l'immense apport de la méthode scientifique de Popper et comment elle complémente l'approche intrinsèque.

Ce qui distingue l'homme du reste de l'univers est sa capacité de comprendre et de connaître. Nous ne pouvons continuer à interpréter les réalités contemporaines avec des idées adaptées à un autre temps. Ces idées sont des outils de compréhension périmés. Ilya Prigogine, dans son livre *The End of certainty,* écrit:

Nous observons la naissance d'une science qui n'est plus limitée à des situations idéalisées et simplifiées, mais qui reflète la complexité du monde réel, une science qui nous perçoit nous et notre créativité comme partie d'une tendance fondamentale de la nature.

Cette vision fraîche et solide de la nature même de la connaissance et, par conséquent, de notre place d'homme dans l'univers, en tant que générateur de cette dernière, met beaucoup trop de temps à s'imposer. Pour soutenir cette thèse, nous analyserons de près la nature de la connaissance.

Cher lecteur, nous allons au cours de ces pages parler de sciences, je souhaite pouvoir partager avec vous tout le plaisir que j'ai eu moi-même dans l'exploration de ces concepts, l'émerveillement que j'ai ressenti face à certains raisonnements, le sentiment de beauté et d'harmonie, mêlé de doutes et d'efforts. Parfois, tout cela paraît difficile et c'est vrai. La connaissance est difficile et inutile pour résoudre des problèmes immédiats, car elle prend du temps. Mais à long terme c'est elle qui nous reste, c'est elle qui nous distingue et peut faire notre fierté d'homme, c'est elle qui nous aura fait progresser. N'abandonnons pas.

Considérez de nouveau ce point (la Terre). Il est tout là-bas. C'est notre maison. C'est nous. Là-dessus tous ceux que vous aimez, tous ceux que vous connaissez, tous ceux dont vous avez entendu parler, tous ceux qui n'ont jamais vécu. La somme de nos joies et souffrances, des milliers de religions confiantes, d'idéologies, de doctrines économiques, tous les chasseurs et tout le gibier, tous les héros et tous les lâches, tous les créateurs et destructeurs de civilisations, tous les rois et paysans, tous les amoureux, tous les pères et mères, les enfants pleins d'espoir, les inventeurs et explorateurs, tous les professeurs de morale, tous les politiciens corrompus, toutes les «superstars», tous les leaders suprêmes, tous les saints et tous les pêcheurs de l'histoire de notre espèce ont vécu là. Sur ce point de poussière suspendue sur un rayon de soleil. Carl Sagan

REMERCIEMENTS

Je remercie de tout mon cœur tous ceux qui m'ont inspiré les réflexions ci-dessous, les discussions que nous avons pu avoir ont été la substance essentielle de ma vie, rien n'aura été plus important pour moi que ces échanges. Si je prétendais les nommer tous, j'en oublierais nécessairement.

J'aimerais cependant citer mon ami Miguel Nicolelis qui m'a appris énormément sur le cerveau et dont les qualités humaines profondes, la sincérité et le dynamisme sont une source d'inspiration spectaculaire, ses réalisations au Brésil pour la recherche en neurosciences et surtout pour l'éducation scientifique des jeunes dans des régions d'une totale pauvreté m'ont impressionné et inspiré au plus haut point. J'aimerais aussi citer Henry Markram qui m'a donné l'opportunité de participer dès le début au projet Blue Brain et avec lequel j'ai pu avoir des discussions passionnantes. Mon ami Georges Abou-Jaoudé a été par ses qualités humaines rares, ses connaissances aux frontières des arts et des sciences, sa culture libanaise, ses connaissances en informatique fondamentales, un inspirateur et un compagnon de discussions quotidiennes et un ami incroyable pendant ces dix dernières années. Mon ami Joseph Bechaalany dont le bon sens, la gentillesse, la remarquable capacité d'écoute et la curiosité illimitée ont été pour moi source d'inspiration, écrire pour moi-même est trop complexe, mais écrire en ayant à l'esprit Joseph m'a motivé et simplifié la tâche.

Ma compagne Liliane Mancassola m'a continûment épaulé soutenu et encouragé. Son humanité, son équilibre et sa curiosité des choses de l'esprit ont habité ma vie, je ne saurais trop la remercier pour tout ce qu'elle m'a donné. En cours d'écriture elle m'a encore donné la preuve de son courage et de son admirable humanité. Je remercie mon incroyable fille Valérie qui m'a encouragé avec tendresse à persévérer et qui a tout mon amour. (Je n'oublie pas Samuel et Sarina si jamais un jour ils me lisent, je les adore).

Les livres sont des compagnons incroyables. Certains auteurs ont été d'invraisemblables sources d'inspiration et j'ai librement repris leurs idées. Avec certains auteurs, je me sens en les lisant comme en famille, j'ai cette profonde impression que ce sont des frères puisqu'ils se posent les mêmes questions, ont les mêmes doutes et les mêmes tourments. J'aimerais citer David Deutsch que j'ai lu et relu et dont je sens que j'ai encore énormément à comprendre, Karl Popper qui a définitivement éclairé pour moi ce qu'était la science. Mais aussi Albert Einstein dont la foi en notre possibilité de connaître est impressionnante. Et mon héros de toujours Kurt Gödel dont la force de pensée et la fragilité personnelle sont uniques. Nous ne sommes pas au bout des interprétations de son œuvre. Roger Penrose à l'incroyable intelligence et originalité. Mais aussi Leonard Susskind dont la clarté des exposés en physique m'impressionne, cet homme sait tout ce qu'il y a à savoir en physique! Gregory Chaitin qui a poussé et éclairci le travail de Gödel. Ilya Prigogine qui fut le premier à clairement situer les limites du réductionnisme et tracer la route vers la complexité et l'irréversibilité. Ma liste pourrait encore continuer. Je remercie tous ces amis, ceux que j'ai rencontrés et ceux que je n'ai que lus, qu'ils soient vivants ou décédés, ma vie intellectuelle n'a été que le tissu qu'ils ont, eux, tissé.

PARTIE I: CONSTAT : LA MÉCANISATION

I. Des victimes et de leurs bourreaux

Si nous ne sommes pas critiques, nous trouverons toujours ce que nous désirons et trouverons des confirmations, et nous écarterons notre regard et ne verrons pas ce qui peut être dangereux pour notre théorie favorite. De cette manière il est simple d'obtenir d'évidentes confirmations pour une théorie, qui, si elle était approchée de manière critique, aurait été rejetée.
Karl Popper dans «The Poverty of Historicism» (1957)

EMPOISONNER LA VIE

Il y a sûrement des milliers de moyens de s'empoisonner la vie les uns des autres. Je ne prétends pas ici être exhaustif. Je ne prétends pas, non plus, donner de conseils sur comment ruiner la vie de votre victime désignée, ni même sur comment réagir et résister si, la victime, c'est vous. Pour l'instant, je fais un constat, éminemment conscient du sérieux du sujet que j'aborde. Au départ de ces réflexions, il y a une chose dont je puis être certain, c'est que vous, oui vous, qui lisez ces lignes, êtes en ce moment précis une victime. Victime de l'un de ces bourreaux si répandus maintenant et qui vous empêchent vraiment de vivre ou du moins vous empoisonne chaque jour un peu plus, jusqu'à pénétrer dans vos veines, jusqu'à isoler votre cœur. Vous n'êtes pas convaincu? Tout est lisse et rose, votre horizon est dégagé et limpide?
Vous êtes bien sur la planète Terre, la troisième depuis le centre? Dans ce cas, réfléchissez bien.
Votre bourreau du jour, c'est peut-être ce contractuel à la démarche oscillante, carnet et stylo tendus en avant comme une Kalachnikov, prêt à faire feu dans la seconde où l'indicateur touchera le zéro sur le compteur du parcomètre, qui, non content de vous coller pour à peine cinq minutes de dépassement, va vous faire une leçon de philosophie et

de morale express confirmant ainsi l'héritage fabuleux que Pascal, Rousseau, Voltaire, Descartes et tous les autres nous ont légué:

Ma p'tite dame, c'est la même chose pour tout le monde. Y'a pas cinq minutes qui fassent. Il faut apprendre à être à l'heure. Pas d'exception. C'est pour ça qu'on est là, pour faire respecter l'ordre, nous autres, ma p'tite dame.

Alors, vous avez remarqué son visage fermé comme une huître qui résiste à votre sourire, l'arrogance qu'il arrive à mettre froidement dans sa politesse professionnelle? Avez-vous encore pu deviner l'homme ou la femme derrière ce coquillage marin? Si oui, c'est encore un débutant. Avez-vous ressenti sa petite jouissance intérieure face à votre désarroi, sa victoire du jour: délivrer non seulement un papillon, mais aussi une tirade morale? Il vous a «améliorée». Il vous a fait une piqûre de rappel. Il a contribué à une grande œuvre: remettre de l'ordre dans la société en pourchassant les délinquants. (Vous, en l'occurrence).

Vous avez essayé le sourire, les excuses, les prières, rien n'a ébranlé ce moraliste en uniforme. C'est un pro. Il n'a eu aucune peine à résister à la tentation des débutants: la tentation de vous comprendre, la pire des tares pour un bourreau. Et vous, vous restez là, le papillon à la main, furieuse contre ce bourreau de passage, et furieuse contre vous-même d'avoir supplié, d'avoir expliqué, de vous être rabaissée devant ce type uniformé. Vous disant qu'on ne vous y prendrait plus, sachant que l'on vous y prendra encore. Ces petits inconvénients nécessaires, me direz-vous, est-ce cela, les sujets aussi importants de votre livre? Voilà justement le piège, cher lecteur. Ne pas donner d'importance à cet événement, sous prétexte qu'il est quotidien et si répandu qu'il passerait presque inaperçu. Les bourreaux se multiplient, ils s'équipent, ils utilisent les moyens technologiques pour vous attaquer de partout, à la moindre déviance. De chaque attaque, vous pouvez dire qu'elle est mineure, que vous vous en remettrez. Mais l'ensemble est infiniment plus que la somme des parties, car dans votre cerveau émerge une attitude, une ambiance, une préoccupation, une amertume dont aucune attaque en particulier n'est responsable. Mais toutes ensemble, elles tissent votre cadre de vie.

Vous n'avez pas de voiture. Quelle importance, vous avez sûrement une belle-mère! Une belle-mère munie d'une mission: comment rendre votre couple heureux? Une politicienne avec une mission de politicienne et un administré: vous! Plus de belles-mères? Alors vous avez des enfants? Ou mieux, beaucoup mieux: un conjoint? Le conjoint, ça ne rate jamais, tant sa gamme d'ennuis possibles est étendue. Le conjoint c'est au sommet de sa hiérarchie, ça dépasse le meilleur ami, ça écrase la maîtresse ou l'amant. Cela vaut la mère juive et le frère taliban. Rien de tout cela? Vous êtes seul, sans voiture et sans belle-mère? Pas même un petit voisin amateur de guitares électriques et de musique techno? Vous écoutez les informations télévisées? Non? Vous êtes exceptionnel. Mais vous avez un percepteur? Tout le monde en a un. Ah! Vous habitez sur une île déserte.

Alors, Robinson, vous êtes une personne qui vous posez certaines questions. Et vous n'avez pas toutes les réponses. Peut-être avez-vous des questions sur la vie, sur nos origines, sur le monde et la création, l'univers? Peut-être des questions sur vous-même, sur les décisions que vous devriez prendre, ou ne pas prendre, ou alors sur la société des hommes, sur l'économie ou la justice…

Bref, des questions auxquelles vous n'avez pas de réponse.

Oui, dites-vous, il m'est arrivé de me poser des questions, mais je ne vois pas le rapport avec notre sujet, je ne suis pas une victime parce que je me pose des questions! Vous ne voyez pas le rapport. Lisez donc la suite, Robinson, car vous avez tort, vous êtes bien une victime. Dans votre cas, le bourreau, c'est vous-même, en personne.

— Attendez, soit je suis le bourreau, soit la victime, ne mélangeons pas tout!

Oh là! avec l'espèce humaine, homo sapiens, les choses sont compliquées, nous avons tous un cerveau complexe, c'est tortueux là-dedans, vous verrez. C'est vous qui posez des questions à vous. Donc, il y a au moins deux vous dans la partie et dans la même tête. Celui qui pose des questions de manière répétée et celui qui n'a pas de réponse. L'un est le bourreau et l'autre est la victime. Le *vous* victime ne sait pas répondre aux questions du *vous bourreau* et le vous qui pose des questions insiste et l'autre vous essaye de s'en sortir, mais n'y arrive pas, alors vous souffrez. Je remarque que même à l'Éducation nationale, on ne pose que des questions auxquelles les élèves sont censés savoir répondre. Vous, vous faites quelque chose d'horrible, d'horrible à vous-même: vous posez des questions auxquelles personne ne sait répondre! Et, en particulier, pas vous! Vous êtes une victime, hypocrite lecteur, mon semblable, mon frère!

Je vous ai convaincu que vous étiez, nonobstant cette situation personnelle particulière, une victime et aussi un bourreau et, par conséquent, un lecteur particulièrement qualifié, un lecteur sur lequel je peux vraiment compter, vous irez jusqu'au bout, car vous en avez besoin. Vous vous sentez piégé, piégé dans un rôle de victime que vous ne voulez pas assumer et voilà que, soudainement vous faites marche arrière. Vous me dites qu'après réflexion, finalement, vous ne vous posez que des questions auxquelles vous, l'autre vous, savez répondre et que vous n'êtes ni victime, ni bourreau de vous-même! En sommes, vous êtes atypique. (J'aurais dû m'en douter quand vous avez nié le percepteur). Eh bien, je suis d'accord (entre nous, cela sent un peu la mauvaise foi quand même), mais disons que nous sommes d'accord. Vous avez donc réussi à vous cacher dans un dernier recoin. Comment se fait-il que vous lisiez ce livre sur votre île déserte à l'abri de tout bourreau et en possession de toutes les réponses à toutes les questions que vous pourriez vous poser? Vous voulez savoir si l'ordinateur nous avalera ? Vous le lisez nécessairement pour savoir ce qu'il y a dedans. Vous n'avez donc par la réponse à l'avance à la question de savoir ce qu'il y a dedans et que vous vous posez, puisque vous tenez le livre à la main.

Très cher et unique lecteur, je vous passe la plume, car moi, l'auteur, je n'ai aucune idée à ce point de ce que va être la suite. Ah! J'oubliais un point. Peut-être l'aurais-je volontairement oublié si je ne l'avais pas oublié. Mais l'ayant oublié, je ne peux pas l'oublier[1]. Voyez, par nature, je n'aime pas trop parler de choses désagréables, des points qui peuvent fâcher ou être mal compris. Mais, ma foi, si vous avez lu jusqu'ici, je me dis que vous ne voudriez pas perdre le bénéfice du temps déjà investi et que vous supporterez un petit désagrément. Aux âmes vraiment trop sensibles, je suggérerais de sauter directement au chapitre suivant et de laisser tomber ces dernières lignes du premier chapitre. Vous n'y perdrez pas grand-chose, vous pourrez toujours y revenir plus tard. Notre sujet est bien trop important pour cela. Allez, sautez, c'est là-bas que cela devient vraiment intéressant, lorsqu'on comprend comment les bourreaux fonctionnent. À tout de suite, chers lecteurs sensibles…

Allons-y: chers lecteurs, je pense que vous, oui vous qui lisez ces lignes, vous êtes non seulement une victime et un bourreau pour vous-mêmes, mais aussi un bourreau pour les autres. Ah! Je vous avais dit que cela ferait mal. Le coup est pervers je vous attire avec des mots protecteurs, vous qui subissez le contractuel, la belle-mère, le percepteur et toutes les autres horreurs administratives de cette troisième planète du système solaire, et quand vous êtes bien ferrés, bien en confiance, l'hameçon en bouche, un bon coup de canne et l'affaire est réglée: au lieu d'être une victime, vous êtes devenus un responsable infâme des maux qui nous atteignent, un exécuteur des basses œuvres. Vous étiez Blanche-Neige et vous êtes devenue l'horrible sorcière. Vous voilà agressé de la pire manière. Vous auriez pu le deviner lorsque j'ai dit que nous étions tous des victimes. Sans vous, il ne serait resté personne pour être bourreau. Il y a des milliers de modèles très fonctionnels de bourreaux. Ils sont tous là pour votre bien. Le prof qui vous colle en classe : pour votre bien. La mère qui vous empêche de fumer: pour votre bien. Le juge qui vous met en prison: pour votre bien. Le chef d'État qui déclare la guerre : pour notre bien à tous. Et vous voyez, tous ces bourreaux bienfaiteurs qui

---

[1] Il fallait bien une bonne phrase auto-référente dès le début !

nous entourent, tous ces donneurs de leçons, tous ceux qui veulent protéger la société en dénonçant, en accusant, en fixant des règles, en contrôlant vos faits et gestes, en vous empêchant de rêver, en faisant mille pressions pour que vous vous comportiez comme ils le souhaitent eux. Ces policiers amateurs, ces hommes parfaits qui mettent en évidence vos imperfections, ces briseurs de rêves, ces bouffeurs d'espoir, ces bureaucrates aveugles, ces remplisseurs de paperasses, ces héros de Kafka[2] et admirateurs d'Orwell, qui décident dans votre dos, ce que sera votre destin... Donc, chers lecteurs, chère victime, cher bourreau, nous allons admettre que le responsable de cette situation, c'est... la société. Et nous allons dire que la société, c'est... nous. Nous et nos ordinateurs.

Mais celui qui a l'habitude de la recherche explore toutes les avenues possibles en conduisant son enquête, il se tourne dans toutes les directions et, loin de renoncer à sa recherche du jour au lendemain, il ne cesse de la poursuivre tout au long de sa vie. Il tourne son attention d'une idée à l'autre en suivant le fil de son investigation, et il s'obstine jusqu'à ce qu'il parvienne à son but. Erasistrate[3]

Et, puisqu'ils ont philosophé pour échapper à l'ignorance, il est clair qu'ils poursuivaient le savoir pour le savoir et non pour quelque fin utilitaire. Aristote

---

[2] 1883-1924 Franz Kafka, né a Prague, un des auteurs les plus influents du XXe siècle.

[3] -310, -250 Anatomiste Grec

II. Robotisation

Ainsi, si une machine est supposée infaillible, elle ne peut pas être également intelligente. Alan Turing

MÉCANISMES DE ROBOTISATION

Deux processus sont à l'œuvre dans les mécanismes de robotisation: les *raccourcis de pensée* et la *décomposition des tâches*. Les raccourcis sont des sortes de *fast-think* du cerveau. Ils s'expriment le plus souvent sous la forme de slogans simples, tels que: *l'heure c'est l'heure,* ou *si vous aviez lu attentivement,* ou encore *à chacun son travail.* Ceux qu'utilise la publicité, par exemple, sont parfois effarants, plus le slogan est trivial et mieux il marche, plus on s'en souvient. Notre esprit se remplit progressivement de ces phrases creuses et des illusions qu'elles véhiculent pour construire sa réalité, nous évitant la fastidieuse lecture de Kant ou de Diderot. La *décomposition des tâches* est le processus qui nous permet de nous considérer uniquement comme un maillon dans une chaîne d'exécutants, un maillon qui n'a pas besoin de réfléchir à l'ensemble du processus et doit simplement se concentrer sur sa partie. Cette attitude n'est pas réfléchie, elle s'impose d'elle-même comme une émergence de la situation. Le système social s'auto-organise et cette organisation réserve une place à chacun. Et l'homme, préparé par les raccourcis de pensée, accepte cette auto-organisation et cette place de rouage. Deux phénomènes liés aux structures de fonctionnement de notre cerveau permettent les raccourcis de pensée et l'acceptation de la position de maillon d'une chaîne: la *pression de conformité* et la *soumission à l'autorité.*

Notre pensée et nos comportements sont extrêmement liés à l'environnement dans lequel nous nous trouvons, surtout dans la première partie de notre vie, avant que nous ayons assez profondément assis des idées qui nous seront propres et qui se stabiliseront. Dans un environnement donné, certains aspects de notre personnalité vont resurgir, alors que d'autres aspects ressortiront dans d'autres environnements. Nous avons besoin de situer nos pensées par rapport à celle des autres, cela nous amènera à adapter notre pensée et nos comportements aux différents groupes dont nous faisons partie. Notre besoin de nous intégrer va exercer une *pression de conformité* qui se manifeste par toute une série de compromis que nous faisons inconsciemment, pour ne pas déplaire aux autres et leur ressembler. À l'adolescence en particulier, le besoin d'intégration aux groupes est accentué et contribue à la construction de son identité propre. Si nous fréquentons souvent un groupe, nous finirons par adopter progressivement ses opinions, ses valeurs, ses habitudes, ses manières de penser et ses comportements. Ce phénomène s'impose à tous les niveaux. Il se résume par le dicton: *dis-moi qui tu fréquentes, je te dirais qui tu es.* Autant nous résistons à une pression si nous nous apercevons qu'une personne veut nous convaincre et nous faire changer d'opinion sur un sujet, autant nous ne nous méfions pas de la pression de conformité qui semble s'exercer librement et hors de notre contrôle conscient. Quoi que nous pensions, notre pensée nous paraît logique. Comme l'a fait remarquer Descartes dès l'introduction de son *Discours de la méthode*, le bon sens est une vertu dont chacun se tare. Mais, en plus fine analyse, notre bon sens va provenir de celui des groupes que nous fréquentons. Nous éprouvons la pression de conformité comme un besoin d'être respecté, apprécié, aimé ou intégré ainsi que sous la forme de mille autres sentiments raffinés.

La pression de conformité est une *synchronisation*, une harmonisation des idées, des choix et des comportements à l'intérieur des groupes. Pour qu'une synchronisation se produise, deux conditions sont toujours nécessaires: il faut qu'il y ait un canal de communication, c'est-à-dire une possibilité d'interaction entre les éléments qui vont se synchroniser et il faut qu'il y ait une certaine souplesse, même infime, dans les entités qui se synchronisent. La synchronisation est un phénomène physique extrêmement courant dans la nature, elle se produit pratiquement partout, mais curieusement elle était passée presque inaperçue jusqu'au milieu du siècle dernier. Je vous recommande de regarder les films sur You tube[1] montrant comment trente-deux métronomes se synchronisent d'eux-mêmes lorsqu'ils sont posés sur une surface qui peut légèrement bouger. La musique orchestrale, la danse et même la pensée sont basées sur l'autosynchronisation. La résonance qui peut se produire lorsque des marcheurs marchent en rythme sur un pont et qui peut aller jusqu'à le détruire est un phénomène de synchronisation. La synchronisation permet aux groupes d'exister en tant que groupes. De simples cellules s'auto organisent pour former un organe du corps, des cellules-souches se synchronisent pour devenir des cellules de l'œil ou de la peau, des poissons forment un banc aux mouvements synchronisés, les sociétés humaines se spécifient et se différencient par synchronisation de leurs membres. La synchronisation est un ordre qui émerge, elle ne dépend

---

[1] par exemple : http://www.youtube.com/watch?v=kqFc4wriBvE

d'aucun des éléments du groupe, mais seulement de leur ensemble. Les synchronisations sont la source des modes vestimentaires, des courants artistiques ou de pensée, de la forme et de l'apparence des automobiles, des modes de consommation, mais aussi de l'ambiance générale d'un pays. Je vous recommande à ce sujet l'excellent livre de Steven Strogatz: *Sync, how order emerges from chaos*. Il y décrit de très nombreux aspects de la synchronisation. Nous reviendrons au chapitre neuf sur le rôle de la synchronisation permettant de générer la pensée et la conscience.

La *pensée de groupe* telle que l'a définie Irvine Janis, en 1972, se produit dans un groupe où se prennent de *mauvaises* décisions ou des décisions *irrationnelles*, alors que tout ou partie des individus du groupe auraient personnellement pris une décision différente. Ce résultat paradoxal provient de la *pression de conformité*. Chaque membre, bien conscient de la nécessité de compromis, adapte par synchronisation son opinion à ce qu'il croit être le consensus du groupe, en évacuant même ses propres questions : *est-ce bien réaliste? Est-ce bien ce que je souhaite vraiment?* La conséquence est une situation dans laquelle le groupe finit par se mettre d'accord sur une décision que chaque membre du groupe dans son for intérieur croyait peu sage ou peu pertinente. Ainsi, la pression de conformité peut souvent aboutir à une pression vers la médiocrité et nous conduire sur des voies déraisonnables, des croyances absurdes et des choix catastrophiques. On se demande parfois comment certains peuples ont pu croire ce qu'ils ont cru. L'histoire est remplie de croyances surprenantes et de convictions invraisemblables. Certaines de ces croyances nous font rire aujourd'hui. Les nôtres feront probablement rire nos descendants.

Nous affirmions au départ que la *pression de conformité* et la *soumission à l'autorité* étaient toutes deux le résultat du fonctionnement spécifique de notre cerveau. En ce qui concerne la pression de conformité, elle résulte de la capacité et du besoin de notre cerveau de synchroniser ses informations avec celles du cerveau des autres. Nous appellerons ce besoin l'empathie. L'empathie est alors cette synchronisation qui nous permet d'harmoniser nos croyances avec celles des autres.

La *soumission à l'autorité*, quant à elle, est un mécanisme cérébral qui s'impose dès les premiers mois de notre existence. Elle est commune à tous les mammifères, elle crée une hiérarchie dans un groupe qui simplifie grandement les relations sociales. Comment s'installe ce mécanisme? Très probablement au travers des relations entre parents et enfants, dans les toutes premières synchronisations de l'enfant avec son environnement. Lorsque, par exemple, le père, un peu excédé par les questions ou le comportement de l'enfant, répond avec énergie: *tu fais ce que je te dis parce que c'est moi qui te le dis et sinon tu verras*.

Évidemment, ce n'est pas un très bon modèle de réponse. Sa valeur explicative est effectivement pratiquement nulle. Elle ne fait pas appel à la réflexion. Elle n'induit pas de sentiment noble, de compassion ou de générosité. Elle génère une crainte qui est renforcée par le ton sec de la voix du père. C'est ce que nous appellerons une *réponse autoritative*. Une réponse qui remplace l'explication par une menace provenant d'une force supérieure qui fait autorité.

L'autorité s'exprime par: *tu fais ce que je te dis parce que je te le dis et parce que je suis plus fort que toi, un point c'est tout.* C'est court, net, précis, stupide, et cela marche. Mais le message sous-jacent est: *tu n'as pas besoin de comprendre, il suffit que tu obéisses.*

L'autorité exclut donc la raison pour la remplacer par la crainte. Une fois ces craintes bien installées chez l'enfant, ce dernier va obéir à l'autorité et éviter de demander des explications. Ce deuxième aspect est particulièrement dommageable. C'est parce que nous avons construit des systèmes explicatifs que nous avons survécu jusqu'à ce jour, c'est de meilleurs systèmes explicatifs que va dépendre notre survie à venir. Ce livre propose un tel système explicatif. Les instructions autoritatives proviennent *de l'extérieur de son propre cerveau* et inhibent la nécessité de comprendre. L'autorité fonctionne chez les mammifères, mais apparemment pas chez les reptiles, par exemple. Elle nécessite un certain type de fonctionnement de la mémoire qui n'apparaît pas chez tous les animaux. L'évolution l'a sélectionnée, au départ, pour simplifier les relations sociales. À notre connaissance chez les groupes de mammifères il y a toujours un chef unique. Avec le développement de la pensée chez l'homme, l'autorité a pris toutes sortes de nouvelles formes et les hiérarchies se sont multipliées. L'autorité est reconnue à de nombreux autres humains s'ils rappellent, par certains symboles, l'autorité originelle: l'habit, la voix, la taille… L'autorité ainsi étendue est devenue l'une des *préparations préalables* au mécanisme robotisation.

Le robot, lui, est caractérisé par le fait qu'il est programmé entièrement de l'extérieur par une entité différente. La programmation est un processus différent d'une synchronisation. Le robot n'a pas d'initiative propre, il ne suit que le programme qui lui a été implanté, il ne sera pas sensible par empathie à des humains. Deux robots munis du même programme auront initialement des comportements identiques. Ce ne sera jamais le cas pour deux humains.

Avez-vous déjà entendu parler de la célèbre expérience, de 1961, de Stanley Milgram[1] sur la soumission à l'autorité? Je vous recommande d'en regarder des extraits sur Internet[2]. Il est remarquable de constater

---

[2] http://www.youtube.com/watch?v=BcvSNg0HZwk

combien, en présence d'une autorité reconnue, nous lui abandonnons la responsabilité de nos actes, nous acceptons de suivre ses instructions sans protester, comme si nous avions éteint une partie de notre propre pensée. Nous agissons automatiquement comme des robots, sans velléité de résistance au point d'accomplir des actes que nous réprouverions autrement. En présence de l'autorité, nous exécutons, nous ne réfléchissons plus.

Nous avons ainsi mis en évidence deux mécanismes émergents la *pression de conformité* et la *soumission à l'autorité* qui permettent aux processus de robotisation de s'imposer. Les deux mécanismes, s'ils peuvent favoriser une vie sociale, utilisent mal, voir s'oppose à une pensée propre et créative. Ces deux mécanismes sont des émergences.

Si ces émergences ont toujours existé dans les sociétés humaines, nous prétendons ici que la technologie est en train d'exponentiellement accroître leur pouvoir, leur portée et leur complexité en leur permettant de s'infiltrer dans tous les recoins de notre vie et en s'étendant à la planète entière.

Lorsque nous ouvrons les yeux sur notre monde et ses invraisemblables absurdités: la pauvreté, la déprédation des ressources de la planète, les disparités excessives, les crises, la bureaucratie étouffante et inhumaine, certains d'entre nous doutent des systèmes d'organisation de nos sociétés. Ce n'est plus en recherchant des solutions à un problème après l'autre que nous devons procéder, même si cela est temporairement nécessaire. Nous soutenons ici que seule la connaissance peut nous fournir des bases plus solides pour fonder nos solutions d'avenir. Nous ne pouvons nous contenter de superficialité et de préceptes anciens pour comprendre des situations qui ne se sont jamais présentées auparavant à l'humanité. Ce qui émerge aujourd'hui n'est simplement pas une direction durable.

ÉMERGENCES

Les émergences, telles que celles dont nous avons parlé, se forment dans des systèmes dont les éléments constituants peuvent interagir entre eux. On appelle de tels systèmes, des *systèmes interactifs complexes*. Les éléments d'un tel système peuvent à leur tour être des systèmes interactifs complexes, c'est le cas, par exemple, pour une société ou une économie. On les appelle souvent dans ce cas des *systèmes adaptatifs complexes*. Le processus est souvent itéré, accroissant la complexité.

Les émergences produites par le système peuvent rétroagir sur les éléments qui le composent et les émergences peuvent interagir entre elles. La complexité et les émergences sont ainsi organisées en hiérarchies. La plupart des questions qui concernent les humains sont en relation avec les différents niveaux de ces hiérarchies. Des actions ou des décisions à un niveau peuvent créer toutes sortes de conséquences émergentes, imprévues aux autres niveaux qui à leur tour peuvent rétroagir. Les émergences en tant que phénomènes, n'étaient pas du tout décrites par les sciences du XIXe siècle qui s'intéressaient surtout aux systèmes matériels sans interactions internes des éléments des systèmes décrits. Les sciences se limitaient aux systèmes mécaniques. L'application des méthodes résultant de l'étude de ces systèmes mécaniques à des systèmes avec émergences hiérarchiques a progressivement conduit à la plupart des absurdités que nous pouvons aujourd'hui constater dans notre pensée, nos sociétés et notre économie. Ce constat est l'objet de la première partie de cet essai, c'est ce que nous appelons la *robotisation*. Ce terme est à prendre dans un sens très large: lorsque nous comparons le cœur à une pompe, nous robotisons. Lorsque nous appliquons indument le terme d'égalité à une population, nous robotisons. Lorsque nous assimilons la pensée humaine aux calculations d'un ordinateur, nous robotisons. Lorsque nous imposons un comportement commun à une population, nous robotisons. La robotisation est dans un sens nécessaire pour harmoniser une société humaine, mais où sont les limites? Quels dégâts pour l'individu et pour la société elle-même, peut produire la robotisation? Les arts et la littérature en particulier ont abordé les milliers de facettes de cette question.

Les technologies sont devenues aujourd'hui l'outil essentiel de robotisation et elles ont le vent en poupe. L'ordinateur menace de remplacer la pensée et finalement l'homme lui-même. Nous désirons ici examiner ce qu'en disent les sciences.

Les émergences se produisent *d'elles-mêmes*, elles surgissent de manière surprenante pour celui qui ne considère pas la complexité du système qu'il observe. Elles font pourtant profondément partie de notre réalité et peuvent avoir une influence d'autant plus énorme qu'elles passent, au départ, inaperçues, n'ayant pas de causes apparentes que nous aurions pu repérer. Si elles paraissent ne pas avoir de causes, c'est parce que nous n'envisageons pas les interactions internes au système. Décomposer en éléments et analyser ces éléments s'est avérée si efficace dans tant de domaines sans interactions internes que nous avons adopté cette stratégie comme notre manière privilégiée d'explorer le monde: c'est la *méthode réductionniste*. Une approche *matérialiste* et *réductionniste* négligera nécessairement les émergences, puisque ces dernières ne résultent pas de l'analyse des composants, mais de la coordination de plusieurs d'entre eux. La synchronisation et son corollaire, la *pression de conformité*, que nous avons examinés sont des émergences. Nous ne pouvons les étudier en observant, même minutieusement, les individus séparément, le phénomène n'apparaît que lorsqu'il y a un groupe et, par conséquent, le réductionnisme ne fonctionne plus. Dès que vous avez deux entités qui communiquent ou interagissent entre elles, une émergence peut se produire. Si deux hommes discutent entre eux, ce système va déjà produire une émergence que nous appelons leur conversation. Cette conversation va en retour modifier les cerveaux de ces deux hommes par un processus de rétroaction. L'émergence, c'est-à-dire le contenu de la conversation, ainsi que la rétroaction sur chacun des deux cerveaux n'est pas étudiée par l'examen de chacun des hommes séparément. Les deux hommes constituent un *système adaptatif complexe*.

De même, l'amour est une émergence, le comportement d'une foule est une émergence, une volée d'oiseaux en est une. L'interaction gravitationnelle de deux corps célestes produit une émergence qui se manifeste dans la variation des trajectoires des deux corps. Dans ce cas la rétroaction affecte seulement la relation entre les deux objets, mais pas les objets eux-mêmes, il ne s'agit pas d'un système adaptatif, les deux corps ne sont pas eux-mêmes considérés comme des systèmes complexes. Notre cerveau, lui, est un système adaptatif complexe avec une invraisemblable quantité de niveaux. C'est aussi le cas de notre société ou notre économie. Prévoir les comportements d'un système adaptatif complexe est, dans la plupart des cas, impossible. Vouloir appliquer des méthodes mécaniques à de tels systèmes est absurde, la richesse des comportements de systèmes adaptatifs complexes est telle que les systèmes mécaniques n'en effleurent que la surface.

Parler, décrire ou étudier une émergence va toujours nécessiter de nouveaux concepts, de nouveaux mots et un nouveau langage différent et en complément de celui qui décrit les éléments du système. Le langage initial est insuffisant pour décrire la richesse des nouveaux comportements. Ainsi parler et décrire une conversation entre nos deux hommes ne va pas pouvoir se faire en utilisant les mêmes concepts et le même langage que celui qui nous permet de décrire les hommes eux-mêmes. Chaque niveau de la hiérarchie des émergences nécessitera son propre langage descriptif. La chimie, qui nous décrit les interactions entre atomes et entre molécules, utilise un autre langage que celui de la physique des particules, la biologie qui décrit le vivant aura un langage différent de celui de la chimie, la psychologie un autre langage que les neurosciences. La science constitue ainsi un système à étages dans lequel chaque étage s'appuie sur le précédent, mais s'intéresse à des phénomènes qui ne pourraient être décrits par les étages plus fondamentaux, car ce sont des émergences. Aujourd'hui nos deux théories les plus fondamentales sont la relativité générale et la physique quantique. Elles ne disent rien d'utile pour notre vie quotidienne et la plupart d'entre nous estiment justement qu'ils peuvent fort bien vivre sans les connaître. Ce sont cependant ces théories fondamentales qui forgent les paradigmes sur lesquels notre pensée s'appuie, ce sont elles aussi qui permettent les technologies que nous utilisons quotidiennement.

Je soutiens ici que la technologie, au travers du langage et de la pensée mécaniste qui la sous-tend, a favorisé le développement de nouvelles émergences nuisibles lorsque cette pensée est appliquée directement à l'homme et à la société. En appliquant à ces systèmes adaptatifs des méthodes mécanistes, développées pour des systèmes sans interactions internes, nous générons des frustrations inhumaines et en fin de compte dangereuses pour notre civilisation. La pensée mécaniste, qui s'est développée sur la base de la mécanique de Newton, n'est pas appropriée à comprendre ou à contrecarrer des émergences de systèmes adaptatifs qui nécessitent un autre langage et une autre pensée. En s'imposant comme pensée universelle, en voulant s'attaquer aux émergences, que parfois elle produit elle-même, la pensée mécaniste est une simplification extrêmement destructive. Cette pensée est tellement répandue et ancrée dans la culture globale que, raisonnant au travers d'elle, nous ne nous apercevons pas immédiatement de ses effets destructeurs. Cependant nous les ressentons quotidiennement, sans savoir les expliquer. Nous ne pouvons pas traiter l'homme comme une machine ou la société comme un mécanisme horloger. En ce faisant nous robotisons l'être humain et nous perdons le sens de notre avenir. Plus personne n'est vraiment à la barre. Je soutiens aussi que le paradigme qui domine complètement la pensée qui structure nos sciences, notre économie, nos finances et finalement notre société est un *matérialisme déterministe* issu de la mécanique newtonienne: tout n'est que matière, les interactions de deux sous-systèmes suivent des lois qui déterminent *exactement* l'état du système à un quelconque moment étant donné l'état du système à n'importe quel autre moment. Le monde pour le matérialiste est donc déterministe. Ce type de robotisation est appelée *robotisation par l'application de la pensée mécaniste*. L'homme n'est pas un robot qui peut se contenter de recevoir ses instructions de l'extérieur; s'il veut rester humain, il doit être lui-même créatif. En le traitant comme un mécanisme, qui doit avoir les réactions, les pensées et comportements que le système attend de lui on le réduit à une part négligeable de lui-même et on l'uniformise.

Un autre type de robotisation par émergences provient de la séparation des sources de réglementations dont les résultats se retrouvent regroupés ensuite pour l'individu. Cette robotisation résulte aussi de la pensée réductionniste: elle provient des conséquences de milliers de décisions, toutes indépendamment logiques, mais dont la somme engendre une émergence totalement absurde. Un ensemble de législations, dont chacune considérée individuellement, peut paraître nécessaire pour l'harmonie du tout, mais qui, mises bout à bout, donnent un ensemble invivable, engendrant à son tour de nouvelles émergences. Nous appellerons ce type de remèdes des *patchs*. Le découpage par *sujet* de nos ministères et administrations, qui légifèrent chacune dans leur intérêt spécifique, finit par donner un ensemble qui produit des effets bien au-delà de la somme de ses parties. Un patch est un remède, issu d'une pensée mécaniste et réductive, et appliqué sur un système adaptatif complexe. Le prototype du *patch* est la succession des législations contre la criminalité. Les criminels trouveront toujours un moyen de contourner la législation, ils constituent un système adaptatif complexe.

La technologie, prétendons-nous, contribue à faire appliquer à la vie quotidienne une image et des méthodes réductionnistes et mécanistes, cela à une échelle que l'humanité n'avait jamais subie jusqu'à maintenant. Nos technologies de l'information multiplient en effet les interactions, étendent à la planète entière les réseaux de communication et fournissent des moyens de diffusion, d'actions et de contrôles nouveaux. En suivant la courbe exponentiellement croissante des technologies, le monde se mécanise.

Les systèmes complexes sont tels qu'ils intégreront une nouvelle règle qui leur est imposée pour adapter leurs comportements et la contourner. Il n'en va pas de même si la règle est issue naturellement des interactions des éléments du système. Nous aurons l'occasion d'examiner en détail comment ces systèmes fonctionnent. Pour cela, nous aurons besoin de quelques outils supplémentaires que nous développerons dans les prochains chapitres. Nous ressentons chaque jour les absurdités qui sont produites par l'imposition de règles mécanistes, mais personne n'ayant de véritables commandes en main, personne ne peut rien y faire. Que les politiques soient de gauche ou de droite, cela n'importe presque plus, le système interactif complexe s'auto-organise en réponse à toute règle. Ces dernières ne sont que des *patchs*, des remèdes locaux qui ne constituent pas des solutions durables.

Comprendre un système complexe en rassemblant des expertises dans des domaines particuliers n'est possible que s'il y a peu ou pas d'interactions entre les domaines. Or cela n'est que très rarement le cas. Comment séparer les problèmes environnementaux des problèmes de croissance de la population? Comment séparer les problèmes agricoles des problèmes climatiques? Notre méthode de décomposition, de réduction en composant, atteint là une limite, celle qu'imposent les systèmes interactifs complexes.

Mais que sont ces robots auxquels la mécanisation nous force à ressembler. Ne sont-ils eux pas conçus pour nous ressembler? Jusqu'à quel point peuvent-ils le faire? Le paradigme mécaniste, en nous décrivant et en nous traitant de plus en plus comme des machines, voudrait qu'un jour elles se confondent avec nous. Nous soutiendrons ici que, même si les robots peuvent imiter un nombre croissant de nos comportements, l'essentiel de ce que nous sommes leur échappe définitivement. Les robots peuvent sourire, mais ce ne sera qu'une imitation de sourire. Ils peuvent saluer, mais ce ne sera que l'imitation d'un salut humain. Le robot exécute son programme qui, quelle que soit sa complexité, reste un programme écrit par l'homme et donnant des instructions pas-à-pas. Le robot ne comprend pas, il exécute ses algorithmes. L'humain doute, le robot suit ses instructions. Un robot est parfait, un humain tire sa richesse de son imperfection. Un robot a la précision digitale, un humain l'approximation analogique. Lorsqu'un individu est *robotisé*, nous pouvons le ressentir. Il défend des convictions importées qui ne sont pas nécessairement les siennes, mais celles d'un organisme extérieur. Nous ressentons son manque de spontanéité, de naturel, sa difficulté à changer son opinion ou son point de vue, son manque de créativité, son manque de jeu, d'humour, il prend les choses un peu trop au sérieux, il se blesse facilement, se sent facilement offensé. Parfois il est un peu trop sûr de lui, il se rassure avec des références autoritatives, des titres, des amis bien placés. Pour être quelqu'un, il doit le montrer et en avoir les symboles.

Nous, humains, avons appris à nous adapter, à reconnaître des différences infimes auxquelles nous savons répondre de manière appropriée et différente. Nous avons dû évoluer et apprendre au travers de milliers de générations à devenir ce que nous sommes. Nous avons dû devenir mentalement flexibles, tolérants, empathiques, compréhensifs et respectueux. Et nous avons survécu. Si nous avions été des robots aux comportements prévisibles, nos prédateurs ne nous auraient pas manqués!

Nous avons aussi dû apprendre que le poisson ne mord pas toujours de la même manière, qu'il y a des jours de peine et des jours de fête, que le monde est rempli de prédateurs qu'il s'agit d'éviter. Que les choses de se déroulent pas toujours comme nous les avions prévues et que ce n'est pas très grave. Nous savons pardonner, nous savons dire *«eh M...!»,* nous savons nous émerveiller, vibrer de joie. Nous commettons des erreurs qui nous permettent d'apprendre. Nous savons donc pardonner. Et ces choses, comme nous le verrons, s'imitent mal, ne se programment pas, le fait de les programmer les détruit. Pourquoi donc vouloir nous changer? Pourquoi vouloir faire de nous des êtres craintifs et mécaniques? La petite dame aura beau s'appliquer, aura beau faire tous les efforts, il y aura toujours des jours où elle ne sera pas l'heure, précisément parce qu'elle est humaine. Elle devra payer l'amende. L'amende d'être humaine. Elle se demandera avec le temps pourquoi elle n'y arrive pas, elle, à être comme les autres voudraient qu'elle soit. Elle rêvera même de pouvoir devenir robot à son tour. Au lieu d'accepter d'être soi, on rêve de se réduire au robot. Il devient difficile de vivre dans ce monde d'artéfacts qui nous positionnent, nous donnent la respectabilité et nous situent dans la société. Des titres, aux uniformes, aux cartes de visite et aux habits, à la voiture et à la montre, nous devrons absolument montrer qui nous sommes, au travers de ces artéfacts; au risque de se confondre avec ce modèle que nous imitons, au risque de se robotiser. Nous pourrions finir par jouer toute notre vie à être ce personnage que nous ne sommes pas.

TECHNOLOGIE ET DÉMOGRAPHIE

Examinons un troisième type d'émergences liées aussi aux développements des technologies. Si la délinquance est le fait d'un petit nombre, le contrôle que nécessite cette délinquance va concerner chacun d'entre nous. Pour prévenir et repérer ce petit nombre d'individus, il devient nécessaire d'agir sur l'ensemble de la population avec les effets pervers que cela induit: méfiance, administration, contrôles, limitations, pertes de temps et d'énergie... Nous apprenons progressivement à vivre dans un climat de suspicion permanent qui est une émergence: contrôles routiers, contrôles aux aéroports, files d'attente, contrôles aux guichets, caméras de surveillance, contrôles ADN, papiers administratifs, signatures de règlements, etc.
Nous sommes à priori considérés comme des délinquants en passe de passer à l'acte. La liste des méthodes de contrôle est grandissante. Des milliers d'entreprises de technologies travaillent sans arrêt à augmenter cet arsenal d'équipement de surveillance et des milliers de cerveaux sont derrière leurs écrans, leurs bases de données, payés pour suspecter, surveiller et contrôler. L'idée de contrôle, de surveillance, de protection, de suspicion, prend une place grandissante dans nos vies et nos esprits nous mettant de plus en plus sur la défensive. Cette tension que décrit si bien Kafka entre société et individu et qui n'est attribuable à personne en particulier est renforcée par la technologie. Nous sommes en permanence en train de nous souvenir de toutes sortes de codes, de nous promener avec toutes sortes de cartes et de justificatifs. La prévention est devenue une valeur maîtresse, nous devons anticiper constamment toutes sortes

de risques; des risques de vol, de santé, de perte d'emploi, d'accident... Notre espace mental est envahi. L'effet pervers de ce climat négatif est considérable. Nous nous attendons sans arrêt au pire. Cela explique une part de notre grise mine et de nos attitudes robotisées.

George Orwell dans son roman : *1984,* introduit une police de la pensée, dans le film *Minority Report*, inspiré de l'œuvre de Philip K. Dick, la police pré crime intervient avant que le criminel n'agisse. Certains organismes policiers poussent le délinquant à l'action pour le prendre sur le fait. D'autres se cachent pour le surprendre.

En 1600, Giordano Bruno fut brûlé pour hérésie parce qu'il proclamait que le soleil était une étoile comme une autre et qu'il y avait probablement d'autres êtres vivants dans l'univers. Son crime fut d'exprimer des pensées qui auraient pu nuire au paradigme autoritatif catholique. Il est resté le symbole du martyr pour un crime de pensée.

D'un côté, la technologie est conçue pour nous faciliter la vie, de l'autre, elle nous rend de plus en plus dépendants, de plus en plus contrôlés, de plus en plus uniformisés, de plus en plus robotisés et, dans certains cas, de plus en plus abrutis. La société progresse, l'homme en cherchant à s'y adapter, régresse.

L'incroyable explosion de la population mondiale depuis trois cents ans nous pose des problèmes inconnus. Des émergences de toutes sortes se produisent, avec leurs conséquences incompréhensibles. Le nombre de transactions entre humains croît exponentiellement avec la population, les nécessités administratives et législatives aussi. Le temps consacré par chacun à remplir des formulaires, à répondre à l'administration, à se défendre, à attaquer, à organiser devient énorme. Nous comptons sur le progrès technologique qui l'a accompagnée pour nous aider à faire face à cet afflux de contraintes, mais ce même progrès technologique amène aussi de nouvelles contraintes. Nous sommes comme pris dans un cycle infernal où nos solutions sont des nouveaux problèmes.

L'accroissement de la longévité, la plus grande facilité de vie (dans certaines régions) que les technologies ont permise nécessitent de pouvoir nourrir, transporter, éduquer, loger, chauffer... toute cette population. Là encore, la technologie nous en a donné les moyens. Nous sommes cependant pris dans un engrenage de croissance, rendu nécessaire par notre système économique. Songez par exemple à l'obsolescence. Sur une planète dont les ressources sont limitées et dans un modèle d'économie qui a besoin de croissance pour survivre, cela pose des problèmes pour lesquels nous ne sommes pas préparés par le paradigme mécaniste. Nous ne savons survivre que dans le *plus de.*

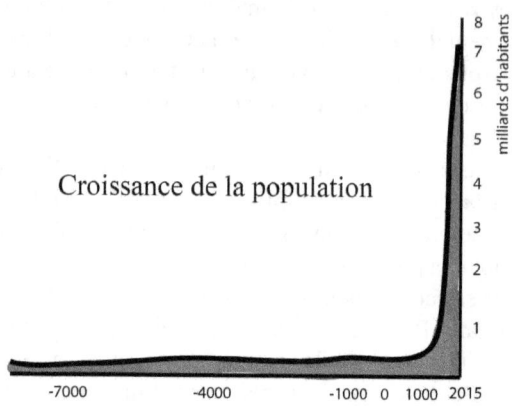

Figure 1: Croissance de la population mondiale

Les idées et moyens intellectuels et de réflexion de notre population datent d'une époque qui n'est plus. Nous vivons sur des mythes du passé. Certains ont fait leurs preuves pendant des milliers d'années. Mais ces idées parfaites à l'époque à laquelle elles ont été développées causent aujourd'hui plus de problèmes qu'elles n'en résolvent.

La démocratie, elle-même, ne semble plus adaptée à gouverner. Elle a été conçue pour augmenter les richesses et le bien-être d'une population. Elle ne remplit plus vraiment ce rôle aujourd'hui. La démocratie ne semble pas capable de résoudre les problèmes qui se posent à l'humanité de manière globale telle que les questions climatiques et environnementales ou encore les questions des échanges internationaux ou la mondialisation des systèmes financiers. Elle ne remplit pas non plus son rôle éthique, celui d'une distribution équitable des richesses. La démocratie n'est même plus vraiment démocratique, dépendante qu'elle est de l'information et de la culture. Les politiciens au pouvoir ne disposent pas en fait pas vraiment de moyens pour faire face aux problèmes qui ne se posent plus de manière locale. Les problèmes dépassent les frontières dans le temps et l'espace qui sont celles des politiques. Les politiciens se réfugient alors dans l'urgence et l'immédiat. On oublie les visions et les rêves, n'ayant accès qu'à une petite part de la complexité globale. La démocratie est esclave de l'information. Un homme ne vote que sur la base des idées qu'il a accueillie. Or les systèmes d'information sont aussi des systèmes adaptatifs complexes avec leurs émergences. Soumise aux contraintes économiques, l'information s'organise en vagues, en paquets émergents: ce qui est à la mode, ce qui fait le buzz sur le moment. Plus personne ne peut vraiment trier le vrai du faux, l'important de l'éphémère. Une idée

34

peut devenir à la mode parce qu'elle est reprise par suffisamment des médias qui ne veulent pas rater l'opportunité de vendre plus, cela ne veut rien dire sur la qualité de son contenu. L'idée étant à la mode, le politicien, qui lui veut recueillir des voix, va l'adopter et l'amplifier. On en parle et plus on en parle, plus on en parle. Jusqu'à la prochaine idée. Il n'y a plus personne à la barre.

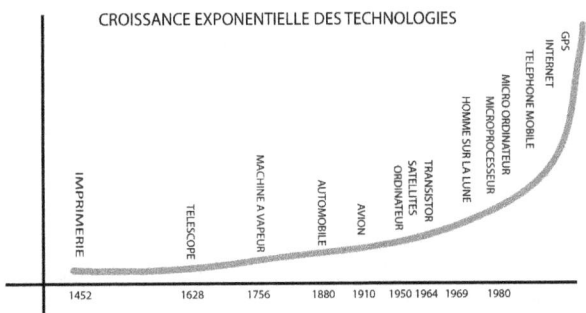

Figure 2: Croissance technologique.

Je dresse ce tableau un peu affligeant comme un constat. Je me propose dans ce livre de détailler le type de pensées qui nous ont conduits à ces situations. En prétendant que nos situations absurdes sont cause des émergences résultant du paradigme newtonien, je pense que nous sommes presque prêts pour un changement de paradigme que je veux vous exposer dans les chapitres qui suivent. Cela pourra prendre des dizaines d'années et n'ira pas sans soubresauts, mais, si nous survivons cela se fera inévitablement et nos descendants nous étudieront en se demandant comment nous avons pu croire que le monde était mécanique.

III. Des Hommes aux robots

Notre vie humaine est invraisemblablement complexe et imprévisible. Nous nous croyons installés dans une situation, mais personne ne sait de quoi le lendemain sera fait. Jamais, au grand jamais, je n'aurais pu croire d'avance ce que ma vie m'a finalement réservé. Et chaque fois que j'ai imaginé l'avenir, je me suis trompé complètement. Des événements surgissent, apparemment de nulle part et viennent bousculer le cours des choses. Notre vision est trop étroite, trop conditionnée par notre passé pour seulement imaginer ce que les rencontres et les coïncidences peuvent produire. Car les changements au niveau individuel proviennent pour la plupart des rencontres et se présentent toujours sous les habits de la coïncidence et du hasard. Il faut dire que les plans de carrière m'ont toujours fait horreur, je voulais vivre ma vie comme une aventure, et c'est finalement ce qu'elle a été. Nos jeunes aujourd'hui ont tendance à considérer leur vie comme une carrière formatée.

En regardant en arrière, je n'en reviens pas des hommes et femmes extraordinaires que j'ai pu rencontrer, des rencontres et des amitiés si improbables, tellement en dehors de toute continuité, qu'elles étaient totalement imprévisibles. Je pourrais dire que le hasard a guidé ma vie. Je n'avais prévu aucun des événements qui, par la suite, se sont avérés les plus importants. Aucune des rencontres, aucun des amours, aucune des amitiés, aucune des idées fructueuses. Rien n'était au programme, pas étonnant que je ne croie pas aux prévisions à long terme. Pour moi cela n'a jamais fonctionné. Ce qui m'a intrigué, c'est cette notion de hasard et la raison d'être de ces coïncidences. À certains moments de ma vie, je les collectionnais, comme certains collectionnent des papillons, en demandant à chaque personne de me raconter la coïncidence la plus improbable qu'il ait vécue. Cette collection m'a convaincue, les hasards sont les points de bifurcation de nos vies, le reste n'est souvent qu'une navigation en roue libre.

Un jour, vers 1994, voulant m'informer sur le développement des télécommunications, je me retrouve, qui sait comment, assis en face d'un Indien habitant aux États-Unis, guru mondial des télécommunications. Et me voilà au seuil de nouvelles découvertes exceptionnelles. Appelons le Sami. Né dans une famille pauvre du sud de l'Inde, il avait réussi à faire des études aux US, monter une entreprise dans la téléphonie, la revendre pour un montant considérable pour se retrouver, à trente ans, riche, aux États-Unis et avec une famille pauvre, dans la région la plus pauvre, dans un pays pauvre. Il n'a eu de cesse dès lors de chercher à servir son pays, conseillant premiers ministres et présidents successifs, combattant la pauvreté sous tous ses aspects, développant les infrastructures, l'éducation et les échanges internationaux. Son histoire est alors un véritable conte de fées. Sa réputation dépassa rapidement les frontières de l'Inde, il donnait des conférences et des conseils aux parlements et aux gouvernements de pays du monde entier. Par conviction, par désir profond de voir ce monde évoluer et sortir de cette ère d'ignorance et de misère. Je l'ai suivi à travers le monde pendant quelques années et j'ai énormément appris sur les hommes, leurs conditions de vie et le pouvoir d'entraînement énorme de l'espoir. J'ai aussi beaucoup appris sur l'esprit de l'homme et sa diversité. Sami était un brillant ingénieur formé aux États-Unis, vivant aux États-Unis, mais Indien. Dans son esprit cohabitaient des mythes étranges et contradictoires, provenant de deux cultures opposées et apparemment irréconciliables. Il m'expliqua un jour qu'il y avait à Delhi un livre répertoriant tous les hommes vivants et ayant vécu et dans lequel l'on pouvait lire les principales étapes de sa propre vie, comme ses dates de naissance et de mort, sa date de mariage, les dates de naissance et les noms de ses enfants. Je ne crus pas, bien entendu, à son histoire. Mon cerveau et mes croyances ne pouvaient pas l'accepter, bien que de nombreux Indiens me l'aient aussi confirmée en m'assurant même avoir consulté le livre et connaître, par exemple, la date de leur mort. Ce qui me surprenait était cette curieuse cohabitation dans un même cerveau éduqué et brillant de croyances si opposées les unes aux autres. Cela me charmait, j'avais besoin de comprendre comment c'était possible, comment Sami pouvait gérer cela et résoudre les questions que cela posait. Il m'est apparu que cette juxtaposition de cultures était en fin de compte une énorme richesse et qu'elle était probablement la source même de l'énergie et de la créativité de Sami. D'un côté un savoir-faire rationnel et technologique, mais de l'autre des mythes et des croyances, sources de motivations profondes et d'une image chaude, intégrée et rassurante de l'homme. D'un côté une modernité rationnelle, de l'autre des mythes et des traditions donnant un sens à son parcours et son action. Sans ces mythes, où donc aurait-il puisé le sens profond qu'il donnait aux choses? Sa source d'inspiration aurait été dans la rigueur technologique et aurait donc manqué de la profonde humanité qui caractérisait Sami et faisait partie de son fantastique pouvoir de conviction. C'est ce qui est en train de se passer dans nos pays avancés, nous nous reposons sur l'idéologie mécaniste, pas seulement comme technique, mais comme source d'inspiration. Je me suis de plus en plus convaincu qu'il s'agit là de deux domaines différents de la pensée et qu'il ne faut pas laisser l'un envahir ou détruire l'autre: l'inspiration d'une part, la réflexion rationnelle de l'autre. La richesse de notre âme provient de juxtapositions impossibles, du mélange de mythes et de sciences, de rêves et de rigueur. Si nous aboutissions à une culture basée sur la technologie, nous nous assécherions et nous succomberions facilement au schéma de la robotisation, puisant notre image de l'homme dans les *histoires* technologiques mécanisantes plutôt que dans la richesse des contes et des mythes. Ces histoires technologiques ont envahi nos scénarios de science-fiction, remplis de mondes totalement mécanisés et de populations au service du pouvoir d'un seul.

Des doubles cultures, où même de multiples cultures peuvent aisément coexister en nous, elles permettent de débloquer des situations intérieures qui se retrouveraient coincées si nous évoluions sur une seule ligne de pensée. Finalement leur coexistence est simple si nous nous éduquons à ne pas mélanger les choses, à ne pas vouloir expliquer l'une par l'autre, comparer l'une à l'autre.

Les hommes porteurs de nombreuses cultures ont continué à me fasciner par leur agilité et leur ouverture d'esprit. Même si cela peut être rassurant, il n'est pas sain de se laisser enfermer dans une seule manière de penser. Notre cerveau peut parfaitement manier de nombreuses facettes de la réalité, de nombreuses interprétations des situations. L'ouverture et la souplesse d'esprit sont absolument nécessaires. Vouloir enfermer la société dans une rigidité mécanique ne peut que conduire à des accrocs et des malheurs. La vie n'est pas un grand mécanisme. Équiper nos enfants en les encourageant à fréquenter des cultures différentes, à parler différentes langues, à voyager dans différents pays, à ne pas juger, à ne pas se spécialiser à outrance est à mon sens le plus beau cadeau que nous puissions leur faire. Une éducation purement technique ou scientifique ne sera jamais suffisante, elle peut fausser notre image de l'être humain. Je rêverais de programmes d'enseignement, même et surtout après le bac, qui sortent de l'immédiateté, de l'utilitarisme et qui mélange histoire, mythes, sciences et art.

LE TEMPS DE PENSER

L'un des aspects de la robotisation concerne l'utilisation de notre temps de pensée. Notre temps nous est volé et cela n'est pas reconnu comme un crime, alors que c'est notre propriété la plus privée, la plus précieuse et la moins remplaçable dont nous parlons. C'est une propriété que nous mettons en location lorsque nous travaillons, mais que nous

nous laissons prendre sans compensation par les émergences de la société. Nous trouvons même cela normal. Si nous avons insisté sur le rôle du hasard dans le paragraphe précédent, j'aimerais ici parler de notre temps de vie. Les deux concepts seront traités du point de vue théorique au chapitre treize.

Chaque fois que notre temps est utilisé au service d'un autre ou d'un système sans que nous l'ayons délibérément choisi, il s'agit d'une forme de vol: dans les files d'attente, en nous imposant cette énorme paperasserie à lire et à remplir, en nous bombardant d'informations inutiles et en nous persuadant que nous devons être informés. On nous le vole avec de la publicité qui veut s'approprier de notre cerveau à tout prix. On nous le vole en guidant notre pensée sur des considérations inutiles. On nous le vole en nous condamnant à l'immédiat, aux temps courts, à l'urgence. Quelles pensées pouvons-nous avoir si notre portable sonne sans arrêt? Si l'on attend de nous que nous répondions présents, toute autre activité cessante. Notre temps de pensée est ainsi cadré, de sonnerie en sonnerie, d'urgence en urgence.

La publicité, par exemple, a découvert toutes sortes de moyens d'attirer notre attention et de s'infiltrer dans notre activité cérébrale. Elle s'introduit en plein milieu de ce film qui nous intéresse, elle colle ce panneau sous notre nez pendant que nous attendons le métro. Elle profite de choses qui nous intéressent vraiment pour nous imposer son message. Subtilement sur le podium le champion met en avant sa montre et se contorsionne pour nous montrer la marque de ses lunettes ou de ses skis.

Ce sont des agressions hypocrites. On nous condamne à occuper notre pensée par un sujet que nous n'avons pas choisi. Cette hypocrisie a valeur d'exemple pour nos propres comportements sociaux, l'hypocrisie devient une valeur positive. Au lieu d'hypocrite on dit malin ou intelligent. Aujourd'hui on examine par caméra la direction de notre regard, sa trajectoire et le temps d'arrêt sur chaque objet de manière à mieux étudier comment capter notre intérêt. On étudie nos comportements sur Internet et notre histoire personnelle pour mieux cibler la publicité. Ces méthodes ne relèvent plus de la concurrence entre sociétés commerciales, mais d'une agression pour conquérir un territoire: notre cerveau. Elles sont considérées comme des progrès technologiques et elle le sont, d'un certain point de vue guidé uniquement par la technologie. Mais en prenant du recul, en plaçant notre liberté d'esprit comme valeur maîtresse, elles génèrent une énorme régression. Se contenter d'une ligne de pensée, sans la distance nécessaire, nous guide sur de fausses voies. C'est ce qui se passe en prenant le profit immédiat comme guide de notre avenir. Que d'autres cherchent à obtenir des informations sur nous à notre insu pour faire leur commerce ou pour toute autre raison, ne me paraît pas acceptable. Mais ce n'est pas tout. La pensée est aussi étranglée par l'organisation de notre temps.

Songez aux rythmes imposés par les vacances scolaires, les dimanches de repos obligatoire, les périodes de soldes, les fêtes religieuses ou laïques, les anniversaires que vous ne pouvez éviter, les spectacles à la mode, les réunions régulières de clubs ou d'associations, de collaborateurs ou de parents, etc. Songez aux horaires de fermeture des magasins, aux horaires du journal télévisé, aux heures des repas, au dépôt de votre déclaration fiscale, au cours de musique, de danse ou d'aérobic, aux rendez-vous médicaux, aux horaires de bus, à la retraite, aux fins de mois qui vous occupent, et j'en oublie sûrement. Le tapis roulant défile. Ajoutez tout cela, ajoutez le temps perdu dans les transports et le temps de sommeil et vous comprendrez aisément pourquoi nous sommes en train de courir perpétuellement. La fatigue aidant, le temps de penser ou de créer ou de rêver, a disparu. Le système profite d'une illusion mentale répandue: je pourrais faire ce qui m'intéresse vraiment plus tard. Il n'y aura jamais de plus tard. Nos instants à nous, nous devons les voler au système, alors que c'est le contraire, c'est le système qui nous vole. Le programme est écrit sans que personne ne l'ait écrit. Il a émergé. Si vous réussissez à vous adapter suffisamment à cette *société malade de ses émergences*, vous penserez pouvoir traverser la vie sur des rails qui ont été posés pour vous avant votre naissance.

La conclusion du célèbre roman *1984* [1] de George Orwell[2] advient au moment où le héros, révolté contre le système, succombe et finit par admettre que, lui aussi, aime Big Brother; et l'argument définitif est celui qui lui fait comprendre que même sa révolte, il ne l'a pas choisie, elle a été programmée, bien avant sa naissance.

ROBOTISER L'HOMME

La dépression est l'inhabilité de se construire un futur. Rollo May

Henry Ford, le très célèbre industriel de l'automobile, introduisit, en 1913, les chaînes de montage dans ses usines de Détroit, générant ainsi un énorme gain de productivité en appliquant la décomposition des tâches. Chaque ouvrier n'avait plus qu'une seule opération à effectuer. Pour qu'un homme soit efficace, il fallait qu'il soit focalisé sur une seule action répétitive. La créativité de l'homme fût considérée comme un défaut. La tâche doit être simple, la vitesse d'exécution imposée par le

---

[1] Publié en Juin 1949 alors qu'Orwell souffrait de tuberculose.
[2] 1903-1950

défilement de la chaîne et la qualité des ouvriers mesurée par la vitesse à laquelle on peut régler le tapis roulant. Ce type de *procédure robotisante* a fait son chemin dans la société et dans les esprits: éviter à l'homme de penser, imposer les rythmes par une procédure mécanique et mesurer l'humain par des résultats chiffrés. Le paradigme newtonien pénétrait dès lors au cœur même de la société et une image de l'homme était en train de s'imposer. L'homme entrait de plain-pied sous la rubrique *frais de production*, précisément celle qu'il fallait compresser pour augmenter les profits. Du point de vue de ce paradigme, les vrais robots sont supérieurs aux humains et la technologie a fini par remplacer la majorité de ces hommes robotisés par de vrais robots en acier. Les hommes-robots sont condamnés à devenir obsolètes avec leurs maladies, leurs retards, leurs syndicats, leurs revendications, etc.

Figure 3: Chaîne de montage Ford 1913

Aujourd'hui plus que jamais, nos rythmes sont dictés de l'extérieur. Le bombardement continuel d'informations détruit notre capacité à hiérarchiser l'information, le buzz, la surmédiatisation nous maintient perpétuellement occupés nous empêchant de penser individuellement. Comme le tapis roulant qui défile, la vie humaine défile. La plupart d'entre nous sont pris dans un tourbillon d'actions et d'échanges. En moyenne, les adolescents entre quatorze et seize ans envoient en 2011, 3'000 SMS par mois soit en moyenne cent par jour. Le *cadrage* à 160 lettres par message est un cadrage de la pensée et des sentiments. L'obligation de répondre tout de suite est une prise de possession de notre temps, un tapis roulant qui défile. À la différence du système de Ford, personne n'est responsable. Personne ne nous oblige à avoir un téléphone ou à répondre, l'obligation s'impose toute seule en s'appuyant sur des ressorts comme la pression de conformité, c'est une émergence. La succession de nos actions n'ayant pas été pensée et choisie de l'intérieur, dans le cadre d'un contexte, d'une personnalité qui s'étoffe, mais de l'extérieur par des événements, l'idée de *sens* ne se développe pas de manière construite. Alors parfois l'esprit s'éveille et nous pose la question : que signifie tout cela? Est-ce bien normal de devoir devenir un robot qui finira par être obsolète?

Heureusement, cher lecteur, notre cerveau nous offre une arme secrète en plus de la pensée: l'humour. L'humour permet la distance, la dérision et nous situe en dehors du contexte dans lequel ces choses se produisent. L'humour est vital, aucune situation ne doit nous pousser à l'abandonner, devant toute situation, nous devrions intérieurement rechercher la possibilité d'en rire.

ARGENT ET PAUVRETÉ

L'argent est apparu très tôt dans l'évolution des homo sapiens comme moyen virtuel pour faciliter les échanges. Aujourd'hui appuyé par la technologie, manipulé par des théories économiques, il s'est infiltré dans tous les recoins de notre vie au point de devenir, pour certains, une illusoire raison de vivre. Personne ne le maîtrise et personne ne le comprend vraiment. Étant virtuel, il parcourt toutes les couches d'abstractions mentales. Ses émergences se multiplient en couches de récursivité successives incontrôlables. Il s'est universalisé dans un monde divisé. Il ne provient de nulle part, il est simplement émis, imprimé ou indiqué par quelques bits d'information sur un écran; différents supports encodent donc cette information. Il doit pourtant rester rare pour conserver sa valeur. L'argent est devenu le moyen privilégié de contrôle des hommes, un moyen de répression, un moyen de reconnaissance et par-dessus tout un outil virtuel de robotisation impressionnant. Sa loi nous transforme, au fur et à mesure qu'il s'infiltre partout, en des *comptables utilitaristes*. La seule explication crédible qu'il nous reste pour justifier, face aux autres, nos comportements est: *je l'ai fait dans mon intérêt* autrement dit *pour gagner plus*. Toute autre explication n'est plus crédible. Nous ne pouvons plus dire: *je l'ai fait par amitié*, personne ne va nous croire. Nous ne sommes compris que si nous faisons des choses pour protéger nos finances. L'homme qui ne soumettrait pas à sa loi, qui ferait des choses par amour ou par générosité est dévalorisé, maltraité et soupçonné d'intentions cachées.

Suivant les cultures, l'argent est suspect ou encensé, on est fier de le montrer ou l'on s'efforce de le cacher.

L'argent est en rapport avec le temps. Nous sommes payés pour accepter de donner notre temps (et notre savoir-faire) à une organisation. Nous sommes payés à l'heure, à la semaine ou au mois. Dès lors, le jeu sera de nous faire effectuer le plus de choses possible pendant le temps payé pour cela, il faudra contrôler notre productivité par un tapis roulant. Nous voilà dès lors traités comme des robots, des machines. Pour cela, nous serons formés, formés à être conformes à la philosophie de l'entreprise, aux présupposés du système, formé à ne plus réfléchir en dehors du cadre. Formés à accepter que la rentabilité soit la loi absolue et incontournable. Un jeu de pressions complexes s'est installé. Ce jeu émergeant est devenu vraiment apparent depuis maintenant une centaine d'années, il s'étend progressivement à la planète entière et déshumanise chaque jour de plus en plus de personnes. La technologie a accéléré les choses. En globalisant, en permettant la circulation quasi instantanée d'informations, d'argent et de personnes. Grâce aux technologies, le terrain de jeu s'est largement étendu ainsi que le nombre de parties, les émergences, ont explosé créant d'invraisemblables absurdités et une perte de contrôle total. Les entreprises sont en concurrence, on leur demande de faire du profit, elles seraient responsables de ne pas minimiser la masse salariale et de ne pas maximaliser le rendement. En contrepartie on leur impose des règles pour ne pas trop brimer leur personnel. Il est évident qu'elles chercheront à les contourner par tous les moyens.

L'argent est devenu la raison de toute chose. Faire des études pour gagner plus. Se syndiquer pour gagner plus. Voter pour tel ou telle pour finalement gagner plus. S'informer pour gagner plus. Se faire ami avec quelqu'un pour gagner plus. Etc.

Il est bien évident que l'intelligence n'a rien à voir avec l'argent. Les intelligents ne s'intéressent pas nécessairement aux jeux de l'argent. Bien au contraire, ils ont autre chose à faire de bien plus important pour eux. Certains hésiteront à contribuer à un système dont ils voient partout les faiblesses. Ceux qui s'y intéressent vraiment sont plutôt les ambitieux en quête de reconnaissance sociale, d'honneur et de domination. Ils finissent donc par avoir le pouvoir.

Mais, bien sûr, nous devons tous vivre dans ce système que nous avons conçu au départ sans en imaginer toutes les émergences. Nous l'avons conçu et nous le faisons vivre. Nous essayons de lui donner des apparences d'équité et de justice, nous y arrivons mal. La répartition de l'argent est profondément injuste, elle blesse d'autant plus que vous êtes pauvres. La pauvreté, dans notre société, coûte très cher. Elle vous entraîne dans des détours difficiles, qui prennent votre temps, votre énergie, votre espoir et le peu d'argent qui vous reste. Tout devient de plus en plus compliqué sans argent. À commencer par le respect et la reconnaissance sociale que l'on vous ne porte pas ou plus. Vous devez tout prouver, tout justifier. Vous ressentez la société humaine comme écrasante, étouffante, sans perspectives et sans espoir. Le manque d'argent tue les rêves. Pauvre, le matin en vous réveillant, vous n'avez qu'une seule idée en tête: comment ramener assez d'argent aujourd'hui. Votre cerveau va concentrer tout son effort là-dessus: comment gagner plus, comment payer les créanciers, le loyer, les assurances, la nourriture, où trouver à acheter moins cher, comment camoufler ma pauvreté, comment faire croire que tout va bien, comment affronter ma famille, comment la nourrir, comment expliquer que j'en sois là? Vous avez cru au système, à l'emploi, aux études, au chômage, au plan de carrière, et vous voilà chaque jour en train de chercher à boucler votre fin de mois, si ce n'est votre fin de semaine, si ce n'est votre journée. Vous voici en train de refuser des jouets à vos enfants qui ne comprennent pas, en train de supprimer les vacances, les invitations et les fêtes et de vous concentrer sur les pâtes ou la soupe pour les repas du soir. Et pourtant vous y avez cru au système. Pas question pour vous dans ces conditions de passer du temps à réfléchir ou à étudier. Et ainsi, passe la vie. Vous avez été robotisé dans la pauvreté et, ce qui n'était au début qu'un passage difficile s'est incrusté, est devenu une vie difficile. Une vie où le système a fait plus que de vous empêcher de réfléchir, il vous a privé de votre dignité d'homme. La mécanisation et la plupart de ses mécanismes que nous décryptons ici sont vieux comme l'humanité. Ils existaient dans les armées égyptiennes il y a cinq mille ans, comme chez les Mayas. Ce qui a vraiment changé aujourd'hui, c'est la technologie qui a tout accéléré et multiplié et qui a permit de nouvelles méthodes de contrôle de l'individu, de nouveaux niveaux d'émergences et une perte totale de contrôle global. Progressivement, la technologie a modifié ce que cela signifie que d'être un humain.

Je n'ai parlé ici que d'un petit pourcentage de l'humanité. Les autres sont loin de ces considérations. Vingt pour cent vivent dans un niveau de pauvreté tel qu'il nous est totalement inimaginable. Et cette pauvreté est aussi accentuée par la technologie. Vivre pauvre dans une famille et un environnement humain est supportable. Vivre pauvre dans une société organisée est bien plus difficile.

ROBOTISATION ET TECHNOLOGIES

Si les produits de la technologie sont impressionnants, la nature, elle, est belle. Leurs sources sont différentes. L'une est construite, l'autre s'est développée. Retenons bien cette différence qui va devenir essentielle tout au long de cet essai. Si l'impressionnant devient coutumier, la beauté est pérenne. Les gratte-ciel remplacent de plus en plus les villages, le bétonnage s'étend, les formes géométriques des objets construits remplacent dans les paysages les formes moins régulières de la nature. La mécanisation et ses rigidités s'étendent dans notre paysage visuel, mais aussi mental et maintenant avec le progrès des robots, sachant lire la mécanique, mais pas la beauté, elle explose exponentiellement.

La conduite automobile automatique rendra obsolètes les chauffeurs de taxis ou de bus, la conduite automatique des métros et des trains a déjà gagné du terrain, le pilotage des avions, le secrétariat, la traduction, la chirurgie robotisée est en route... Partout les vrais robots prennent irréversiblement le dessus. Dans le film *Simone* de Andrew Niccol avec Al Pacino, daté de 2002, l'actrice principale, Rachel Roberts, joue le rôle d'une actrice virtuelle appelée Sim one pour simulation one. Le thème principal du film est que les acteurs deviendront trop cher et seront remplacés par des acteurs virtuels. Viendra le moment où nous ne serons plus rentables nulle part et serons, semble-t-il, complètement remplacés.

Si vous prenez le train dont la ligne aboutit à l'aéroport de Genève, ce dernier (le train) vous parlera à la fin du parcours et vous souhaitera un excellent voyage en espérant avoir le plaisir de vous accueillir à nouveau. Un enregistrement peut-il nous souhaiter une bonne journée et vous accueillir sans dénaturer le sens de ce message? N'est-il pas essentiel qu'il y ait une personne derrière un message, une personne avec sa sensibilité, ses joies et ses peines, une personne qui pense à moi et qui *aurait pu dire autre chose* ou alors se taire. Une personne qui a fait un choix. Le message n'est pas dans son énoncé, il est plus vaste que les mots, il comprend la série de choix que fait la personne avant de prononcer ces mots.

En juillet 1948, Claude E. Shannon[3], qui travaillait au laboratoire Bell, publia un article qui littéralement fonda la *théorie de l'information*. Son article est intitulé: *Une théorie mathématique de l'information*. Shannon

---

[3] 1916-2001

se limite à la partie sémiologique de ce que nous entendons généralement par information. Il mesure la *quantité d'informations* sans se préoccuper de son contenu. Il n'aborde donc pas la question sémantique, de signification, de sens ou d'interprétation. En laissant la sémiologie[2] et la syntaxe déborder sur la sémantique[4], nous privilégions une quantité mesurable sur des valeurs plus subjectives et humaines, nous robotisons.

Une étude de 2012 de l'université d'Édimbourg Business School a mis en évidence la corrélation existant entre le nombre d'*amis*[5] sur Facebook et le niveau de stress. Plus il y a de groupes de personnes parmi vos *amis* Facebook, plus votre niveau de stress est élevé. En particulier, rajouter des parents ou des employeurs à sa liste d'amis augmente spectaculairement le niveau d'anxiété. Le stress apparaît lorsqu'une personne présente à un groupe d'amis, une version d'elle-même qui est inacceptable pour d'autres amis. Facebook qui est un formidable outil technologique a ses émergences destructrices. Il nous contraint et modèle nos pensées, dénature totalement le mot *ami*, camoufle les complexités d'une véritable relation et réduit la communication à des écrits mal maîtrisés. Facebook dissimule les difficultés d'être en tant qu'humain: des individus à différents visages qui découvrent en mûrissant l'utilité de faire partie de groupes différents pour projeter des images différentes. Il nous contraint par sa structure et ses catégories conceptuelles à n'être qu'une ombre pâle de nous-mêmes, à projeter une image qu'un jour ou l'autre l'utilisateur regrettera. Cinquante pour cent des employeurs interrogés lors de cette étude déclarent avoir renoncé à engager un candidat après avoir consulté son profil Facebook.

Facebook rend l'événement ou le sentiment d'un jour important pour toujours. Il rend public ce que nous devons apprendre à maintenir personnel. Nous savons depuis longtemps que l'écrit est un mode de communication différent de l'oral, Facebook nous aide à tout mélanger. Il ressemble à une psychanalyse, mais où le psychiatre va utiliser un jour contre vous ce que vous lui aurez confié.

Dans son article intitulé: *Mapping the Body across Diverse Information Systems : Shadow Bodies and they make us human*[6], Ellen Balka et Susan Star, montrent comment les systèmes d'information produisent des émergences sous forme de *corps d'ombre* en accumulant des données digitales, en insistant sur certains aspects et en n'en relevant pas d'autres. Votre dossier petit à petit se constitue: vos recherches sur Internet, vos centres d'intérêt, à qui vous téléphonez, ce que vous achetez, les mots que vous employez le plus souvent, vos goûts

---

[4] La signification, le sens que nous attribuons.
[5] Quelle étrange conception de l'amitié
[6] Star & Balka, 2009

musicaux ou littéraires, vos voyages, vos dépenses, vos notes à l'école, vos mails, ce que vous photographiez, pourquoi pas votre dossier médical… Parfois s'y rajoutent quelques informations provenant de quelqu'un à qui vous avez prêté votre ordinateur ou qui s'est connecté sur votre réseau, ou qui a le même nom que le vôtre. Votre *corps d'ombre* s'est formé et c'est sur ce corps et cette personnalité que l'on va vous juger, vous jauger, vous employer, vous refuser la garde de vos enfants, vous proposer des marchandises, décider quelle lecture vous proposer… Bref, dans le monde digital, vous n'êtes plus vous, vous êtes votre corps d'ombre qui persiste à travers les systèmes d'information et vous fait glisser de l'utilisateur-vous à l'utilisateur ombre. D'une certaine manière, votre faux profil vous remplace, une ombre de vous-même. Or, ce faux vous, a été généré par des algorithmes tenants uniquement compte de données syntaxiques et n'ayant aucun accès au sens que vous mettez derrière chaque action. Votre faux vous, votre ombre pourrait représenter l'opposé même de votre personnalité. L'homme est infiniment plus complexe que cette ombre parodique et behavioriste[3]. Ce n'est que les robots que nous pouvons évaluer sur la base d'actes et de résultats puisqu'ils ne sont qu'algorithmes et sont fabriqués pour obtenir des résultats. L'homme n'est pas fabriqué et les résultats représentent qu'une partie minime et immédiate de sa personne. Combien d'artistes sont morts dans la misère alors que leurs œuvres se sont vendues des années après pour des millions! Nous réduire à cette ombre est une robotisation affligeante dont nous commençons seulement à prendre conscience. Nous avons fabriqué les robots (et donc les algorithmes) en retour, ce sont maintenant eux qui nous fabriquent sous forme d'ombre. Et ces ombres sont considérées par le corps social comme étant nous.

EXPLOITS DES ORDINATEURS

Les ordinateurs sont inutiles. Ils ne savent que donner des réponses.
Pablo Picasso

Chaque année voit apparaître un nouveau cru de superordinateurs de plus en plus puissants. En ce moment (novembre 2012) nous approchons des 20 péta Flops. C'est-à-dire que ces machines sont capables d'effectuer vingt quadrillions d'opérations mathématiques par seconde. Autrement dit, vingt fois 10^{15} opérations par seconde, soit encore 20,000,000,000,000,000 opérations par seconde. C'est gigantesque, inimaginable, totalement hors de portée de nos capacités humaines. Et pourtant ce ne sont que des machines. Il est prévu d'atteindre une puissance de calcul d'un Exa Flop d'ici 2020, soit mille péta flops.

Avant de devenir ces puissantes machines, l'ordinateur fut d'abord un concept philosophique auquel de nombreux hommes ont contribué. Nous verrons leurs noms défiler, d'Aristote à Leibniz, de Boole à Babbage et finalement Hilbert, Gödel von Neumann et Turing, pour n'en citer que quelques-uns. C'est ce concept que nous développerons progressivement ici.

Le 11 mai 1997, l'ordinateur d'IBM Deep Blue, a gagné deux parties sur trois contre le grand maître et le champion du monde d'échecs Garry Kasparov. Bien sûr, il s'agit d'un exploit technologique, mais ce n'est sûrement pas, une preuve d'intelligence. Les échecs sont un jeu fini avec un nombre fini de parties possibles (Claude Shannon[7] a calculé qu'il y en avait environ 10^{120}), même si le nombre de possibilités est gigantesque, il serait à priori possible qu'une machine assez puissante les examine l'une après l'autre. Ce n'est rien de plus que de choisir dans une base de données. Une machine pourrait faire cela avec des ressources suffisantes. Deep Blue constitue un exploit technologique remarquable, mais ses résultats sont loin de permettre de le qualifier d'intelligent, Deep Blue n'a fait que suivre des règles, il possède une énorme capacité de calcul, mais pas une trace d'intelligence propre. Kasparov, lui, ne possède pas les énormes ressources en mémoire et en capacité de calcul, il joue avec son intuition, son expérience et son intelligence. Si apparemment Deep Blue et Kasparov jouent le même jeu, en réalité, ils utilisent des méthodes et des approches totalement différentes.

Watson est un ordinateur d'IBM capable de répondre à des questions posées en langage naturel. En février 2011, Watson a battu le plus grand champion en gains Brad Rutter et le recordman en durée à la tête du classement Ken Jennings, au jeu télévisé Jeopardy. L'ordinateur n'était pas connecté à Internet, mais disposait de quatre terabytes de mémoire disque contenant plus de deux cents millions de pages accessibles. La véritable capacité de Watson était de pouvoir utiliser simultanément toute une série d'algorithmes linguistiques. C'est, là aussi, un véritable exploit de la part d'IBM qui sans aucun doute conduira à de nombreuses applications. Mais là, de nouveau, pas de quoi s'émerveiller. L'intelligence est à nouveau chez IBM et pas dans la machine. Les joueurs humains ne jouaient qu'en apparence le même jeu que la machine. Le grand intérêt de ces démonstrations me semble être de poser des questions sur la nature de l'intelligence humaine. Comment la définir et la repérer? Voici l'extrait d'une interview de Noam Chomsky, le célèbre linguiste, par Gavin C. Schmitt:

---

[7] Dans son article de 1950 "Programming a Computer for Playing Chess".

Noam Chomsky: je ne suis pas impressionné par une plus grosse machine à vapeur.

Interviewer: je suppose qu'une plus grosse machine à vapeur est une référence à Deep Blue. Watson comprend le langage parlé et adapte sa connaissance en fonction de ses interactions avec l'homme. Quel niveau d'intelligence artificielle pourrait vous impressionner?

Noam Chomsky: Watson ne comprend rien. C'est une plus grosse machine à vapeur. En fait je travaille en Intelligence artificielle et beaucoup de ce qui est fait m'impressionne. Mais pas ces gadgets à vendre des ordinateurs.

Deep Blue et Watson sont simplement des outils, bien sûr, extraordinaires, capables de résultats exceptionnels avec une puissance de calcul incroyable, mais de simples outils. La qualité de ces outils montre combien leurs créateurs sont intelligents. Elle ne montre pas que les outils sont intelligents.

On a fabriqué les télescopes, aussi des outils, de plus en plus puissants depuis Huygens et Galilée. Mais ce ne sont que des télescopes, conçus, inventés, développés par l'homme pour répondre à des questions purement humaines. Il ne nous viendrait pas l'idée de dire, un télescope a découvert une nouvelle planète. C'est l'homme qui pose une question humaine et y répond en construisant un outil pour multiplier ses capacités sensorielles. La situation est moins claire pour les ordinateurs, mais simplement parce que nous comprenons moins immédiatement comment ils fonctionnent, mais en fait, c'est la même chose. Nous humains construisons les télescopes, comme les ordinateurs pour répondre à nos questions humaines. Celui qui pose la question n'est pas dans l'outil, c'est nous qui posons la question, c'est aussi nous qui évaluons, estimons, jugeons la qualité de la réponse, sa fiabilité, sa compatibilité avec le reste de nos connaissances. C'est nous qui pouvons comprendre la réponse et en faire quelque chose? En résumé, la bonne question à se poser est: *où se trouve la connaissance*?[4]

La dernière machine digitale, quelle que soit sa puissance de calcul, ne peut en fait rien faire de plus que les tout premiers ordinateurs qui ont été réalisés. C'est ce que l'on appelle l'universalité de la machine de Turing. Tous les ordinateurs digitaux sont en principe équivalent dans ce qu'ils peuvent résoudre comme problèmes. Bien entendu, Watson est des trilliards de fois plus puissants et donc plus rapides que les premières machines construites par Alan Turing, Konrad Zuse et John Von Neumann. En fait, une machine de Turing est équivalente à un boulier, les deux peuvent se simuler exactement l'une l'autre. Personne n'aurait tendance à dire que l'intelligence se trouve dans le boulier! C'est l'homme qui a construit le boulier, qui pose les questions et sait utiliser le boulier pour lui donner une réponse. Watson est une variété géante de bouliers!

Beaucoup d'hommes de science pensent que c'est juste une question de temps pour que l'ordinateur nous rattrape. C'est peut-être vrai, mais alors les ordinateurs ne ressembleront plus du tout à ceux que nous avons maintenant. La confusion consistant à attribuer de l'intelligence à la machine provient du paradigme mécaniste ambiant conjugué à la difficulté à définir l'intelligence. Imiter l'intelligence n'est pas de l'intelligence.

Dans son article de 1950 : *Computing Machinery and Intelligence,* Alan Turing propose un *jeu d'imitation* montrant qu'il sera de plus en plus difficile, à mesure que le temps passera, de faire la différence entre un être humain et un ordinateur en observant des comportements.

L'ordinateur représente la dernière pièce du programme de mécanisation de notre société qui s'est mis en route suite à Newton et Laplace. Ce programme a commencé par le triomphe de la machine à vapeur au XVIIIe siècle, la mécanisation des transports, la révolution industrielle, mais aussi la Révolution française annonçait la mécanisation de la pensée et de la société. Cette mécanisation que nous dénonçons ici est maintenant bien installée.

En 1846, les astronomes Urbain Le Verrier et John Adams découvrent indépendamment la planète Neptune par le calcul seul et à partir des perturbations de l'orbite d'Uranus, consolidant notre foi dans la puissance prédictive du calcul. Le cerveau représentait la dernière entité pour laquelle nous ne disposions pas d'analogie mécanique. L'ordinateur, pensent les matérialistes, est un excellent candidat pour remplir ce rôle d'analogue du cerveau et compléter ainsi le programme. À partir de là, le monde serait totalement mécanisé, l'ordinateur aurait avalé le cerveau. La boucle que Descartes et son dualisme avaient laissée ouverte avec l'esprit et le divin serait maintenant définitivement bouclée par une dernière pièce: l'ordinateur. Restait à être certain que l'ordinateur est similaire au cerveau humain, c'est la mission de l'intelligence artificielle qui se propose de produire les mêmes résultats que le cerveau avec une machine et des programmes.

Nous examinerons dans la deuxième partie de cet essai, pourquoi ce programme malgré son efficacité fantastique dans certains domaines ne peut pas fonctionner lorsqu'il est appliqué à l'homme ou à la société et, s'il était poursuivi, risquerait de nous détruire.

Les hommes ne sont pas assimilables à des machines, même si des machines peuvent imiter certains de leurs comportements, l'ordinateur ne digérera pas le cerveau.

SINGULARITÉ TECHNOLOGIQUE

Dans les années 1985, Vernor Vinge[8], professeur de mathématiques et auteur de science-fiction, introduit dans deux nouvelles le concept de *singularité technologique*. L'idée en est la suivante: le progrès technologique s'accélérant exponentiellement, il atteindra, à un moment donné un point où il transcendera la compréhension humaine. À ce point il est impossible d'imaginer aujourd'hui ce qui va se passer. Vinge nous demande de mettre en perspective le rôle des humains dans un monde où les machines sont plus *intelligentes* que nous, comme nous sommes plus intelligents que nos chiens ou nos chats. Cette idée avait déjà été énoncée par de nombreux penseurs, dont Teilhard de Chardin. La loi de Moore[5] (qui n'est du reste qu'une conjecture) dit que le nombre de transistors des microprocesseurs sur une puce de silicium double tous les deux ans. Une autre version nous dit que la puissance de calcul à prix égal double tous les 18 mois. Bref, il s'agit d'une croissance exponentielle. La loi de Moore s'est jusqu'ici révélée relativement précise, et elle pourrait en principe le rester jusque vers 2015. On devrait alors commencer à se confronter à des effets quantiques. Ray Kurzweil[9] a repris à son compte l'idée de singularité et l'a abondamment propagée dans le public au travers de ses livres, de ses conférences et de la Singularity University[10]. Un mouvement philosophique est né outre-Atlantique autour de ces idées, baptisé *transhumanisme* dont l'objectif est l'amélioration de la condition humaine au travers des technologies. Les transhumanistes voient l'homme du futur comme un être augmenté par des objets technologiques. Ainsi, notre mémoire imprécise pourrait être *complétée* par des composants électroniques appropriés, notre cerveau pourrait être relié en permanence à un cerveau électronique. Nos organes défaillants pourraient être remplacés. Le transhumanisme n'accepte pas la fatalité de la mort et veut résoudre ce *problème*.

Les *adeptes* de la singularité ont évidemment toute confiance dans les capacités futures des technologies pour régler les problèmes humains. Ils estiment que vers 2030 la puissance de calcul de nos ordinateurs aura dépassé celle du cerveau humain et en concluent que *l'ordinateur sera alors plus intelligent que l'homme* et continuera à évoluer exponentiellement. L'idée de singularité vient du fait qu'à partir de ce moment un horizon nous voile l'avenir et qu'au-delà, comme pour les trous noirs, se trouve un point limite dit la singularité. Leur mouvement

---

[8] Né en 1944
[9] Né en 1948
[10] http://singularityu.org

consiste aussi à nous mettre en garde sur les effets pervers des technologies et des dérives possibles. Ray Kurzweil affirme:

Dans le courant du XXIe siècle, nous ne connaîtrons pas 100 années de progrès, ce sera plutôt 20'000 ans de progrès (au rythme actuel). Il y a même croissance exponentielle dans la croissance exponentielle.

Les singularistes pensent que le cerveau humain sera rattrapé et dépassé par l'intelligence artificielle et que nous sommes sur la bonne voie pour le simuler. Le cerveau artificiel sera ainsi rapidement plus intelligent que l'homme. Ils pensent que l'ordinateur est sur le point de digérer le cerveau humain. Le buzz est entretenu à une échelle formidable, le magazine Science et Vie de février 2013 fait ainsi son titre de couverture: Cerveau Artificiel, sa fabrication a commencé. Le magazine fait ainsi écho au budget d'un milliard d'euros attribué au projet de recherche *human brain project* de l'EPFL, dirigé par Henry Markram. Un projet similaire a été annoncé en mars 2013 aux USA.

Kurzweil (qui vient d'être engagé par Google, janvier 2013) base ses déclarations sur une série de courbes historiques montrant que la croissance des technologies de l'information est effectivement exponentielle. Il considère que nous sommes aussi en train de développer le software nécessaire à rendre ces machines intelligentes et que d'ici 2030, elles seront plus intelligentes que l'humain. L'ampleur que prend ce mouvement est considérable, tant en Europe qu'aux États-Unis. Le public confiant dans les progrès de la technologie semble plutôt admiratif devant ces déclarations. Les scientifiques y sont en grande majorité favorables, car il résulte de l'optique matérialiste: le cerveau est de la matière, nous pouvons donc le copier. Des philosophes à l'audience considérable tels que Dennett ou Chalmers dissertent devant de larges auditoires des conséquences de la singularité. Des crédits gouvernementaux sont attribués à faire avancer la recherche en intelligence artificielle et en modélisation du cerveau.

Cependant, atteindre la *singularité* de Vinge n'est pas qu'une question d'augmenter la puissance de calcul. Nous devrions d'abord comprendre comment le cerveau humain fonctionne avant de faire de pareilles déclarations. Les véritables progrès conceptuels ne se produisent pas en suivant les courbes de Kurzweil. Ils ne peuvent pas être prédits ni programmés. Dans son dernier livre: *Construire un cerveau*, Kurzweil dit encore: *nous sommes en train de donner aux machines de plus en plus d'intelligence, en fin de compte les machines vont toujours gagner.* Il souligne que Watson est juste une indication de ce qui va nous arriver à l'avenir. Les singularistes raisonnent comme si tous les progrès étaient des suites de développements technologiques prévisibles, qui vont se produire automatiquement les uns après les autres. Nous ne sommes pas au stade où nous avons des ordinateurs *un peu intelligents* qu'il va s'agir de développer. Nous ne savons pas vraiment comment se produit l'intelligence. Ce que nous pouvons cependant constater c'est que l'évolution de la connaissance ne suit pas des lois et des méthodes. La connaissance fondamentale n'est pas comme un problème à résoudre.

Très souvent, les questions fondamentales se posent d'abord au niveau philosophique. Ce fut le cas pour l'ordinateur lui-même. Alan Turing ne cherchait pas à fabriquer un ordinateur lorsqu'il a conçu sa machine, il cherchait à résoudre un problème posé par David Hilbert, en 1900 et reformulé, en 1928, sous le nom d'Entscheidungsproblem. Il s'agissait de savoir si l'arithmétique était décidable, si l'on pouvait avoir une procédure unique pour décider si les propositions arithmétiques étaient correctes. Alan Turing répondait à cette question dans son article de 1936 intitulé: *On Computable Numbers, with an application to the Entscheidungsproblem.* Pour y répondre, il conçut une machine (une expérience de pensée) qui pouvait simuler toutes les opérations que fait un humain en effectuant un calcul, c'est-à-dire ce qu'on appelle aujourd'hui un ordinateur. C'est à partir de cette machine théorique que les premiers ordinateurs sont nés.

La machine de Turing Universelle a été élue, en 2013, l'invention britannique la plus importante du XXe siècle.

Notre cerveau est fait de matière, il est donc possible, d'après les singularistes, de le copier avec de la matière. Il est même possible de faire mieux et, d'après eux, nous le ferons. Dans son article de 1950 intitulé: *Computing Machinery and Intelligence,* Turing pose d'entrée la question: *les machines peuvent-elles penser?* Et il poursuit: *pour cela il faut définir les mots machine et penser.* Constatant qu'il n'y arrive pas, Turing propose de remplacer sa question initiale par un jeu qu'il appelle *le jeu de l'imitation* et dont nous avons déjà parlé. Probablement qu'une lecture inattentive de l'article de 1950, qui décrit ce que l'on a ensuite appelé à tort le *Test de Turing,* a créé une confusion. Turing ne parle que *d'imitation de l'intelligence* et pas d'intelligence. Le test de Turing ne teste pas l'intelligence de la machine, mais au mieux ses qualités d'imitation.

Le mouvement singulariste s'inscrit bien dans notre époque d'apparences où l'on confond facilement la chose et son imitation.

L'idée d'imposer un ordre et une rigueur mécanique à l'homme, car l'homme *est* une mécanique et celle de penser que les machines nous dépasseront dans ce que nous avons d'essentiel et feront mieux que nous, sont deux conséquences de la même vision matérialiste qui s'est étendue hors du champ des sciences et des technologies pour s'appliquer à la société, l'économie et, finalement à l'homme lui-même. La principale raison pour laquelle le mécanisme ne s'applique pas est que le cerveau, la société ou l'économie ne sont pas des systèmes mécaniques, mais des systèmes interactifs, adaptatifs et complexes.

Le mécanisme newtonien doit céder la place à une vision moins idéalisée de la réalité: celle des systèmes interactifs complexes, celle de l'irréversibilité temporelle, celle des avenirs possibles multiples, celle des probabilités. Le déterminisme en sciences est mort depuis Boltzmann, Poincaré et Prigogine, mais il ne l'est pas encore dans les esprits.

IV. Des robots aux hommes

Pour garder notre liberté, il aurait mieux fallu rester attaché à la croyance en nos dieux, plutôt que de devenir des esclaves de la mécanique des physiciens: la première nous offre l'espoir de conquérir la bénévolence des dieux, par des promesses et des sacrifices; la seconde au contraire nous confronte à une nécessité inviolable. [1] Épicure

D'ici 15 minutes, le temps pour vous de finir ce chapitre, il y aura 847 heures de vidéo en plus à votre disposition sur You tube et 2,6 millions de photos supplémentaires déposées sur Facebook.

Une sentinelle se tient postée devant la Loi; un homme de la campagne vient un jour la trouver et lui demande la permission d'entrer. La sentinelle lui dit que c'est possible, mais pas maintenant, et l'effraie en lui parlant des nombreux obstacles qui l'attendent. L'homme décide d'attendre, et l'attente dure des années. Finalement, l'homme, sur le point de mourir, demande pourquoi personne d'autre n'est venu essayer d'entrer; le gardien lui hurle alors: «Cette entrée n'était faite que pour toi, maintenant je pars, et je ferme la porte». Franz Kafka, la parabole de la loi.

MÉCANISATION DE LA SOCIÉTÉ

Curieux paradoxe, d'un côté, nous cherchons à faire des robots de plus en plus à notre image, de l'autre, nous nous robotisons de plus en plus. C'est l'imitateur imité. Le robot est tellement simple dans ses comportements, tellement prévisible dans ses réactions, si facilement contrôlable qu'il est le citoyen rêvé. Pas étonnant que nous devions imiter ce modèle parfait. Mais, comme nous étions là les premiers, à l'origine, c'était à lui de nous imiter. D'où vient cette perfection du robot? D'une seule chose: il n'a pas d'initiatives propres, son programme lui est fourni de l'extérieur. Cela le rend totalement prévisible et fiable. Il n'a pas la possibilité de générer des idées, ni la curiosité d'essayer de nouvelles méthodes, ni la paresse, ni la ruse, ni la tromperie. Il a un caractère de perfection. Et cette perfection nous voudrions bien aussi l'attendre de

---

[1] Lettre de Epicure (-342, -270) à Menecceus voir http://www.epicurus.net/en/menoeceus.html

l'homme. En construisant une société préparée pour des robots, nous imposons des contraintes aux humains qui doivent s'y adapter.

Si un ami vous avance de l'argent, il le fait par amitié pour vous et par une envie sincère de vous dépanner. Si le banquier vous avance de l'argent, c'est parce qu'il a pu vérifier que vous serez en mesure de rembourser et qu'il y gagne sa vie. Il fait très mécaniquement son calcul de risque sur la base de statistiques. Il a une structure organisée et expérimentée qui est là pour prêter de l'argent et, bien sûr, pour en gagner ce faisant. Il compte aussi sur tout un arsenal législatif, toute une armée (que vous allez payer) pour faire en sorte que vous remboursiez et pour vous créer les pires ennuis si vous ne remboursez pas. Ce n'est pas exactement ce qu'on peut appeler un ami. La mécanisation de la société est un remplacement progressif de comportements résultant de sentiments humains, par des structures organisées avec leurs propres règles.

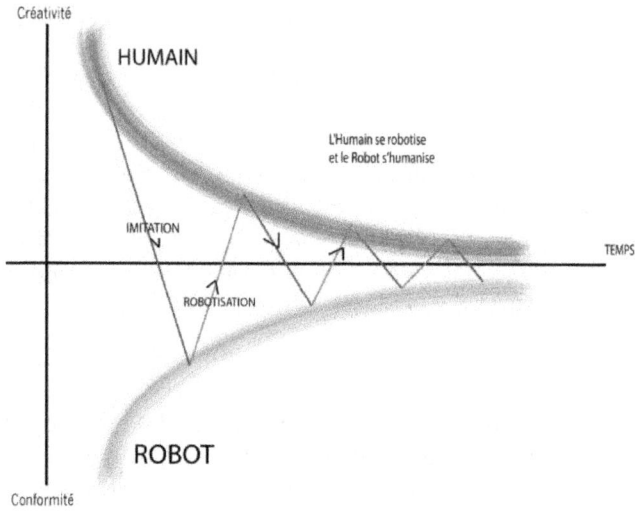

Figure 4: Robotisation

Ce n'est plus la famille qui s'occupe des anciens, mais des structures, en Suisse les EMS, ce n'est plus la famille ou le médecin de famille qui s'occupe de vous lorsque vous êtes malade, mais l'hôpital qui commence par vous demander votre assurance ou votre carte de crédit. Ce n'est plus la famille que vous consultez pour un conseil, mais un avocat ou un financier. Vous ne connaissez même plus votre banquier, il change tout le temps ou alors vous avez affaire à une machine. La mécanisation s'impose: mon ami Georges, un résistant farouche à la robotisation était furieux lorsque de retour de vacances, il a trouvé sa bibliothèque *rangée*. Pour lui, cet *ordre* alphabétique est du désordre. Son ordre à lui est différent et il s'y retrouve, même si les autres s'y perdent. L'ordre est un concept personnel, correspondant à mille connexions mémorielles d'un cerveau, ces connexions sont le fruit d'un vécu, différent donc d'un cerveau à un autre. L'ordre alphabétique est un ordre commun, mais ses connexions mémorielles dans un cerveau donné sont peu nombreuses. Nous imposer un ordre qui n'est pas le nôtre est encore une manière de nous mécaniser. Notre cerveau ne fonctionne pas en ordre alphabétique, il crée ses associations et sa distribution mémorielle propre. En associant des concepts, des livres, des objets, des senteurs, il crée, il génère des idées nouvelles et personnelles. La création ne peut venir que d'un ordre personnel, une histoire, on ne peut pas créer en suivant des instructions pas à pas, il n'y a pas de *comment faire*, de mode d'emploi. La création ne se laisse pas enfermer dans un système formel. En nous appliquant des normes communes, nous négligeons l'effet destructif sur notre créativité, notre capacité personnelle à découvrir des ordres nouveaux. Le développement technologique et démographique tend à imposer constamment de nouvelles normes communes ainsi que les législations et les mesures de contrôle correspondant. En effet, les solutions que propose la démocratie à tout problème sont invariablement formelles: des règlements et des lois. Ce sont des énoncés théoriques, venus de l'extérieur de l'individu et que chaque individu devrait se contraindre à suivre. La démocratie, avec le droit de vote, génère chez beaucoup l'impression d'un choix commun et juste. La démocratie, pour respecter certains critères dits d'égalité, ne peut pas appliquer de solutions créatives ou adaptées au cas par cas. Or les solutions formelles sont toujours mécanisantes, en s'appliquant à tous de manière indifférenciée, elles uniformisent les comportements qui sont attendus de nous. En préservant une sphère d'intimité suffisante, dans le cadre de laquelle la législation ne s'étend pas, le système reste humainement vivable. Les technologies changent profondément les données en permettant un contrôle de plus en plus serré de cette sphère. L'idée de prévention ou de précaution justifie alors de légiférer sur presque tout. En normalisant ce que nous devons faire, comme un programme instruit un robot, on normalise aussi ce que nous devons penser. En normalisant ce que nous devons penser, nous empêchons les hommes de penser véritablement. Il ne faut donc pas s'étonner que faire ait pris le dessus sur penser. Faire quelque chose d'utile a beaucoup plus de valeur que de faire quelque chose dont on ne peut pas expliquer d'avance l'utilité. (Au regard du paradigme mécaniste, bien entendu). Or c'est l'inutile qui est humain, il est nécessaire et fondamental, mais tend à être balayé par l'utile et l'efficace. C'est l'inutile qui fait notre humanité, c'est l'inutile qui fait notre grandeur, c'est l'inutile qui nous récompense de l'intérieur. L'inutile contient sa propre justification. Faire que des choses utiles c'est faire des choses pour d'autres choses qui viennent ensuite; cela conduit à une course en avant mécanisante. L'utile se fait dans un but connu, nous ne le faisons pas par goût, mais pour la possibilité qu'il nous ouvre de faire autre chose après. Cette autre chose qui nous ouvrira la possibilité de faire autre chose, et ainsi de suite. La vie passe d'une chose utile à une autre, pour finalement, à la retraite, pouvoir enfin faire de l'inutile. L'utile est fait sur la demande de la société et n'est utile qu'à la société. L'inutile est choisi par l'homme en fonction de ses goûts, ses aspirations et ses rêves. Et il se peut que cet utile devienne un jour plus utile que tout le reste. L'essentiel, nous ne le faisons pas dans un but. Si vous savez d'avance ce que vous voulez atteindre, il n'y a pas de découverte possible. Ce que vous pouvez prévoir n'est qu'un prolongement du passé. Ce que vous pouvez découvrir est une rupture. Si vous aviez demandé à un ingénieur du XVIIe siècle d'améliorer l'éclairage de votre demeure, il aurait fourni de plus grosses bougies, il n'aurait pas inventé l'électricité. (Dixit Albert Einstein). L'utilitarisme est une émergence de la pensée mécaniste qui est maintenant si répandue par le système économique qu'il est vraiment difficile d'y échapper.

Nous en sommes à un point où les règlements se sont empilés sur les règlements, constituant des monstruosités administratives. Pour acheter sur Internet un produit informatique à quelques dollars, je dois confirmer avoir lu et accepté cent pages de conditions générales. Des règles sont produites pour se protéger des règles, le système de réglementations produit ses propres émergences et finit par se comporter comme une bulle éloignée des préoccupations de l'individu. L'énergie que l'humanité dépense en règlements et en contrôles est devenue gigantesque. L'ensemble est inadapté à notre nature d'homme et génère une grisaille ambiante. Nous sommes tous sur nos gardes en nous demandant quel règlement nous sommes en train de transgresser. L'inflation législative est comparable à l'inflation monétaire: elle conduit à la dévaluation du droit. Trop de lois tuent le droit. [...] L'inflation consiste en 8.000 lois, 400.000 décrets et règlements, 17.000 pages[2] de Journal officiel français chaque année, sans oublier 20.000 textes d'origine européenne. Si nul n'est censé ignorer la loi, tout citoyen est un délinquant en puissance. En France, plus de quatre cents mille normes encombrent l'activité économique, y compris des normes sur les saucisses dans les cantines scolaires.

La croissance exponentielle des technologies nous contraint à cette inflation des législations. Il n'est plus un état qui n'ait à faire face à des difficultés avec son financement de son système médical, par exemple. En 1937, avant la pénicilline, peu de diagnostics et peu de traitements étaient à disposition des médecins. Un médecin pouvait tout connaître. Aujourd'hui,

---

[2] Aujourd'hui en 2011 ce serait plutôt 25'000 pages.

avec quatre mille maladies connues et répertoriées et plus de six mille actes médicaux à disposition, un médecin seul ne peut pas tout connaître. Il en faut un grand nombre pour toute intervention. Nous sommes passés d'une époque où le médecin pouvait agir seul avec peu d'équipement, époque où furent conçus nos systèmes de santé, à une période de spécialistes et d'équipements de plus en plus chers et sophistiqués. Mais évidemment, le véritable problème de l'explosion des coûts de la santé se trouve ailleurs, dans notre conception de la santé et de la vie humaine. Assaillis comme nous le sommes de mises en garde, des craintes sont apparues pour la moindre difficulté, craintes qui n'existaient pas il y a cinquante ans. Il y a cinquante ans, on considérait que les désagréments de santé se soignaient tout seuls pour la plupart. Aujourd'hui, nous cotisons à la sécurité sociale, donc nous devons en profiter au mieux. L'idée de précaution est venue renforcer notre conception mécaniste. Les médicaments s'intègrent parfaitement dans ce schéma *problème solution* que soutient un énorme édifice de sociétés pharmaceutiques poursuivant leurs intérêts financiers avant tout. Évidemment, le système ne tient déjà plus. Et les patchs ne seront que provisoires. Sortir du paradigme mécaniste sera difficile et long dans le cas particulier de la santé.

J'aimerais encore mentionner l'intervention de la pensée mécaniste dans la politique internationale. Souvent la solution d'un problème passe par une décision des grandes puissances ou des Nations unies. Ces décisions peuvent être: le découpage de nouvelles frontières, le regroupement de populations ou la séparation en plusieurs parties de groupes ethniques. Ces décisions paraissent justes au moment où elles sont décidées. À plus long terme, elles ne fonctionnent pas et se terminent en conflits ou en guerres. Lorsque les évolutions se font naturellement les problèmes liés à ces solutions imposées mécaniquement ne se produisent pas. Imposer mécaniquement ou alors, évoluer sont deux principes fort différents.

MÉCANISME OU ORGANISME

Nous allons ici faire une distinction élémentaire entre mécanismes et organismes. Une distinction fondamentale, mais que beaucoup semblent oublier. Les robots, les voitures, les ordinateurs sont des mécanismes et les hommes, les cerveaux et les cellules sont des organismes. Descartes considérait que la nature était un gigantesque mécanisme, il laissait cependant une ouverture: l'esprit humain. Sa philosophie a été appelée dualisme : d'un côté la matière de l'autre l'esprit. Elle n'est plus acceptée par la science matérialiste qui ne voit pas comment un esprit immatériel pourrait agir sur un corps matériel. Une action nécessite un échange d'énergie, un esprit immatériel ne peut pas fournir ou absorber l'énergie nécessaire à une action. Assimiler mécanisme et organisme a été une constante dans notre histoire récente: le cœur considéré comme une pompe, les poumons comme un soufflet, l'être vivant comme une machine thermique et maintenant le cerveau comme un ordinateur. Ces métaphores ont rendu de grands services et elles ont constitué une première étape de compréhension et inspiré les premières réalisations mécaniques. Mais nous ne pouvons les pousser trop loin.

Prenons comme exemple un appareil photographique. Comprendre, comment il fonctionne est relativement simple. Quelqu'un l'a monté, je peux donc le démonter en ses composants, cette opération me suggérera comment s'emboîtent les composants et leurs fonctions et me permettra de *comprendre* le mécanisme.

Comme beaucoup d'enfants dans les années 50 j'avais un goût compulsif pour le démontage. Tout y passait au grand dam de mes parents, car ma méthode était le plus souvent irréversible. Ce qui m'intéressait était visiblement plus de savoir comment cela marchait plutôt que d'utiliser la fonction pour laquelle l'appareil avait été conçu. L'apprentissage était plus intéressant que l'usage. Ainsi y sont passés différents appareils ménagers, le nouveau Contax[6] de mon père, tous mes jouets… L'idée d'avoir compris me donnait une satisfaction et une joie intense de maîtriser le mécanisme. Pas nécessairement son usage, mais son fonctionnement. Elle me permettait de m'émerveiller devant la réalisation, de rêver à des applications différentes, pourquoi ce ressort avait-il été rajouté à cet endroit, comment l'aurais-je fait à la place du constructeur? Le plaisir de la découverte et de la compréhension était sans limites. Lorsque sont apparus en Égypte, où nous habitions, les premiers objets électroniques, en l'espèce la nouvelle radio tourne-disque de mon père, ma frustration fut grande. Sans parler de celle de mes parents en découvrant les pièces éparpillées sur le tapis du salon. J'avais tout démonté, absolument tout, mais je n'avais à peu près rien compris. Cet objet n'avait rien à voir avec l'ancien tourne-disque à manivelle que j'avais déjà souvent démonté et redémonté. Là c'était électrique. Les choses électriques, je les comprenais bien, j'en avais l'expérience. Pour la lumière électrique, la chaleur par résistance électrique, et même les moteurs électriques, je savais faire. Mais là, c'était autre chose, des fils reliant des lampes bizarres et des composants qui ne se démontent pas et qui, même cassés, ne livrent pas leurs secrets. Ce tourne-disque radio fut ma première expérience *d'ingénierie inverse* ratée et le drame familial qui s'ensuivit n'arrange pas les choses. Comment ces gens, ceux qui avaient construit l'appareil, avaient-ils pu cacher leurs secrets si profondément que même en démontant je ne pouvais pas comprendre comment ça marche? Et, malgré tout, je lui dois beaucoup à ce tourne-disque radio. Je lui dois d'avoir compris que bien souvent démonter ne suffit pas. Il faut *comprendre, connaître, avoir une théorie, avoir des explications* auxquelles raccorder ce que l'on voit pour donner un sens aux composants et au schéma de montage. C'est nous seuls qui pouvons faire cela. Il est bien de s'intéresser à l'usage de l'objet, mais comprendre comment cela marche, c'est toute autre chose, c'est créer des modèles nouveaux dans sa tête, abstraire des concepts, élargir la portée de ses méthodes, se donner des pensées, non seulement sur l'utilisation de la chose, mais sur comment faire mieux à l'avenir. Des années et quelques lectures supplémentaires plus tard, je pouvais faire quelques miracles à bon marché, je m'étais muni d'un minimum de connaissances.

Les appareils sont devenus de moins en moins démontables et de moins en moins réparables. On a progressivement volé aux enfants la joie du démontage et la récompense d'avoir compris tout seul, malgré la crainte permanente de devoir savoir comment remonter avant que les parents ne s'aperçoivent des dégâts. Ce qui faisait partie de l'excitation. Dans les appareils modernes, en 2013, tout est caché et donc tout pourrait sembler miraculeux. Le goût de comprendre s'évapore, le goût d'utiliser a repris ses droits. Dommage, l'utilisation d'un appareil est moins créative que le démontage. Et surtout, surtout, renoncer à comprendre est terrible, c'est la robotisation ultime, c'est renoncer à découvrir.

Carl Sagan, le très célèbre astrophysicien disait: *une technologie suffisamment avancée ressemble à un miracle.* Mais bien sûr, si nous pouvions démonter, il n'y a aucun miracle, rien n'a vraiment changé, un mécanisme reste mécanisme: un enchaînement de rouages, de levier et de ressorts, même si aujourd'hui ce sont des lignes de code donnant des instructions à un processeur. Ce qui n'a pas changé, ce sont les principes sous-jacents, la *science.* Ce qui a changé ce sont les méthodes de réalisation, la *technologie.* Ces expériences de démontage dans l'enfance m'ont forgé une certitude: tout ce qu'un homme avait fabriqué, je pouvais le comprendre, moyennant la connaissance de principes de base. Cette certitude m'habite encore aujourd'hui. C'est une bonne certitude. Une certitude parfois exigeante, mais importante à entretenir pour ne pas risquer de renoncer et de s'enfermer dans son ignorance.

Il n'y a pas besoin d'expliquer aux enfants la différence entre un mécanisme et un être vivant. Il sait. Enfant et malgré mon goût immodéré pour le démontage, je n'ai jamais essayé de démonter notre lapin ou la tortue. Ce n'était pas des mécanismes. Un vivant ne serait-il pas qu'un mécanisme un peu plus complexe?

Comprendre le vivant au travers de l'analogie mécanique est monnaie courante et semble être une chose acceptée. Si un mécanisme peut se démonter, c'est qu'il a été monté à l'origine! Il a été monté pièce par pièce suivant un plan logique et une intention. L'existence même du mécanisme présuppose une intelligence, une *connaissance extérieure* au mécanisme qui l'a conçu en fonction d'une *finalité* précise. La sélection naturelle qui a abouti à un organisme spécifique n'est pas l'œuvre d'une intelligence extérieure qui aurait eu un but. Elle se produit par une succession de mutations aléatoires et par l'élimination des mutations ne s'adaptant pas l'environnement.

L'idée de mécanisme fait apparaître la notion de causes finales telles que les envisageait Aristote[3] et, qui dit causes finales, dit intentions et intelligence externe et antérieure au mécanisme. Un plan, c'est-à-dire une suite de concepts de haut niveau au sujet de l'objet, précède le mécanisme. Ce plan contient de l'information qui est ensuite encodée dans de la matière pour fabriquer l'objet. L'objet, le mécanisme est alors un *ordinateur analogique* qui simule le plan. Un mécanisme à été conçu et construit comme la somme de ses parties, ce qui le rend démontable, il peut être considéré comme isolé de l'environnement avec lequel il n'échange pas. Sa structure est déterminée par le plan qui a permis de le construire.

Un organisme n'a jamais été monté, il s'est développé, il n'est pas fait comme la somme de parties, il n'y a jamais eu de parties ni de plan. Tout démontage, toute décomposition en parties sera artificielle, car il n'est pas fait de parties, il est un tout. Les parties que nous observons ne sont que le résultat de notre observation. Si nous décomposons un chat en parties, nous perdons l'essentiel de sa nature, entre autres son caractère vivant. Une décomposition ne nous livrera pas ses derniers secrets de fonctionnement! Aucune intelligence ne l'a conçu et il n'y a jamais eu de volonté, il a évolué. Il s'est développé de l'intérieur en respectant des règles encodées en lui et non un plan extérieur à lui. Pourtant, étonnamment, on nous parle maintenant de faire *l'ingénierie inverse* du cerveau pour ensuite le simuler dans un ordinateur.

Un organisme est un système ouvert dit *système dissipatif*, qui échange constamment avec son environnement. La structure même d'un organisme dépend de cet échange, si cet échange disparaît, l'organisme perdra peu à peu ses structures.

Mécanisme et organisme sont donc deux entités fort différentes, l'analogie mécanique semble à ce stade parfaitement abusive. Il est facile de simuler un mécanisme sur un ordinateur, il suffit de traduire en algorithmes l'information contenue dans le plan. Il est impossible de simuler un organisme, il n'y a pas d'algorithmes possibles. Tout ce que l'on peut faire est une *imitation* plus ou moins poussée. Pour un organisme, le seul plan possible est l'organisme lui-même comme nous le verrons au chapitre douze.

Depuis très jeune, j'ai aimé construire des modèles d'avions et plus tard d'hélicoptères. Bien entendu, les oiseaux me faisaient rêver. (Ils le font

---

[3] 384-322 av.J-C L'un des plus important philosophe et penseurs de la Grèce antique. Elève de Platon.

toujours). Et bien sûr mes modèles n'étaient que de pâles imitations mécaniques. Si les premiers avions s'inspirèrent du vol des oiseaux, ils ont rapidement progressé et dans de nombreux domaines comme l'altitude et la vitesse les ont dépassés, comme le remarque Marvin Minsky[7] du MIT. En fait, nous ne savons pas *construire* une aile d'oiseau! Nous ne pourrions pas le faire même si nous le voulions, nous pouvons l'imiter jusqu'à un certain point, mais pas la reproduire ou même la simuler sur un ordinateur avec la résolution nécessaire, malgré tous nos progrès technologiques. Fabriquer et évoluer sont deux processus fondamentalement différents. Imiter et simuler le sont aussi.

L'EMPATHIE

L'éthologue Frans de Waal, dans son livre *l'Âge de l'empathie*, raconte: *une aveugle, désorientée, cherche son chemin. Une voyante vient à son secours, la guidant de la voix. L'infirme la remercie par de bruyantes effusions.* Scène ordinaire, à cela près qu'elle se passe en Thaïlande, dans un parc naturel, et que les deux protagonistes sont des éléphantes.

Charles Darwin[4] avait déjà étudié l'empathie chez les mammifères dont les enfants sont généralement incapables de survivre seuls et dépendent de l'allaitement maternel. Ils ont besoin de protection et de soins. La pression de sélection s'est certainement fortement exercée en faveur des individus s'occupant au mieux de leur progéniture.

Mais l'empathie n'est pas cloisonnée dans le cadre d'une espèce. Des mamans tigre s'occuperont de bébés cochons dans le besoin, des zèbres peuvent soigner de jeunes antilopes. De nombreux cas d'empathie interespèces ont été observés en captivité et dans la nature.

Ma sœur Janine, qui adore les animaux, m'a raconté l'histoire qui suit, mais que je n'ai pas pu vérifier: le transport par avion des éléphants est une chose compliquée. Il s'agit d'immobiliser l'animal, sans le droguer, sur une période assez longue, afin d'éviter qu'il ne produise des dégâts. Il paraîtrait que l'on utilise une poule. En attachant la poule à une patte de l'éléphant, ce dernier s'immobilise et reste tranquille par crainte de faire mal à la poule.

Nous sommes émus devant des petits enfants et changeons radicalement notre comportement, et cela même si ce sont des chiots ou des lionceaux. Leur vulnérabilité nous touche et nous émeut. L'état mental de notre cerveau se transforme instantanément.

Vous croisez sur le trottoir un petit enfant de trois ans. Il semble seul. Vous allez vous arrêter, lui demander où sont ses parents, où il habite, vous vous

---

[4] 1809-1882 Fondateur de la théorie de l'évolution. L'une des plus grandes figures de l'histoire des sciences.

sentez immédiatement responsables et vous occupez de lui jusqu'à ce que les parents soient retrouvés et que l'enfant soit en sécurité. Vous vous êtes comportés comme tout mammifère sain. Vous vous êtes senti responsable. Vous n'avez pas été désigné responsable, ce n'est pas votre métier d'être responsable des enfants égarés, c'est un sentiment qui est apparu tout seul enraciné dans deux cents millions d'années d'existence des mammifères sur cette planète. Vous vous êtes senti responsable par désir, pas par devoir. C'est une distinction énorme. Nous sommes en train, par la mécanisation, de remplacer des désirs par des devoirs. Nous érodons des sentiments profondément enfouis en nous en organisant et en structurant les besoins et activités humaines.

Il y a parmi vous un ou deux lecteurs qui ne se seraient pas arrêtés, ils étaient pressés, en retard et se sont dit que quelqu'un d'autre s'en occuperait ou simplement ils ont pensé que ce gamin se débrouillerait tout seul. Ce n'est pas leur affaire. La règle a pris le dessus sur l'empathie.

Devant une machine, nous n'exprimons pas d'empathie, elle nous laisse peut-être admiratifs, mais froids. Devant un humain qui se comporte comme une machine notre empathie s'éteint rapidement et nous devenons robot nous-mêmes. C'est cette propriété qui permet les disputes et les guerres. Et pourtant notre société reconnaît profondément l'empathie comme une qualité humaine. Nous avons même une loi concernant la non-assistance à personne en danger. La monstruosité d'un assassin est évaluée par le jury à son manque d'empathie pour la situation de la victime. On a remplacé l'empathie naturelle par des lois. Non-sens!

NEURONES MIROIR

Dans le cortex pré moteur ventral du singe, on a découvert, vers le milieu des années 1990, que certains neurones s'activaient non seulement lorsque le singe faisait un mouvement de la main, mais aussi lorsqu'il regardait un autre animal ou un humain faire le même geste.

Ces neurones furent baptisés *neurones miroirs* parce que le mouvement observé semble reflété, comme dans un miroir, dans la représentation de la même action chez l'observateur. Les neurones miroirs sont donc activés par une action, qu'elle soit effectuée, vue ou anticipée. Parce que nous prévoyons les conséquences de nos propres actions, nous comprenons via les neurones miroirs également la signification d'une action faite par autrui. Or cette compréhension des actions de l'autre est à la base des relations sociales et particulièrement de la communication interindividuelle, donc de l'empathie. Cela est extrêmement intéressant pour expliquer comment on peut se représenter l'état d'esprit et les intentions des autres.

Les premières descriptions des sensations et des douleurs fantômes après amputation remontent à Ambroise Paré[5]. La sensation fantôme traduit la présence obsédante du membre absent, y comprit parfois avec ses bagues ou chaussures... Tandis que les douleurs ressenties dans le membre fantôme peuvent ou non rappeler au patient d'anciennes douleurs.

Alors que l'on avait longtemps cru à la rigidité des réseaux neuronaux, l'expérimentation chez l'animal a montré que notre image corporelle pouvait grandement se modifier. L'étude des membres fantômes fournit une opportunité de comprendre comment le cerveau construit une image du corps et comment cette image est continuellement réadaptée en fonction des stimuli sensoriels. Le professeur Olaf Blanke à l'EPFL s'est fait une spécialité d'étudier les membres fantômes et l'ensemble des expériences sur l'image corporelle.

Le chercheur Vilayanur Ramachandran de l'université de Californie à San Diego a conduit des tests avec des anciens combattants américains sur les douleurs ressenties aux membres fantômes et les moyens de les éliminer.

Il a pour cela utilisé les capacités empathiques des neurones miroirs. Il a construit un système de *boîte miroir* donnant aux amputés l'impression de voir leur bras manquant alors qu'ils voient en réalité l'image du bras valide. En voyant leur main intacte, l'amputé ressent l'impression que la main disparue allait bien. Et lorsqu'il voit une tierce personne se caresser la main, il commence à ressentir une sensation similaire dans le membre disparu.

Un volontaire a indiqué que regarder une personne se frotter les mains faisait cesser la crampe douloureuse de son bras fantôme durant dix à quinze minutes.

Si vous le faites suffisamment souvent peut-être cette douleur disparaîtra pour de bon, suggère Ramachandran. *Un amputé qui a des douleurs fantômes peut regarder un ami se masser la main pour s'en débarrasser.*

Ainsi lorsque nous ressentons par empathie la douleur ou la tristesse de l'autre cela ne s'accompagne pas de douleur ou de tristesse propre, mais seulement d'une compréhension de l'état d'âme de l'autre. Anéantir ce sentiment d'empathie, c'est détruire une caractéristique fondamentalement humaine pour la remplacer par des devoirs et des droits. C'est un effet de la robotisation.

DU DÉSIR AU DEVOIR

La multitude des lois fournit souvent des excuses aux vices en sorte qu'un État est bien mieux réglé lorsque n'en ayant que fort peu, elles y sont fort étroitement observées. René Descartes, *Discours de la méthode.*

---

[5] Chirurgien français du 16e siècle

Au cours de ma vie, j'ai maintenant 67 ans, j'ai vu ces transitions. D'actions faites par désir, par amour, par tendresse, par affection, par respect, nous avons légiféré, administré, réglementé, pour en faire des devoirs. Cela pour nous protéger de quelques individus irresponsables. J'ai vu ces changements se produire. J'ai ressenti leurs conséquences négatives. J'ai vu la mauvaise grâce se développer: *cela m'ennuie bien, mais je le fais, mais seulement parce que j'y suis obligé. Mais je te fais bien sentir que cela m'ennuie.*

J'ai ressenti l'impression de déranger que nous produisons bien souvent en demandant un service. J'en ai du reste de moins en moins demandé, l'idée de déranger quelqu'un ne me convient pas. Je préfère me priver ou me débrouiller tout seul. J'ai vu les relations entre hommes se contractualiser de plus en plus, l'empathie disparaître et le formel prendre la relève; le tenancier me dira: *c'est l'heure, nous fermons,* en repoussant la porte, alors que je voulais lui poser une question. La parole, la poignée de main pour marquer son accord a disparu. Personne n'est responsable de cette situation. Les avocats prospèrent, les contrats s'allongent et prévoient toutes les situations à venir possibles. Personne n'accepte plus le risque et la confiance disparaît. Et sa disparition s'auto justifie, les trahisons et la criminalité augmentent. La culture de laquelle je venais était familiale, essentiellement basée sur la tendresse et la confiance. En arrivant en Europe et en constatant au fil des années s'installer cette distance et cette froideur, j'ai eu beaucoup de difficultés à trouver des points de repère.

Aujourd'hui, vous ne traitez plus avec des gens qui sincèrement veulent votre bien, comme c'est le cas pour votre famille ou vos amis proches. Vous avez affaire à des inconnus dont le métier est de vous soigner, de vous avancer de l'argent, de vous indemniser si vous avez un accident, de vous sourire quand vous rentrez dans leur établissement. Il s'agit d'une forme d'imitation. Avec les années, les traces d'humanité se dissipent au profit de professionnels payés.

Pour ces employés, vous êtes un anonyme, un étranger, un client de plus. S'ils sourient, c'est de moins en moins le cas, est-ce pour le pourboire ou pour exprimer un bonheur? Vous pouvez du moins en douter. Et c'est là mon point. Vous pouvez de plus en plus douter de la sincérité de votre entourage. Sincérité ou intérêt? Que signifie dans cette perspective bien faire son travail? Est-ce le faire bien dans l'optique de l'institution qui vous emploie ou dans celle du client.

On raconte que le physicien russe Sergei Kapitza remarqua un morceau de bois, en visitant, après la perestroïka, une Église orthodoxe d'Arménie, Le prêtre lui affirma que ce morceau de bois était une relique précieuse provenant de l'arche de Noé. Il demanda alors au prêtre de pouvoir l'examiner afin d'en faire une datation au carbone quatorze. Bien volontiers, répond le prêtre, ce sera un excellent test pour votre méthode.

Le prête se sert automatiquement de son système de pensée en tant que référence et le physicien utilise évidemment le sien. Une fois un système de pensée installé dans un cerveau, les éléments nouveaux qui surviennent se rattachent à lui et s'expliquent à travers lui. Nous ne savons pas faire autrement que cela. Nous ne comprenons qu'au travers de nos références existantes. Cette caractéristique que nous appelons le *paradoxe de l'éducation* est responsable de la formation des cultures.

Notre gigantesque organisation sociale s'est construite pour notre bien. De quel bien parlons-nous donc? Sur quelle vision de l'homme s'appuie-t-on pour décider du bien. La vision du prêtre ou celle du physicien? La vision et la conception de l'homme est essentielle pour guider notre avenir. Une vision mécaniste et comptable n'annonce pas un avenir réjouissant.

Elle conduit à des architectures froides et impersonnelles, obéissant essentiellement à des critères de fonctionnalité, d'apparence et de rentabilité. À des règlements menant à un anonymat croissant et une mécanisation uniformisant nos comportements et notre pensée.

Un sourire était un sourire, le boulanger vous appelait par votre nom, même dans les grandes villes, le médecin vous expliquait ce dont vous souffriez et avait tout son temps, et la peur du lendemain était largement atténuée par la présence de la famille, des amis, des voisins. On ne calculait pas tout, même si l'on était objectivement plus pauvre, personne n'avait besoin du dernier iPhone, l'obsolescence programmée n'avait pas encore été inventée. Les films de Pagnol et la manière dont ils décrivent les relations humaines ne sont pas si vieux, mais si vous en regardez un, vous ressentirez combien le monde a changé! Le prix à payer pour consommer plus est extrêmement élevé: en perte de liberté, en robotisation, en tendresse, en humanité, en amitié, en sincérité, en sentiment de vivre ensemble, en temps libre.

Car, cher lecteur, nous sommes tous des originaux, n'est-ce pas? Personne n'est normal. Nous avons tous des particularités, nous n'aimons pas qu'une machine à presser 1..., pressez 2... nous réponde au téléphone. La première fois que je l'ai entendue, j'ai cru que c'était une blague. Mais non, ils ont osé. Ils ont osé nous voler notre temps à nous, les clients, pour faire eux leurs petites économies, en remplaçant la téléphoniste par un robot. À l'époque cela aurait été considéré une crasse impolitesse.

Ces comportements déteignent. La manière professionnelle de faire semblant de sourire, de conserver un visage fermé ou sévère devient la manière d'être de chacun. Nous l'emportons jusque dans notre propre maison, dans notre famille, elle s'incruste et, finalement, elle fait partie de nous.

CROIRE À LA MÉCANISATION

Vous vous promenez dans les rues, les métros et les bus et tout est devenu gris. *Propre en ordre*[6], mais gris. Que penseriez-vous des sentiments d'une personne payée pour vous dire qu'elle vous aime? Évidemment, elle n'est pas sincère. Que penser des compagnies d'assurances qui prétendent nous protéger? Ce ne sont que des mots. Et de cette fermière de télévision qui fait du bon lait de montagne pour vous préparer votre fromage préféré? À nouveau des mots pour évoquer en vous des images et des pensées fort loin de ce qui se passe vraiment, dans le dessein de vendre. Je prétends que nous faisons semblant d'accepter tout cela, mais que dès que nous prenons un peu de temps pour y réfléchir, nous trouvons cela inacceptable. Le même effet, qui oblige aux faux sourires, conduit aussi aux *faux artistes*, combien s'essayent à la chanson, au mannequinat ou au cinéma, en tant que raccourcis vers la gloire d'être connu. Ce n'est plus le contenu qui est important, c'est l'apparence.

Dans la lutte pour survivre en présence de prédateurs, un comportement exclusivement prévisible est un désavantage fatal. Si son ennemi peut prévoir ce qu'un individu va faire, il va adapter sa stratégie de manière à répondre plus efficacement et plus vite, pour l'emporter. Si le renard peut prévoir la direction du prochain bond du lièvre qu'il poursuit, il a plus de chances de l'attraper. Un lièvre dont la fuite suit une trajectoire prévisible a donc moins de chances de survivre qu'un lièvre dont la trajectoire est imprévisible. Il en va de même pour l'homme, l'imprévisibilité est un atout. Et pourtant nous nous robotisons, on nous veut prévisibles. Un animal dépourvu de ces comportements qui peuvent le rendre imprévisible n'aurait sans doute pas survécu au processus darwinien de sélection naturelle; des Homos trop prévisibles n'auraient pas pu assurer leur descendance. Prévisibilité et créativité sont des termes qui s'opposent, chez un être totalement prévisible, rien de vraiment nouveau ne peut surgir.

Les algorithmes sont des *procédures pas à pas, codés pour transformer des données d'entrée en des sorties désirées*. Ils génèreront à chaque utilisation dans des circonstances identiques, les mêmes comportements du robot. Le robot peut être programmé pour courir en zigzag et imiter un comportement imprévisible, mais cela reste seulement une imitation. Si le prédateur comprend le programme, il pourra tout à fait prévoir. Nos activités laissent, pour la plupart, une trace numérique. Les données peuvent être recueillies, analysées, comparées, synthétisées et interprétées en fonction d'une autre logique, d'un autre système, que celui qui les a générées. Si notre dossier numérique personnel constitue un corps d'ombre, notre société et notre économie ne sont évaluées que par leur corps d'ombre. Les seules choses

---

[6] Expression typique de la Suisse

que nous puissions connaître de nos organisations globales sont ces images infidèles que nous transmettent les ordinateurs au travers de statistiques et d'indices. Or ces images sont forcément trompeuses et limitées. Elles n'intègrent pas les éléments qui font de notre société une société humaine, c'est-à-dire un système adaptatif complexe qui ne se laisse pas enfermer dans un chiffre. Songez aux récentes guerres *gagnées d'avance* et qui ont été perdues, aux prévisions économiques réjouissantes qui ont précédé d'épouvantables crises. Le robot fonctionne sur des *données* analysées par des algorithmes. Dans un système complexe dès que ces données sont injectées dans le système lui-même, il se transforme, peut se déstabiliser et même s'emballer. L'exemple des agences de notations comme Moody's ou Standard and Poor lorsqu'elles dégradent la notation d'un pays en difficulté augmente sa difficulté d'emprunt sur les marchés. Le marché est observé et noté comme s'il s'agissait d'un appareil mécanique or il ne l'est pas. C'est un système adaptatif complexe. La même extension impropre est faite sur l'homme.

Une dinde est grassement nourrie pendant mille jours. Chaque jour, son département de statistiques confirme que l'espèce humaine est amicale et s'occupe de son bien-être. *Avec une signification statistique croissante.* Au mille et un énième jour, la veille de Noël, la dinde a une surprise![8]

Les algorithmes ne peuvent travailler que sur des données existantes et des prévisions estimées. Toutes nos décisions, qu'elles soient personnelles ou collectives, sont prises avec en tête un *futur soi*. Autrement dit avec une *image de l'homme*. Que vous fassiez vos courses pour acheter de la nourriture pour la semaine qui vient, que vous achetiez un nouvel ordinateur, que vous décidiez de vous marier, qu'une nouvelle loi soit votée, vous avez en tête individuellement ou collectivement une image du futur. Et cette image influence vos décisions et modèle votre avenir. Vous injectez votre image de l'avenir constamment dans votre présent pour guider vos décisions. Vous avez bien sûr la conviction que votre image est correcte. Vos prédictions vous guident. C'est inévitable, c'est comme cela que notre cerveau fonctionne, en générant des hypothèses. Si nous entretenons une image mécaniste de nous-mêmes ou de notre société, le futur se modèlera en conséquence.

Par précaution, par crainte ou pour nous défendre, nous nous sommes refermés, nous n'exprimons plus notre joie, nous ne savons pas à quelle sauce nous allons être mangés alors nous ne laissons rien transparaître nous concernant, avant de savoir ce que l'autre va dire et comment il va se comporter. Nous préférons parfois commencer la rencontre par de l'arrogance, car elle nous met à l'abri. Mais l'arrogance, en Europe, a fini par nous pénétrer si profondément qu'elle est devenue quasi indélébile, elle fait partie de nos comportements. Il faut voyager pour se rendre compte que ce n'est pas encore comme cela sur toute la planète. Dans les régions encore peu soumises à cette mécanisation sociale, on ose encore vous sourire et vous exprimer une joie, une émotion avant même de connaître votre réaction.

J'ai vécu pendant quelques années entre Jakarta et Genève et je faisais fréquemment le voyage. Chaque fois que je retournais en Europe, j'étais invariablement frappé par l'arrogance dans les comportements des gens, si sûrs de leur savoir, de leur bon droit et si indifférents au sort et au bien-être des autres.

Figure 5: Woody Allen, la robotisation Sleeper 1973

Admettons que vous ayez un problème avec un appareil ménager ou un ordinateur. Vous savez d'avance que vous êtes au début d'une galère de discussions stériles, de mauvaise volonté, de courses à gauche et à droite, de personnel en congé, de pièces en attente, d'oublis, d'agression du vendeur qui veut vous en placer un nouveau, de garantie qui ne marche pas, car il fallait garder le bulletin, de *je ne peux rien faire, il est en vacances.* Ailleurs, il arrive encore de trouver des hommes non mécanisés qui sont heureux de vous dépanner, quitte à bricoler quelque chose. Ils ne s'occupent pas de bulletins bien ou mal remplis, ce sont des hommes sur qui vous pouvez compter, à qui vous pouvez vous adresser face à face, qui ne représentent qu'eux-mêmes et non les intérêts d'une vaste organisation. Cette transition, en cinquante ans à peine, d'actes faits par tendresse, par amitié, par amour, par générosité, par empathie, par fidélité, par… tous ces sentiments que l'homme peut avoir, à des actes robotisés, je l'ai vécue. Ce passage à des actes accomplis mécaniquement, par devoir, de manière calculée, comptable, anonyme, artificielle, hypocrite par des institutions qui se sont substituées aux proches, je l'ai ressenti profondément.

Si nous laissons les choses se poursuivre dans cette direction, qu'en sera-t-il de l'humanité dans cent ans?

L'ADAPTATION HÉDONIQUE[2]

L'optimisme a été un facteur central au processus d'évolution de l'homme.
Lionel Tiger

S'il y a une constatation mise en avant par la grande majorité des psychologues positivistes, c'est ce qu'ils appellent le processus *d'adaptation hédonique ou hédoniste*: aucun objet, aucun événement, aucune circonstance de la vie ne peuvent nous amener à un sentiment de bonheur durable.

Si nous recherchons du bonheur *hors de nous-mêmes*, si nous nous focalisons sur des récompenses extrinsèques: l'argent, les biens matériels, le statut social... Quand nous les obtenons, nous nous sentons bien, mais le plaisir ne dure pas. Nous devons en avoir plus pour atteindre le même niveau de satisfaction. L'adaptation hédonique est le plus grand inhibiteur à une satisfaction durable. Plus nous consommons, plus nous acquérons, plus nous élevons notre statut, plus cela devient difficile de rester heureux. Nous courons sans arrêt vers des objectifs de plus en plus difficiles à atteindre. Jusqu'à l'essoufflement, la rupture ou la résignation. Rechercher des récompenses externes est le chemin le plus sur pour saboter notre propre bonheur. L'*autotélisme* est à l'opposé, une activité autotélique n'a d'autre but qu'elle-même. Elle est sa propre justification et sa propre récompense. Si nous nous concentrons sur des activités qui apportent des récompenses intrinsèques, l'action même de ce que nous faisons, la joie de s'y engager est une véritable satisfaction et elle est durable. Faire notre propre bonheur n'a jamais eu qu'une seule route, celle de s'écouter soi-même en se dédiant à des activités qui nous passionnent et qui fournissent donc leurs propres récompenses. *Le bonheur est à ceux qui se suffisent à eux-mêmes,* disait déjà Aristote.

La mécanisation est destructive pour ce qu'il y a de plus profond et de plus humain en nous: notre capacité à jouer, à blaguer, à s'enthousiasmer, à rêver, à se prendre d'amitié ou d'amour pour l'autre. La mécanisation matérialiste et sociale transforme l'homme en profondeur. Elle remplace des sentiments par des règlements. Elle remplace l'autotélisme par une adaptation hédonique. La famille et les amitiés véritables se dissolvent. Progressivement ce qui fait de nous des hommes se perd. On a voulu considérer l'homme en tant qu'agent économique poursuivant toujours son propre intérêt, c'est en train de devenir vrai. La robotisation gagne.

SONT-ILS TOUS DES REBELLES?

Nos rêves ne tiennent pas dans vos urnes.

Que signifie faire partie d'un groupe ou d'une société. Que signifie s'y intégrer. Comment nos grands scientifiques se sont-ils comportés pour intégrer la société et y trouver leur place. Est-il possible qu'ils se soient accommodés de ce qu'ils voyaient autour d'eux ou ont-ils étés des rebelles.

Voici l'opinion d'Albert Einstein dans une lettre au physicien Max Born, du 29 avril 1924: *De toutes les sociétés entrant en ligne de considération, il n'y en a aucune à laquelle je désire adhérer, si ce n'est la communauté de ceux qui cherchent vraiment, ayant compté que peu de membres vivants.*

Ayant lu de nombreuses biographies d'hommes de génie, en particulier dans les sciences, je n'en ai trouvé aucun qui se soit senti bien intégré dans la société. Certains ont cherché à sauver les apparences, d'autres n'accordaient pas la moindre importance à l'opinion que l'on pouvait avoir d'eux, d'autres encore avaient trouvé leurs propres façons originales de vivre. Comme le mathématicien hongrois Paul Erdös qui détient le record historique du nombre de publications, 1525 publications pour être précis. Erdös se promenait d'institut de mathématique en institut de mathématique avec son sac à dos. Il ne possédait rien et ne voulait rien. En arrivant, il déclarait: *I am open to think.* (Je suis ouvert pour penser). Les promesses hédonistes n'avaient aucun effet sur lui. Le nombre d'Erdös se définit de la manière suivante: vous êtes Erdös un si vous avez cosigné un article avec Erdös, Erdös deux, si vous avez signé un article avec quelqu'un qui a signé un article avec Erdös et ainsi de suite. Il y a 511 personnes qui se qualifient comme Erdös un, 9256 Erdös deux (2010), les Erdös trois sont encore à calculer. Si vous n'avez jamais publié avec quelqu'un qui a publié avec quelqu'un…, vous êtes comme moi un Erdös infini.

Plus récemment, le mathématicien russe Grigori Perelman qui résolut, en 2003, la conjecture de Poincaré[7] non démontrée depuis 1904 et qui avait la réputation d'être le plus complexe problème ouvert de topologie semble aussi rester en grande partie hors de la société.

Lorsqu'en 2010, des journalistes sonnèrent à sa porte pour lui annoncer qu'il avait gagné le prix Clay d'un million de dollars, il les renvoya en déclarant que sa mère l'attendait pour le déjeuner. Lorsqu'il lui fut attribué, en 2006, la médaille Fields, il refusa et déclara: je *ne suis pas intéressé par l'argent ou la gloire, je ne veux pas être sur scène comme un animal dans un zoo.*

---

[7] Henri Jules Poincaré 1854-1912

Figure 6: Paul Erdös

Figure 9: Albert Einstein

Figure 7: Gregori Perelman

Figure 10: Richard Feynman

Figure 8: Kurt Gödel

Figure 11: Bertrand Russell

Albert Einstein, lui, n'a pas été accepté comme assistant à l'École polytechnique fédérale de Zurich. Il eut la chance de trouver un travail comme clerc de deuxième classe au bureau des brevets à Berne. En dehors de son travail, il réfléchissait et publia, en 1905, quatre articles qui chacun pouvaient lui valoir un prix Nobel. Ce n'est pas pour celui qu'il a dédié à la relativité restreinte qu'il l'a obtenu, en 1921, mais pour l'article sur l'effet photoélectrique[10].

Il eut aussi de la chance de les envoyer à une revue scientifique dirigée par le grand physicien Max Planck[1] qui en remarqua la portée et les publia. Sans Max Planck, Einstein serait probablement passé inaperçu et aurait peut-être fini sa carrière à Berne. Il refusa lorsqu'on lui proposa de devenir le premier président de l'État d'Israël.

Richard Feynman[2], un des plus grands physiciens du XXe siècle, joueur de Bongo dans les bars à prostituées. Ami des humbles, prodigieux écrivain, merveilleux enseignant, Feynman a dû être enfermé à clé par un couple d'amis pour qu'il accepte de mettre ses idées par écrit et les envoyer à un journal. Ces mêmes idées qui sont maintenant enseignées à tous les physiciens du monde, les diagrammes de Feynman nous permettent d'y voir plus clair dans les interactions entre particules. Lorsque Feynman reçut le prix Nobel de physique, un journaliste eut l'idée d'aller interviewer sa mère:

— Alors madame Feynman, quelle impression cela fait-il d'être la mère de l'homme le plus intelligent du monde?

— Mon fils, l'homme le plus intelligent du monde? Alors, croyez-moi, on est dans de beaux draps.

Et que dire du héros de ma vie[3] Kurt Gödel, le plus grand logicien depuis Aristote. Celui qui, par ses théorèmes de 1931, à l'âge de 25 ans, mit à mal toute la pensée mathématique et notre conception même de ce qu'est la logique. Lorsque, réfugié aux États-Unis, il se présenta, en 1948, pour son examen afin d'obtenir sa nationalité devant le juge responsable, il était accompagné par Albert Einstein et Oskar Morgenstern comme *témoins de moralité*. Le juge lui demanda ce qu'il pensait de la constitution américaine, il répondit, malgré les coups de pied d'Einstein sous la table: *Justement monsieur le juge, j'ai remarqué une contradiction.* L'histoire est racontée par Morgenstern en détail sur le site de l'Institut for Advanced Studies[4].

Kurt Gödel est pratiquement mort de faim, il avait la phobie que ses aliments aient été empoisonnés, plus jeune sa femme et Einstein lui avaient

---

[1] 1858-1947 Physicien allemand, il fût le premier à introduire la notion de quanta
[2] Richard Feynman 1918-1988
[3] Celui dont les idées m'ont le plus habité et inspiré.
[4] http://www.ias.edu/people/godel/institute

servi de goûteurs, malheureusement tous deux sont morts avant lui et sa phobie devenant de plus en plus forte avec les années, finalement, il ne mangeait plus.

Que dire de Bertrand Russell.[11] Trinity Collège, à Cambridge, où il enseignait depuis 1910, le renvoya, en 1916, à cause de ses articles en faveur de l'objection de conscience. Il fut condamné à une amende importante. On lui offrit alors un poste à Harvard, mais les autorités lui refusèrent un passeport. Les autorités militaires interdisaient ses conférences. Il fut emprisonné pour six mois, en 1919, pour ses opinions pacifistes. Il se maria trois fois, ses contrats dans différentes universités américaines furent systématiquement annulés. Il fut finalement renommé à Trinity en 1944 et reçu, en 1950, simultanément la médaille Morgan de la société mathématique de Londres et le prix Nobel de littérature.

Et la liste pourrait continuer ainsi.

Si vous remontez à l'origine de n'importe lequel des grands concepts, des concepts qui ont vraiment changé notre vision sur une partie substantielle de la réalité, vous ne trouverez jamais un homme *normal*. Vous ne trouverez jamais un homme qui se comporte comme il devrait se comporter. Rarement un homme qui succombe à l'adaptation hédonique. Rarement quelqu'un qui s'intéresse à l'argent ou la gloire ou les autres récompenses qui servent d'objets de désir pour beaucoup d'entre nous. Vous trouverez des révoltés, des indignés, des hommes qui veulent changer quelque chose. Pas des hommes dont le souci est de s'intégrer à la société.

Je n'ai pas étudié la question en ce qui concerne les grands artistes, mais je suis certain que l'on retrouve la même situation. Ces gens ne se sont pas adaptés. Que se passerait-il, si nous arrêtions de mettre en vedette la réussite économique ou la simple célébrité et que nous insistions plus sur le talent, l'humanité et l'intelligence. Si nous arrêtions de nous laisser impressionner par les uniformes, les titres, la dimension du portefeuille ou la position sociale. Si nous arrêtions de laisser notre pensée être guidée par des effets de mode, au jour le jour, au fil de l'eau.

Connaissez-vous Nicholas Tesla, il est sans conteste le plus grand inventeur que l'humanité ait connu.[5] À son actif, l'invention du courant alternatif, des centrales électriques, du moteur électrique à induction. Mais encore, l'invention de la communication radio, bien avant Marconi, la transmission d'énergie sans fil, de l'avion à décollage vertical, et bien d'autres. En son honneur, en 1960, fût attribué le nom de Tesla à l'unité de mesure d'intensité du champ magnétique. Il mourut misérablement dans la chambre 3327 de l'hôtel New Yorker, sans argent et seul, alors que ses inventions faisaient tourner le monde et le font encore aujourd'hui. Sa passion n'était pas l'argent, mais la découverte. Je suis persuadé que j'ai

---

[5] 10 Juillet 1856 , 7 Janvier 1943

rencontré plusieurs hommes dans ma vie qui auraient pu devenir un Einstein ou un Perelman, mais qui se sont laissé mécaniser, envahir par les craintes de sortir de la norme et qui se sont en fin de compte conformés et résignés. D'où vient le refus d'appartenir? Cette incapacité à se reconnaître dans une société et d'accepter telles quelles ses valeurs. Bien entendu, nous avons cité des hommes dont les travaux et les circonstances leur ont assuré une extrême célébrité, des millions d'autres ont le même recul, la même non-conformité, leur propre originalité, qui leur coûtent extrêmement cher, sans atteindre la célébrité. Leur point de vue est tellement éloigné de la norme, qu'ils ne se battent souvent pas pour le défendre et n'ont aucune volonté de l'imposer. Ils ne vont pas faire de la politique, ils ne vont généralement pas voter. Pour eux les changements de détails importent peu, c'est à un autre niveau que les changements devraient se produire.

Nous pensons aujourd'hui que la science doit se faire et être issue des grands laboratoires, hyper équipés et hyper chers. Ces laboratoires ont bien sûr leurs fonctions et sont même parfois indispensables. Mais ne nous laissons pas jeter de la poudre aux yeux, les idées, celles qui modifient les paradigmes, celles qui nécessitent, ensuite seulement, de construire des grands laboratoires pour les tester, continuent à ne provenir que d'un cerveau ou d'un petit groupe de cerveaux. Des cerveaux qui ne s'intéressent pas nécessairement aux compétitions ou aux rivalités économiques par lesquelles le système veut les appâter. Ce qui les intéresse, ce sont les questions qui les obsèdent eux. Ils ne considèrent même pas qu'ils font de la science. Ils cherchent des réponses, ou mieux encore de bonnes questions, des conceptions différentes. Ils ne s'intéressent pas à savoir ce dont la société a besoin. Ce n'est pas leur rôle sur cette planète, d'autres peuvent ensuite l'assumer.

En se concentrant seulement sur les applications et la technologie, sur l'aspect économique, nous écartons un aspect essentiel de l'homme. En distillant des fausses craintes pour mieux nous diriger, en répandant des idées fausses, nous privilégions l'ordre sur l'intelligence, nous privilégions l'apparence sur le contenu, nous favorisons les gros ego et la pensée par slogans, sur la profondeur et la vérité, nous simplifions à l'extrême ce qui est complexe.

RÉSUMÉ DU CONSTAT

Le constat qui résume cette première partie est celui de la mécanisation grandissante que j'appelle *la boucle déterministe robotisante*. Newton, Descartes, Laplace et bien d'autres ont imposé progressivement une vision mécanique et matérialiste de la réalité. Par réduction à des composants, les physiciens ont réussi à décrire avec précision et cohérence un grand nombre de phénomènes et à unifier des observations apparemment disjointes. En s'appuyant sur des mathématisations de leurs concepts, ils ont pu prévoir des événements futurs et retracer l'histoire. Cette vision s'est montrée si puissante et a permis un tel développement des technologies qu'elle s'est naturellement étendue en dehors de ses domaines d'application. Dans ses bagages le matérialisme transporte avec lui l'idée d'un univers déterminé que nous pouvons connaître avec précision. Et cela indépendamment de la nature humaine. Nous avons progressivement appliqué ces idées si puissantes à l'homme et à la société humaine qui ne sont pas des systèmes mécaniques, mais des systèmes complexes. En leur appliquant des règles mécaniques, en les contraignant à s'y conformer, nous dégradons l'humain.

Le matérialisme réductionniste avait cependant laissé une ouverture: celle de l'esprit humain qui semblait échapper à l'idée de mécanisation déterministe. Descartes séparait l'esprit de la matière et cette séparation demeurait dans les esprits. Elle s'avérait nécessaire au fonctionnement de la société qui a besoin de la notion de responsabilité et donc du libre arbitre de l'individu. Mais l'esprit n'est pas compatible avec les lois déterministes de la science.

Avec l'apparition de l'ordinateur, considéré comme l'analogue mécanique du cerveau, la dernière étape du matérialisme semble être en train de se boucler. Tout l'univers était déjà perçu comme déterministe et mécanique, le seul espace de liberté restant: l'âme de l'homme ou son esprit pouvait alors se comprendre par analogie avec cette machine.

Le cerveau devenait simulable par un ordinateur et mettait ainsi le point final à la conquête mécaniste et refermait la boucle du déterminisme.

L'univers entier deviendrait un vaste mécanisme d'horlogerie. Pourquoi alors traiter l'homme pour autre chose que ce qu'il est vraiment: une machine.

Dès lors l'homme est en danger, ses sentiments et ses croyances deviennent de simples illusions algorithmiques dont il ne faut pas tenir compte. Si l'homme peut être traité comme une machine, la société peut l'être comme un vaste mécanisme qu'il faut régler au moyen de règlements et de lois.

C'est ce programme de contrôle de la vaste machine sociale qui produit des émergences incontrôlées qui nous paraissent absurdes, ridicules et frustrantes.

Pour asseoir ce point de vue, il fallait effectivement montrer que l'ordinateur à des capacités équivalentes au cerveau humain. Des budgets d'état monumentaux tant en Europe et aux États-Unis ont été libérés pour la *fabrication du cerveau*, des compagnies privées telles que IBM et Google se lancent aussi dans la course, les militaires sont plus qu'attentifs et la presse fait les grands titres. La course porte en fait sur la maîtrise de l'intelligence, la production d'une intelligence mécanique supérieure à celle de l'humain. Une telle maîtrise assurerait un pouvoir absolu. C'est derrière ce pouvoir que certains hommes sont en train de courir.

Dès lors, plus de limites à ce que nous puissions mécaniser, contrôler au travers de procédures et de règles. Le système veut que nous nous comportions comme des robots et nous punit si nous ne le faisons pas. Il veut pouvoir prévoir nos réactions, anticiper nos comportements, canaliser notre pensée. Plus de place pour des cultures différentes, une seule culture mondiale doit s'imposer, celle de la machine qui vaut ce qu'elle produit. Dans ce monde, la créativité et toutes les qualités humaines se mesurent par leur *output*, c'est-à-dire leurs rendements. La fonction d'usage, en tant que seule vraie valeur, l'emporte sur tout. Le dualisme *matière et esprit* va disparaître. Lui qui restait le gardien du dernier bastion non mécanisé. La société a cependant besoin de maintenir le concept de liberté de choix et de responsabilité individuelle pour accuser et condamner. Elle se retrouve donc prise dans une contradiction si la boucle est refermée. Les tribunaux ont recours aux psychologues pour déterminer le degré de responsabilité de l'individu. Les critères manquent de clarté.

Le risque majeur que prend l'humanité en imposant le paradigme mécaniste est lié à la manière dont notre cerveau fonctionne: *nous finissons par devenir ce que nous pensons être.*

Cette vision paraîtra extrêmement sombre à beaucoup d'entre nous. Notre besoin de nous évader de la machine mécaniste écrasante et implacable se manifeste de toutes parts. Ce constat étant fait, nous allons réagir, nous allons recentrer le monde autour de l'être humain et retrouver nos valeurs. J'en suis certain, cher lecteur. C'est du reste le titre de notre livre: *l'ordinateur ne digérera pas le cerveau.* Mais pour cela nous avons besoin de comprendre et d'élever notre point de vue et c'est ce que nous chercherons à faire dans la suite de ce livre.

On ne vit que le cœur est une pompe qui envoie le sang dans ces canalisations que sont veines et artères; on fit des poumons un soufflet; les membres, avec leurs articulations, se prêtaient à une analogie mécanique évidente. Ainsi naquit la théorie cartésienne de l'animal-machine... René Thom[6]

---

[6] 1923-2002 Célèbre topologue français. Créateur de la théorie des catastrophes

PARTIE II: LE CERVEAU INTRINSÈQUE ET DUAL

V. L'usage des mots et de la langue

Dans cette deuxième partie, nous allons tâcher de dégager certaines des raisons qui ont amené aux constats précédents. Pour ce faire, nous chercherons à creuser dans les connaissances qui sous-tendent le paradigme mécaniste et à examiner en quoi elles divergent de nos connaissances actuelles.

CONCEPTS, NOMS ET CONSTRUCTIONS MENTALES

Un mot n'a pas un sens qui lui soit donné pour ainsi dire par une puissance indépendante de nous, de sorte qu'il pourrait ainsi y avoir une sorte de recherche scientifique sur ce que le mot veut réellement dire. Un mot a le sens que quelqu'un lui a donné. Wittgenstein[1], carnets bleus.

Lorsque nous ne comprenons pas un phénomène que nous constatons, nous commençons par lui inventer un nom. Le simple fait de nommer donne une sorte d'illusion de comprendre et un moyen d'en parler. Nommer est une action si puissante que le Dieu de la Bible créa le monde simplement en le nommant! Étonnamment, nous autres mortels le faisons aussi. En nommant une chose, nous lui donnons vie dans *le monde virtuel des idées*. C'est un phénomène particulièrement important, car c'est ce monde-là dans lequel nous vivons et dans lequel nous décidons. Nous vivons dans nos idées et décidons en fonction d'elles. Parfois, ce monde des idées est confronté au monde là-dehors et nos créations s'avèrent subitement problématiques.

Gottfried Wilhelm Leibniz,[2] dans les années 1680, rêvait d'un langage qui servirait de guide à la pensée. Un langage où l'on ne pourrait qu'exprimer des concepts *corrects* et les combiner de manière à ne donner que des vérités, à l'image de l'arithmétique. Il considérait un ensemble de caractères (les lettres) et de règles de grammaire telles que les fausses pensées seraient déjà grammaticalement incorrectes[12], voire

---

[1] 1889-1951 Philosophe, logicien et linguiste. Inspirateur du cercle de Vienne auquel il n'a du reste pas participé. Son ouvrage principal, le Tractatus, a encore aujourd'hui une énorme influence.
[2] 1646-1716 Mathématicien, logicien et philosophe allemand, contemporain de Newton et considéré comme l'un des plus grand penseurs de l'humanité.

impossibles à formuler. Cette idée incroyable a fait son chemin depuis Leibniz, reprise par de nombreux penseurs, tels que Boole, Hilbert, Russell et Turing, elle a finalement débouché sur nos langages informatiques modernes.

Leibniz décrit ainsi son idée:

J'ai repensé à mon plan initial d'un nouveau langage ou un système d'écriture de la raison, qui servirait d'outil de communication pour les nations... Si nous disposions d'un tel outil universel, nous pourrions discuter des questions métaphysiques et éthiques de la même manière que nous discutons des questions de mathématiques ou de géométrie. C'était mon but: Tout malentendu ne serait rien de plus qu'une erreur de calcul. Aisément corrigé par les règles de grammaire de ce nouveau langage. En cas de controverse deux philosophes pourraient s'asseoir à table et juste calculer, comme deux mathématiciens, ils pourraient dire: vérifions cela...

Quel rêve merveilleux. Quelle contribution fantastique cela aurait été pour l'humanité. Leibniz, un des plus grands penseurs de tous les temps, parlait de *filum meditandi*, c'est-à-dire de fil conducteur, un fil d'Ariane du raisonnement et de la pensée. Il voulait pouvoir remplacer l'interprétation des concepts par l'analyse *matérielle* des caractères. En supprimant ainsi l'interprétation, il supprimait toute cause de conflits et de malentendu. Tout pourrait se régler en discutant au coin du feu. Ou ailleurs. Bien sûr, Leibniz ne réalisa jamais en pratique son fil d'Ariane de la pensée, mais son idée a été reprise entre autres par le célèbre mathématicien allemand David Hilbert et par Bertrand Russell, au début du XXe siècle. Ce dernier, pour montrer que l'arithmétique, elle-même, est non contradictoire, voulait développer un langage fil d'Ariane, un langage dit formel dans lequel il serait possible d'écrire l'arithmétique. Les théorèmes seraient alors les propositions que l'on peut écrire dans ce langage. Cette approche fut appelée le programme d'Hilbert, il fut poursuivi par de nombreux mathématiciens et en particulier par le célèbre Bourbaki.

Ce rêve cependant allait être mis sérieusement à mal par les théorèmes d'incomplétude de Kurt Gödel, en 1931. Ce jeune mathématicien peu loquace se rendait parfois au café Josephinum, à Vienne, où les grains de café turk en train d'être moulu parfumaient fortement l'atmosphère. C'est là que se tenaient à la fin des années vingt, le jeudi soir, les réunions philosophiques du cercle de Vienne. Une table circulaire de marbre blanc était le centre de leurs réunions, une plume circulait dans le sens contraire des aiguilles d'une montre de main en main entre les membres. On écrivait directement sur la nappe en papier. Gödel semble-t-il s'asseyait sur une chaise en bois dans le coin de la pièce, il ne parlait pas sauf quand on l'interrogeait. La capitale autrichienne à cette époque était l'un des centres intellectuels du monde. Gödel un jeudi soir allait surprendre le monde en montrant qu'un système formel contenant l'arithmétique serait soit incohérent soit incomplet, alors que le monde entier s'attendait au résultat contraire. L'entreprise de Leibniz était donc partiellement vouée à l'échec[13]. Il faudra nous contenter d'un langage imprécis et incomplet, il faudra accepter que l'interprétation est indispensable et trouver d'autres moyens de résoudre nos conflits. Mais de cette imprécision naissent sa richesse et son énorme pouvoir créatif. Nous n'atteindrons pas l'ensemble des propositions vraies par la voie de la formalisation rigoureuse. On ne pourrait pas toujours se mettre d'accord avec des discussions au coin du feu. Ou ailleurs. Si l'idée de Leibniz avait été possible, alors un système totalement mécanique aurait pu décrire avec exactitude la totalité de pensée humaine. La robotisation totale aurait eu des chances de triompher. Il aurait été possible de remplacer la sémantique par de la syntaxe. Or Gödel montre que pour cette petite partie de la pensée que constitue l'arithmétique, ce n'est déjà pas possible. Le groupe de Vienne allait disparaître dans les années qui suivirent. Son principal animateur, Moritz Schlick allait être assassiné par un étudiant national socialiste et l'Europe entière mise à feu et à sang. Le centre intellectuel du monde allait de nouveau se déplacer, cette fois de l'autre côté de l'atlantique.

Priver un homme de son nom, en le remplaçant par un numéro de matricule, est ressenti comme une profonde blessure. N'être plus désigné que par un numéro, que pourrait aussi porter un lot de bananes, c'est nous priver profondément de quelque chose qui nous rattache à une histoire et qui nous donne un sens. Un chiffre, lui, peut désigner des oranges comme des poules.[3] Notre nom est si profondément ancré dans notre image de nous-mêmes et de la réalité que, de le supprimer, est un bouleversement total de notre monde intérieur. Dans le monde virtuel de notre cerveau, cerner des concepts, c'est d'abord, leur donner un nom. Donner un nom consiste à encoder un concept sous une forme verbale utilisant des sonorités prédéfinies par la langue utilisée. Écrire ce nom est un nouvel encodage, cette fois dans de la matière visible, de cette même information en utilisant les symboles de la langue écrite. Le trait de génie des premières langues écrites fut de passer d'une écriture symbolique imitant la chose à décrire, comme les hiéroglyphes égyptiens, à une écriture imitant les phonèmes.

Dès l'âge de deux ans, de nombreux enfants adorent inventer de nouveaux mots. Cela leur ouvre un espace de création gigantesque. Jouer à combiner, à associer et à nommer, est une partie essentielle pour leur

---

[3] Les adaptes de la numérologie ont cherché a leur en donner.

développement. Notre cerveau ayant toute liberté d'engendrer des concepts et de les nommer, il peut s'avérer que l'on réalise que le concept que nous avons nommé ne correspond à aucune *réalité* ou alors, que la réalité avec laquelle nous l'avons associée se comporte autrement que ce que nous avions initialement imaginé. Le mot *Éther*, par exemple, a longtemps été associé à une matière qui occuperait tout l'espace, jusqu'à ce qu'Einstein, en 1905, nous fasse renoncer à ce concept.

Supposez que vous vouliez fabriquer un puzzle pour votre fils. Vous allez prendre une image, la coller sur un carton et ensuite la découper pour en faire des pièces de puzzle. Vous avez le choix du découpage ainsi que du nombre de pièces. Les pièces découpées représentent les concepts que vous avez créés.

L'image d'origine n'est pas un puzzle, elle n'est pas découpée, les pièces n'existent pas à l'origine. C'est notre cerveau qui les construit et qui leur attribue des qualités. Nous sommes tellement habitués au découpage des pièces que nous pensons qu'elles sont vraiment découpées dans ce que considérons être la *réalité,* alors qu'il s'agit d'une intervention de notre propre cerveau comme nous le montrerons. La décomposition en pièces/concepts représente un découpage plus ou moins adroit. Le seul moyen, cependant, que nous ayons pour nous repérer dans ce que nous pensons être la *réalité*, est représenté par cette succession de pièces de puzzle qui provient de notre propre création. Plutôt que d'appeler *réalité* ce qui se passe dans l'univers hors de notre cerceau nous le nommerons le *là-dehors*. Là-dehors est *pré appréhension,* prédécoupage. Là-dehors est *préconnaissance*, il est inconnaissable dans sa nature, nous ne connaissons que les pièces.

Le cerveau produit des concepts et les nomme pour décrire un là-dehors qu'il ne peut pas vraiment connaître, mais auquel il est confronté continûment. Là-dehors n'est pas fait de concepts. Le monde des concepts et des mots est un monde intérieur, intrinsèque au cerveau, un espace virtuel qui a sa propre vie. Ses objets sont des concepts, des histoires, des mythes, des mathématiques, des aventures, notre vie. Les concepts ont précédé les mots, leur apparition est nécessairement une conséquence de la sélection darwinienne, leurs *relations* avec là-dehors ont favorisé la survie des mammifères. L'espace virtuel ayant sa propre vie, il permet la création de concepts et la combinaison de ces derniers sans devoir intervenir sur la matière. Une relation existe nécessairement entre le monde virtuel des concepts et là-dehors et la sélection naturelle a rendu cette relation efficace pour nous protéger de nos prédateurs. Depuis que nous sommes capables de nommer et que nous avons construit des langages, nos concepts sont devenus de plus en plus abstraits, ce qui est possible dans le monde virtuel, mais pas là-dehors. Les concepts se sont mis à parler des concepts, couche après couche, et notre espace virtuel s'est développé énormément, fabriquant des mots et des phrases qui prennent le risque de peut-être ne correspondre à rien là-dehors ou de fonctionner différemment. Cerner un concept, lui donner une fonction utile et non contradictoire dans notre réalité virtuelle peut prendre des millénaires. Découper utilement le puzzle n'est pas une chose simple.

On parlait de température bien avant que Boltzmann ne l'ait effectivement caractérisée et expliquée statistiquement. La chaleur était traitée comme une substance fluide, simplement parce qu'elle est désignée comme un substantif. Vous souvenez-vous du phlogistique? Plus un corps en contenait, mieux il brûlait! Le concept n'a pas résisté à l'expérimentation. Les mots et les concepts qu'ils représentent peuvent aussi disparaître par changement de mode, par l'introduction de nouvelles références ou par les effets du buzz; la langue est en perpétuelle évolution, les mondes intérieurs aussi.

Découvrir les *bons concepts,* et ce mot reste à définir, peut prendre aussi des millénaires. Comment voulez-vous découvrir l'héliocentrisme, la rotation de la terre autour du soleil, alors *qu'il est tellement évident que la terre est immobile, on le sentirait si elle bougeait.*

Les mots ne font pas que désigner des concepts, ils entraînent dans leur sillage des milliers de relations, de modèles, des hiérarchies qui progressivement s'établissent dans notre cerveau et qui relient un concept à d'autres mots et à des impressions mémorisées, ou à des sentiments. Ces relations sont physiquement exprimées par les connexions entre neurones. Ce paquet de neurones interconnectés représente notre *interprétation* du mot. Un mot acquiert ainsi une énorme richesse qui est propre et différente pour chacun. Nous utilisons le *même* mot, mais nous *l'interprétons* nécessairement de manière différente, car notre histoire biologique et vécue est différente.

Il y a toute une catégorie de concepts et de mots que nous ne pouvons définir qu'en disant ce qu'ils ne sont pas, nous ne savons pas dire ce qu'ils sont. C'est le cas des mots liés à l'infini comme *tout* ou *rien.* Ou des mots comme le hasard ou le temps. Ils sont alors particulièrement délicats à manier et peuvent si nous n'y prenons garde introduire de nombreuses confusions comme nous le verrons.

Nous pouvons aussi *ressentir* des *modèles conceptuels* pour lesquels nous n'avons pas vraiment de mot. Nous avons l'impression que tout mot que nous leur associons les trahit. Nous ressentons des connexions neuronales pour lesquelles aucun mot ne convient. Les poètes ou les artistes savent parfois nous communiquer ces sentiments au travers de leurs œuvres. Il y a un grand écart entre notre vie intérieure et notre vie verbale. Un écart qui est pour certains, déchirant ou invivable. Parfois nous hésitons à mettre des mots sur des sentiments ou des impressions, nous sentons les mots comme réducteurs, nous savons qu'ils seront connectés autrement dans l'esprit de l'autre et craignons leur mauvaise interprétation.

Picasso, à qui un journaliste demandait d'expliquer un de ses tableaux, répondit: *si j'avais pu le dire, je ne l'aurais pas peint.* Vouloir réduire *là-dehors* ou notre pensée à un système formel mécanisé est impossible. Le talent de l'artiste est de nous permettre de créer en nous des connexions improbables que nous n'aurions pas faites autrement, c'est en cela qu'il élève notre âme et nous grandit.

Se délivrer de l'ignorance ne peut venir que de l'acquisition de bons concepts qui éclairent un pan de réalité sous une lumière différente, font apparaître des reliefs nouveaux ou des zones d'ombre passées inaperçues jusqu'alors. Un bon concept pose toujours de nouvelles questions. Ainsi va la connaissance. D'un côté l'élévation de l'âme, de l'autre de meilleurs concepts. Elle n'a pas de fin, elle n'a pas de finalité, elle ne peut que se justifier par elle-même.

On peut dire que quelque chose *existe* là-dehors en le désignant, on ne peut jamais prouver que quelque chose *n'existe pas*. Ainsi, la connaissance n'est qu'une collection d'hypothèses, elle ne saurait être une collection de vérités.

Il y a les choses que nous faisons pour permettre de réaliser d'autres choses qui sont elles les véritables finalités. Nous construisons un outil pour nous permettre de monter un appareil. Nous travaillons pour nous permettre de manger et de vivre. Nous prenons le train pour nous permettre d'arriver à un rendez-vous. Ces choses sont de manière générale des *outils* nous aidant à atteindre un but qui n'a rien à voir avec eux. La nature de la connaissance est différente, elle n'est pas pour autre chose, elle est pour elle-même. La présenter pour sa valeur d'usage ou d'application ou de rendement est fallacieux et tend à nous canaliser vers un seul type de connaissance: *la technologie.* Les choses vraiment utiles ne servent à rien.

La grande majorité des problèmes complexes que nous devons résoudre se posent à des niveaux d'abstraction très élevés. Nos connaissances techniques ne nous sont pas d'un grand secours à ces niveaux, alors qu'une fable, une pensée abstraite, un dicton, une sagesse populaire ou même un enchaînement musical peut nous inspirer. Nos contes et nos romans sont capables d'exprimer des situations humaines extrêmement complexes, qui ne pourraient se résumer à un processus de construction grammaticale. Le texte du roman représente une face de la médaille, l'autre face, l'essentielle, est l'interprétation et c'est le lecteur humain qui la construit, parce qu'il sait en lui de quoi l'on parle, il a construit des concepts semblables avec toutes leurs richesses de connexions. L'interprétation du texte n'est pas encodée dans le texte, mais dans le cerveau du lecteur qui se découvre en le lisant. Un bon texte inspire. L'inspiration mobilise, évoque, dessine des perspectives et produit une joie qu'aucun objet matériel ne peut fournir, la joie de la découverte, de la connaissance de soi. En reliant des abstractions, le cerveau humain peut créer n'importe quelle relation entre objets, sous objets ou événements, même fantaisiste ou absurde; il suffit que certains groupes de neurones créent, modifient ou suppriment diverses connexions entre neurones, nous appellerons ces créations des *mythes*. (Un clin d'œil à Roland Barthes[4]).

La pensée peut être qualifiée comme étant notre perception du fonctionnement de notre propre cerveau lorsque celui-ci interprète ses connexions de neurones et qu'il génère ses mythes. Nous examinerons comment ces abstractions se construisent et agissent en retour sur le réseau neuronal et finalement sur la matière autour de nous.

CIRCULARITÉ ET AUTORÉFÉRENCE

Quand une traduction illégitime de l'inétendu en étendu, de la qualité en quantité, a installé la contradiction au cœur même de la question posée, est-il étonnant que la contradiction se retrouve dans les solutions qu'on en donne? Henri Bergson, Essai sur les données immédiates de la conscience.

Nous ne pouvons pas définir tous nos mots, puisque les mots se définissent les uns à partir des autres. Dans tout langage, nous devons commencer par des mots non définis à partir d'autres mots, des mots dont nous comprenons, chacun *à sa manière*, le sens via des sentiments ou des sensations. Les concepts précèdent les mots. Il y a donc une circularité curieuse et nécessaire dans tout dictionnaire. Cette circularité se retrouve souvent dans notre vie: je *dois avoir une voiture pour trouver un travail, pour acheter une voiture, je dois montrer un certificat de salaire!* Ou encore, le cas de cette malheureuse vieille dame qui a fait renouveler sa carte d'identité et qui, quelques jours après, reçoit un avis de la poste, une lettre recommandée. En arrivant à la poste, le fonctionnaire lui demande un papier d'identité. Elle n'en a pas. Le seul qu'elle possède se trouve précisément dans le courrier qu'elle ne peut se faire remettre faute de papier d'identité. Ces circularités fréquentes dans les systèmes administratifs se manifestent inévitablement pour tous les systèmes formalisés. Une chose doit précéder une autre qui elle-même doit précéder la première.

Un concept est dit *récursif* s'il fait appel à lui-même pour se définir. Comme, par exemple, l'espace ou la moralité. Les langues sont des

---

[4] Roland Barthes, *Mythologies*, 1957.

processus essentiellement récursifs. La *circularité* est une *récursivité à deux voix*, l'une faisant appel à l'autre et réciproquement. Les circularités catastrophiques ne se produisent pas dans la nature physique, là-dehors, qui n'est pas un système formel, mais seulement dans les constructions mentales ou sociales humaines, c'est-à-dire dans l'espace virtuel de nos systèmes formalisés et en particulier dans le langage. C'est le cas lorsque chaque organisation fait ses propres règles sans tenir compte des règles des autres et que les deux systèmes interagissent. Le seul moyen de contourner les circularités est d'avoir recours à un système explicatif plus étendu, plus large. Il faut pouvoir sortir du système. Nos sensations non verbales constituent un extérieur pour notre système verbal. Notre cerveau constitue un système plus large, il n'est pas prisonnier des circularités verbales, nous pouvons les comprendre de l'extérieur et les dénouer. C'est aussi ce que nous faisons lorsqu'un problème nous paraît impossible à résoudre, en sortant du système où le problème se pose, nous sommes créatifs. Résoudre un problème consiste à trouver un système explicatif plus large dans lequel le problème se pose en termes différents. Les systèmes explicatifs se hiérarchisent ainsi, des plus concrets aux plus abstraits.

Dans le cas du langage, Chomsky, se référant à cette compréhension directe et sans définition verbale, l'a appelé le langage naturel. Celui que nous comprendrions avant même d'avoir des mots, celui qui nous permet de savoir des concepts a priori et ensuite d'apprendre un mot en désignant l'objet auquel il se réfère et non par référence à d'autres mots.

Dans le cas de la vieille dame, un système plus large pourrait être la compréhension humaine du fonctionnaire postal qui éventuellement outrepassera le règlement pour régler le problème, s'il n'a pas été trop robotisé.

En utilisant des mots pour s'exprimer au sujet de mots, l'on crée ainsi des empilements de structures hiérarchiques de plus en plus abstraites et des boucles auto référentes émergentes. Ces *boucles infernales* sont connues depuis l'Antiquité. Épiménide au VIIe siècle av JC avait énoncé le paradoxe du Crétois. Dans une forme concise, il peut s'énoncer ainsi: *Un Crétois déclare, tous les Crétois sont des menteurs.* Si la déclaration est vraie, alors, elle est fausse; si elle est fausse, alors elle est vraie. Ce type de phrases réfère à elles-mêmes et, suivant le niveau hiérarchique auquel on se rapporte, leur sens peut changer.

Si les phrases peuvent comporter des circularités, les simples mots le peuvent aussi. Ce sont les mots autoréférents, correspondant à des concepts récursifs. Par exemple le mot *volonté*. Avant de vouloir je dois *vouloir vouloir*. *Vouloir vouloir* ne représente pas du tout la même chose que vouloir. Je peux constater que je veux quelque chose. Comment m'obliger à vouloir si je ne le veux pas. Cette situation est courante dans l'éducation par exemple et source de nombreuses contradictions. Un autre exemple est la *morale*. Il s'agit aussi d'un concept circulaire. Il faut que je sois moral pour pouvoir être moral. Par où donc commencer.

Les mots autoréférents peuvent changer de sens suivant le niveau hiérarchique auquel ils sont interprétés: la haine de la haine n'est pas de la haine. L'amour de l'amour n'est pas de l'amour. La justice de la justice n'est pas la justice. Croire à la croyance ne veut pas dire être croyant. Qu'en est-il de la conscience de la conscience? Ou de la valeur de la valeur? En s'appliquant à eux-mêmes, ces mots peuvent être dangereux à manier. Voici une idée qui permet de distinguer des fonctionnements différents dans la définition des mots et d'éviter dans certains cas les circularités.

EXTENSIONNALITÉ ET INTENSIONNALITÉ

Nommer une classe d'objets peut être fait de deux manières:
Extensionnelle: en désignant l'un après l'autre tous les membres de la classe, que le mot regroupe; par exemple en les montrant d'un signe de la main et en associant au geste le mot mouton ou mouton 1, mouton 2, mouton 3,... Il s'agit ici de physiquement désigner les objets faisant partie de la classe que regroupe le mot à définir. Dans ce système, il n'y a pas, au départ, un *mouton abstrait* qui ensuite doit désigner ces moutons là-dehors. On part du plus bas niveau de perception en *désignant* et de ce niveau va progressivement se dégager l'abstraction mouton par une opération du cerveau qui repère les analogies entre les objets désignés.
Intensionnelle[5]: en qualifiant les objets membres de la classe par une propriété commune exprimée en mots, *les nombres pairs sont ceux qui sont divisibles par deux, un mouton est un mammifère à quatre pattes dont la fourrure nous sert à faire de la laine.* Il s'agit ici de relier le nouveau mot à des mots supposés connus (formant la propriété commune) par une égalité exprimée par le verbe être. Cette liaison construit une nouvelle abstraction de niveau plus élevé.

La nature de ces deux types de définitions est très différente. Par exemple, si vous voulez définir, ou mieux faire comprendre ce qu'est un homme, vous pourriez montrer du doigt des hommes l'un après l'autre en prononçant le mot homme à chaque fois. Ou alors vous pourriez dire: *l'homme est un bipède sans plume[6]*.

Ce ne sont pas les mêmes fonctions cérébrales qui sont utilisées dans les deux cas.[7] La définition extensionnelle met en œuvre le cortex

---

[5] S'écrit avec un s, à ne pas confondre avec intention avec un t.
[6] Exemple dû à Platon

sensorimoteur de votre interlocuteur, vision, audition, odorat, et bien sûr l'aspect verbal. Vous montrez l'objet à définir à votre interlocuteur, lui laissant le soin de repérer ce qui est semblable et ce qui est différent dans chaque exemplaire que vous désignez. À lui d'isoler des similitudes et de les regrouper en les associant au mot que vous définissez. Sa manière propre de percevoir et d'accepter des similitudes ou de rejeter des différences construira sa compréhension personnelle du nouveau mot. Le très jeune enfant n'apprend que de manière extensionnelle. Kant, dans l'introduction de sa *Critique de la raison pure* nous convainc que toute connaissance commence par l'expérience, donc de manière extensionnelle.

La définition intensionnelle a recours à cette partie du cerveau appelé néocortex, à l'imagination et la logique. Plus nous possédons de mots plus nous pouvons en apprendre des nouveaux. Il est difficile, par exemple, de définir intensionnellement un neurone si l'on n'a pas déjà défini une cellule. Les définitions intensionnelles sont un passage obligé pour *les choses que je ne peux pas montrer* et en particulier pour les concepts abstraits, tels que l'honneur, la gloire, la relativité restreinte, un neutron… C'est le cas de tous les sentiments humains, qui ne se définissent qu'intensionnellement, malgré les mille nuances très différemment ressenties par chacun, nous laissant toujours l'impression de les trahir, lorsque nous leur attribuons des mots.

Les définitions intensionnelles sont propres à l'homme, toutes nos sciences théoriques sont intensionnelles, nos lois, notre informatique, notre littérature et notre philosophie. Les mathématiques utilisent exclusivement des définitions intensionnelles. Constituant un système formel, elles sont soumises aux restrictions de type gödelien. Une définition intensionnelle ne garantit pas l'existence physique là-dehors de l'objet défini: existe-t-il physiquement un *bipède sans plume*? Existe-t-il physiquement une émotion comme *l'empathie*? Les *trous de vers*, largement utilisé par les auteurs de science-fiction et bien définis par les physiciens existent-ils vraiment? Les objets mathématiques existent-ils vraiment?

On peut associer l'information extensionnelle à l'information analogique, elle se fait sans passer par le langage au départ, de manière directe, alors que l'information intensionnelle s'associerait plutôt à de l'information digitale.

L'approche matérialiste de la science contemporaine suppose, comme nous l'avons précédemment évoqué, que tout phénomène doit posséder une nature physique sous la forme de particules, de champs, d'énergie. Il

---

[7] Kant distingue les connaissances *à priori*, des connaissances *empiriques* résultant de l'expérience. Il ne s'agit évidemment pas de la même distinction que celle que nous faisons ici.

n'est pas étonnant de voir les neuroscientifiques vouloir localiser les réseaux de neurones responsables de concepts abstraits, l'empathie, par exemple. Admettons que nous ayons trouvé un groupe de neurones responsable de l'empathie. L'étude approfondie de ces neurones nous donnera-t-elle plus d'informations sur ce qu'est vraiment ce sentiment? Comme nous l'avons exprimé au chapitre cinq, je ne le pense pas, mais nous reviendrons en détail sur ce sujet au chapitre neuf. À un certain moment, on change de monde en passant de ce qui peut être observé et mesuré à ce qui ne peut être que ressenti. [8] C'est le passage de la ligne rouge.

Lorsque nous définissons un mot intensionnellement, nous n'avons aucun moyen d'être certains que nous avons fait le *bon découpage*, c'est-à-dire que nous ne sommes pas à cheval sur deux catégories plus intéressantes et plus riches en information, à cause de notre choix spécifique des similitudes et des différences. C'est la raison pour laquelle nous évoluons progressivement vers une compréhension et une définition d'un concept, cela peut prendre des milliers d'années. Le concept *vivant*, par exemple, reste non défini intensionnellement. Pour appliquer les définitions intensionnelles, nous avons besoin de beaucoup de flexibilité, nous avons besoin d'apprécier un contexte, d'apporter beaucoup de nuances et d'expérience vécue. Ces nuances sont possibles, car notre raisonnement n'a pas la précision rigide du digital, il a surtout la souplesse de l'analogique. Et ces nuances sont essentielles pour interpréter la nature humaine. La vision mécaniste, sur laquelle s'appuie la robotisation, provient d'une confusion entre ces deux aspects de notre pensée. Elle voudrait nous réduire au digital en supprimant l'infinité des nuances non réductibles de l'analogique.

Les ordinateurs ne font pas ces nuances, ils ne sont pas équipés pour les faire, ils appliquent la définition qui leur a été digitalement programmée. Et en appliquant les règles de manière stricte, ils aboutissent parfois à des situations sans issues ou même absurdes. La précision du digital le rend impropre à distinguer des similitudes qui n'apparaissent qu'à un niveau d'abstraction plus élevé. Dans le film *Intelligence Artificielle* de Spielberg, le petit garçon David a été programmé pour *aimer* sa mère, deux mille ans après il suit encore son programme en recherchant la fée bleue.

Mon ami Georges, devant faire une conférence à Kazan, a pris un billet d'avion Genève Kazan via Moscou, arrivant à Kazan à une heure du matin le 22 novembre, à temps pour sa conférence. Il a aussi obtenu un

---

[8] La figure montre à gauche des « exemples » de descriptions intensionnelles données à droite. Les descriptions verbales ne veulent rien dire sinon pour des spécialistes.

visa de trois jours auprès du consulat russe à Genève du 22 au 25 novembre. Arrivé à Moscou vers dix heures du soir, il devait reprendre l'avion de Kazan à onze heures. Jusque-là tout va bien. Le problème apparaît lorsqu'il s'agit de passer du terminal international au terminal national. Il n'est pas encore minuit, nous sommes donc encore le 21 et son visa débute le 22. Bien entendu, le fonctionnaire lui a fait rater son avion. En fait derrière le préposé il y avait un programme informatique qui refuse de scanner le visa si les dates ne correspondent pas. À la seconde près!

Un humain peut comprendre, un robot ne fait que suivre les instructions données par son programme. Comprendre signifie bien souvent utiliser la souplesse des analogies. Bien sûr, que nos robots modernes incorporent des programmes d'apprentissage, mais il suffit de monter un niveau au-dessus et réaliser qu'ils ne peuvent pas changer leur méthode d'apprentissage. L'homme lui peut changer et changer le changement et changer le changement du changement et ainsi de suite… L'analogie permet toujours de sortir du système formel considéré. La figure 13 présente une palette de couleurs intensionnellement à droite et extensionnellement à gauche.

Figure 12: Palette couleur Libonis.

Confronté à une définition intensionnelle, votre interlocuteur vous demandera souvent de lui donner des exemples, il demande en fait que vous lui expliquiez de manière extensionnelle. Il a besoin de ce *pont* entre le mot et la réalité non verbale qui se manifeste en désignant l'objet de la main. Un spécialiste du domaine en revanche aura suffisamment l'habitude des concepts abstraits impliqués dans la définition intensionnelle, il se fabriquera lui-même ses propres exemples. Les concepts qui n'ont pas de définition extensionnelle telle que: l'honneur, le blasphème, la haine, l'amour sont ceux pour lesquels les êtres humains peuvent ne pas s'entendre et donc déclencher des guerres. *On dit que les singes, comme nous, se battent pour des bananes, mais eux, ils ne le font que lorsqu'il y en a.*

Le rêve de Leibniz, son langage fil d'Ariane de la pensée, aurait permis de toujours s'entendre comme le font les mathématiciens. On s'assied autour d'une tasse de café et l'on calcule ensemble. Notre cerveau a besoin autant de l'extensionnel que de l'intensionnel, comprendre et expliquer nécessitent pour nous autant l'analogique que le digital. De nombreux processus de compréhension ne s'accommodent pas d'une seule de ces approches. Les mythes sont, par essence, analogiques, les mathématiques essentiellement digitales dans leur exposition, mais analogiques dans leur création.

CRÉER EN NOMMANT

Nommer est donc une opération d'une puissance exceptionnelle dans le monde virtuel. Elle nous permet de disserter sur une chose encore mal définie. En dissertant, la définition se précise de plus en plus, des liens se créent avec des concepts plus familiers et notre monde intérieur se construit et se structure. Nous créons ainsi des histoires virtuelles, des mythes, qui deviennent parts de notre réalité. Prenez, par exemple, cette distinction que nous venons de faire entre deux types de définitions. Si vous n'aviez pas déjà eu l'occasion de réfléchir à ces deux mots et aux concepts qui se cachent derrière eux, ils pourraient ouvrir un nouveau terrain de jeu pour votre cerveau, vous inciter à utiliser plus d'extensionnalité dans les rapports avec vos enfants, ou à mieux accepter une incompréhension. Associer et combiner des mots permet de qualifier un objet de manière surprenante et facile à mémoriser, par le jeu des associations que l'opération implique. Songez par exemple: *la cuisine moléculaire, l'intelligence artificielle, Gödel, Escher, Bach* (l'incroyable livre de Douglas Hofstadter[9]). La juxtaposition de mots provenant de domaines différents nous intrigue, elle nous laisse entrevoir qu'il existe peut-être des liens de niveau supérieur que nous n'avions pas perçus jusque-là et que, bien entendu, nous voulons absolument comprendre. Les mots, les concepts et leurs combinaisons éveillent notre curiosité. Comme avec des éléments d'un gigantesque jeu de construction, nous jouons avec eux pour construire notre réalité virtuelle. Nommer permet

---

[9] Né en 1945, professeur de sciences cognitives

de rattacher un domaine à un autre qui ne lui était pas nécessairement lié, d'opérer des raccourcis en créant des niveaux d'abstraction élevés, couvrant beaucoup de représentations différentes, mais négligeant évidemment des détails. Jouer avec la hiérarchie conceptuelle des mots, c'est comme jouer avec un microscope dont nous pouvons mentalement augmenter ou diminuer la résolution par la simple pensée. Mais la fonction principale de notre aptitude à nommer est de nous rapprocher d'un concept, d'affirmer que nous l'avons *repéré*, isolé ou abstrait de ses matérialisations. Peut-être qu'avec le temps, ce concept s'avérera-t-il creux, ne correspondant à rien, ou au contraire il se montrera d'une telle richesse qu'il ouvrira de nouveaux champs de pensée. Mais voici le phénomène le plus important lié à cette opération dans notre monde virtuel:

Nommer peut aussi être créateur de ce qui est nommé. Un nom peut être posé en tant que simple mot, il induit ou éveille des sentiments, des réactions intérieures dont l'ensemble devient *la chose que le mot représente*. Au départ, le mot était creux, mais par le jeu des associations qui sont induites, il finit par décrire la réalité des sentiments qu'il a en fait lui-même éveillés. Il s'est ainsi créé un contenu dans ce que nous avons appelé *l'espace virtuel*. Et les réalités au niveau de cet espace nous influencent tout autant que celles provenant du monde *là-dehors*. Lorsque ce phénomène se produit dans l'espace public, il est surnommé le *buzz* ou encore en économie la *bulle spéculative*.

Les incohérences se produisent lorsque nous confondons espace virtuel et là-dehors ou lorsque nous confondons différents niveaux de virtualité. Nos théories économiques existent dans l'espace virtuel, les conséquences des bulles qui se produisent ont des effets douloureux là-dehors. Une spéculation n'est qu'un pari dans l'espace virtuel, mais ses suites peuvent être une famine là-dehors. Les religions sont remplies de concepts intensionnels qui se sont forgés, avec le temps, de profondes résonances émotionnelles et exercent une influence énorme, ces concepts ont ainsi acquis une réalité effective dans le monde virtuel inspirant des décisions, des choix et des engagements.

La langue russe possède deux mots différents pour signifier bleue et bleu ciel, il semble que les pratiquants de la langue russe sont capables de repérer des nuances de bleue qui échappent à ceux qui ne parlent que le français. Chaque mot nouveau ouvre un nouveau champ de sensibilité, créé des associations mentales et guide l'œil vers des différences qui autrement passent inaperçues. Les Inuits ont quatorze mots pour une couleur que nous appelons le blanc. Ils ont plus de cent mots pour dire la neige.

Les concepts s'organisent par niveau d'abstraction hiérarchique en fonction de l'étendue des *sous-concepts* qu'ils recouvrent ou en fonction de l'étendue des phénomènes qu'ils décrivent ou regroupent. Passer à un niveau plus élevé correspond à négliger certains caractères spécifiques du niveau inférieur pour mettre en évidence par analogie des points communs. Cette organisation correspond à une organisation similaire du réseau de neurones qui est sans aucun doute à l'origine de l'organisation hiérarchique des concepts. Le changement de niveau correspond à une *abstraction*. Ainsi *table* et *chaises* se situent à un certain niveau et *mobilier* à un niveau supérieur. Le point commun mis en évidence par cette abstraction est le caractère de *meubler*. Les détails négligés sont par exemple le plateau de la table ou le dossier de la chaise, la hauteur des pieds ou la couleur des revêtements.

Ainsi, les concepts et les mots correspondants structurent notre réalité. Continûment nous recherchons des points communs pour établir des concepts de niveau supérieur et continûment nous négligeons des différences. Ce processus de recherche d'analogie permettant d'abstraire se produit automatiquement rendant pour nous *naturelle* la hiérarchisation de nos concepts.

Mais, continûment aussi, nous recherchons, par l'intermédiaire de nos sens, des détails permettant de repérer des différences et de construire des concepts de niveau inférieur. Nous pouvons ainsi distinguer entre eux des objets ou des événements qui au niveau en dessus paraissaient semblables. Ce processus d'investigation de la réalité se nomme la *réduction*. Démocrite[14] fût probablement le premier à penser que la réalité était constituée d'atomes et de vide. En examinant un objet de plus en plus près on observe de plus en plus de particularités, de différences avec les autres objets qui, vus de plus loin, paraissent semblables. Abstraction et réduction sont deux processus du cerveau qui procèdent, si je puis dire, en sens contraire. Nous verrons comment ils sont implémentés dans la structure hiérarchique du réseau neuronal.

Certains concepts, auxquels nous attribuons un nom, sont de haut niveau d'abstraction par le fait qu'ils fédèrent ou chapeautent une large diversité de concepts déjà établis. Ces concepts de haut niveau fonctionnent un peu comme des lois, ils regroupent des similitudes pour un très large spectre de situations. Leur influence sur notre conception de la réalité peut être énorme. Si ce sont de *bons concepts*, ils peuvent engendrer des développements fantastiques. Songer au concept de *sélection naturelle* de Darwin, ou au concept de *symétrie* en physique. Ou au concept d'*idée* ou de *concept* qui sont remarquablement fédérateurs. Ainsi, du détail particulier et unique, au concept de très haut niveau, nous naviguons dans un univers d'abstraction-réduction.

Cela peut prendre des siècles ou des millénaires pour dégager les concepts de haut niveau de leur gangue initiale, les isoler et les nettoyer, comprendre les contextes où ils peuvent prospérer, tester leur niveau de compatibilité avec nos autres concepts, leur acceptation par les autres hommes et la manière dont ils s'*emboîtent* avec des concepts plus établis. Quitte à les écarter en fin de compte.

Songez au vitalisme, à l'âme, à la génération spontanée[15], à la métempsychose, à l'éther, au bien ou au mal, au vide, aux cosmologies...

Les concepts de haut niveau sont souvent peu ou mal définis et donc sujets à foule d'interprétations et à de nombreuses disputes. Songer à l'honneur, la gloire, le blasphème... Mais aussi à la couleur, à la réalité, à l'infini, au temps, au hasard, au vivant, à la complexité, à l'information...

J'imagine ces concepts de haut niveau comme des montagnes dans un paysage alpin. On ne peut les relier qu'aux rochers qui sont en dessous, il n'y a rien en dessus. (figure 14).

Au sommet de ces montagnes se trouvent les *concepts primitifs*, nous ressentons bien ce qu'ils recouvrent, mais leur définition intensionnelle les renvois à eux-mêmes, ils sont récursifs, autoréférents. Ils constituent un peu la scène de théâtre sur laquelle la pièce *réalité* va se jouer. Sans eux, pas de pièce possible: l'espace, le temps, la pensée, l'existence, la réalité, les origines... Kurt Gödel envisageait ces *concepts primitifs* comme si fondamentaux qu'il est impossible de définir quoi que ce soit d'autre sans accepter à priori leur existence. Mais Gödel était un platonicien extrême, il pensait que les concepts vivaient dans leur propre monde, il n'avait pas l'âme du physicien réaliste, contrairement à son meilleur ami Albert Einstein.

La manière dont leur existence est collectivement ressentie caractérise une culture, nous pourrions même dire qu'elle en fait l'ossature. Car naturellement une culture doit leur trouver des explications dont l'ensemble va distinguer un peuple par rapport à un autre. Autour d'eux vont se construire des mythologies, s'imaginer des divinités et se concevoir l'organisation des sociétés. Les différences culturelles ne se construisent pas au niveau le plus concret, mais au niveau des concepts primitifs pour lesquels la gamme des interprétations peut-être la plus large.

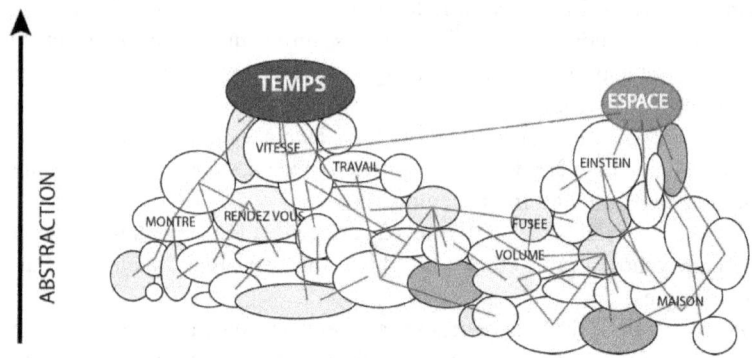

Figure 13: quelques concepts primitifs

Ainsi, les concepts d'origine, de création, de vivant ou mort, de temps, d'humanité, sont au centre des différences culturelles. Ne correspondant à aucun objet là-dehors, les concepts primitifs sont souvent symbolisés. Ces symboles peuvent être des animaux mythiques, des objets, des statuts ou des rois. Les mythes construits autour de ces concepts primitifs et de leurs symboles vont dicter le mode de vie d'un peuple, ses rituels, son architecture, ses valeurs, etc.

Généralement les hommes découvrent un concept de haut niveau en apprenant de leurs congénères le mot qui lui est associé. Il s'agira pour chacun à partir du mot de reconstruire le concept dans leur cerveau. Par conséquent, la manière de *nommer* est fondamentale. Un nom approprié peut favoriser un développement alors qu'un autre pourrait faire mourir le concept. En physique des noms comme *trou noir* ou *big bang* ont fait, par leur aspect évocateur, le succès des concepts sous-jacents. Un nom mal choisi pourrait aussi conduire la pensée sur une voie erronée.

Les reproches de Platon[16] aux sophistes portaient précisément sur leur talent oratoire excessif. Leurs mots et leurs phrases, d'après Platon, étaient fabriqués pour conquérir leur public, aux dépens de la *vérité*. Pour Platon les vérités absolues existent même si les hommes ne peuvent que s'en approcher. Pour les sophistes seul le résultat compte et il leur fallait conquérir, par leurs discours, le public d'Athènes, quitte à évoquer des raccourcis de pensée douteux. Le débat reste bien sûr d'une grande actualité.

J'ai appris par la radio que la *xyloglossie* est un mot équivalent à ce qui est plus populairement appelé la *langue de bois*. À moins d'être un habitué du grec ancien, ce mot n'est ni parlant, ni facile à retenir, son équivalent la *langue de bois* est bien plus imagée et s'est largement répandue dans les milieux voisins de la politique, par nécessité.

L'étymologie, qui étudie l'histoire et l'origine des mots, reconnaît différentes manières par lesquelles les mots se forment: emprunts à d'autres langues, combinaisons ou dérivation de mots existants, onomatopées. Ainsi, il est souvent simple de comprendre le sens d'un mot inconnu par référence à sa construction et au contexte. Le mot lui-même par sa structure rend claires ses origines et ses relations. Il en est de même pour les notations de symboles mathématiques, certaines symboliques sont plus évocatrices que d'autres et supportent le développement et le succès de la branche mathématique concernée. Bien que le calcul différentiel et intégral soit attribué à Newton et à Leibniz (à tort du reste, si l'on songe à la contribution bien antérieure de Fermat), c'est la notation de Leibniz, qui, bien plus intuitive, a permis de le populariser et qui est parvenue jusqu'à nos jours.

LA BIBLIOTHÈQUE DE BABEL

Chaque domaine de l'activité humaine à son jargon spécialisé qui permet de distinguer des nuances propres et nécessaires à sa spécialité. Ce jargon est aussi protecteur et permet immédiatement aux membres du même club de spécialistes de s'identifier entre eux. Les mots peuvent décourager la compréhension, refermer la porte aux étrangers au domaine et donner l'impression que ceux qui maîtrisent ces mots sont à un autre niveau de compréhension, inaccessible. C'est le cas avec le jargon juridique, médical, mathématique, financier ou même biologique et c'est souvent dommage. Au lieu d'attirer en incitant à comprendre, au lieu de créer l'ouverture, ces mots découragent et excluent.

Enrico Fermi,[10] l'un des plus grands physiciens du XXe siècle, est connu pour avoir dit, lorsqu'on lui demanda le nom d'une particule récemment découverte: *Si je devais retenir le nom de toutes ces particules, j'aurais fait de la botanique.* Combien de fois vous êtes-vous fait décourager par des mots ou des concepts ou des valeurs obscures utilisés par des spécialistes?

Internet et ses larges ressources en information devraient améliorer la situation, mais pour de nombreuses raisons, ce n'est pas toujours le cas! Voici une explication:

La *Bibliothèque de Babel* [11] est une nouvelle de Jorge Luis Borges[12]. Elle décrit une bibliothèque contenant tous les livres de quatre cents dix pages possibles. Chaque livre a le même nombre de lettres. L'alphabet utilisé comprend vingt-cinq caractères y compris une lettre *vide*

---

[10] 1901-1954 physicien italien, il est considéré avec Robert Oppenheimer comme le père de la première bombe atomique.
[11] Publié en 1941
[12] 1899-1986 Ecrivain et philosophe argentin

97

désignant l'espace entre les lettres. La bibliothèque de Babel contient donc tous les ouvrages possibles, par formation de toutes les combinaisons possibles de lettres. Ceux qui ont déjà été écrits ainsi et tous ceux à venir. La plupart des ouvrages de la bibliothèque ne veulent rien dire et sont composés d'une suite de caractères qui n'a pas de sens pour nous.

Ainsi, le livre que vous lisez maintenant se trouve dans la bibliothèque de Babel, ainsi que le même livre avec vous comme auteur. Ainsi que le même livre avec le mot précédent remplacé par U3e. Tout le savoir écrit que l'humanité ne pourra jamais posséder se trouve dans la bibliothèque de Babel. Si nous voulons connaître l'avenir et le passé, il nous reste seulement à découvrir les bons livres, à démêler le *faux* du *vrai*. Tout est là, la connaissance ultime s'y trouve, mais comment y accéder?

Or cette bibliothèque est logée au cœur de tout ordinateur. En effet, il suffit d'instruire ce dernier en lui donnant un petit programme tel que: *imprime toutes les combinaisons de vingt-cinq lettres possibles par bloc de quatre cents dix pages* et votre ordinateur imprimera tous les livres de la bibliothèque. Remarquons que la bibliothèque est éminemment compressible puisqu'elle peut être générée par un tout petit programme.[17]

Une autre remarque intéressante est que la bibliothèque comporte un nombre fini d'ouvrages. Ce nombre compte 1 834 098 chiffres, il nous suffit de chercher dans ce nombre fini d'ouvrages pour repérer les livres de science du IIIe millénaire qui s'y trouvent nécessairement. Savoir repérer de tels ouvrages constitue la *simulation ultime,* celle qui nous éviterait tous les autres efforts de l'humanité pour acquérir de la connaissance. Comment le ferions-nous? Évidemment, nous essayerions de demander d'abord à notre ordinateur d'imprimer seulement les livres dont les mots font sens (existent dans notre dictionnaire), pour réduire le nombre de livres à explorer. Là nous sommes face à un premier problème: ce qui fera sens au IIIe millénaire n'est probablement pas la même chose qu'aujourd'hui. Ils auront sûrement introduit des concepts et des mots nouveaux.

Nos ordinateurs, en particulier celui auquel vous demandez d'imprimer la bibliothèque fonctionne sur la base d'algorithmes, de manière syntaxique. Il ne comprend pas. Il n'est pas possible de lui demander d'imprimer seulement les livres qui signifient quelque chose, il est seulement possible de lui demander d'imprimer les livres sans erreurs de syntaxe.

L'intelligence artificielle (au sens fort), celle qui pourrait *comprendre* saurait, elle, saurait en théorie faire cette classification de la bibliothèque de Babel et pourrait donc nous fournir un accès immédiat à toute la connaissance. Elle pourrait rapidement lire toute la bibliothèque et en extraire les livres qui font sens, en particulier les livres de science de l'avenir. Mettre au point ce genre d'intelligence artificielle est ce que les singularistes prétendent pouvoir se produire. Un tel programme d'intelligence artificielle rendrait alors inutile toute recherche ultérieure. Nous aurions immédiatement accès à toute la connaissance du futur. Nous aurions créé un raccourci vers la connaissance de l'avenir. L'ordinateur aurait alors définitivement digéré le cerveau. Je ne crois pas évidemment pas que ce type d'intelligence artificielle qui amènerait l'ordinateur au niveau de l'humain, la puissance de calcul en plus, soit possible, nous verrons pourquoi dans les chapitres suivants. Mais voici une première raison.

Vous souvenez-vous du rêve de Leibniz, du langage fil d'Ariane de la pensée, cette langue dans laquelle ne pourrait s'écrire que des choses vraies. Si nous pouvions posséder un tel fil d'Ariane, la bibliothèque de Babel nous livrerait, écrite dans cette langue, la totalité des publications de l'avenir et aucun ne pourrait dire des choses fausses. C'est cette possibilité que Kurt Gödel a définitivement exclue avec ses théorèmes d'incomplétude. Il n'y a pas de raccourci vers l'avenir. Nous possédons un oracle, mais ne pouvons pas *«savoir l'utiliser»*. Tout est là, mais nous ne pouvons *pas savoir* repérer ce que nous cherchons. Gödel a tourné une page pour certains espoirs vains de l'homme, *il n'y a pas de raccourci vers la connaissance.* Et c'est tant mieux. S'il y avait des raccourcis cela impliquerait un déterminisme total, les livres de l'avenir seraient non seulement déjà écrit, mais nous pourrions les lire tout de suite. Plutôt que de finir le mien, je pourrais demander à mon ordinateur d'aller le chercher dans sa mémoire avec un programme d'intelligence artificielle forte. En refermant cette porte, Gödel en a ouvert une nouvelle bien plus intéressante: le seul moyen de trouver les bons livres dans la bibliothèque de Babel, c'est de comprendre et de les écrire. Et seuls nous humains pouvons comprendre. Si l'ordinateur peut tout nous donner, ce *tout n'est en fait rien,* si nous ne comprenons pas.

Dans le cas d'Internet, beaucoup de choses s'y trouvent, nous devons apprendre à repérer ce qui est «bon», aucun espoir que Google le fasse pour nous. Le rêve de Leibniz, la connaissance de l'avenir, la bibliothèque de Babel, les théorèmes de Gödel et le déterminisme sont des facettes d'une même médaille, qui nous guident vers le thème essentiel de ce livre, notre espoir, notre unicité, notre survie, notre humanité s'expriment essentiellement dans cette faculté unique et non délégable qu'est la compréhension. Aucune machine ne pourra nous remplacer dans cette tâche. C'est à nous de comprendre. L'ordinateur ne nous avalera pas.

EXPRESSIONS CONTRADICTOIRES

Ne croyez en rien par la simple autorité de vos professeurs ou aînés.
Mais après observation et analyse, quand vous trouvez que quelque
chose est en accord avec la raison et conduit au bien de tous, alors
acceptez-le et vivez à sa hauteur. Buddha

Revenons en pour l'instant cette forme d'anesthésie de la pensée qu'opèrent les slogans et les phrases contradictoires.

Jean-Paul Marat[13] disait: *peu d'hommes ont des idées saines sur les choses. La plupart s'attachent aux mots. Les Romains n'accordèrent-ils pas à César, devenu empereur, le pouvoir qu'ils lui avaient refusé sous le titre de Roi? Abusés par les mots, les hommes n'ont pas horreur des choses les plus infâmes, décorées de beaux noms.*[14]

Nous adorons mesurer, situer une valeur sur une simple échelle linéaire. Donner une image graphique, simple, linéaire nous procure le sentiment d'avoir compris. Nous tendons à tout mesurer, à tout situer sur une échelle de un à dix. La compréhension qui en résulte est souvent bien trop sommaire pour rendre véritablement compte des événements, sinon carrément fausse. La plupart des phénomènes naturels ne sont pas du tout linéaires et cela est particulièrement vrai des pour les systèmes complexes. Les estimer par comparaison avec une échelle linéaire est toujours une source d'erreurs, même lorsque cela nous donne l'impression de comprendre. Les raccourcis de pensée sont semblables à cette linéarisation, ils trompent notre cerveau en dissimulant les détails qui font la différence.

Prenez l'exemple d'un raccourci de pensée souvent utilisé: *nul n'est censé ignorer la loi,* nous enseigne-t-on. Personne n'explique comment atteindre cet objectif. Compulser quinze heures par jour des manuels n'y suffirait pas. Cette phrase d'apparence logique et acceptable au premier regard nous enferme en fait dans une sorte de piège, elle prépare notre culpabilité. En la faisant vôtre, plus jamais vous ne pourrez dire: je ne suis pas au courant, sans vous sentir coupable. Or, comment puis-je être censé connaître quelque chose qu'aucun humain sur terre n'aurait même le temps de lire en y passant sa vie! Cette phrase est par contre mieux adaptée aux robots avec leurs gigantesques ressources en mémoire, mais elle ne l'est pas aux hommes.

Un autre type courant de phrase curieuse est: *ne fait pas cela, tu te rends compte, si tout le monde faisait comme toi.*

---

[13] 1743-1793 Journaliste, politicien défenseur acharné de la révolution Française.
[14] L'ami du peuple. 1789

Voici son piège: si tout le monde faisait comme moi, le monde serait différent et, dans ce monde différent, je n'aurais probablement pas fait les mêmes choix que ceux que je fais maintenant! La phrase néglige le fait que nos choix tiennent compte des circonstances et que ces circonstances changent. Elle est mécanique et ne peut pas s'appliquer à un être adaptatif complexe comme nous le sommes. Elle ressemble au modèle suivant: *tu n'aurais pas dû l'inviter à dîner; tu aurais dû lui faire confiance; tu n'aurais pas dû acheter une voiture espagnole; tu aurais dû mettre un manteau...* Ce modèle de phrase présuppose une sorte de capacité à remonter le temps. Je ne peux pas maintenant faire quelque chose dans le passé ni utiliser, dans le passé, les connaissances que j'ai acquises maintenant. Le monde a entre-temps changé et moi aussi. Que penser de : *si tu m'avais écouté...* ou *si tu avais su attendre le bon moment...* . En remontant le temps, il est relativement simple de retracer un parcours causal lié à une situation. En remontant à partir d'une feuille donnée, je vais invariablement, de petites branches en plus grosses branches, arriver au tronc de l'arbre. Il est plus difficile en partant du tronc d'arriver à une feuille prédéterminée. Le passé est unique, les avenirs possibles sont multiples. Le tronc est unique, mais les feuilles sont multiples. Mais c'est dans cette direction, du tronc vers la feuille, que le temps s'écoule. Toutes ces phrases, relativement courantes, sont précisément celles que Leibniz aurait voulu éliminer avec son langage.

La science dit que...; est une phrase souvent utilisée par les journalistes. Elle laisse penser qu'il existe une communauté respectable dont tous les membres partagent un même point de vue. D'après mon expérience, ce n'est pas le cas. La science ne dit jamais rien, des hommes de science, eux, peuvent s'exprimer. La phrase nous fait revenir à une forme de connaissance autoritative où l'on aurait remplacé les livres sacrés par la science. Or, la science est théorique et expérimentale, elle n'émet que des hypothèses falsifiables, elle n'affirme rien de manière autoritative et n'a pas de conclusions définitives.

Le terme *d'Intelligence artificielle* est peut-être un oxymoron s'il présuppose que l'intelligence peut être artificielle. Il est fort possible que ce soit le contraire et que l'intelligence ne puisse pas être construite de manière artificielle. Nous ne savons pas encore définir le terme d'intelligence de manière à correspondre à ce que nous ressentons. Mesurer l'intelligence en termes de comportements attendus n'est pas satisfaisant. Pour l'instant, les ordinateurs n'ont produit que des imitations. Le terme d'intelligence artificielle nous conduit à mélanger intelligence et imitation de l'intelligence.

Il est évident que les robots progressent et qu'ils pourront nous rendre de précieux services, mais ils restent des outils. Même si un jour ils se comportaient exactement comme nous, même s'ils exprimaient des sentiments humains, ils resteraient des mécanismes plus comparables à des bouliers qu'à des hommes. On s'est engagé dans une course-poursuite à coup de milliards, en 2013, entre les États-Unis et l'Europe pour déterminer qui *construira* le premier cerveau humain artificiel. Cette course, malgré ses aspects intéressants, est de nature à renforcer la pensée mécaniste et matérialiste pourtant dépassée depuis longtemps par nos connaissances.

Les concepts et les phrases structurent notre pensée et nos sentiments. Songez au *Inch'Allah* ou au *Mabrouk* des Arabes pour lesquels nous n'avons pas vraiment d'équivalent en français. La Torah recommande, pour un homme qui voudrait guérir ou changer sa vie de changer de nom. Beaucoup de peuples ont toujours dit, comme les Romains: *Ommen nomen*, le nom est le destin qui se réalisera. Certains noms créent des confusions en désignant deux concepts séparés en nous incitant à prêter à l'un des qualités de l'autre. Ainsi la Justice est d'un côté une vertu, de l'autre une vaste administration.

Il ne suffit pas que les concepts correspondent bien avec des réalités, il faut que les phrases que nous pouvons tisser avec ces concepts correspondent aux *phrases de la nature*. Or la structure de la langue est additive. Un adjectif s'ajoute à l'autre, une description se faisant par une succession de qualités ou de propriétés. Les structures naturelles vivantes ne sont pas additives: un arbre n'est pas un tronc plus des racines, plus des feuilles, plus du vert... La structure additive du langage fonctionne bien pour décrire les constructions mécaniques humaines, faites d'ajout et d'assemblage de pièces, elles décrivent mal le vivant ou en général les systèmes adaptatifs complexes. Le langage est un système formel, or, ce qu'il prétend décrire est souvent non formalisable.

Le langage est certainement l'une de nos conquêtes majeures, mais il peut être trompeur, il peut nous enfermer dans un modèle de pensées, il peut nous séduire et nous amener sur des routes sans issues. Les idées qu'il permet de formuler peuvent être dramatiquement fausses.

Le désir d'être cru, ou le désir de persuader, de diriger d'autres personnes semblent être l'un de nos désirs naturels les plus puissants, écrivait déjà Adam Smith[15]. Nous adorons raconter des histoires pour expliquer nos vies. Nous adorons construire des réalités qui n'ont jamais existé pour expliquer les choses qui se sont passées. Nous racontons nos vies de manière qu'elles trouvent une saveur qui ne s'y trouvait pas à l'origine. Nous relevons des coïncidences qui n'en sont pas et les interprétons comme des signes d'un destin que nous n'avons pas. Nous rapprochons des faits spécialement sélectionnés et les enfilons sur le collier de perles de notre existence. Précisément pour exister. Avec plus

---

[15] Adam Smith, L'histoire des sentiments moraux

de substance que nous n'en avons jamais eu. C'est notre talent d'être humain, de narrateur, de poète ou de cinéaste. Nous avons besoin de sens, d'une place dans l'histoire des choses et nous nous la fabriquons. Nous trouvons une continuité qui dégage du sens et vivons dans cette histoire pendant que notre *vraie*[18] vie se déroule. Notre collier de perles est aussi beau que nous pouvons le décrire. Si parfois nous devons y enfiler une perle noire, car elle tache trop fortement notre vie, nous allons progressivement l'entourer de tant de nos perles blanches qu'elle s'évanouira. Nous ne pourrions vivre sans collier, c'est l'image de nous-mêmes que nous voulons avoir et que nous voulons que les autres aient. C'est probablement très bien ainsi, car avec le temps, avec les années qui passent, nous finissons par devenir exactement cela: ce que nous pensons être. Si nous pensons que nous sommes des robots, c'est exactement ce que nous allons devenir, ainsi fonctionnent les mondes virtuels.

FRAGILITÉ DES CIVILISATIONS

Par le passé, les plus grands risques pesant sur l'humanité provenaient de la nature, soit de nos prédateurs, soit de l'environnement. Depuis le développement incroyable du néocortex et en particulier depuis la naissance du langage, les risques les plus importants sont culturels plus que naturels. Si nous savons aujourd'hui nous protéger de la plupart des risques naturels, il n'en va pas de même des risques culturels. Les idées fausses tuent beaucoup plus que les catastrophes naturelles.

Neil de Grasse Tyson[16] est un célèbre astrophysicien américain. Il dirige le Hayden planetarium à New York et ne manque aucune occasion de communiquer au grand public, avec humour et humanité, son enthousiasme pour la science. Lors de l'une de ses conférences, il fit remarquer que 80 % des étoiles visibles à l'œil nu ont un nom d'origine arabe, alors que la plupart des éléments lourds récemment découverts ont des noms américains.

La raison en est simple dit-il, c'est celui qui fait la découverte qui attribue le nom! Il se veut que la plupart des étoiles visibles ont été découvertes par des Arabes, il est normal que leur nom soit arabe. Entre le VIIIe et le XIIIe siècle, Bagdad fut l'un des centres avancés du monde en ce qui concerne les arts et les sciences, peut-être le plus avancé. Tous les textes grecs y furent traduits en arabe et enseignés. En particulier les traités d'Archimède furent rédigés en arabe par des mathématiciens tels qu'Ibn Qurra, ce dernier commenta aussi l'*Almagest* de Ptolémée et décrivit avec précision les mouvements de la Lune et des cinq planètes

---

[16] Né en 1958

connues. L'essentiel de la culture chinoise et surtout indienne fut assimilé. Le goût pour la connaissance, la créativité, la découverte y était à son comble. Fréquenter des savants était un signe de prestige. Les sociétés savantes étaient répandues ainsi que les soirées familiales consacrées à l'observation du ciel. Cette époque, qui dura cinq cents ans, fût surnommée l'âge d'or de Bagdad, on prétend qu'elle s'acheva le 10 février 1258. En effet, Hulagu Khan, à la tête de ses hordes mongoles, envahit ce jour la cité et la saccagea. Bagdad ne s'en remit pas. Dans son livre *What went wrong?* L'historien Bernard Lewis remarque que pendant plusieurs siècles le monde musulman fût à l'avant-garde de la civilisation et des accomplissements humains. Aujourd'hui, les choses sont bien différentes. Les pays arabes comptent en moyenne neuf scientifiques ou ingénieurs pour mille habitants, comparés à une moyenne mondiale de 41 pour mille[17]. Sur 1,6 milliard d'habitants musulmans, deux seulement ont reçu un prix Nobel en sciences[18].

Le prix Nobel de physique, Steven Weinberg, a observé: *pour 40 ans, je n'ai pas vu une seule publication par un physicien ou un astronome travaillant dans un pays arabe qui vaille la peine de lire.*

Entre 1980 et 2000 la Corée du Sud à déposé 16'328 brevets alors que neuf pays arabes comprenant l'Égypte, l'Arabie Saoudite et les Émirats Arabes Unis en ont délivré au total 370 dont plusieurs sont enregistrés par des étrangers. Le prestigieux journal scientifique Nature a publié, en 1989, une étude sur la science dans le monde arabe. Ses reporters identifièrent trois domaines d'excellence: la désalinisation, la fauconnerie et la reproduction des chameaux. Que s'est-il donc passé, demande Lewis? Dans son livre *L'incohérence des philosophes*, l'Imam Al-Ghazali attaquent férocement les philosophes grecs et leurs successeurs dans le monde arabe. Al-Ghazali craignait que la philosophie ne finisse par influencer la population en matière de religion, parce qu'elle apprend à interroger, découvrir et innover, elle serait contraire aux préceptes islamiques.

Rien dans la nature, écrit-il, *ne peut agir de sa propre initiative, mis à part Dieu.* Il justifie ainsi un renoncement à toute forme de connaissance autre que celle de Dieu.

Après Al-Ghazali, la contribution arabe aux sciences devint de plus en plus sporadique. Ce dernier reste cependant considéré comme un géant dans l'histoire de la philosophie musulmane, le premier à avoir défini et lancé le soufisme. Le déclin après Al-Ghazali fut si net que certains n'hésitent pas à lui en attribuer une responsabilité, qu'il ne porte probablement pas tout seul. Cette tendance n'est pas facile à inverser, les

---

[17] Statistiques publiées en 2007 par Physics Today

[18] En Physique en 1979 et en Chimie en 1999

dirigeants actuels de certains pays arabes tels que l'UAE et le Qatar y consacrent des efforts énormes par la construction de nouvelles universités et l'échange d'enseignants et de chercheurs. Mais la tâche est rude. Saint Augustin[19] avait propagé une philosophie similaire à celle d'Al-Ghazali: *tout ce que l'homme peut apprendre en dehors de la Bible s'y trouve contenu si c'est utile, condamné si c'est nuisible*, Il a fallu attendre les lumières pour que notre civilisation s'en remette.

La conscience de chacun, sa culture, son éducation et sa hauteur de vue, finalement sa pensée autonome est notre meilleure garantie contre le déclin. Mais ce dernier est à nos portes, nous n'avons aucune sécurité que notre culture ne s'effondre pas sous le poids des guerres ou plus sûrement encore d'idées fausses, mais habilement répandues. Pour l'instant, les garanties sont très faibles. La connaissance ne peut se contenter d'une élite pour exister et se développer, nous soutenons que la connaissance ne peut progresser que si elle se diffuse à l'ensemble de la population. Comme pour le football professionnel, il lui faut une large base d'amateurs pour perdurer. La soif de connaissances devrait idéalement habiter chacun, mais elle est une affaire individuelle, nous ne pouvons connaître que ce que nous redécouvrons personnellement. La connaissance ne peut se faire cadeau, elle doit se conquérir de l'intérieur de soi. Nous devrions inciter chacun à célébrer les conquêtes de l'humanité, plutôt que de célébrer les victoires militaires passées (qui ne sont que des défaites pour d'autres). Ne devrions-nous pas mieux ériger des monuments en mémoire des progrès de la connaissance? (Qui sont des victoires pour nous tous). Ne devrions-nous pas enseigner la modestie de la méthode scientifique qui ne prétend à aucun savoir définitif, ne devrions-nous pas illustrer combien le chemin de la connaissance est long et périlleux, tant les confusions peuvent être nombreuses. L'attitude de l'enseignant ne serait alors pas celle de l'homme qui sait et qui veut déverser son savoir, mais celle de celui qui s'interroge avec ses étudiants, qui explique ce que d'autres ont trouvé et compare les solutions. La connaissance est notre patrimoine commun. Notre seul véritable patrimoine humain. Sans être partagé, il risque de disparaître et surtout, il finit par nous diviser plutôt que de nous réunir. La connaissance, en tant que la plus grande aventure de l'humanité, ne fait-il pas bon sens de la vivre ensemble. N'a-t-elle pas la capacité de contribuer à nous donner un sens profond de notre futur. Le reste est éphémère. Freeman Dyson[19] dans son excellent livre *Portrait du scientifique en tant que rebelle*, nous montre que sur une période de dix mille ans, il est impossible de distinguer culture occidentale et orientale, sur une période de cent mille ans notre culture commune est africaine et

---

[19] 354-430

105

sur trois cents millions d'années, nous sommes tous des amphibiens sortant péniblement de notre marécage pour conquérir une terre hostile. La culture est aussi une question de résolution de nos observations.

VI. Comment le cerveau fonctionne

Les amis de la vérité sont ceux qui la cherchent et non ceux qui se vantent de l'avoir trouvée. Condorcet[1], extrait de *Discours sur les conventions nationales (1791).*

ANTHROPOMORPHISME

Le point de vue, le point à partir duquel nous observons le paysage autour de nous est notre œil, ou mieux notre cerveau. Nous ne pouvons pas faire autrement que d'apprécier les événements de notre point de vue. Bien sûr, nous pouvons fermer nos yeux et imaginer quel est le point de vue de l'autre, mais de nouveau de notre point de vue.

Nous pouvons par exemple imaginer un paysage sans observateur et le décrire ou le peindre. Mais il y a là une petite contradiction. Notre peinture aura un point de vue et donc un observateur aura quand même été introduit. Il est très difficile, sinon impossible de se représenter quelque chose sans qu'un observateur intervienne. Nous ne savons pas le faire. Nous avons évolué jusqu'à ce jour parce que nous avons su défendre notre point de vue et pas celui de notre prédateur. Que serait un paysage sans point de vue? Le mieux que je peux imaginer, ou plutôt décrire, serait une représentation qui englberait tous les points de vue possibles simultanément, une sorte d'hyper hologramme. Elle contiendrait énormément plus d'informations que nos représentations usuelles issues d'un point de vue unique. Avec cette représentation, je pourrais par exemple donner les coordonnées d'un point de vue et obtenir une image vue de cette position particulière. Ma représentation sans observateur serait comme une collection infinie, chacune représentant un point de vue particulier. C'est un peu ce que font les équations de la physique, laissant le choix des coordonnées de l'observateur. L'univers n'est pas un observateur particulier de lui-même, il comprend donc cette collection infinie de tous les points de vue simultanément. Si vous pensez que l'espace et le temps sont discrets et ne contiennent donc qu'un nombre fini de points de vue, cela ne change rien à notre réflexion.

---

[1] Le Marquis de Condorcet, 1743-1793. Philosophe et mathématicien français.

Nous, nous sommes nécessairement au centre de notre propre univers. Tout ce que nous pouvons observer nous place toujours au centre. Intensionnellement, nous pouvons décrire d'autres points de vue, sans pour autant les vivre. La lecture d'un livre à cette richesse de nous permet d'adopter provisoirement le point de vue d'un autre, vu au travers de nos yeux. L'attitude consistant à considérer, consciemment ou pas, que l'homme est objectivement au centre de l'univers, s'appelle l'*anthropomorphisme*. Ce fut pratiquement l'attitude dominante de l'humanité depuis les premiers Homos sapiens et cela jusqu'à la révolution introduite par Copernic[2]. (Il nous faut cependant exclure certains Grecs!). En considérant que la terre n'est qu'une planète parmi d'autres tournants autour du soleil, Copernic nous fit perdre toutes illusions quant à notre place privilégiée dans l'univers. Depuis, plus la somme de nos connaissances augmente, plus la puissance des instruments d'observation se développe, plus nous apparaissons comme un détail totalement insignifiant de l'univers dans son immensité. (Nous verrons que ce n'est pas nécessairement le cas). Nous sommes des nouveaux venus (cent à deux cents mille ans) sur une planète quelconque d'une étoile périphérique parmi les cent milliards d'étoiles que compte notre galaxie, qui, elle, n'est que l'une des cent milliards de galaxies de l'univers observable. À ce que nous pouvons en savoir, nous étions, pendant la très longue période préhistorique, des *animistes*. Nous prêtions une âme, une volonté et des intentions aux objets, aux animaux et aux événements. Comme nous ressentions que nous avions une âme, nous attribuions la même qualité aux choses autour de nous. Nous nous projetions en eux. Les enfants traversent tous une période animiste, donnant une âme à leurs poupées, aux animaux et à certains objets. Jouer consiste souvent à faire vivre à ses objets des aventures humaines, ils peuvent être blessés, victorieux, malheureux, ils se transforment, dans les jeux d'enfants, en des morceaux de plastique aux qualités humaines. Les films de Disney et ses personnages sont une parfaite illustration de ce reste d'animisme. Certaines histoires se racontent mieux avec des personnages qui sont des animaux ou des jouets plutôt que des humains. Les fables de la Fontaine sont construites sur cette idée. Prêter une âme aux objets se poursuit au travers de notre vie d'adulte, nous sommes des animaux symboliques, certains objets symbolisent pour nous des choses purement humaines. L'animisme comme l'anthropomorphisme est en quelque sorte une attitude *naturelle*, illustrative de notre fonctionnement cérébral qui nous

---

[2] 1473- 1543

place au centre des choses en leur prêtant nos qualités. Ces attitudes conduisent cependant à des visions du monde et des *connaissances* trompeuses et obscures, mais elles ont certainement un rôle à jouer dans certaines circonstances. Il nous a fallu bien du temps pour dépasser ces points de vue. Songez aux innombrables superstitions qui nous habitent. Combien nous avons erré dans nos tentatives d'explication de ce monde que nous avons peuplé de dieux et de démons à notre image pour chercher à en percer les mystères. Il n'y a pas de connaissance sans cerveau. Comment dès lors ne pas laisser les structures mêmes du cerveau influencer l'acquisition de connaissances? Nous avons vécu des millénaires sous la domination d'une connaissance autoritative où, la *vérité absolue* était donnée par l'autorité, par la tradition et par les livres. Je crains maintenant que la science se mette à jouer le même rôle, qu'elle devienne la nouvelle autorité et que sa transmission aux jeunes générations soit typiquement non scientifique. Le même schéma est repris en oubliant l'essentiel de ce qui fait la science: elle a renoncé à la vérité absolue pour la remplacer par la meilleure hypothèse a un moment donné de l'histoire.

Voici maintenant une observation bien utile et qui nous redonne une importance que Copernic nous a fait perdre.

LE PHYSIQUEMENT POSSIBLE

Je pense que beaucoup d'hommes ont une incroyable soif de comprendre et que cette soif dépasse par moments le besoin de manger ou de respirer. C'est pour eux tout simplement vital. Il m'est souvent arrivé de devoir arbitrer entre manger et comprendre. Comprendre a toujours pris le dessus. Évidemment, ce genre d'hommes sont souvent insatisfaits, ils n'ont en fin de compte pas compris grand-chose, le manque revient. Mais cela fait partie du jeu. La quête est plus importante que le résultat. La quête nous place dans une fantastique chaîne humaine, celle de ceux qui se sont posé des questions auxquelles ils ne pouvaient pas répondre. C'est une chaîne prestigieuse, elle inclut tous nos plus grands penseurs. C'est une chaîne d'honnêtes hommes qui admettent chercher parce qu'ils ne comprennent pas vraiment et nous pouvons être fiers d'en faire partie, même si nous ne trouvons rien de neuf. Car ce que nous comprenons nous avons bien dû le redécouvrir nous même.

Il est bien normal qu'au départ une idée vraiment nouvelle soit considérée comme incorrecte. Plus cette nouvelle idée va remettre en cause des acquis, plus elle prendra de temps pour s'imposer.

Souvent, au départ, le rejet des pairs est extrêmement fort et il faut un courage énorme pour persévérer.

Parmi tout ce que notre cerveau peut concevoir, parmi tous les mythes que nous pouvons générer, il est intéressant de distinguer ceux pour lesquels les lois et les principes de la physique autorisent, à ce jour, l'existence, de ceux qui ne sont pas autorisés. Des pierres, des arbres, des ordinateurs, des voitures, des hommes, des galaxies, des trous noirs... sont autorisés par nos connaissances. Les voyages à une vitesse supra lumineuse, les sphères d'uranium de 430 mètres de diamètre, les oiseaux volant sur la Lune, les objets à deux dimensions, les esprits immatériels... ne le sont pas.

Que signifie donc que nos lois de la physique autorisent quelque chose? Que signifie, par exemple, *l'existence physique* d'un objet A? Pour la science, A ne peut *exister* que s'il interagit avec autre chose qui a déjà été observée, qui a déjà une existence physique. C'est-à-dire que A est *sensible* à l'une des quatre forces connues (2012) ou l'un des quatre champs connus: la gravitation, les forces électromagnétiques, la force faible, la force forte. Nous n'avons jamais mis en évidence (2012) d'autres types d'interactions. Donc, pour la science, il n'existe pas d'autres types d'interactions pour le moment. Les dates entre parenthèses signifient qu'il s'agit de l'état des connaissances actuelles[20].

Certaines particules n'interagissent que très peu, comme les neutrinos, et sont donc difficiles à détecter et à manipuler. Pour les neutrinos, notre univers est presque vide, un neutrino traversera notre planète sans s'en apercevoir, sans rencontrer d'obstacle, sans interagir. Pour d'autres *objets conceptuels* comme les anges, aucun laboratoire n'a jamais observé d'interaction directe avec eux, ils n'ont pas d'existence pour la physique, leur existence n'est que conceptuelle, dans notre monde virtuel.

Dans la phrase ci-dessus: *leur existence n'est que conceptuelle*, le mot *que* est particulièrement intéressant et fait en fait l'objet d'une grande partie de ce livre: le *que* n'est aucunement restrictif. Les concepts ont bien une *existence* au niveau de notre cerveau et au niveau verbal, ils appartiennent à notre réalité virtuelle. Simplement, ils ne sont pas considérés directement par la physique. S'ils n'interagissent pas directement avec la matière, ils le font indirectement.

Comment cela est-il possible? Comment peut donc s'opérer cette interaction? Comment une pensée aussi immatérielle qu'un ange peut-elle interagir indirectement? Et pourquoi ce type d'interaction est-il ignoré par nos théories les plus profondes? Ce sera l'objet de notre chapitre neuf.

Parmi les choses que les lois de la physique autorisent, il y a des objets qui apparaissent plus ou moins fréquemment dans l'univers: des atomes d'hydrogène sont très fréquents, des atomes d'or le sont moins puisqu'il faut une supernova pour les produire, des hommes sont probablement assez rares ainsi que des montres Rolex[21]. Distinguons trois régions parmi l'ensemble de nos mythes: PP la région du physiquement possible, PR la région des objets physiquement réalisés par la nature et PNR = PP – PR, la région des objets physiquement possibles, mais non réalisés par l'univers. La frontière entre PR et PNR peut être assez floue, mais cela n'est pas notre préoccupation pour le moment.[3] (Référez-vous à la figure 15). Le PP pourrait être divisé entre vivants et non vivant, pour l'instant nous ne savons pas vraiment fixer cette frontière, nous ne savons pas vraiment définir le vivant. En particulier, s'il est crédible de penser que le vivant est un véritable PP, sa probabilité de première apparition paraît extrêmement faible.

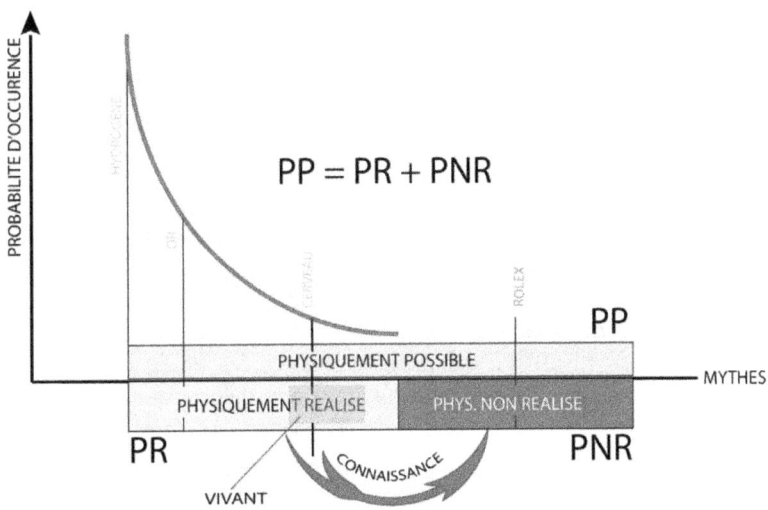

Figure 14: Le physiquement réalisé et non réalisé

Si vous êtes le premier homme arrivé sur une planète déserte et que parmi les roches, vous découvrez une montre Rolex dans son emballage, vous penserez sûrement qu'elle ne s'est pas formée toute seule, elle n'est pas un produit qui a pu s'organiser par le hasard des forces naturelles constituant finalement cet arrangement très particulier et stable d'atomes et de molécules. Il sera clair pour vous

---

[3] Nous y reviendront plus loin en discutant de mécanique statistique

qu'il a fallu un *quelque chose* de plus pour constituer cet objet et le déposer à cet endroit. Ce quelque chose a arrangé les atomes de manière si particulière et si précise et en a fait une montre qui *fonctionne*, ce quelque chose devait avoir une intention et des connaissances. La structure matérielle même de l'objet est une *trace* de l'existence de connaissance. La Rolex est indubitablement un PNR. Si vous êtes capable de repérer ce PNR, c'est que vous-même avez accumulé des connaissances suffisantes pour être sensibles à cet arrangement si organisé d'atomes. Peut-être que d'autres PNR passent pour nous inaperçus, par manque de connaissances.

Le programme SETI de recherche d'intelligence extraterrestre par l'écoute de signaux provenant de l'espace a été rendu célèbre par le livre *Contact* de Carl Sagan. Le programme dirige ses radios télescopes vers l'espace afin de repérer des signaux que la nature seule n'aurait pas pu produire: des PNR.

Pour l'instant, aucun signal ne s'est confirmé comme étant un PNR. Et c'est précisément de cela que nous voulons discuter ici, c'est un des sujets de cet essai: comment se fait-il que l'univers ait généré des cerveaux (les nôtres au moins) qui puissent accumuler de la connaissance et comprendre l'univers qui les a générés au point de fabriquer des choses que l'univers ne génère pas tout seul? Quel sens pouvons-nous donner à cela? Quelle est la nature de la connaissance qui permet à l'univers de construire malgré tout des PNR, mais uniquement par notre intermédiaire. Cette simple question, que chacun peut se poser, nous redonne une place importante dans cet univers. Mais elle se situe déjà en dehors du champ de notre physique actuelle. Le rêve d'Einstein, celui sur lequel il a travaillé les vingt dernières années de sa vie, était le développement d'une *théorie du tout*, une théorie qui décrirait la totalité de l'univers en une série d'équations et constituerait une connaissance ultime. Ce rêve fut repris par de très nombreux physiciens à la suite d'Einstein. Il est encore très vivant. Une telle théorie qui réussirait à regrouper la Relativité générale et la théorie quantique représenterait un Saint Graal ultime. Stephen Hawking[4] la décrit dans son premier livre à succès.[5] À cette période, il pensait que l'on allait bientôt y arriver. Dans une interview télévisée de 1988 avec Carl Sagan, il affirmait même qu'avant la fin du siècle la *théorie du tout* serait sous toit. Il est aujourd'hui moins ambitieux à ce sujet. Cependant, plusieurs candidats sont étudiés dont les plus

---

[4] Né en 1942. Physicien célèbre pour ses travaux en relativité. Découvre l'évaporation des trous noirs. Professeur à Cambridge. Auteur à succès.
[5] Une brève histoire du temps

avancés semblent être la théorie des cordes ou sa dernière version la M théorie, ainsi que la gravitation en boucle. Qu'est-ce donc que cette connaissance et cette intention qui nous vient à l'esprit dès que nous découvrons la Rolex sur la planète déserte?

La connaissance est un sujet central de ce livre. Connaître implique de comprendre, expliquer, construire un modèle mental, mémoriser. Mais aussi relier, compresser, imager. Comprendre est une activité humaine supérieure. Peut-être notre activité suprême. Comprendre est un acte par lequel l'univers se transforme lui-même, lui permettant de produire des événements PNR qu'il n'aurait pas pu produire autrement. Notre cerveau est pour l'instant son seul vecteur connu pour cela. L'intention, elle est aussi propre à un cerveau. Rien d'autre dans l'univers connu ne peut exprimer une intention et avoir une finalité. Regardons-y de plus près.

L'INTENTION

Dans leur livre: *The Great Design,* Stephen Hawking et Leonard Mlodinow ont consacré un chapitre entier à montrer combien il a été long et difficile pour l'humanité d'en arriver au concept de *lois de la nature.* C'est-à-dire à extirper l'*intention* des objets non animés pour reconnaître que si nous pouvions faire preuve d'intentions, ce n'est pas nécessairement le cas pour les choses autour de nous. L'anthropomorphisme et l'animisme ne s'abandonnent que progressivement.

Lorsque je tends mon bras pour me saisir de la tasse de café devant moi, je le fais parce que j'ai une intention: celle de boire mon café. Sans cette intention, je n'aurai pas tendu le bras. Mon geste n'est que l'expression, la conséquence d'une volonté et me sert à atteindre un but: boire du café.

Cette manière de penser est tellement naturelle, tellement évidente pour nous, qu'il nous est difficile d'imaginer que quelque chose puisse se produire sans que, quelque part derrière les événements que nous constatons, il n'y ait pas une intention et donc de l'intelligence, une volonté et un but. Il est donc normal que l'homme primitif et sa vision animiste ai attribué une telle capacité d'intention à chaque objet et à chaque événement. Mon bras n'a pas agi tout seul, quelque chose au-delà, au bout de mon système neuronal, a donné l'ordre et le système nerveux a ensuite coordonné le mouvement, c'est ce quelque chose au-delà je l'appelle ma volonté, mon intention, mon choix ou tout simplement moi.

Si je laisse tomber ma tasse de café et qu'elle se brise sur le carrelage, je dirai que la *cause* de sa désagrégation est l'interruption brutale de sa chute par le sol. Je pourrai aussi parler de son accélération brutale vers le plancher. Mais ce sont des causes mécaniques[22], le *destin* de la tasse est scellé à partir du moment où je l'ai lâchée. Il n'aurait pas pu *être autrement*, sans intervention extérieure, à partir d'un certain moment, seules les lois de Newton vont intervenir. C'est précisément avant ces enchaînements mécaniques, au moment où, d'après nous, cela *aurait pu être autrement* que réside un mystère. C'est la ligne rouge. Le mystère est contenu dans l'idée, qu'à partir d'un certain moment, en remontant la chaîne causale, nous pensons que les choses *auraient pu* être autrement, il n'est plus question de lois mécaniques déterministes. La ligne rouge est la ligne de démarcation. Elle n'est mystérieuse que parce que nous supposons que l'avenir est ouvert et qu'il présente plusieurs possibles, parmi lesquels nous pouvons choisir. Pour les déterministes qui présupposent que l'avenir est complètement spécifié par les lois de la physique, le problème se pose autrement: ils doivent expliquer les causes physiques de l'intention. Si, en remontant cette chaîne d'événements, j'élimine les enchaînements mécaniques, puisqu'ils sont certains, une fois les conditions initiales données, j'aboutis à la ligne rouge, ou, si je suis déterministe, au Big Bang. La *cause initiale*, celle à l'origine des enchaînements et qui aurait *pu être autrement* ne doit pas avoir de cause physique autre qu'elle-même, sinon je pourrais remonter un pas de plus.

Aristote avait résolu le problème en distinguant quatre types de causes.

Les causes matérielles : ce sont les constituants présents dans l'événement, le bronze est cause de la statue.

Les causes formelles : ce sont les formes, les schémas, les plans sont cause de la maison.

Les causes efficientes: la raison des principes qui engendrent un changement ou une stabilité, le producteur est cause du produit, le père est cause de l'enfant.

Les causes finales: la finalité (Tellos en grec) d'un événement ou d'une chose, ce pour quoi elle est faite.

Le bois dont elle est faite est cause matérielle de la table, les pieds et le plateau sont des causes formelles, le menuisier qui l'a produite est une cause efficiente, le repas qui doit être servi sur la table est une cause finale. Les causes finales sont, elles, le signe d'une intention. Les causes finales se situent à l'avenir et non dans le passé de l'événement, elles introduisent l'intention et le but à atteindre comme moyen d'expliquer toute chose. Des causes situées dans un avenir, qui est lui-même inconnu, ne constituent pas de bonnes explications, car elles peuvent toujours tout expliquer sans que nous ne puissions rien vérifier. Les causes finales peuvent toujours être soupçonnées d'être *Ad hoc*, c'est à dire fabriquées de manière adaptée à la situation, de plus elles ne peuvent rien prédire. Nous avons été conduits à les rejeter en tant qu'explications scientifiques pour nous concentrer sur des causes connaissables et situées dans le passé de l'événement.

Par exemple:

La girafe n'a pas un long cou pour atteindre les feuilles nourrissantes au sommet des arbres. Pour le comprendre et abandonner cette explication finaliste, nous avons dû attendre Charles Darwin et Alfred Wallace[6] et leur découverte du mécanisme de sélection naturelle. Nous adopterons plus loin l'idée que la causalité est intrinsèque au cerveau humain plutôt que d'être un phénomène de la nature[7]. Si nous pensons percevoir des finalités dans les événements naturels, c'est par anthropomorphisme, nous sommes nous-mêmes comme cela, nous avons l'aptitude de faire preuve d'intention, de faire des plans, de fabriquer des choses pour une fonction que nous avons d'avance déterminée. Envisager des causes finales pour expliquer les phénomènes naturels est une forme d'anthropomorphisme, de projection de nos attributs humains sur d'autres objets de la nature. Il nous faudra comprendre comment cela se fait que nous puissions faire preuve d'intention en tant que PR.

Il nous a donc fallu des millénaires pour comprendre que l'intention était réservée à certains animaux dont nous faisons partie. Nous, mammifères, sommes seuls, à pouvoir construire des Rolex improbables, elles ne se font pas toutes seules.

BIRD'S VIEW, FROG'S VIEW

Mon goût immodéré du démontage, en dehors des quelques ennuis qu'il m'a valus avec mes parents, m'a emmené, dès l'enfance, à une autre conviction. Il m'a appris qu'il y avait toujours une face cachée des choses qui ne pouvait être atteinte en observant seulement les apparences. L'idée même de démonter, me disais-je, signifie que la face cachée est cachée dedans. Je crois que c'est mon cousin qui en premier me parla des atomes. C'étaient les dedans ultimes. Il les décrivait comme ayant un soleil au centre et des grains

---

[6] 1823-1913
[7] Voir chapitre 6

115

de sable qui tournaient autour et on ne pouvait pas savoir ce qui se trouvait à l'intérieur, disait-il. Je me rappelle avoir trouvé cette idée absolument merveilleuse. Je pensais: au fond des choses, il y a de nouveaux systèmes solaires, avec de nouvelles planètes avec des gens dessus et au fond de leurs choses, de nouveaux systèmes solaires, avec des gens... L'idée était enthousiasmante, fantastique, et surtout, je la connaissais déjà à cause de l'ascenseur de notre immeuble. Nous habitions sharia Al Gabalayah à Zamalek, une merveilleuse île sur le Nil au centre du Caire, au douzième étage d'un grand immeuble. Dans l'ascenseur étaient disposés deux miroirs opposés l'un à l'autre, en sorte que mon image se reflétait de multiples fois des deux côtés. Depuis que nous avions déménagé de Méadi à Zamalek, cet ascenseur avec ses miroirs aux reflets infinis m'intriguait. J'étais maintenant sûr qu'il s'agissait là du même phénomène que les systèmes solaires décroissants, les choses s'emboîtaient les unes dans les autres sans limites. J'expliquais à mon père ma nouvelle théorie ainsi qu'à tous ceux qui voulaient bien m'écouter. Le secret derrière les choses, c'est qu'elles se multiplient en se recopiant, bien plus loin que ce que nous pouvions vraiment voir. Et j'amenais tout le monde visiter l'ascenseur pour les convaincre que j'avais raison. J'appris que j'avais tort. Mais restait l'idée de la face cachée. Lorsque, en 1986, trente ans après avoir quitté définitivement l'Égypte, et dix ans après la mort de mon père, je retournais pour la première fois au Caire, je voulus absolument aller voir l'ascenseur de Zamalek. Les miroirs étaient toujours là.

Venons-en à un outil de pensée qui pour parler de cette face cachée. L'outil s'appelle: *frog's view – bird's view* le point de vue de la grenouille opposée au point de vue de l'oiseau.
Imaginez que vous soyez une grenouille dans un champ marécageux. Devant vous, vous voyez des brins d'herbe, de la terre mouillée, au loin une feuille morte. Vous entendez un ruissellement d'eau. Quelques autres bruits que vous interprétez comme les interprètes une grenouille. Je n'ai évidemment aucun moyen de savoir ce que voit une grenouille ou comment elle interprète un son[23]. (Forcément que son interprétation est *bonne* puisqu'elle a survécu jusqu'à ce jour). Nous appellerons le point de vue de la grenouille le *monde tel que nous l'interprétons* comme résultat de nos perceptions. Ce que notre cerveau *produit* à partir des signaux communiqués par nos sens.
Nous allons maintenant nous mettre dans la position de l'oiseau qui vole cent mètres au-dessus du marécage. Il voit le champ marécageux, au loin une petite chaîne de montagnes, un tracteur qui

s'approche de la zone ou se trouve la grenouille. Ses perspectives sont différentes, son champ de vision étant plus large, il établit d'autres connexions entre les choses. Nous appellerons point de vue de l'oiseau, le point de vue que nous fournissent *nos théories physiques*, ce qui se cache derrière la *réalité* immédiatement perçue et interprétée. Ce n'est pas qu'un autre point de vue, cela peut carrément se présenter comme une autre forme de *réalité*:

Prenons ce film, disons qu'il s'agit du dernier James Bond, que nous regardons sur l'écran de télévision. Nous sommes précisément au moment où James s'apprête à plonger du haut de cette falaise impossible, le moment où nous comprenons enfin que l'ennemi n'est pas celui que nous pensions. Ce moment-là, ce point de vue de la grenouille correspond exactement à une variation précise du flux d'électrons allumant les pixels de l'écran dans un ordre spécifique que l'oiseau sait interpréter et comprendre. Les deux optiques décrivent la *même* chose dans un certain sens. Mais leur description est tout à fait différente, leurs concepts et leurs langages sont incomparables. Celle obtenue devant l'écran devrait pouvoir se réconcilier avec celle obtenue par-derrière l'écran. La grenouille décrit ce que nous constatons concernant notre vie et notre environnement via nos sens et nos représentations mentales, la manière dont nous *ressentons* et vivons; l'oiseau décrit notre interprétation de ce que nos instruments et nos théories physiques nous disent, ce que nous ne voyons pas, mais savons mesurer et théoriser. Le point de vue de la grenouille nous est facile à comprendre, c'est le nôtre depuis des millénaires, celui que la sélection naturelle a développé et qui nous a permis de survivre.

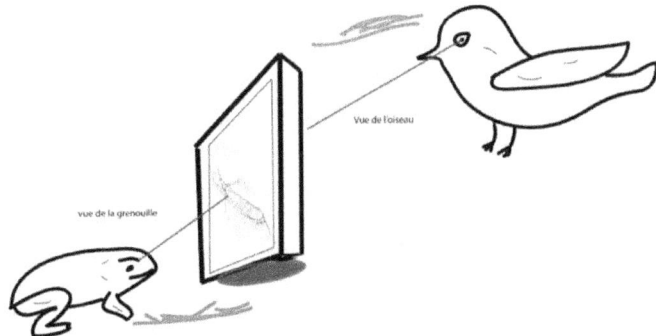

Figure 15. Grenouille et oiseau

Celui de l'oiseau est conceptuel, intensionnel et abstrait, c'est celui qui nous permet de réaliser des PNR. Il échappe à de notre expérience quotidienne et nous l'avons construit en utilisant la méthode scientifique. Ce que nous ne voyons pas va constituer une part essentielle de notre connaissance. Remarquons que les deux optiques sont des constructions de notre cerveau, à partir d'informations sensorielles et à partir de constructions abstraites. Il y a des domaines ou la grenouille excelle: le sentiment de comprendre, la psychologie, les humanités et les arts; d'autres qui sont le terrain de l'oiseau: la physique, la technologie, la cosmologie, la biologie. Pour parler des *mêmes* choses, la grenouille et l'oiseau n'utilisent ni les mêmes concepts ni le même langage. Ils se parlent peu entre eux, comme le scientifique parle peu à l'artiste. Ils auraient pourtant beaucoup à découvrir dans leurs échanges, puisqu'ils dépeignent le *même* James Bond dans des langages différents. Comment raccorder l'un à l'autre? Comment traduire les *concepts* de l'un en *concepts* de l'autre. Comment passer du frog's view au bird's view et réciproquement? Le physicien peut se retrouver face à des équations et leurs prédictions, qui décrivent comment un phénomène se déroule, sans pouvoir comprendre ce que ces dernières veulent dire, le monde que les équations décrivent est trop loin de ce que la grenouille a perçu pendant des millénaires.

Le passage de frog à bird revient à se demander: comment construire une théorie générale à partir d'observations. Que faut-il pour que cette théorie soit une bonne théorie?

Passer de bird à frog, c'est savoir comment interpréter les conséquences mathématiques de notre théorie pour leur donner un *sens* que nous pouvons comprendre. Et cela n'est pas évident. Les conséquences (bird's view) des équations de Schrödinger en physique quantique sont telles qu'elles ne font aucun sens (frog's view) pour nous. Des particules qui sont à plusieurs endroits en même temps ou qui communiquent instantanément d'un bout à l'autre de l'univers, ou qui se génèrent toutes seules à partir de rien, tout cela résulte de l'interprétation des équations, ces résultats sont corrects au point qu'ils permettent de fabriquer des PNR tels que les lasers, les téléviseurs... mais ne font aucun sens pour la grenouille. Remarquons que les vues de l'oiseau sont hiérarchiques, comme les systèmes solaires. Elles peuvent être plus ou moins détaillées, se référer à certains phénomènes et pas d'autres.

Plus nous observons la nature avec la vue de l'oiseau, plus elle s'éloigne de ce que nous voyons quotidiennement. Au début du XXe siècle, nous disposions des mots particules et ondes. On se posait des questions sur la nature de la lumière. Est-ce une onde ou des particules tirées en rafale? C'est seulement, en 1925, que les équations de la physique quantique nous ont dit: ni l'un, ni l'autre, mais les deux, cela va dépendre des circonstances de l'observation, donc de la question que pose l'expérimentateur. Nous n'avons développé aucune catégorie mentale à laquelle rattacher cette affirmation, il nous manque des pièces du puzzle dans notre découpage. À la même époque, l'on cherchait à se faire une image mentale de ce qu'est un atome: un noyau central avec des électrons qui tournent autour comme le système solaire de mon enfance? Un noyau central avec un nuage d'électrons? La réponse fut non. Quelle que soit l'image que nous formions, elle ne correspond pas à ce que nous disent les équations. Nous n'avons pas d'autres moyens mentaux que les équations pour représenter ce qui se passe là-dehors. Et lorsque nous cherchons à comprendre ce que nous disent ces équations avec nos concepts usuels, nous échouons. C'est ce que Feynman exprimait en disant: *Si vous dites que vous comprenez la physique quantique, vous ne la comprenez pas.*

Il est bien connu qu'Einstein n'était pas prêt à abandonner de sitôt la notion de *réalité physique*. L'idée que nous devrions pouvoir comprendre ce qui se passe là-dehors par des modèles mentaux. Les équations peuvent-elles aller plus loin que ce que notre cerveau peut comprendre sans elles? Stephen Hawking demandait ce qui peut bien mettre le feu dans les équations pour leur permettre de décrire une *réalité* qui fonctionne et cependant qui nous échappe? Comment donc concilier des explications de nature parfois si différente. Faudra-t-il que nous renoncions à comprendre? Que peut vraiment signifier comprendre? Dans les années 1960, le physicien John Archibald Wheeler,[8] un élève de Niels Bohr, professeur à Princeton, commença à douter que l'univers fût entièrement physique, en un sens, c'était peut-être un phénomène participatif, ayant besoin de l'observateur conscient pour exister.

Comme l'île de nos connaissances se développe, ainsi croissent les rivages de notre ignorance, disait-il, se référant à notre désarroi devant notre rôle, le rôle de l'observateur dans les phénomènes quantiques décrits par l'oiseau, mais invisibles directement par la grenouille. Nous répondrons dans ce chapitre aux interrogations de Wheeler.

Parfois l'observateur paraît être celui qui déclenche le résultat même de son observation, suivant ses attentes, c'est particulièrement troublant et inexplicable pour la grenouille qui se considère pure observatrice. On parle des différentes interprétations de la physique quantique.

---

[8] 1911-2008 John Archibald Wheeler a été le dernier physicien qui ait à la fois collaboré avec Albert Einstein et Niels Bohr

Nous allons examiner pourquoi ces phénomènes se produisent dans les paragraphes suivants en détaillant comment fonctionne le cerveau de la grenouille et celui de l'oiseau, comment il se fait que nous ayons les deux dans la même boîte crânienne et surtout comment les raccorder. Ce sera simple, mais pas évident.

Dans la première partie de ce livre, nous avons plutôt adopté un point de vue de la grenouille en décrivant des situations, des sentiments, des réactions. Il est cependant clair que la grenouille seule ne résoudra pas des problèmes qui se posent à un autre niveau. Dans cette seconde partie, nous allons plutôt adopter un point de vue de l'oiseau. Notre cerveau est déjà bien entraîné pour opérer ce changement de point de vue dans la vie courante. C'est ce que nous faisons lorsque nous voulons prendre du recul, fournir une explication raisonnable, ou nous mettre dans la peau de notre interlocuteur, expliquer des événements en termes généraux. Admettons que vous êtes assis devant votre vieux poste de télévision datant des années 1980 et regardez votre film favori, le James Bond, par exemple. Admettons que vous trouviez les couleurs sur l'écran un peu trop rouges. Plusieurs solutions se présentent à votre esprit: recouvrir l'écran de filtres convenables pour diminuer la teinte rouge dans la composition de l'image. Porter des lunettes assurant la même fonction. Chercher si, parmi les réglages disponibles sur le côté de l'appareil, il y a un bouton qui règle la teinte de l'image visible à l'écran. Appeler un spécialiste, ou acheter un nouveau poste de télévision. Chercher le plan électronique de l'appareil pour détecter les potentiomètres responsables de l'équilibre des couleurs et démonter la face arrière. Des connaissances différentes et des points de vue différents conduiront à des solutions différentes. Dans notre vie quotidienne, nous apportons souvent des *corrections de la grenouille*, ce que nous appellerons des *patchs*. Normalement ces solutions patchées ne sont que provisoires, le problème va revenir. Les véritables solutions seraient des *corrections de l'oiseau*, celles qui se passent derrière l'écran au niveau du circuit. Bien souvent en observant les solutions au cas par cas adoptés par nos gouvernements sur les questions d'économie entre autres, nous ne pouvons nous empêcher de penser à un véritable troupeau de grenouilles. Il n'est pas étonnant que les problèmes reviennent de manière récurrente.

Comment allons-nous maîtriser les émergences[9] si nous ne les comprenons que du point de vue de la grenouille? Si l'homme ressent et vit les problèmes localement, plus la technologie se

---

[9] Phénomènes qui se produisent dans les systèmes complexes

développe plus les solutions ne peuvent être que globales, car les sources des problèmes sont sur le plan des émergences de l'ensemble que seul l'oiseau peut appréhender. Les patchs locaux ne suffisent plus. Que faire? Pour jeter un coup d'œil sur le point de vue de l'oiseau, nous devons examiner comment notre cerveau fait pour *comprendre*. Comment se produit la conscience d'abstraire.

LE CERVEAU GÉNÉRATEUR D'HYPOTHÈSES

Les tout premiers cerveaux, ceux qui sont apparus il y a plus d'un milliard d'années[10], ne comportaient que quelques neurones. Ils étaient chargés, par exemple, de coordonner les mouvements des pattes d'un arthropode. La nature a dû développer un contrôle central pour éviter, par exemple, que toutes les pattes ne se lèvent à la fois ou qu'elles ne se croisent dans leurs mouvements. De très simples réseaux neuronaux sont tout à fait capables d'une telle coordination. La pression évolutive a contribué à augmenter le nombre de neurones en favorisant des capacités nouvelles. À un moment donné[11] de l'évolution, la nature a dû découvrir un système que nous appellerons la *génération d'hypothèses ou d'attentes*. Le cerveau génère continûment des prévisions sur ce qui peut se passer ensuite de manière à mieux adapter les comportements. Cette capacité a nécessité une aptitude à mémoriser des situations antérieures et de relier par abstraction analogique ces situations mémorisées aux informations sensorielles. Ce système s'est avéré tellement efficace qu'il s'est imposé chez tous les vertébrés. Imaginons: sans génération de prévisions, le cerveau serait obligé d'attendre une information complète provenant des sens pour décider quoi faire ensuite. Avec un système de génération d'attentes, le cerveau profite immédiatement de situations mémorisées que nous appellerons des *patterns* pour prendre ses décisions. Voir la queue du lion suffit à décider de fuir, il n'y a pas besoin d'attendre que le lion en entier soit observé. Les parties manquantes du lion sont immédiatement reconstruites, par appel de situations mémorisées antérieurement.

Le terme *pattern* est un anglicisme, mais son origine est française puisqu'il vient du mot patron. Il indique un ensemble, donc, des éléments, il indique aussi une répétition, une récurrence d'éléments prévisibles, un réseau d'éléments interagissant. Nous l'utiliserons en parallèle avec le terme modèle, bien qu'il indique mieux que nous

---

[10] Les amibes avaient déjà des neurones !
[11] Il y a 500 millions d'années d'après l'étude du Professeur Seth Grant de l'Université d'Édimbourg

parlons d'un réseau de neurones regroupés, car ils sont activés simultanément pour représenter ensemble un même concept ou un même schéma mental et sont bien entendu connectés entre eux. Avec ce système de génération d'attentes, l'animal devient beaucoup plus rapide à réagir. En devenant un meilleur générateur d'hypothèses, l'animal économise de l'énergie et minimise les risques. Il y a donc un avantage évolutif évident. Ce processus est analogique et imprécis, mais il est extrêmement rapide. L'animal commence alors à vivre de plus en plus dans la réalité que lui fabriquent ses patterns mémoriels, l'observation ne servant que de mécanisme à déclencher ces patterns mémoires. La génération d'hypothèses s'est développée énormément avec l'évolution des diverses couches du cerveau jusqu'au néocortex des mammifères. Chez l'homme, le néocortex produit sans arrêt des *inférences*, il interprète continûment les données sensorielles en fonction de patterns mémoriels en inférant, c'est-à-dire en *attribuant un sens* à son observation en fonction de situations mémorisées. Pour cela, il associe les informations provenant des sens à une multitude de patterns mémoriels analogues, ayant au moins un point estimé commun. L'analogie et l'abstraction sont à la base du processus de génération d'hypothèses. L'homme s'est ainsi dégagé d'une vie vécue purement dans le présent et le futur immédiat pour accéder à une vie vécue dans ses mémorisations et ses inférences. Le néocortex et le système de génération d'hypothèses à étendu dans le temps notre vie intérieure.

Le grand neuroscientifique brésilien Miguel Nicolelis, professeur à Duke university, membre de l'académie des sciences de Paris, et surtout mon très cher ami, dans son livre *Beyond boundaries* nous dit que: *La plupart des informations qui parviennent au cerveau en tant que résultat de processus d'exploration sensorielle sont initiées par le cerveau lui-même. La perception est un processus actif du cerveau. Le cerveau*, poursuit Miguel, *a son propre point de vue, sa propre réalité qu'il teste continûment par divers comportements exploratoires face aux nouvelles situations qu'il rencontre. Le toucher par exemple, celui que nous ressentons en passant les doigts sur une surface nous fait ressentir des attributs tels que la texture, la forme, la douceur, la température. En réalité ces sensations sont des fabrications engendrées par le cerveau.* Les attentes générées doivent être corroborées par l'information provenant de tous nos sens, sinon d'autres modèles sont immédiatement proposés.

Lorsque nous devenons *trop bons* à prédire l'étape suivante pour une situation donnée, nous commençons à ressentir de l'ennui. Nous tentons de rechercher des situations nouvelles nous permettant de découvrir, de fabriquer des patterns nouveaux. Notre cerveau semble avoir besoin de créer en permanence de nouvelles attentes. La création et la découverte procurent beaucoup de satisfactions pour Homo sapiens. Nous sommes capables par inférence de compléter, nous-mêmes la phrase de notre interlocuteur, si nous le connaissons bien. Nous n'avons pas besoin de lire tout le mot, les premières lettres nous suffisent pour générer le mot tout entier. Lorsque l'on vous donne une suite de nombres 2,4, 6,8,… vous pouvez normalement deviner ou déduire le nombre suivant. Vous le faites en repérant non seulement les patterns correspondant aux nombres, mais aussi les patterns qui concernent des *règles* qui peuvent relier ces nombres, des patterns de patterns. Ainsi, les patterns sont hiérarchiques et de plus en plus abstraits.

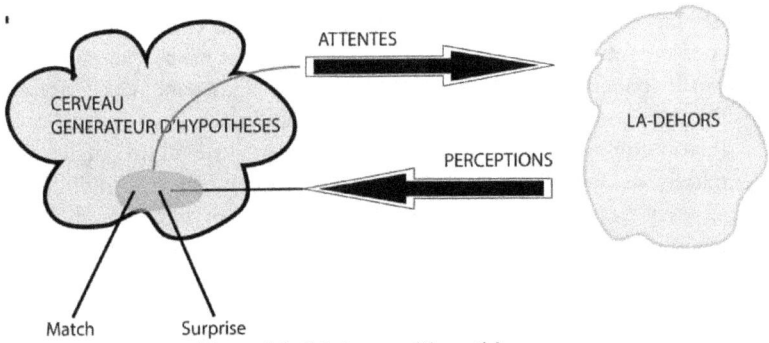
Figure 16: Générateur d'hypothèses

Lorsque vous rencontrez un ami, vous vous attendez à un sourire, un bonjour ou une accolade. Si cela ne se produit pas, vous êtes surpris. La réalité perçue n'a pas correspondu à l'attente et nous avons alors besoin d'explications. Explications que notre cerveau va inférer immédiatement. Confondre nos inférences avec nos observations est très commun et peut être aussi très dangereux. Décider en fonction d'une inférence qui n'a pas été validée par une série d'observations peut nous conduire à des incompréhensions et des catastrophes. Si l'inférence donne éventuellement une présomption, nous savons qu'elle ne peut pas être précise, elle ne peut pas donner de certitude. L'inférence est à la source de très nombreuses craintes qui se basent sur ce que nous imaginons être en fonction des situations mémorisées et pas sur ce que nous pouvons effectivement observer. Imaginer mordre dans un citron peut suffire à nous faire saliver. Le citron n'a pas besoin d'être présent. Le citron virtuel est suffisant.
Lorsque les circonstances vous mettent devant une situation inconnue, votre cerveau ne vous présente pas de patterns adéquats et

vous recommande alors la prudence ou la réserve pendant qu'à pleine vitesse vos sens explorent l'environnement pour repérer un indice qui *matcherait* avec des patterns connus. Autrement dit vous avez besoin de comprendre. Le sentiment de *compréhension* est relié au fait d'avoir repéré des patterns qui matchent.

Cela signifie que nous ne comprenons que par rapport à ce que nous connaissons déjà. Cela est important pour l'éducation. Un type de connaissance attire certaines connaissances futures. Différentes personnes avec différentes cultures comprennent autrement. Cet instant de prudence, de désarroi, de silence au moment où la situation perçue ne correspond plus aux attentes est exploité dans les émissions de caméra cachée. Le principe consiste à fabriquer des situations où les prévisions et les attentes de la victime sont prises en défaut. À la fin, la victime repère la caméra cachée, cet indice supplémentaire lui permet d'appeler de nouveaux patterns qui expliquent autrement la situation. Et c'est le soulagement et le rire.

Prédire continuellement l'avenir est un processus délicat que l'évolution a extrêmement bien cadré par un système de boucles en retour, de feedbacks inhibiteurs. Dans le cerveau ces inhibiteurs agissent de manière progressive et extrêmement intelligente. Sans ces circuits électriques et chimiques d'inhibition, le système peut s'emballer et perdre de ses capacités à générer des prédictions adéquates. Cela se produit malheureusement souvent chez l'homme, comme dans tous les systèmes adaptatifs complexes. Nos prédictions infondées peuvent générer les mêmes angoisses que l'observation directe. Nous savons tous ce que peut produire la panique ou la peur. La prédiction, nous le disions, peut-être extrêmement dangereuse dans un système complexe comme le cerveau. En effet, prédire, c'est *injecter la prédiction* dans l'état actuel du cerveau renforçant les propriétés récursives du système et le rendant beaucoup plus susceptible à des instabilités et des circularités. Le cerveau dépense plus d'énergie à assurer sa propre stabilité et son propre contrôle qu'il n'en dépense à traiter l'information sensorielle.

Pour générer continûment des hypothèses, le cerveau doit continûment comparer la perception d'une situation présente avec des acquis mémorisés. Cette comparaison ne doit pas être trop précise, car elle ne donnerait que trop rarement des coïncidences et mettrait l'animal à risque. Le *match* doit être une comparaison *analogique*, un *à peu près* bien calibré. Si cet à-peu-près est trop large l'animal aura de la peine à distinguer les situations et les assimilera indûment les unes aux autres. Si elle est trop fine, il ne repérera pas suffisamment de similitudes.

Le cerveau n'est pas une machine à calculer, il serait plutôt un organe à *deviner de manière expérimentée.*

APPAREIL SENSORIEL ET REPRÉSENTATIONS

Notre appareil sensoriel, comme celui des vertébrés, dépend largement de ces *simulations prédictives,* autrement dit, des attentes. Comme l'explique Miguel Nicolelis dans son livre *Beyond Boundaries*, la plupart des informations qui parviennent au cerveau en tant que résultat de processus d'exploration sensoriels sont initiées par le cerveau lui-même[12]. Le cerveau qui cherche à confirmer ses prédictions. L'œil, par exemple, ne supporte que mal la comparaison avec un appareil photographique. L'œil est un système actif au service du cerveau, pas un récepteur passif de photons. Une différence essentielle entre un capteur photographique de vingt-cinq millions de pixels et notre système visuel est que le capteur est constitué d'une collection de photodiodes séparées qui n'interagissent pas l'une avec l'autre; alors que notre expérience visuelle est intégrée, elle constitue un tout comportant aussi des interactions entre les cellules: un système interactif complexe avec ses émergences. Il y a donc des interactions entre différents éléments du cerveau travaillant ensemble pour produire une *image émergente* unique. D'après Miguel, le cerveau à son *propre point de vue,* sa propre réalité qu'il teste continûment par divers comportements sensoriels exploratoires face aux nouvelles informations qu'il rencontre.

Le toucher, par exemple, ce que nous ressentons en passant les doigts sur une surface, fait émerger des attributs que nous appelons ensuite texture, forme, douceur, température. Ces attributs ne font pas partie de la surface que nous touchons, ce sont des émergences. En réalité, poursuit Miguel, ces sensations sont des illusions engendrées par le cerveau. Si soudainement la sensation ne correspond plus à l'attente, le cerveau corrigera le désaccord en générant ce moment de surprise et d'inconfort. Poussant plus loin sa démarche, Miguel propose qu'en fait, le cerveau fonctionne effectivement comme un vaste *simulateur.* Son activité principale étant de générer des attentes en fonction des patterns, des modèles de comportement et de situations qu'il a précédemment générés et stockés. Ces modèles nous prédisent à chaque instant ce qui va se passer ensuite. Richard Dawkins[13], dans son livre *The Selfish Gene*[14],

---

[12] Né en 1961, éminent chercheur Brésilien, membre de l'académie française des sciences.

souligne l'avantage compétitif qu'il y a à générer des simulations très élaborées de la réalité pour prévoir le danger. Si un appareil photographique fonctionnait un peu à la manière de l'œil, il n'aurait besoin que de quelques pixels activés par des photons provenant de la flamme de la statue de la Liberté pour que son *cerveau* lui propose immédiatement une vue de New York préalablement stockée à afficher sur son écran de contrôle.

Nous ne pouvons connaître que nos représentations du réel et jamais le réel lui-même, ce que le philosophe Charles Sanders Peirce[15] appelle la primalité, elle nous est à jamais inaccessible. Mais nous savons que nos représentations sont souvent trompeuses[16]. Elles sont infiniment plus riches que les données que nous fournissent nos sens, car nous multiplions les modèles et enrichissons constamment les connexions qui s'établissent, tant à ce niveau abstrait de patterns, que dans la matérialité du réseau neuronal. Remarquons que les données sensorielles sont extrêmement limitées et nos sens ne réagissent qu'à des gammes très étroites d'énergies et de fréquences. Notre cerveau associe des situations perçues par l'intermédiaire des sens, mais nous associons aussi des mots et des phrases entre elles, nous éveillons des sentiments, nous jouons à tous les niveaux en combinant ce que nous avons déjà construit avec ce que nous recueillons comme information. L'image 17, lorsqu'elle est retournée, montre combien nos perceptions en décomposant en éléments et en reconstituant par intégration ces éléments peuvent fournir des interprétations différentes suivant la simple orientation.

Ce jeu continu et incroyable, qui se perpétue constamment dans notre cerveau entre couches diverses d'abstractions, fournit des représentations de plus en plus enrichies permettant d'engendrer des prévisions d'événements futurs pour chaque perception sensorielle. C'est le merveilleux résultat de la sélection naturelle qui fait que certaines de ces prévisions s'avèrent *correspondre* avec ce que la nature nous réserve. Si ce n'avait pas été le cas, notre espèce aurait disparu depuis longtemps. Ainsi, une énorme partie de notre connaissance s'est biologiquement accumulée. Une partie suffisante pour assurer la base de notre survie. La fine couche de connaissances

---

[13] Né en 1941 Professeur à Oxford Biologie de l'évolution. Auteur de nombreux ouvrages de vulgarisation.

[14] 1976

[15] 1839-1914 Mathématicien, philosophe et logicien américain.

[16] Nous ne nommerions pas ces constructions des illusions, mais simplement des constructions du cerveau, des points de vue de la grenouille en contradiction avec un point de vue de l'oiseau. Nous excluons ce terme car pour qu'il y ait illusion il faut qu'il y ait un absolu non illusoire auquel comparer et nous verrons que ce n'est pas le cas.

culturelle et intensionnelle s'est comme superficiellement déposée pour compléter la masse de connaissances biologiques ancestrales, sans laquelle elle n'aurait pas pu exister. Notre cerveau *construit ainsi sa réalité*, celle dans laquelle il va vivre, décider, choisir, agir, jouir, désirer, se lamenter, faire tout ce qu'un homme fait au cours de son existence.

Figure 17: À retourner, le cerveau reconstruit une autre réalité

Cette réalité virtuelle construite, que nous avons appelée notre *espace virtuel*, comprend aussi notre propre image corporelle assemblée à partir des informations fragmentaires issues des sens. Un accident ou une maladie peut provoquer des sensations fantômes. Nous pouvons, longtemps après, ressentir de la douleur à un membre qui a été supprimé. Il est relativement aisé de provoquer des sensations fantômes, même chez un individu parfaitement sain.

Cela devient vraiment étonnant lorsque cet enrichissement, cette extension intérieure à notre cerveau de nos représentations est poussé bien plus loin par l'usage des mathématiques. Nous pourrons alors décrire des choses aussi distantes de nos observations directes que la chute d'une étoile dans un trou noir ou la collision de deux particules. On ne voit pas dans ce cas de possible pression de sélection naturelle, comment se fait-il que notre espèce soit douée pour les maths et pourquoi les maths que nous produisons s'appliquent-elles si bien à la physique? Nous répondrons ci-dessous à cette question. Nos théories physiques actuelles sont ce que nous avons appelé *assez conformes à la réalité* là-dehors. En fait des milliers de physiciens sont simplement occupés à essayer de prendre nos théories en défaut. Nous aurions bien aimé ne pas trouver le boson de Higgs en juillet 2012 à l'accélérateur de particules du CERN à Genève. Cela aurait pris en défaut, du moins partiellement, le modèle standard de la physique des particules. Faire des hypothèses et chercher ensuite à les prendre en défaut en montant des expérimentations est la substance même de la méthode scientifique.

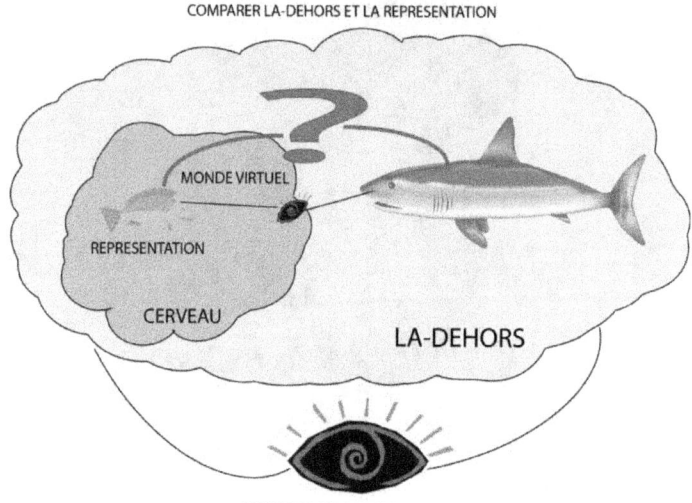

Figure 18: Représentation compatible avec là-dehors

La substance même de la science. C'est notre seul moyen pour comprendre cette correspondance entre le monde virtuel que nous avons construit et là-dehors. Nous ne sommes pas un spectateur extérieur qui pourrait simultanément voir le monde virtuel et là-dehors pour repérer des différences. Nous vivons dans le monde virtuel et ne pouvons repérer des différences qu'en posant des questions par l'intermédiaire d'observations ou d'expérimentations. Encore faut-il savoir quelle question poser.

Je ne connais pas ma main. Je connais ce que j'ai abstrait de ma perception de ma main, ma représentation. Mais en fait j'en sais bien plus que cette première image. Je sais tout ce que j'ai bien pu étudier sur la main, tous les modèles que j'ai associés à ma main et j'infère que la mienne possède ces mêmes propriétés, je le vérifie progressivement. Je me souviens aussi des douleurs ou des sensations que j'ai ressenties liées à ma main. En combinant les acquis perceptuels, mémoriels et conceptuels, je peux prédire beaucoup de choses concernant ma main, choses que je n'ai jamais perçues et qui s'avéreront souvent correctes. Plus j'en apprends sur ma main, plus je relie tous ces concepts et modèles entre eux et plus je vois de choses en regardant ma main. De la main initialement perçue, j'ai progressivement fabriqué un modèle conceptuel abstrait de ma main infiniment plus riche et surtout largement connecté à toutes sortes d'autres modèles, concepts ou émotions tirés de mon histoire personnelle.

Cette manière d'associer et de conceptualiser n'est pas propre à l'homme. Les classiques expériences de Herrnstein avec des pigeons, ou des perroquets montrent que même des animaux moins évolués que des mammifères utilisent des méthodes similaires de représentation et son capables de reconnaître en associant. Nos ordinateurs en sont pour l'instant incapables.

La connaissance, si elle se nourrit de la perception, en retour *élargit* le champ de la perception. Mon ignorance et mon insensibilité à la peinture contemporaine m'empêchent de comprendre, d'observer, de remarquer des détails et de m'extasier devant certains tableaux qu'admire mon ami, un fin connaisseur. Le cerveau est l'acteur principal, le metteur en scène dans le processus de perception, il sélectionne ce qu'il veut voir en fonction des modèles qu'il a déjà mémorisés. Nous vivons tous animaux et humains sur la même planète là sous nos pieds, mais dans des mondes virtuels totalement différents, dans notre tête. Il nous arrive de parler de la *même* chose, mais ce n'est que très peu la même chose. Même se réfère au mot qui désigne la chose.

COMMENT VOULOIR

En arrivant en Suisse, après un passage en Italie, à l'âge de quinze ans je me retrouve assis en classe d'allemand. Je ne comprenais rien, absolument rien. Je ne tardais pas à décréter que l'allemand était inutile et que je préférais faire des maths à la place, ce que je faisais pendant tous les cours d'allemand. Les résultats chiffrés ne se sont pas fait attendre, les réactions de ma mère non plus. Son argument principal pour me blâmer était mon manque de volonté d'apprendre et elle avait raison. Je ne voulais pas l'apprendre. Mais comment vouloir quand on ne veut pas?

Nous avons déjà remarqué que le mot vouloir était autoréférent. Quelles sont les choses que nous pouvons vouloir et celles que nous ne pouvons pas. Nous ne pouvons pas vouloir être spontanés, nous ne pouvons pas volontairement contrôler nos réflexes, ni vouloir vouloir ni vouloir créer ou aimer. Quelle est donc la nature de la volonté? La question a l'air mineure, mais ce n'est pas le cas. Imaginez ces milliards de personnes sur terre qui font de mauvaise grâce ce que leur travail les contraint à faire. Imaginez ce que cela donnerait si d'un seul coup, elles avaient la volonté de le faire.

Le psychologue américain Benjamin Libet[17] a imaginé et réalisé une expérimentation dont le résultat semble indiquer que la *représentation consciente* de la volonté d'agir n'intervient qu'une demi-seconde après que le signal de l'activité neuronale n'ait été détecté. La prise de conscience suite à un stimulus sensoriel se produit cinq cents millisecondes après la détection de ce stimulus. (voir figure 20).

Le fait qu'une activité neuronale soit détectable une demi-seconde avant que le sujet ne soit conscient de sa décision d'agir a fait l'objet de nombreuses discussions sur lesquelles nous reviendrons.

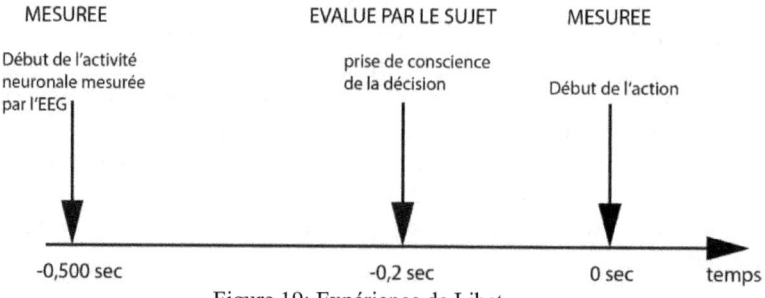

Figure 19: Expérience de Libet

Volonté est un mot pour lequel nos interprétations et associations ne correspondent pas à la matérialité des processus de notre cerveau. Il dénote un déroulement récursif qui n'a pas effectivement le fonctionnement que nous lui attribuons. Il donne l'apparence d'être un processus conscient alors qu'à un autre niveau de récursivité il ne dépend pas de la conscience. C'est à un niveau inconscient, que l'information, qui parvient ensuite au regard de la conscience, que se déclenche le processus menant à l'action volontaire. Ce déclenchement est souvent, nous le verrons, le résultat d'autres processus neuronaux. Il reste pour la conscience la possibilité de freiner ou d'interrompre ce qui a été déclenché, mais pas de

---

[17] 1916-2007 neuroscientifique américain

provoquer le déclenchement lui-même. Cela correspond à l'interprétation que donnera Libet de son expérimentation. Ce n'est pas exactement celle que nous en donnerons plus loin, mais pour l'instant cela est suffisant. Notre conscience arrive dans le jeu quelque temps après le début de la partie. Voilà ce qu'en dit l'anthropologue et le spécialiste des sciences cognitives belge Paul Jorion[18]:

Nous avons la capacité à suivre un plan et un échéancier, de manière systématique, mais la raison n'est pas, comme nous le supposons, parce que nous procédons pas à pas, d'étape en étape, mais plutôt parce que nous avons posé la réalisation de la tâche comme un «souci» projeté à l'avenir, dont l'élimination nous délivrera et nous permettra... de nous en assigner de nouveau. Encore une fois, c'est l'inconscient ou, si l'on préfère, le corps, qui s'en charge.

Et un peu plus loin:

Il faut que nous prenions conscience du fait que nous avons beaucoup moins de maîtrises immédiates sur ce que nous faisons que nous ne l'imaginons le plus souvent, une maîtrise beaucoup plus faible que ce que nous reconstruisons par la suite dans les discours autobiographiques que nous tenons.

L'expérience de Libet a été répétée à de très nombreuses reprises et a vu ses résultats largement confirmés, elle n'est pas à mettre en doute. Son interprétation reste cependant l'objet de controverses, par exemple par le philosophe des sciences Daniel Dennett[19]. En particulier, du fait que c'est le sujet lui-même qui signale le moment auquel il est devenu conscient. Nous y reviendrons dans les chapitres suivants.

Voici une petite expérience que nous pouvons tous faire concernant la volonté. Je vous demande de choisir deux objets devant vos yeux, peut-être ce livre et votre tasse de café. Vous pouvez constater que votre volonté commande très simplement la direction de votre regard de manière à choisir de fixer le livre et concentrer votre attention sur lui ou alors porter votre attention sur la tasse de café. Il est donc dans les capacités de notre *volonté* de déplacer le regard et de focaliser notre attention sur un objet, une situation plutôt qu'une autre. Nous ne pouvons que très difficilement nous focaliser sur les deux à la fois. Maintenant, nous pouvons répéter la même expérience avec un seul objet à regarder. Disons ce livre. Dans cette situation il est bien plus difficile (mais pas impossible) de ne pas se focaliser dessus, si

---

[18] Né en 1946

[19] Né en 1942 Professeur à Tufts University-

nous ne faisons que de le regarder. Il est simple de diriger notre attention d'une situation à une autre situation. Il est moins simple de ne pas tenir compte d'une seule situation donnée. Évident.

Admettons que vous soyez en grande colère, quelle qu'en soit la raison. Il est normalement difficile de sortir de votre colère par simple commande volontaire. Admettons que vous soyez extrêmement triste à cause d'une rupture. Vous pouvez difficilement de manière volontaire arrêter d'être triste. Quel que soit l'événement émotionnellement touchant qui occupe votre attention, sur lequel cerveau est focalisé, il est difficile d'en sortir, de prendre le recul nécessaire pour s'en détacher.

Le cerveau est un générateur d'hypothèses. Tant que nous sommes focalisés sur un événement, il continue à générer des attentes et des prévisions concernant cet événement, en réactivant continûment des schémas et modèles mémorisés pour lesquels il trouve des analogies. Les schémas ainsi rappelés renforcent la colère ou la tristesse qui se manifeste, nous avons même tendance à ne rechercher par nos sens que des éléments qui matchent ce que nous ressentons. C'est l'injection de prévisions dans le système qui le déstabilise en créant des boucles. La volonté ne peut pas combattre cela. Cela est dû à la structure hiérarchique du cerveau telle que nous l'avons décrite. L'appel continu de ces schémas de haut niveau renforce la colère, du moins tant que le cerveau continue à recevoir par les yeux, les oreilles et les sens des informations de bas niveau qui l'oblige à continuer dans sa génération d'attentes.

Nous l'avons expérimenté avec le livre et la tasse de café, il y a quelque chose de simple que la volonté peut faire. Porter le regard puis l'attention sur autre chose de manière que notre cerveau, générateur d'hypothèses, propose des schémas concernant une autre situation. Les modèles activés par la situation ayant amené la colère ou la tristesse sont forts (d'autant plus s'ils sont souvent utilisés) et tendent à revenir continûment. À nous de recommencer à porter notre attention ailleurs et si cet ailleurs est aussi émotionnellement fort, nous arriverons à faire preuve de ce que notre langage appelle, de manière raccourcie, la volonté, en utilisant la génération d'hypothèses en notre faveur plutôt que contre nous-mêmes. N'oublions pas que nous vivons dans un *monde intérieur virtuel* et si nous n'avons que rarement la possibilité de modifier là-dehors, nous avons un assez bon contrôle de notre monde intérieur par l'intermédiaire de cette méthode consistant à porter notre attention sur autre chose. Ce truc marche aussi pour des craintes ou des peurs infondées. Ne pas activer la boucle! Nous sommes surpris par la vitesse à laquelle les bébés et les très jeunes enfants peuvent arrêter de pleurer suite à un bobo. Ils n'ont pas encore suffisamment d'acquis mémoriels pour entretenir la boucle et peuvent rapidement passer à autre chose dès qu'ils sont distraits. Il est dit que la grande majorité des craintes qui gouvernent et dirigent notre vie quotidienne sont infondées, elles ne sont que des rappels de patterns bien ancrés et qui se renforcent à chaque occasion de rappel. Ces craintes consomment notre énergie et notre temps d'utilisation du cerveau pour rien. Réciproquement il est intéressant de remarquer que les risques véritables qui nous guettent passent pratiquement inaperçus puis qu'aucun pattern ne leur correspond! Au-delà de l'aspect *truc*, vous voulez pouvoir choisir vous-même vos centres d'intérêt, choisir comment vous allez occuper votre temps de cerveau et votre capacité de mémoire. Comprendre comment notre cerveau nous propose constamment des hypothèses, conduit à un meilleur contrôle de soi. En vous focalisant sur un sujet de votre choix, vous exprimez votre liberté, votre maîtrise de votre réalité virtuelle. Appelons ce truc notre *liberté de construction* (celle de notre monde virtuel).

Si nous prenons le cycle des pattes d'un mammifère qui coure. À certains moments aucune patte, d'un cheval par exemple, ne touche le sol. Il ne peut pas compter sur le feedback des senseurs de ses jambes pour lui indiquer la nature du sol ou le positionnement exact de ses sabots. Or le cerveau doit pouvoir prévoir le lieu précis où la jambe va se poser, l'instant précis et la vitesse de manière à amortir convenablement le choc et préparer les prochaines impulsions musculaires. Sans modèle prévisionnel cela ne serait simplement pas possible. La surprise correspond à une inadaptation soudaine des patterns appelés. Elle nous immobilise une fraction de seconde jusqu'à ce que nous sens repèrent un autre élément d'information permettant d'appeler des patterns plus adaptés.

Ce phénomène est particulièrement intéressant en musique. Deux ou trois notes suffisent pour que le cerveau reconstitue le morceau dans notre tête. Une grande partie de notre plaisir provient du fait de voir nos prévisions mentales se réaliser dans la suite des notes qui sont jouées.

Lorsque vous entendez un nouveau morceau de musique, s'il vous plaît, si vous le trouvez harmonieux, à votre goût, c'est que la suite des notes correspond bien aux prévisions que génère votre cerveau. Si le morceau ne correspond à aucune de ces règles de construction qui vous viennent à l'esprit, vous le trouverez surprenant ou même désagréable. La musique techno me produit personnellement cet effet-là. Le nouveau morceau vous paraîtra encore plus intéressant si, par moments, une note ou une suite de notes ou un accompagnement vous surprend, s'il ne correspond pas exactement au schéma que le cerveau prévoit. Ce subtil mélange entre attendus et surprises est responsable pour le plaisir que vous donnera ce morceau. Un morceau qui correspond bien à votre goût, vous le retiendrez très facilement. Il a déjà ses *racines* en vous. Il vous revient à l'esprit quasi automatiquement à partir de deux ou trois notes seulement. On dit que la musique nous touche émotionnellement et c'est vrai. Ces règles de construction, ces schémas que votre cerveau vous présente et qui correspondent si bien avec la musique que vous écoutez ont des racines profondes: ces mêmes schémas sont bien ceux qui construisent nos émotions et l'ensemble de notre personnalité.

Nous sommes capables de savoir qu'une conversation est en italien ou en chinois, même si nous ne comprenons pas un mot de ces langues. Il nous faut très peu de temps pour repérer des schémas au sujet des tonalités, des rythmes, de la musique d'une langue. Nous mémorisons la structure sonore et rythmique d'une langue séparément du contenu en mots et en phrases.

BIOLOGIQUEMENT PLAUSIBLE

On dit d'une caractéristique d'un organisme qu'elle est «biologiquement plausible» s'il existe un moyen par lequel cette caractéristique a pu se développer progressivement en donnant un avantage à l'animal qui l'acquiert à chaque incrément d'évolution. Remarquons que cela est bien le cas avec le système de prévisions et d'attentes. À chaque étape d'évolution, les patterns peuvent s'enrichir en introduisant de nouveaux scénarios avantageux. Tout ne doit pas être développé d'un coup. La nouveauté évolutive qui apparaît doit être compatible avec le reste de l'organisme. En effet, aucun être vivant ne naît ex nihilo et les contraintes imposées par les parties du génome non modifiées (ainsi que leur actualisation dans le phénotype) sont très importantes. N'oublions pas que la plupart des nouveautés évolutives proviennent de modifications de la régulation de l'expression de certains gènes plutôt que de l'apparition de gènes entièrement nouveaux. Une caractéristique qui apparaîtrait toute faite d'un coup est hautement improbable, elle impliquerait des mutations simultanées et coordonnées d'un énorme nombre de gènes ou d'énormément d'expressions. Aucune caractéristique d'aucun animal étudié à ce jour n'est apparue d'un coup sous sa forme actuelle. Toutes sont le résultat d'incréments minimes et progressifs. Ronald Aylmer Fisher[20] fut le premier à montrer, en 1930, dans son

---

[20] 1890-1962 Biologiste

livre *Théorie générale de la sélection naturelle,* que la probabilité pour qu'une mutation augmente l'adaptation (fitness) d'un organisme, décroit proportionnellement à la magnitude de la mutation. On peut faire une analogie avec les étapes ayant amené à l'apparition de l'œil: un ver de terre se satisfait pleinement de ses cellules photosensibles dispersées et non connectées, il perçoit la lumière un peu comme nous percevons la chaleur. Pas plus que nous n'éprouvons dans la vie courante la nécessité de détecter les formes avec des détecteurs infrarouges, le ver de terre n'a un avantage à détecter des images.

Toute théorie du cerveau devra tenir compte du biologiquement plausible pour s'imposer comme vraisemblable. Il en va de même pour les propriétés émergentes que pour les caractéristiques physiques fondamentales. Remarquons que les objets crées par l'homme subissent eux aussi une sorte d'évolution darwinienne. Une voiture évolue progressivement chaque année! Le constructeur reprend ce qui a bien fonctionné et change les parties qui ont montré des faiblesses.

Depuis les travaux d'Ilya Prigogine sur les structures dites dissipatives, qui génèrent une auto-organisation autour de points dits des attracteurs étranges, la portée du *biologiquement plausible* pourrait être relativisée. Pour l'instant, 2013, elle n'a jamais été démentie. Nous n'entrerons pas ici dans ce sujet.

Faisons maintenant un pas décisif pour comprendre comment notre cerveau comprend.

PLATON ET ARISTOTE

Nous le savons tous bien, ce que nous voyons là-dehors n'est qu'une face des choses ou une apparence, ou un reflet sur les murs de la caverne, ou encore la vue de la grenouille. Nos sens ne nous disent pas tout. Très tôt dans notre vie, nous nous sommes convaincus qu'il fallait rechercher de l'invisible derrière le visible. Dès dix-huit mois, l'enfant suivra la direction de votre regard pour essayer d'interpréter ce que vous pensez.

Platon considérait que les secrets du monde ne peuvent être compris qu'au travers de constructions d'ordre supérieur, des abstractions, des histoires au sujet de l'histoire, des mythes, des modèles qui reposent et existent au-dessus de nous dans un monde idéel. Là, au-dessus des plus basses constructions, se trouvent les vérités philosophiques absolues. Les mathématiques, par exemple, font partie de ce monde platonicien. Et tout ce que nous sommes capables de percevoir n'est qu'un reflet des concepts de ce monde idéel. Platon exigeait que les politiciens reçoivent un entraînement mathématique à la pointe de la recherche de son époque. Dans son ouvrage *La République*, il explique que les mathématiques habituent l'esprit à la spéculation abstraite et permettent de connaître le monde sensible qui nous entoure et que structurent leurs lois. Sans perspective de l'oiseau, le politicien ne peut que proposer des patchs provisoires. Nous sommes continûment à la recherche de cette face platonicienne et cachée des choses sensibles, que le visible ne nous présente pas de manière immédiate. Aristote est en désaccord avec Platon, il pense que les abstractions n'existent pas en dehors de nous. L'universel est atteint au travers de ses particularités et ces particularités sont l'objet de nos perceptions. Nous ne découvrons pas les mathématiques, mais nous les imaginons. Le débat dure encore aujourd'hui en chacun de nous. En particulier lorsque nous recherchons une vue de l'oiseau, celle qui explique, celle qui se situe derrière ou au-dessus notre vision de grenouille. Nous avons l'habitude de ne pas croire nos yeux, de rechercher d'autres explications, de jouer au détective. Derrière le sensible se trouve la *vraie réalité*. Plus quelque chose que nous découvrons semblait caché, plus cette chose acquiert pour nous un caractère de vérité. Une information surprise au hasard nous semble plus vraie qu'une information dont on essaie de nous convaincre. Une vision harmonieuse voudrait que cette vue de l'oiseau corresponde au mieux avec ce que la grenouille ressent, qu'elle l'explique. En particulier les prédictions générées par la vue de l'oiseau doivent être en accord avec ce que la grenouille peut constater[21]. Nous apprécions les qualités des détectives qui recherchent au-delà de ce qui est immédiatement perceptible. Eux aussi se basent sur quelques indices sensoriels, une empreinte, une coïncidence... pour émettre des hypothèses et chercher à les vérifier. La théorie doit pouvoir prévoir des choses que l'expérimentation confirme. Parfois l'observation amène de nouveaux éléments qui obligent à revoir la théorie ou même à l'éliminer complètement.

Notre cerveau est capable d'apprendre sans comprendre, pour la plupart des apprentissages, la conscience se révèle inutile. Les mammifères apprennent avec un champ de conscience réduit. Quand nous apprenons à conduire, par exemple, nous ne cherchons pas à fabriquer une théorie, mais simplement à éduquer notre cerveau à donner des commandes motrices coordonnées. Une fois que nous

---

[21] Nous verrons en étudiant la nature de l'information qu'il ne s'agit que de deux encodages différents de la même information.

n'avons plus besoin de penser consciemment pour réagir correctement, c'est que nous avons appris. La pensée consciente est beaucoup trop lente pour diriger la conduite, comme pour pratiquement toutes les activités de pilotage. Seule l'anticipation spontanée est en mesure de savoir conduire. C'est l'anticipation spontanée qui va prendre le dessus en cas de situations dangereuses, en cas de désarroi ou de surprise. Les joueurs de tennis de table, un des sports les plus rapides qui soient, doivent pouvoir anticiper le coup de leur adversaire avant même que celui-ci ne soit parti.

En ce qui concerne les apprentissages conscients, notre cerveau ne peut pas éviter de fabriquer des vues de l'oiseau anticipées, des hypothèses, bonnes ou mauvaises. Des théories hypothétiques nous apparaissent tout le temps pour nous expliquer ce que nous constatons, elles sont basées sur nos inférences mémorielles. Comment vérifier une hypothèse que nous propose la raison? Prenons l'exemple de la théorie (fantaisiste) suivante:
Les étoiles sont des trous dans un voile noir qui nous protège de la lumière divine universelle, c'est une théorie qui se tient à première vue. Elle explique pourquoi le ciel de nuit est noir et pourquoi nous y voyons des points lumineux. Appelons-la T. C'est une théorie dans le sens où T peut générer des prédictions (ce que toute théorie doit pouvoir faire) et que ces prédictions peuvent être vérifiées ou contredites par l'expérimentation, elle est falsifiable. T est par contre une théorie avec un champ d'application limité: elle ne marche que la nuit. Une telle théorie est parfaitement acceptable en science, mais nous savons d'avance que le jour où nous aurons une théorie qui marche jour et nuit, elle sera remplacée. Plus le champ d'application d'une théorie est large, plus elle est fondamentale et meilleure est la théorie. T ne dit rien sur la nature du voile noir ou de la lumière divine qui se trouve derrière ce voile. Elle est donc très partielle et ne va pas au fond des choses. L'observation peut nous aider à tirer quelques conséquences de T. Par exemple que le voile enveloppe totalement la terre puisque nous voyons des étoiles dans toutes les directions et depuis tous les points de la terre. Et encore que toutes les planètes du système solaire sont à l'intérieur du voile puisqu'elles passent devant les tous les petits trous. T peut aussi être falsifiée par l'observation: certaines planètes semblent parfois passer derrière le grand trou celui que nous nommons le soleil. Cette observation montre que T est fausse.
T est une théorie dont une prédiction a été falsifiée par l'observation. La méthode scientifique propose donc de la rejeter.

Si nous n'appliquons pas rigoureusement les enseignements de Popper, on peut par exemple faire une exception. T devient alors : *Les étoiles sont des trous dans un voile noir qui nous protège de la lumière divine universelle, sauf pour le soleil qui est en fait une planète comme les autres, mais lumineuse située à l'intérieur du voile.* C'est la méthode du patch, courante en mythologie, en économie et en religions. À partir de T, on a construit une nouvelle théorie T1 en rajoutant des exceptions. T1 est une théorie patchée. Les théories mécaniques appliquées à des systèmes complexes, par exemple, seront toujours patchées. La mécanique n'a pas la richesse suffisante pour décrire l'ensemble de la richesse du système. Le patch est un complément *Ad hoc*. Le rasoir d'Occam[24] est une sorte de guide de la pensée qui suggère de se méfier du rajout de lois Ad hoc. Il suggère de se passer de toute hypothèse non indispensable. Une mauvaise explication requiert toujours des explications particulières supplémentaires pour rendre compte l'observation.

Souvent ce n'est qu'une partie de la théorie qui est fausse et qui peut être ajustée. Ainsi la recherche de la connaissance va de théorie en théorie qui ne sont jamais prouvées vraies mais qui résistent de mieux en mieux à la falsification. C'est la méthode scientifique. De nos jours il est rarissime qu'une théorie fondamentale doive être totalement rejetée, plus le temps passe plus elle a survécu à de nombreuses observations et expérimentations. Cela ne veut pas dire qu'un jour, un changement complet de perspective ne va pas la remettre en cause. Il y a encore des gens qui cherchent à remettre en cause des principes tels que la conservation de l'énergie totale ou le deuxième principe de la thermodynamique en prétendant créer, par exemple, des machines à mouvement perpétuel. Le physicien aura plutôt tendance à remettre en cause leur expérimentation que le principe physique évoqué.

RÉALINTÉ OU RÉALITÉ INTRINSÈQUE

Le mot réalité a été forgé au XIIe siècle par le philosophe Duns Scot. Il désigne l'ensemble des phénomènes considérés, par un cerveau conscient, comme existant effectivement. Le concept de réalité distingue ce qui est perçu comme concret par opposition à ce qui est imaginé ou fictif. Descartes dans sa *Troisième méditation* développe l'idée de *réalité objective* qui relie une *représentation mentale* à une chose *là-dehors*. Il distingue les *substances mentales* des *substances matérielles*. La réalité d'une substance n'est pas pour lui une question à laquelle l'on puisse répondre par oui ou non. Certaines choses ont plus de réalité que d'autres. Le degré de réalité objective d'une représentation mentale est pour lui le degré de réalité que cette chose aurait si elle existait effectivement. Il nous dit: *Par la réalité objective d'une idée, j'entends l'entité ou l'être de la chose représentée par cette idée, en tant que cette entité est dans l'idée; car tout ce que nous concevons comme étant dans les objets des idées, tout cela est objectivement ou par représentation dans les idées mêmes.* J'ai l'impression que Descartes avait dû créer toutes sortes de catégories pour faire face à la notion de réalité, mais ne pouvait pas éviter de la traiter dans sa perspective de démontrer l'existence de Dieu. Pour Kant, par exemple, le problème est infiniment plus simple: la réalité, pour un être humain, n'est rien d'autre que ce qui lui apparaît, la chose là-dehors, restant inconnaissable. David Hume, le grand philosophe britannique, dans son *Traité de la nature humaine*, distingue le réel du possible, un peu comme nous avons distingué PR et PP. Ce qui est réel d'après lui est non pas ce qui peut exister (PP), mais ce qui existe effectivement (PR).

Le cerveau de l'observateur intervient explicitement dans toutes ces définitions, qui n'arrivent pas à se débarrasser complètement de lui, pour considérer une réalité objective et indépendante là-dehors. Nous n'imaginons pas non plus comment définir le réel sans tenir compte du cerveau qui pose la définition. Le cerveau, en intervenant, a ses propres exigences qui proviennent de sa structure matérielle même. Ces exigences sont posées de l'intérieur, nous les nommerons *intrinsèques*. Les exigences intrinsèques sont incontournables, elles expriment la structure du cerveau, le résultat de l'évolution et de la sélection naturelle, des premiers cerveaux composés de quelques neurones jusqu'au cerveau d'Homo sapiens.

Comme le savent bien les imprimeurs, le jaune n'est pas un mélange de rouge et de vert, bien que notre œil voit ce mélange comme du jaune. Ce jaune est une fabrication de notre cerveau et n'a rien à voir avec la réalité là-dehors. Le cerveau ne saurait fonctionner autrement qu'au travers de ses propres structures physiques. Les quatre exigences que nous allons utiliser dans notre exposé constituent une description abstraite correspondant à nos représentations des structures physiques de notre cerveau de mammifère. Bien entendu, ces quatre exigences ne décrivent pas toutes les contraintes structurelles du cerveau, mais elles nous suffiront pour aborder la question de la nature de la connaissance (nous étudierons une autre propriété structurelle, le *cerveau dual*, au chapitre neuf). Chaque exigence que nous décrirons correspond concrètement à nos représentations des structures matérielles du réseau neuronal.

J'aimerais commencer par nommer ces quatre exigences: l'*analogie* (et/ou la corrélation), la *réduction*, la *causalité*, la *cohérence* (ou non-contradiction). Nous nommerons *cerveau intrinsèque* la description du cerveau sous l'hypothèse que ces quatre exigences sont effectivement intrinsèques, c'est-à-dire qu'elles correspondent à des propriétés internes, propres du cerveau. Le cerveau intrinsèque construit une réalité virtuelle que nous appellerons *Réalinté* pour la distinguer de la réalité. Le mot réalité étant perçu par chacun comme décrivant effectivement les choses là-dehors. La Réalinté est évidemment une réalité virtuelle, composée d'information et non de matière, ses «briques» de construction et ses «règles de grammaire» permettant d'assembler les briques sont des propriétés intrinsèques. Appréhender consciemment ou inconsciemment une situation n'a pour nous aucune autre signification que l'analyse que nous pouvons en faire au travers de ces quatre fonctionnalités prérequises. De même que nous ne pouvons voir qu'au travers de nos yeux, nous ne pouvons appréhender quoi que ce soit qu'au travers de ces fonctionnalités du cerveau, car elles en constituent la structure propre. Le résultat de nos appréhensions et des constructions sera la Réalinté et non le là-dehors.

Les propriétés intrinsèques ne constituent pas un outil que notre cerveau aurait développé ou utiliserait, comme si ce dernier était extérieur à elles, ni une méthode d'analyse, elles en constituent la substance, la propre structure physique et matérielle, comme nous l'analyserons en détail. Nous avons tellement l'habitude de considérer que ces quatre concepts décrivent soit des outils du cerveau, soit des propriétés de la nature là-dehors elle-même, qu'il est, au début, difficile de s'habituer à l'idée du cerveau intrinsèque et de la Réalinté. Nous prétendons que cette vieille habitude nous mène souvent à de grandes difficultés d'interprétation[25] en particulier pour les concepts que nous avons qualifiés de primitifs: espace, temps, vide, rien, origine... En physique quantique et en relativité, en cosmologie, et dans l'interprétation de phénomènes cérébraux comme l'intelligence ou la conscience, dans l'étude des émergences en sociologie ou en biologie, la Réalinté éclaire les choses d'un point de vue nouveau. Nous prétendons que dans la conception classique de la réalité objective, nous ne faisons qu'attribuer à là-dehors des propriétés qui sont en fait les nôtres, comme nous l'avons fait longtemps pour l'âme ou l'intention. De nombreux penseurs comme Kant ont exprimé des idées semblables sur la nature de la réalité, mais à notre connaissance, aucun ne l'a ancrée dans la structure du cerveau et aucun n'en a étudié toutes les conséquences. Le paradigme mécaniste et le déterminisme résultent de la notion de réalité objective, qui va disparaître avec la réalinté. Nous prendrons le temps de justifier ce point de vue et d'expliquer les différences d'interprétation avec les optiques usuelles en ce qui concerne la nature de la réalité. Cela aura de nombreuses implications sur notre conception du monde, notre *Weltanschauung*. Si je n'ai que des Legos, qui s'emboîtent comme des pièces de Legos, pour représenter la réalité *là-dehors*, invariablement je ferais une construction en Legos ou les parties s'emboîteront à la manière Lego. Et comme pour moi rien d'autre n'existe qu'un monde de Legos, je penserai que ma construction est fidèle à ce qui existe là-dehors. En effet, je ne peux que connaître mes représentations, il m'est impossible de connaître autre chose qu'elles. À priori là-dehors en soi m'est inconnu. Or nos Legos sont nos neurones qui se connectent et interagissent, de manière bien plus complexe, bien entendu, que des pièces de Lego et leurs emboîtements, mais nous ne pouvons faire que des constructions avec nos neurones connectés et interagissant. Nous penserons ensuite que ce sont ces constructions qui sont là-dehors, ce qui est faux, elles sont intrinsèques. Notre Réalinté est un monde virtuel, c'est-à-dire un monde d'informations engendré par le réseau neuronal. Une *conception du monde* est faite de concepts abstraits et d'histoires développés progressivement à partir de représentations. Là-dehors il n'y a pas de concepts abstraits, personne n'en a jamais mis en évidence. En désignant là-dehors, nous parlons de matière, d'énergie, d'interactions, d'ondes, mais pas de concepts, car les concepts sont uniquement des constructions informationnelles de notre cerveau. Et si nous utilisons des concepts tels que matière, énergie, interactions, cela ne veut pas dire qu'ils existent là-dehors, nous parlons seulement de nos représentations: celles que notre cerveau a générées à partir des informations sensorielles. La réalité dans laquelle nous vivons tous les jours est celle de nos concepts et de nos histoires, celle que notre cerveau construit, pour chacun de nous c'est la seule qu'il puisse connaître, c'est sa Réalinté. Comment dans ce cas faisons-nous pour nous débrouiller dans ce monde là-dehors si nous ne pouvons le connaître? La sélection naturelle darwinienne nous a évolué en sélectionnant les individus pour lesquels les réactions, les comportements et plus tard les concepts, furent suffisamment adéquats. La sélection a été notre assurance d'une *bonne correspondance* avec là-dehors. Les mauvaises correspondances n'ont pas permis à leurs porteurs de survivre, ils ont disparu. En ce qui concerne les concepts plus abstraits pour lesquels la sélection naturelle ne s'applique plus, ils restent extrêmement dangereux lorsqu'ils sont *inadéquats*. Ils peuvent conduire à la disparition d'un peuple. La science est une méthodologie visant à nous assurer qu'il y a une *bonne correspondance* entre les productions intensionnelles et virtuelles du néocortex et là-dehors. C'est la raison d'être de la méthode scientifique, une sorte d'assurance de compatibilité. Ce système d'assurance est récursif. Aucun résultat n'est définitif. Autrement dit, l'assurance nous est aussi donnée en pièces de Legos! J'aimerais terminer avec une image pour le là-dehors: celle du sphinx. Je peux poser des questions au sphinx, il va me répondre, mais uniquement par oui ou par non, *car le sphinx n'a pas de concepts pour détailler sa réponse.* Par contre, il répond *exactement* à la question posée, c'est à nous de savoir formuler la bonne question et surtout c'est à nous de comprendre notre propre question si nous voulons interpréter correctement la réponse du Sphinx. Le développement de la science est la formulation de bonnes questions, suivi du développement de bonnes interprétations. Avant même de faire de la science, il est donc important d'en comprendre sa nature et ses limites.

Figure 20: Sphinx gardien du là-dehors

CERVEAU INTRINSÈQUE

Revenons-en à nos quatre exigences intrinsèques du cerveau, ces exigences, bien que nous les décrivions séparément, forment un tout en s'appuyant l'une sur l'autre:

L'*analogie*: Le cerveau est activement à la recherche d'information via les terminaisons sensorielles. Il génère continûment des hypothèses basées sur ce qui a été mémorisé antérieurement et possède la capacité de comparer ces hypothèses avec le résultat de ses perceptions. Cette comparaison se fait à de multiples niveaux incluant la totalité de la perception, mais aussi des détails. Le cerveau va retenir les patterns mémorisés qui coïncident le mieux avec les perceptions en les adaptant pour en faire sa réalité présente. On dira que le pattern retenu *matche* avec la perception. Cette opération quasiment instantanée est d'une énorme subtilité. D'une part, le cerveau recherche de l'information lui permettant de confirmer ses hypothèses, de l'autre les perceptions sensorielles déclenchent des recherches supplémentaires, générant ainsi un perpétuel jeu de va-et-vient. Le match est imprécis, il peut se faire à différents niveaux de détails. Avec un détail le cerveau complétera de lui-même le tableau complet, quitte à parfois se tromper. À partir d'un détail, il va générer une interprétation qui dépasse de loin en richesse l'information effectivement transmise. Une simple couleur à un endroit va évoquer toute une ambiance mémorisée qui en retour va teinter d'une certaine manière la recherche de perceptions nouvelles pour confirmer cette hypothèse. Nous sommes très loin de ce que peut être la réaction d'un appareil de mesure. La perception comporte l'ensemble de ces processus de recherches, de décompositions en détails, de comparaisons à plusieurs niveaux, de matchs et de complémentation. Lorsque deux patterns matchent, c'est-à-dire que le cerveau a repéré un ou des détails communs, il générera un nouveau pattern mémoriel à un niveau supérieur en tant qu'émergence. Ainsi, la mémoire s'organise en hiérarchies émergentes et entrecroisées, enregistrant à bas niveaux des représentations directes de perceptions et, à des niveaux de plus en plus élevés, des analogies, c'est-à-dire de nouveaux patterns émergents regroupant des détails repérés comme communs et en négligeant des différences non repérées ou non significatives. (voir figure 21).

Supposons que vous ayez d'un côté la photographie d'un paysage et de l'autre une pile de cartes où figurent des représentations d'objets ou d'animaux. L'idée serait de constituer une image qui ressemble au mieux à la photo en utilisant ces cartes. Pour chaque objet sur la photo, vous allez choisir la carte la mieux adaptée, la plus analogue, même si elle ne ressemble pas tout à fait ou même si elle ne fait qu'évoquer l'objet sur la photo. Vous aurez ainsi constitué avec les cartes une image *analogue*, pour vous, à la photo en utilisant des cartes que vous aviez déjà. Ainsi l'analogie nécessite la réduction de la perception, la comparaison des éléments obtenus avec des éléments mémorisés, jusqu'à ce que l'un de ces éléments corresponde au mieux, c'est à dire matche.

Repérer une analogie est une activité intrinsèque du cerveau. Elle consiste à faire émerger un pattern mémoriel de plus haut niveau qui regroupe les points communs de deux représentations différentes. Il n'y a pas d'analogies là-dehors. Ainsi, un pattern que nous nommerons animal est de plus haut niveau qu'un pattern nommé félin. Ces niveaux mémoriels hiérarchiques, que l'analogie permet de construire, correspondent à ce que nous appelons l'abstraction.

L'analogie est par conséquent la structure du cerveau qui nous permet de nommer extensionnellement les objets. En observant les objets désignés, nous repérons (générons) des similitudes que nous abstrayons dans un nouveau concept émergent (voir la figure 21.

L'*imprécision* des systèmes senseurs est fondamentale pour l'analogie. Une précision trop élevée détruirait toute possibilité d'abstraire des similitudes. L'analogie est imprécise de par sa nature, c'est son imprécision qui permet au processus d'abstraction de se dérouler. Plus un concept est abstrait plus il va négliger des différences. On parle alors de la résolution de la perception.

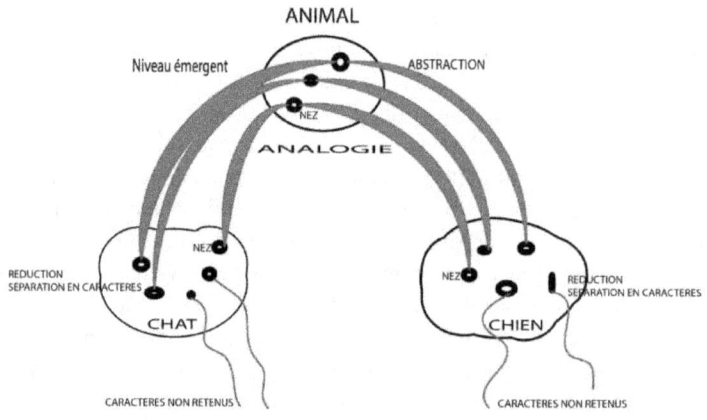

Figure 21: Création d'une analogie

Il n'est pas étonnant que l'évolution ait retenu ce fonctionnement. Ce que nous perdons en précision, nous le gagnons en vitesse et en sécurité. Un bruissement pourrait signifier un coup de vent ou un prédateur. Il faut que je réagisse au plus vite. La nature a arbitré entre précision et rapidité.

L'analogie n'est pas nécessairement un processus conscient, elle ne nécessite pas un néocortex. Elle nécessite cependant de la mémoire des situations et des schémas. Elle constitue la manière de connecter entre eux des schémas au travers de détails *semblables*. Cette similitude est elle-même mémorisée en un nouveau schéma. Ainsi, l'analogie doit être le résultat d'une mémoire hiérarchique telle que la nôtre pour laquelle chaque niveau de la hiérarchie est une émergence qui représente une abstraction supplémentaire. Comment le cerveau procède-t-il pour repérer/construire des analogies? Pour cela, il lui faut un système de comparaison. Ce système est la synchronisation dont nous parlerons plus en détail au chapitre neuf.

Si une personne perçoit une analogie entre deux situations, il est impossible de la contredire. Il est possible que personne d'autre ne la perçoive, mais du moment qu'elle est perçue, elle existe dans le Réalinté de cette personne. N'étant pas une propriété de la réalité là-dehors mais de la Réalinté, l'analogie n'a aucun caractère absolu. C'est ce qui la rend difficile à reproduire sur un ordinateur digital, elle est intrinsèque au cerveau humain. Si deux personnes disent percevoir la même analogie, c'est que leurs structures cervicales et leur culture sont similaires. Sans une certaine similarité, cela serait impossible. Les expériences de Wasserman[22] ont montré que les pigeons aussi étaient capables d'analogie et d'abstraction. Ils sont capables d'amalgamer deux catégories en une catégorie plus large, non définie par un caractère particulier évident.

L'organisation hiérarchique de la mémoire couplée à l'analogie donne un moyen général d'*autoadaptation* au cerveau. Des régulations du bas vers le haut et du haut vers le bas dans le réseau neuronal peuvent ainsi opérer entre différents niveaux de la structure, incorporant les signaux sensoriels.

La *réduction*, la deuxième de nos exigences, est la décomposition des perceptions en éléments séparés. Nous séparons la bouteille de la table sur laquelle elle est posée et les considérons comme deux éléments distincts. Tout en observant le visage en entier, nous séparons les yeux du nez et de la bouche qui forment ce visage. Nous le faisons, car des patterns distincts sont appelés par chacun de ces éléments, chacun avec son jeu propre de connexions. Certains patterns matchent la bouteille, d'autres matchent la table, d'autres encore matchent la bouteille et la table et d'autres qui matchent la bouteille et la table et la pièce, et la soif, et les odeurs, etc. Nous décomposons ainsi en sous-systèmes l'information que nous pouvons recueillir. Cette décomposition en parties nous permet ensuite de comparer les parties par analogie avec des patterns mémorisés. Remarquons que la réduction est un processus qui combine analogique et digital. La réduction a apporté un énorme avantage de survie. La perception d'une patte de la proie suffit à appeler le pattern de la proie complète; en décomposant, le cerveau n'a pas besoin d'attendre d'avoir la vision de l'animal complet pour

---

[22] E.A. Wasserman : The conceptual abilities of pigeons. American scientist 1995

réaliser qu'il s'agit d'une potentielle proie. Sans ce système de décomposition en parties de plus en plus fines, le système de perceptions aurait été beaucoup moins rapide et donc moins performant. Tous les types d'hypothèses générées, table et bouteille et pièce sont retenus simultanément pour se présenter sous forme d'un paquet spécifique constituant un nouveau modèle, ce paquet est ce que nous appelons notre perception de la situation extérieure. Les patterns qui constituent ce paquet sont eux-mêmes reliés à toutes sortes d'autres patterns en mémoire. Certains groupes de patterns sont centrés sur un phénomène dominant[23] que nous appelons bouteille[26]. D'autres sur un autre centre dominant que nous appelons table. Nous avons séparé, réduits en composants, comme lorsque nous découpions les pièces de notre puzzle. Nous ne pouvons pas fonctionner autrement. C'est comme cela que nos groupes de neurones sont reliés. C'est à partir des hypothèses existantes que les perceptions sont retenues. Sans hiérarchie mémorielle et sans réduction, il n'y aurait pas même d'analogie. Nous ne mémorisons pas les choses seulement comme des touts, de manière holiste, nous les décomposons aussi hiérarchiquement. Cela permet au cerveau de réutiliser par analogie, à chaque niveau, des propriétés déjà mémorisées. Plus nous remontons la hiérarchie en retenant des similitudes et en négligeant des différences, plus nous abstrayons, plus nous classons et fabriquons des catégories et des concepts. Chaque niveau est *au sujet* des niveaux inférieurs, d'une certaine manière un niveau supérieur parle des niveaux inférieurs. L'ensemble des abstractions et leurs connexions liées à un concept constituent un *contexte*, la présence à l'esprit de ce contexte génère le sentiment de comprendre. Sans hiérarchie, sans réduction et sans analogie, nous n'avons pas de moyens autres de comprendre. La hiérarchie des émergences et donc les niveaux d'abstraction sont assez clairement un produit de l'évolution. Un concept tel que le danger est encodé par un pattern de très haut niveau. Il peut recouvrir des situations aussi peu semblables qu'un incendie, un lion qui vous poursuit ou un pistolet pointé dans votre direction. Une campagne de prévention routière contre la vitesse a pour but d'associer votre pattern vitesse à votre pattern danger. Toutes ces associations à tous les niveaux reposent sur l'analogie et donc sur la hiérarchie des émergences. Nous avons indiqué que la mémoire, en tant qu'opération analogique, est terriblement imprécise, elle se focalise sur certains détails, le plus souvent émotionnellement significatifs. En fait, nous ne souvenons pas nécessairement d'un

---

[23] Par dominant, nous entendons ici qui se répète dans un grand nombre de patterns.

146

événement, mais sommes souvent capable de le reconstituer en recomposant une foule de patterns indépendants, mais reliés. Pour vous souvenir du nom de la personne qui était avec vous ce jour-là, vous appelez successivement différentes sphères (ou systèmes de patterns) émotionnelles: c'était dans un café… ensoleillé… il y avait une terrasse… des chaises rouges… ah! Il devait y avoir Nicole… oui, je vois de qui tu me parles… c'était l'ami de Nicole… François. Un souvenir en appelle un autre. L'image n'apparaît pas d'un bloc comme une photographie imprimée sur un papier photographique. Foule de détails ont été négligés ou même modifiés. Chaque schéma est contextuel, il appelle et fait partie d'un contexte, en vous situant le contexte, vous éveillez ou reconstituez la mémoire. Plus la situation vécue a dégagé de l'émotion et mieux nous nous en souviendrons. L'émotion multiplie et renforce les liaisons neuronales. Pour marquer l'importance d'un événement et le graver dans l'histoire, nous organisons les cérémonies de nominations, de remise de diplômes, de mémoire militaire, toutes fabriquées pour nous marquer en laissant des traces mémorielles émouvantes. Jusqu'à récemment, si l'on demandait à un américain qui a vécu en cette période, où il se trouvait lorsqu'il a appris la mort du président Kennedy, il s'en souvenait. Il se souvenait aussi de nombreux détails associés, tels que la couleur de son costume à ce moment ou les personnes qui étaient avec lui.

Certains rares individus[27] atteints du *syndrome savant* présentent des capacités mnémoniques prodigieuses. Vous avez peut-être vu le film *Rain Man* avec Dustin Hoffman. Le film est inspiré de l'histoire de Kim Peek. Né avec des lésions cérébrales sévères, Kim Peek se bat avec des désordres moteurs importants, il ne peut pas boutonner sa chemise, il est largement en dessous de la moyenne dans des tests QI. Mais Kim Peek a lu douze mille livres et se souvient de chaque mot et de chaque virgule de chaque livre. Kim Peek lit deux pages à la fois, celle de gauche avec l'œil gauche et celle de droite avec l'œil droit. Il lit deux pages en trois secondes et se souvient définitivement de tout. Kim Peek ainsi que d'autres patients atteints du syndrome savant, a de la peine à voir des similitudes, ils se concentrent tellement sur les détails et les détails mettent en avant les différences. Ainsi, Kim forme plus de patterns de bas niveau pour plus de catégories différentes, en revanche, il forme moins d'abstractions de haut niveau.

Dans une première phase, jusqu'à l'âge de trois ou quatre ans l'enfant se concentre sur des patterns de bas niveau, progressivement des émergences apparaissent et il développe des analogies reliant ces patterns, il commence à former des phrases plus complètes. Plus tard encore, les niveaux hiérarchiques se multiplient, les concepts deviennent de plus en plus abstraits. En vieillissant, l'homme tend à moins former de patterns de bas niveau et préfère les idées plus générales. En parcourant les niveaux de pattern, on parcourt effectivement des niveaux de résolution. Tout en bas nous voyons l'image de près avec beaucoup de détails, de plus loin, d'autres informations, des relations, apparaissent, mais nous perdons les détails. Il n'est pas étonnant que comprendre soit un processus de création de liaisons nouvelles entre patterns et de création de schémas de niveau de plus en plus haut. Nous pouvons comprendre sans savoir faire, c'est-à-dire sans avoir les détails. Nous construisons souvent des patterns de haut niveau sans avoir nécessairement construit ceux de niveau intermédiaire correspondant, et cela par des combinaisons et liaisons directement avec d'autres patterns de haut niveau. Ainsi nous pouvons par exemple comprendre comment fonctionne une machine que nous n'avons jamais vue en reliant deux principes de haut niveau qui nous sont familiers.

La *causalité*, notre troisième exigence, agit, elle aussi tant au niveau inconscient qu'au niveau volontaire conscient. La hiérarchie du système de patterns de mémoire génère un *ordre naturel*: la remontée de la hiérarchie mnésique. Au niveau inconscient les patterns sont appelés en fonction de cet *ordre préalablement* mémorisé. Il s'agit donc d'un ordre temporel. Quel pattern précède le plus souvent le groupe de pattern qui a été appelé et retenu comme matchant la situation sensorielle actuelle? Une cause correspond donc à un précédent temporel relié: l'ordre dans lequel vont s'activer [24] les groupes de neurones. La priorité sera donnée en fonction de la fréquence d'utilisation de la liaison neuronale. Plus un pattern est relié aux patterns de la situation sensorielle actuelle, meilleure est la possibilité qu'il en soit une cause. Chaque utilisation d'une liaison renforce cette dernière. L'apprentissage est donc le processus de création de nouveaux patterns et de renforcement des liaisons neuronales. L'émotion renforce l'apprentissage en créant des liaisons avec des patterns anciens. La sélection naturelle nous a entraînés à repérer les *causes* qui pourraient représenter un danger pour notre survie. Elle nous a aussi entraînés à repérer des causes qui pourraient nous être utiles. Au niveau conscient, vient se rajouter un choix volontaire de patterns préalables.

---

[24] émettaient des potentiels d'action serait plus correct

Notre générateur d'hypothèses et d'attentes, notre cerveau, appelle continûment et automatiquement des *patterns causes* associées et compatibles avec des éléments de la situation transmise par les sens, tant inconsciemment que consciemment. La structuration des *patterns causes* conscients construit notre culture et notre Réalinté. L'imposition volontaire de certaines règles spécifiques de structuration aux patterns construit cette partie de notre Réalinté appelé la science.

La *cohérence*, notre quatrième exigence, intervient dans l'appel et le filtrage des patterns appelés, le cerveau et le néocortex supportent mal la coexistence de patterns contradictoire pour interpréter une même situation. La cohérence est une nécessité pour la stabilité du système neuronal en tant que système adaptatif complexe. Une grande partie des neurones et de l'activité électrique agit en tant qu'inhibiteurs évitant que le système ne résonne en boucle. Comme tout réseau hyper connecté, le cerveau est un système non linéaire complexe et les risques de dérapage doivent être modérés. La non-contradiction (cohérence) provient de ces inhibitions nécessaires. Je ne peux pas en même temps croire P et nonP. Le seul moyen est que je ne sois pas conscient que ces deux croyances contradictoires habitent mon cerveau. Au moment où j'en prends conscience, c'est-à-dire au moment où P et nonP sont simultanément conscients, je me trouve forcé de faire un choix. Nous ressentons la contradiction comme un malaise et une urgence à changer notre manière de penser. C'est l'effet que produisent sur nous les paradoxes. Nous sommes devant l'impossibilité de créer des patterns, matchant simultanément, des concepts qui s'excluent. Cette réaction est tellement fort, que c'est la principale méthode utilisée dans les interrogatoires de police pour faire passer le suspect aux aveux: le mettre devant une contradiction. Devant une contradiction nous ressentons immédiatement que quelque chose ne marche pas dans notre système de pensée. La contradiction peut être forte au point de nous faire croire que nous avons vraiment perdu la tête.
Le Guru de la secte avait prédit la fin du monde à ses ouailles. Le jour fatidique arrive et rien ne se passe. Le Guru est mis devant ses contradictions. Mais heureusement il a un patch pour sa théorie: Les prières des adeptes ont convaincu les forces supérieures de surseoir à la fin du monde. Une solution était nécessaire, il en a patché une.
Au plan conscient, néocortical, la cohérence s'exprime par le refus de la contradiction dans nos représentations du monde. Cela n'empêche pas certaines représentations qui ne sont jamais appelées simultanément d'être contradictoires. Nous avions remarqué que

nous pouvons appartenir à deux groupes sociaux différents et projeter de nous-mêmes deux images différentes. La présence simultanée de deux visions contradictoires peut même être une source de grande richesse, comme nous l'avons remarqué avec Sami. Doctor Jekyll et Mister Hide ne doivent cependant jamais se rencontrer au pied de la hiérarchie conceptuelle; ils peuvent par contre coexister à plus haut niveau. Comme le remarquait déjà Condorcet[25] dans son *Traité des sensations*, il nous est impossible, au même instant, de vouloir et ne pas vouloir, ou d'imaginer de se promener et d'imaginer ne pas se promener. Les patterns cérébraux correspondants à des actions contradictoires se repoussent ou se filtrent mutuellement et ne coexistent pas activement. Lorsque nous imaginons nous promener et ne pas nous promener simultanément, nous le faisons à un niveau plus élevé de la hiérarchie, celui de l'expérience de pensée et nous ressentons immédiatement que cette image, vue d'un niveau d'abstraction plus élevé, n'est pas possible au niveau inférieur. De nombreuses manifestations pathologiques proviennent de l'impossibilité de faire cohabiter en même temps, dans un même schéma mental, deux concepts contradictoires. Généralement un des concepts est simplement oublié ou occulté lorsque l'autre est activé. Les circuits d'inhibition qui protègent le système nous font oublier. Il n'est pas étonnant que l'évolution ait développé cette capacité de cohérence. Si vous êtes attaqué par un lion, il est soit devant vous soit derrière vous, il ne peut être aux deux endroits en même temps, vous ne sauriez pas dans quelle direction prendre la fuite. Les mammifères qui ne se seraient pas protégés par la cohérence ont sûrement disparu, de plus ils auraient mis à risque leur réseau neuronal. Nous ne comprenons pas les contradictions, une seule rendrait contradictoire tout notre système conscient de perceptions. Sont donc occultés des patterns consistants avec une partie de la situation, mais pas avec une autre. La consistance des groupes de patterns appelés est non seulement part de notre système de perception, mais aussi, et par conséquent, de notre système de décision. L'expérience de l'acteur déguisé en gorille qui traverse la piste de danse[26], mais n'est remarqué par aucun des danseurs ou de ceux qui regardent la vidéo est intéressante. Elle confirme que nous ne percevons que ce que nous

---

[25] 1714-1760 Marquis de Condorcet, philosophe français
[26] Voir You tube : http://www.dailymail.co.uk/sciencetech/article-1378228/Didnt-spot-dancing-gorilla-famous-YouTube-video.html qui a reçu plus de 1,8 million de visites.

nous attendons à percevoir et écartons ce qui n'est pas cohérent, automatiquement, sans intervention volontaire ou consciente.

Il est intéressant de remarquer que ces quatre exigences étant structurelles et donc intrinsèques au cerveau, nous n'avons pas eu à les découvrir ou les inventer. Elles étaient là déjà bien avant l'apparition du néocortex, chez les reptiles et les premiers mammifères. Il ne peut donc pas s'agir d'outils que Homo sapiens a construit pour analyser la réalité, puisqu'ils ont précédé Homo sapiens. Bien sûr, Homo sapiens a progressivement pris conscience de ce qu'il faisait en *pensant*. Cette prise de conscience s'est constituée comme une émergence de niveau supérieur. Ce n'est que très récemment que nous avons su comment assurer que ce que nous pensons consciemment *correspond* en quelque sorte à ce qui se passe là-dehors. Avant Galilée, du temps où dominait la connaissance autoritative, cette correspondance n'était pas essentielle. Nous pouvons croire à des choses que nous n'avons jamais vues puisque nous générons des hypothèses et qu'il suffit qu'un élément confirme l'hypothèse pour qu'elle devienne réalité dans notre Réalinté. Ainsi de nombreuses personnes voient des *signes* qui appellent des hypothèses que ces signes ne font que confirmer. L'interprétation nous est propre, elle ne saurait venir de là-dehors. Ce fut peut-être le cas de Jeanne d'Arc. C'est peut-être le cas des personnes convaincues d'avoir vu des soucoupes volantes ou encore des pratiquants d'astrologie. Un simple signe suffit, si l'hypothèse explicative enracinée dans la mémoire est prête à surgir, à construire notre réalité virtuelle. Or vivant dans la Réalinté, que nous nous construisons, nous suivons ainsi la trajectoire virtuelle que nous imposent nos mythes et nos constructions mentales. Il est intéressant de constater que nous pouvons changer notre monde puisqu'il est virtuel. Ayant la capacité à changer nos attitudes mentales, si nous ne changeons pas là-dehors, nous changeons la manière dont nous le percevons et donc la manière dont nous le vivons et le ressentons. Pour cela nous devons accepter que seule importe la manière dont nous vivons les choses, notre réalité intrinsèque, car il n'y en a pas d'autre dans laquelle nous puissions vivre.

Les quatre exigences sont cohérentes entre elles et correspondent à la structure matérielle du cerveau. Elles sont biologiquement plausibles et constituent une théorie du cerveau. À ce détail non négligeable près, que nous n'avons pas encore détaillé comment fonctionne la synchronisation qui permet l'analogie.

Au travers de ces quatre exigences, nous appréhendons les informations transmises par les sens[28] et construisons la *réalité,* notre réalité, la réalinté, une réalité d'information et non de matière ou d'énergie. Il s'agit bien de notre construction propre, elle diffère donc nécessairement d'un individu à l'autre. D'où le besoin, pour que la société conserve une certaine cohésion, de systèmes d'uniformisation. Nous avons besoin d'uniformiser, mais pas trop. Une trop grande uniformisation serait risquée et ne favorisera pas l'émergence d'idées vraiment nouvelles. La culture est une part essentielle de l'uniformisation.

Les *objets là-dehors* ne sont jamais analogues entre eux, dans leur primalité[27]; pour constater une analogie, il faut toujours un observateur extérieur aux objets observés, c'est le cerveau de cet observateur qui peut faire émerger l'analogie.

Les *objets* ou *événements là-dehors* n'ont pas de causes, notre cerveau repère des antécédents analogues et relie l'objet à ces antécédents mémoriels que nous appelons alors des causes.

Les *objets là-dehors* ne sont pas *séparés* les uns des autres, ni dans leur fonction, ni même dans leur matérialité, ils ne sont pas catégorisés, notre cerveau a lui séparé ses propres constructions de cette manière.

De fait nous n'avons aucun moyen de connaître la *nature des objets* là-dehors. Il n'y a pas d'*objets* là-dehors, car il n'y a pas de réduction là-dehors qui permettrait de distinguer un objet d'un autre.

Il n'y a non plus pas de *contradiction* ou de *non-contradiction* là-dehors, la contradiction est un signal d'alarme intérieur nous signalant que quelque chose ne va pas dans notre construction de notre monde virtuel, c'est-à-dire dans le fonctionnement de notre réseau neuronal.

Notre manière spécifique d'appeler des patterns de niveau hiérarchique de plus en plus élevé fait partie de ce que nous ressentons et appelons la *signification,* le *sens que nous attribuons aux perceptions.* Inévitablement, continûment nous attribuons des sens, nous ne savons pas faire autrement. Si nous ne trouvons pas de sens en réserve dans notre mémoire, nous en fabriquons un au travers des processus que nous avons décrits. Là-dehors il n'y a pas

---

[27] Au sens de Pierce, comme déjà observé.

de sens, seul notre cerveau fabrique ce type *d'entité virtuelle*, par besoin de cohérence. Le sens n'est pas matériel. Sans la mémorisation et la construction continuelle de hiérarchies de patterns reliés, nous ne comprenons pas, nous ne sommes pas capables de relier des mémoires enregistrées de manière à constituer des modèles propres au nouvel événement. Autrement dit, sans hiérarchie de patterns reliés, nous ne pouvons *attribuer un sens*. Mettre un sens, *signifier* est donc un processus lié à la structure même du néocortex et à son fonctionnement. Avoir réussit à attribuer un sens est une sorte de check, de quittance du cerveau: il a complété un processus de classification, de liaisons neuronales, il a «compris».

Un ordinateur, dépourvu de mémoire partagée dans le sens étudié ici, dépourvu de hiérarchie et de génération de patterns et de prévisions, ne peut pas ressembler à un humain, ni être intelligent dans le sens où nous hommes l'entendons. L'ordinateur ne génère pas de concepts hiérarchiques, il ne se nourrit que d'algorithmes et de données ou de datas.

Ce qui précède pourra vous paraître surprenant lorsque vous l'analysez au travers du paradigme classique consistant à penser que les quatre exigences sont des propriétés de la nature. Il s'agit cependant d'une description fidèle de processus connus de fonctionnement du cerveau. Les conclusions que nous pouvons en tirer sont incontestables: il n'y a pas de concepts là-dehors, nos représentations sont nos propres fabrications, nous vivons dans notre propre réalité virtuelle : notre réalinté. Il m'a fallu personnellement des années pour m'en convaincre. Les conséquences de cette évidence: *«nous ne pouvons que connaître ce qui se passe dans notre propre cerveau, nos propres interprétations»*, sont si énormes que l'on ne peut qu'en douter, repenser et douter à nouveau. Au bout d'un certain temps, l'évidence s'impose: *il n'y a pas de concepts là-dehors*.

Jeff Hawkins, le créateur du premier Palm Pilot, en 1996, est, dit-il est littéralement tombé amoureux du cerveau. Jeff pense que nous avons fait une fausse hypothèse: *nous avons défini l'intelligence par des comportements, alors qu'elle devrait se définir par une capacité de prédiction*. L'intelligence doit être considérée comme notre capacité à générer le plus possible de prédictions et d'hypothèses. Plus nous disposons de scénarios possibles en mémoire, plus nous sommes flexibles à les combiner, plus nous pouvons générer de l'intelligence. Les alligators, nous dit-il, ont des comportements complexes et efficaces, mais nous ne pouvons pas les considérer comme intelligents.

Le professeur Seth Grant[28], de l'Université d'Édimbourg a publié, en 2012, un article dans le journal Nature. Ses travaux font remonter à cinq cents millions d'années les premières mutations génétiques chez des invertébrés qui nous ont donné nos capacités supérieures d'apprentissage des situations, les premiers néocortex. Le moment de ce virage génétique vers le type d'intelligence qui se retrouvera chez les mammifères et les hommes était recherché depuis longtemps. Une fois le cerveau doté d'un néocortex, beaucoup d'événements incroyables pouvaient potentiellement se produire: le langage, la culture, l'écriture... et par-dessus tout la possibilité de construire une réalité intérieure virtuelle, sortant nos vies d'un éternel présent pour les inscrire dans une histoire. Dès lors aussi nos capacités de prédictions se sont largement étendues aboutissant à une intelligence du type de celle que décrit Jeff Hawkins.

Le cerveau intrinsèque nous place au centre du monde, l'observateur devient la pièce maîtresse, contrairement à la vision classique des sciences qui veut à l'éliminer dans une recherche d'objectivité. Si nous avons longtemps attribué à la nature des propriétés telles que la causalité ou l'analogie, ce ne fut qu'une forme d'anthropomorphisme supplémentaire, similaire à l'animisme. Elle consiste à attribuer à là-dehors des propriétés qui nous sont intrinsèques.

Projeter sur un plan unique: le *là-dehors*, la complexité hiérarchique des multiples plans de notre réalité virtuelle, les écraser sur un seul niveau de réalité, dite objective, a introduit quantité de situations paradoxales et incompréhensibles.

Je vous demande, cher lecteur, de prendre votre temps pour accepter le cerveau intrinsèque, de vous construire vos propres réflexions et d'expérimenter dans votre champ d'expertise, ce que le cerveau intrinsèque modifie et apporte. Ne vous laissez pas distraire par une sorte de *Real Politik* de la connaissance. Depuis jeune, j'ai toujours eu du mal à croire que la réalité était ce que je voyais. Le problème de l'observateur en particulier n'a cessé de me déranger. Des mots comme *rien*, comme l'*infini*, comme le *Big Bang*, tous ces mots décrivant des situations où l'observateur qui les décrit n'existe pas, me troublaient. Je sentais qu'il devait y avoir quelque chose de faux ou de mal compris. Les théorèmes de Gödel m'ont beaucoup aidé

---

[28] http://www.genes2cognition.org/

lorsque je les ai découverts. Je les interprétais en me disant: dès qu'il y a un observateur, qui décrit formellement quelque chose là-dehors, sa description ne peut qu'être incomplète. Mais il me fallait un pas de plus. Ce pas m'est apparu en étudiant le cerveau et les processus de perception et en particulier en travaillant pendant cinq ans pour le projet de simulation Blue Brain du cerveau humain. Il devint évident que je ne pouvais connaître que mes représentations, qu'il était vain de parler comme si tout se passait là-dehors, car simplement ce que je peux connaître se passe dans mon cerveau. Mes nombreuses discussions avec des neuroscientifiques tels que Idan Segev, Henry Markram et mon ami Miguel Nicolelis m'ont progressivement conduit sur la voie du cerveau intrinsèque.

Les conséquences du cerveau intrinsèque qui situe notre vie dans notre monde virtuel sont importantes dans de nombreux domaines, mais comme nous le verrons, elles ne font qu'accentuer le caractère indispensable et unique de la connaissance.

Voici quelques remarques de physiciens et de mathématiciens célèbres concernant leur vision de la nature de la réalité. Certains semblent se rapprocher de la théorie intrinsèque, d'autres s'en éloignent très franchement:

Werner Heisenberg[29] à paraît-il fait la remarque suivante à Einstein: *Si la nature nous conduit à des formes mathématiques d'une grande simplicité et d'une grande beauté..., nous ne pouvons pas nous empêcher de penser qu'elles sont vraies, qu'elles révèlent de vraies propriétés de la nature.* Heisenberg semble encore penser que nos connaissances expriment des *vérités* de la nature. L'idée de se laisser guider par la simplicité et la beauté est très commune chez les scientifiques. Pour le cerveau intrinsèque tant la simplicité et la beauté sont des concepts intrinsèques, décrivant des ressentis intrinsèques, rien à voir avec là-dehors. Ils sont d'excellents guides.

Roger Penrose[30]: *Nos modèles mathématiques de la réalité physique sont loin d'être complets, mais nous fournissent des schémas qui modèlent la réalité avec une grande précision.* Ici Penrose utilise la notion de modèles «relativement fidèles» de la réalité extérieure. Pour le cerveau intrinsèque, un modèle étant un modèle de quelque chose, si ce quelque chose est inconnaissable, on ne peut pas parler de modèle proprement dit, mais seulement de représentation et d'interprétation.

---

[29] 1901-1976 Physicien allemand, prix Nobel pour ses contributions à la physique quantique en 1931.

[30] Né en 1931 Professeur à Oxford

Michael Atiyah[31]: *L'envahissement de la physique par les mathématiques nous guide vers des pensées incluant cette perfection mathématique, mais qui pourrait être fort éloignée de la réalité physique. Même à ces hauteurs, nous devons faire face aux mêmes questions qui ont troublé Platon et Kant. Qu'est-ce qu'est la réalité? Est-elle dans notre cerveau, exprimée par des formules mathématiques, ou bien là-dehors?* Le grand mathématicien libano-britannique se pose la question à laquelle le cerveau intrinsèque répond.

Stephen Hawking dans son livre *Trous noirs et bébés univers*: *je ne demande pas qu'une théorie corresponde à la réalité parce que je ne sais pas ce qu'est la réalité... J'adopte le point de vue positiviste qu'une théorie physique est juste un modèle mathématique et qu'il ne fait pas sens de demander si elle correspond à la réalité. Tout ce que nous pouvons dire est qu'elle doit être en accord avec les observations... Tout ce qui me concerne est que la théorie prédise le résultat des expériences.* Stephen Hawking adopte le point de vue positiviste que le cerveau intrinsèque confirme. Il affirme ne pas pouvoir savoir ce qu'est la réalité et donc renonce à une correspondance exacte des théories physiques avec cette réalité. Il ne dit cependant pas dans cette phrase ce que ces modèles modélisent. Le cerveau intrinsèque prétend que ces modèles modélisent certaines de nos représentations, les représentations falsifiables, ils ne modélisent pas là-dehors.

John D. Barrow[32] dans *l'Univers qui s'est découvert lui-même*: *se pourrait-il qu'il n'y ait pas de lois de la nature? Peut-être que tout cet ordre que nous voyons n'est qu'une manifestation particulière du type de manque total de lois et d'indépendance qui conduit à la prédicabilité.*

John Barrow a visiblement des doutes sur la nature de la réalité physique décrite par des lois.

René Thom dans *Prédire n'est pas expliquer*: *Et si nous refusons à priori toute validité à cette réalité, nous sommes condamnés au solipsisme ou à des doctrines d'un subjectivisme forcené. Il faut partir de ce réalisme inévitable, et c'est à partir de lui, que l'on doit construire les entités scientifiques qui, elles, peuvent permettre d'aller plus profond dans l'organisation des choses. Il ne faut pas essayer de se mettre sens dessus dessous pour essayer de démontrer la réalité de ce stylo, en invoquant le fait que je le perçois grâce à*

---

[31] Né en 1929, mathématicien d'origine Egyptienne et libanaise actuellement professeur à l'université d'Édimbourg (2012)

[32] Cosmologiste britannique né en 1952, professeur à Cambridge.

ma rétine... D'ailleurs, entre nous, si vous refusez la réalité de ce stylo, pourquoi le voyez-vous?

Le cerveau intrinsèque n'implique pas un solipsisme. Il ne nie pas l'existence de quelque chose là-dehors, il nie l'identité de cette chose là-dehors, que le cerveau a sélectionnée, avec le concept et la représentation *stylo*. Il prétend que ce que nous pouvons connaître, c'est-à-dire interpréter, est le concept stylo, généré par le cerveau, et que ce dernier possède une correspondance avec ce qui se trouve là-dehors puisqu'il est généré via des patterns sensoriels.

Max Planck dans: *L'image du monde dans la physique contemporaine*, considère que la question de savoir quelle est la réalité là-dehors ne fait aucun sens et que l'ensemble de l'ensemble du monde n'est que la somme des expériences que nous en avons. Dans un discours donné vers la fin de sa vie Planck affirme: *Pour moi qui ai consacré toute ma vie à la science la plus rigoureuse, l'étude de la matière, voilà tout ce que je puis vous dire des résultats de mes recherches: il n'existe pas, à proprement parler, de matière!* Max Planck aurait sûrement été très intéressé par l'idée du cerveau intrinsèque.

Ces citations, parfois sorties de leur contexte d'origine, sont seulement prises à titre d'exemple pour illustrer le cerveau intrinsèque et la constante préoccupation que ces hommes ont eu concernant la nature de la réalité. Elles ne représentent sûrement pas la totalité de la pensée des génies qui les ont écrites.

CONSCIENCE D'ABSTRAIRE

Tous les animaux équipés d'un cerveau effectuent des opérations d'abstraction comme nous les avons décrites. Aucun animal n'a de moyen de connaître directement là-dehors. En fonction des sens dont l'animal est équipé, son cerveau va construire ses propres représentations, difficilement imaginable pour nous qui ne sommes pas équipés des mêmes terminaux sensoriels. Les microchiroptères (chauves-souris) sont équipés d'un système d'écholocation leur permettant de se repérer indépendamment de la lumière ambiante, les moustiques sont sensibles au CO_2 et à l'acide lactique qui est présent dans la sueur de leur fournisseur de sang. La réalinté de chaque animal est donc certainement différente. Mais elle est bien adaptée à là-dehors. Cette réalinté de moustique constituée de taches de CO_2 et d'effluves d'acide lactique est une bonne réalité pour le moustique, elle lui a permis de survivre jusqu'à ce jour. Un moustique qui aurait perdu sa sensibilité à l'acide lactique n'aurait pas survécu. Miguel Nicolelis a récemment (2013) muni des rats de capteurs infrarouges, utilisant la partie du cerveau du rat connecté aux moustaches comme point d'entrée. Le cerveau du rat n'a eu aucune peine à s'adapter à ce nouveau capteur sensoriel et à l'adopter pour coordonner ses déplacements. Si chaque animal effectue des opérations d'abstraction pour construire sa réalité virtuelle, ces abstractions se limitent rapidement à ces quelques niveaux que leur permet la structure de leur cerveau. Munis d'un néocortex, les mammifères abstraient à des niveaux bien plus élevés. S'il est probable que d'autres mammifères sont conscients à un certain niveau, l'homme est, à notre connaissance, le seul mammifère capable d'être *conscient qu'il abstrait*. La *conscience d'abstraire* est cette lucidité d'avoir effectué une opération consistant à laisser de côté certaines caractéristiques pour créer un nouveau concept regroupant d'autres caractéristiques. Si vous prenez une boîte d'allumettes, chacun des objets qu'elle contient est une allumette. En comparant attentivement deux à deux ces allumettes, vous pourrez repérer de grandes différences de l'une à l'autre. En décrétant que ce sont des allumettes, vous décidez de négliger ces différences pour abstraire le terme d'allumette. Cette abstraction est généralement suffisante pour l'usage que vous allez faire de ces objets: allumer un feu. La conscience d'abstraire n'est pas l'abstraction elle-même. Elle se situe à un niveau hiérarchique supérieur. Elle fait partie de l'intelligence. Le manque de conscience d'abstraire amène à toutes sortes de confusions entre les différents niveaux hiérarchiques dans le monde virtuel. Ainsi confondre observation et inférence est un manque de conscience d'abstraire. Savoir que j'abstrais passe nécessairement par un langage suffisamment évolué que probablement seul l'homme possède. Le cerveau intrinsèque et la réalinté sont une conséquence de la conscience d'abstraire par rapport à là-dehors. La lucidité sur les niveaux hiérarchiques des concepts, des mots et des phrases, telle que nous l'avons décrite ainsi que la lucidité sur les niveaux où la pensée se promène à un instant donné est la conscience d'abstraire. Les mots et les phrases pouvant changer de sens en fonction du niveau d'abstraction, la conscience d'abstraire est donc essentielle pour ne pas écraser sur un niveau des abstractions de niveaux différents. Ce n'est pas parce que nous utilisons le même mot qu'il veut toujours dire la même chose.

SIMULATION DU CERVEAU

Les recherches en neurosciences des quarante dernières années ont produit un flux invraisemblable d'information: plus de soixante mille articles dans des revues scientifiques par année (2010) et ce chiffre est en croissance constante. Il est totalement impossible pour un chercheur de savoir, ne serait-ce qu'un petit pourcentage de ce qui se fait dans son propre domaine.

L'effort que fait l'humanité pour chercher à comprendre comment fonctionne le cerveau est absolument gigantesque. Mais ce déluge d'information, à défaut d'être centralisé, englobé dans une théorie explicative est relativement peu productif. Si l'on devait faire une comparaison, un astrophysicien pour chercher à comprendre comment fonctionne l'univers, devrait décrire l'état précis de chaque astre à chaque instant: planètes étoiles, galaxies, quasar... Il lui faudrait des volumes entiers et il comprendrait peu de choses bien qu'ayant accumulé une foule de connaissances. Ce sont des connaissances de la grenouille. Il a fallu un génie comme Newton pour expliciter des lois qui rendent inutile la lecture de milliers de catalogues d'astres célestes pour fournir une compréhension de plus haut niveau. Il semble que le Newton du cerveau n'ait pas encore communiqué ses pensées. En attendant jamais un effort comparable à celui portant sur le cerveau n'a été fait en biologie. Il y a de très bonnes raisons à cela: 35 % des maladies humaines (2010) sont liées au cerveau. Le vieillissement de la population pose un véritable défi, on estime que dans quarante ans la moitié des hommes du monde occidental finiront par être atteints par la maladie d'Alzheimer. Déjà aujourd'hui (2012) le seul coût de cette maladie aux États-Unis dépasse cent milliards de dollars par an. Notre connaissance reste empirique, il n'est pas un seul médicament agissant sur le cerveau dont on sache avec précision comment il opère.

Fin 2005, mon ami Georges Abou-Joudé m'a présenté à Henry Markram.[33] Nous avons eu des discussions passionnantes en particulier sur le cerveau et son projet de simulation appelé Blue Brain[34] et nous nous sommes liés d'amitié. J'ai ensuite travaillé pendant cinq ans avec Henry, Georges et d'autres chercheurs à l'EPFL.

Dès le départ, je fus fasciné. Le projet posait tellement de questions qui m'avaient tracassées une bonne partie de ma vie, que quittant toute autre activité, je m'y suis lancé corps et âme. D'autant plus que Georges s'y était aussi engagé pour la production des images qui se retrouvent maintenant dans toute la presse. Bien que convaincu, déjà à l'époque, qu'un organisme n'est pas simulable, l'idée simplement de simuler le réseau de neurones me paraissait déjà passionnante.

---

[33] Né en 1962 en Afrique du Sud
[34] http://bluebrain.epfl.ch

L'idée de regrouper une gigantesque quantité d'informations sur le cerveau, disséminées dans des milliers d'articles, me semblait nécessaire. Imaginez, simuler, neurone par neurone (il y en a quelque cent milliards chez l'homme), éventuellement molécule par molécule; connexion par connexion (il y en a cent trilliards) donne évidemment le vertige et fait penser que l'homme qui vous parle a besoin de repos.

Mais non, Henry Markram est certain de son fait: c'est possible. Si pas le cas tout à fait maintenant (2006), cela le sera dès que les ordinateurs seront assez puissants. Et ne saurait pas tarder au vu de la loi de Moore. Cela s'est avéré exact ces dernières huit années.

Henry met en avant de nombreuses bonnes raisons de poursuivre son projet. Le réseau de cent milliards de neurones et de trilliards de connexions consomme incroyablement peu d'énergie, à peine plus qu'une ampoule de soixante watts. Les potentiels d'action[29] (ou spikes) codent l'information de manière extrêmement économe. Le cerveau tire parti de la chronologie des potentiels d'action pour traiter l'information. L'efficacité de ce codage et de sa compression de l'information semble de loin dépasser le celle des systèmes que nous utilisons par exemple dans les télécommunications. Cette efficacité contribue aussi à l'incroyable rendement énergétique du cerveau: Il y a beaucoup à découvrir et à comprendre du point de vue technologique!

J'ai suivi Henry à ses conférences dans le monde entier, je l'ai entendu expliquer à des neuroscientifiques sceptiques, je l'ai vu convaincre. J'ai participé à ses discussions avec IBM, avec des personnalités de l'intelligence artificielle. Je me souviens d'une conférence prestigieuse à Natal au Brésil, organisée par mon ami le neuroscientifique Miguel Nicolelis à l'occasion de l'inauguration de son centre de recherche et de son laboratoire dans cette région pauvre. (Miguel a conçu l'idée qu'un centre de recherche prestigieux mettrait Natal sur la carte de la science et finirait par attirer non seulement des chercheurs, mais aussi toutes les industries liées).

Henry me demanda quelle était mon impression après quelques conférences et je lui ai répondu que j'étais très admiratif devant ces chercheurs, mais que cela ressemblait à l'idée que je me faisais de la botanique. Soigneux, sérieux, pas très intéressant et pas d'équations différentielles!

Je m'attendais à des concepts, des théories plus qu'à des collections d'observations minutieuses. Un objet si incroyable que le cerveau, comment donc avait-il pu se développer dans cet univers? Comment faisait-il pour penser, pour envoyer des hommes sur la Lune, pour rêver, pour croire, pour désirer. Un réseau si complexe, une coordination de milliards de cellules, fonctionnant avec si peu d'énergie si l'on compare à nos ordinateurs. Eh bien non, nous en sommes à un stade beaucoup plus modeste, d'observation, région par région. Depuis peu nous disposons de *télescopes* pour *voir* dans la boîte crânienne, in vivo. À chaque nouvel instrument d'observation des milliers de nouvelles publications, mais pas encore de Newton. Plus tard, je compris que la biologie était peu mathématisée, car personne ne s'était donné vraiment la peine de développer des mathématiques adéquates au vivant. Celles que nous avons se sont souvent développées en parallèle avec la physique et ne sont que mal adaptées aux systèmes ouverts, dissipatifs et complexes.

On en sait énormément sur le cerveau des mammifères. Des dizaines de milliers de chercheurs se penchent chaque jour sur ce petit morceau de matière. De quelques articles scientifiques par an dans les années 1960, le nombre d'articles publiés a dépassé les vingt-cinq milles en 2011. Ce chiffre ne comprend pas les recherches connexes. On pourrait facilement le doubler. Il est impossible pour un spécialiste du cerveau de se tenir au courant, disons même d'un pour cent de la masse énorme de ce qui est publié. Les spécialités deviennent donc de plus en plus étroites. On se focalise sur un groupe particulier de neurones. Sur une protéine, sur un canal ionique. Plus de trois cents journaux spécialisés se partagent ce marché en pleine expansion.

Le plan d'Henry était extrêmement clair, il pensait qu'une vaste simulation du cerveau était l'occasion de regrouper sous un même toit l'ensemble des connaissances disparates des neurosciences.

Le plan était précis, les étapes pour y arriver aussi. Bien entendu, je n'allais pas m'improviser neuroscientifique, je n'en avais du reste pas l'ambition, mais je pouvais être utile sur les questions mathématiques et plus encore sur les questions philosophiques, épistémologiques et éthiques. La première étape d'Henry était donc de modéliser un petit morceau d'environ dix mille neurones du cortex du rat (dite colonne néocorticale). Cette étape fut franchie, en 2006, de manière spectaculaire grâce principalement aux images et films en 3D produits par le professeur Abou-Jaoudé et son laboratoire de visualisation à l'EPFL le LIV. Sans visualisation la simulation est pratiquement inutilisable, l'ordinateur (en la circonstance un Blue Gene P d'IBM) vous débite un invraisemblable paquet de données chiffrées, un térabit par minute dont vous ne savez que faire. Visualiser ces données sous forme d'un film est plus instructif. Cette première simulation réalisée le premier phénomène intéressant se produisit. Par elle-même la colonne simulée générait des oscillations dites gamma (à 40 Hertz environ) tout à fait similaires aux oscillations observées in vivo. Ce fût un premier succès pour Blue Brain et il fit l'objet de publication par Sean Hill, Felix Schurmann et Henry. Sans avoir été instruite à le faire la colonne simulée se comportait d'elle-même de manière similaire à l'objet vivant. Il se produisait donc des émergences. Des propriétés qui émergeaient sans qu'aucune instruction n'ait été donnée.

Blue Brain n'est pas au sens propre de l'intelligence artificielle. En intelligence artificielle et de manière simpliste, si l'on veut simuler le comportement d'un cerveau, on mesure les entrées (impulsions d'entrée) et les sorties (comportement de sortie) et les variations de la sortie par rapport aux changements à l'entrée. Une fois suffisamment de datas obtenus, on cherche un algorithme qui donne les mêmes résultats de sortie pour les mêmes données d'entrée sur le cerveau simulé.

Blue Brain se base beaucoup plus sur des données biologiques. On ouvre le cerveau, on repère composant par composant et on simule chacun de ces composants (neurone, synapse, protéine..) par un algorithme spécifique. On se contente de simuler les composants biologiques le plus fidèlement possible par des algorithmes et on laisse la simulation agir d'elle-même. À moins que les phénomènes relevant ne se passent en dessous du niveau de résolution, on devrait ainsi avoir une *simulation biologique*, dite *bottom up*.

L'équipe rassemblée par Henry autour de Blue Brain était exceptionnelle, mais elle n'allait pas suffire pour un projet si pharaonique. Les datas nécessaires ne pourraient pas être produites au niveau d'un laboratoire aussi bien équipé qu'il fût. Il fallait une véritable industrialisation du projet et bien sûr le financement approprié. L'EPFL d'abord avec l'énergie et la vision de son président Patrick Aebischer, les Cantons de Genève et de Vaud ensuite se sont intéressés au projet. La confédération a suivi en assurant un financement sur dix ans de deux cents millions et finalement le projet à été sélectionné parmi les six finalistes du concours européen, FET Flagships projects[35] dont le vainqueur devrait bénéficier d'un financement d'un milliard d'Euros dès 2013. J'apprends que Blue Brain sous la domination *Human Brain Project* a rempoté le FET (15 janvier 2013).

Aujourd'hui (2010) Blue Brain est encore très loin du cerveau humain, peut-être peut-il évoluer et produire des émergences intéressantes. Cependant, fonctionnant sur la base d'une machine de Turing, Blue Brain est soumis à toutes les restrictions liées à ce type de machines et que nous examinerons plus loin.

---

[35] Voir : http://cordis.europa.eu/fp7/ict/programme/fet/flagship/

Le cerveau tel que décrit par le point de vue intrinsèque n'est pas globalement simulable sur une machine digitale. Nous approfondirons ce point de vue tout au long de ce livre avec de nombreux détails. La structure du cerveau (en particulier ce que nous appellerons au chapitre neuf le cerveau dual) fait qu'il sera impossible d'obtenir sur une machine de Turing une simulation des fonctions supérieures telles que la créativité.

Des hommes comme Ray Kurzweil déclarent cependant: *Nous allons décrire les principaux algorithmes du néocortex, en faisant de l'ingénierie inverse du cerveau humain, nous serons capables d'étendre largement la puissance de notre propre intelligence.*

Que signifie une simulation du cerveau humain du point de vue du cerveau intrinsèque? De ce point de vue, nous devons parler d'une simulation de nos connaissances ou de nos représentations du cerveau, nous ne pouvons pas parler d'une simulation de là-dehors. Il s'agit alors de la traduction en algorithmes de nos connaissances mis ensuite en place dans l'ordinateur. Nos connaissances sont partiellement traduisibles en algorithmes, la plupart d'entre elles ne sont pas de nature algorithmique. La géographie est ici déterminée uniquement par les connexions entre neurones. Idéalement un processeur représenterait un neurone. Une fois le tout intégré dans l'ordinateur, on fait varier un potentiel action et on observe les réactions du réseau. Cette observation ne peut se faire qu'après avoir traduit en image les données débitées par l'ordinateur, ce qui constitue une forme d'interprétation. Cette image est alors observée et le cerveau peut se faire une représentation est une nouvelle interprétation du résultat.

ESPACE VIRTUEL ET LÀ-DEHORS

Résumons quelques idées développées au cours de ce chapitre. Un concept est une abstraction mentale, une construction de notre cerveau. Il ne peut pas y avoir des concepts dans la nature là-dehors. La nature ne produit pas d'abstractions ou, dis autrement, les abstractions appartiennent à ce que nous avons appelé notre espace virtuel intrinsèque. La capacité de créer des concepts s'est développée comme résultat de la sélection naturelle et s'est avérée vitale pour Homo sapiens. Les concepts sont organisés de manière hiérarchique comme le sont les mots qui les désignent. Généralement les concepts sont mémorisés séparément des mots qui les désignent. Nous pouvons nous souvenir d'un concept et ne pas retrouver le mot correspondant. Certains de nos concepts ne se laissent pas verbaliser. Un concept regroupe une information commune à d'autres objets conceptuels situés plus bas dans la hiérarchie des abstractions. Tout en bas sont les concepts que nous pouvons définir extensionnellement. La connaissance regroupe et organise nos concepts au travers des propriétés intrinsèques du cerveau. Elle ne peut donc «exister» qu'encodée dans un cerveau. Nous appelons le monde là-dehors, le *là-dehors*, pour ne pas le confondre avec notre monde intérieur que nous avons nommé notre réalinté pour le distinguer de la réalité. La réalinté n'a pas le caractère absolu de la réalité qui serait indépendante de tout observateur.

Le là-dehors est inconnaissable, indicible, tout ce que nous pouvons dire concerne nos perceptions, pas le là-dehors. Nos concepts, nos théories, notre physique, notre histoire concernent nos perceptions et nos concepts. Lorsque nous discutons avec un ami, cette discussion se passe dans notre cerveau. Une autre discussion se passe probablement dans le sien, mais nous ne la connaissons pas, elle fait partie de notre là-dehors.

L'univers que nous concevons n'est pas là-dehors, il est un concept créé par notre cerveau. Ces feuilles d'arbre sous la pluie, ce vent qui balaye les rives du lac, ces voitures qui passent sur la route, tout cela sont des créations conceptuelles de mon propre cerveau. Là-dehors est inconnaissable dans sa nature. Il n'est pas facile de s'en convaincre et il faut un certain temps pour s'habituer à voir les choses ainsi.

Notre langage lui-même nous dit le contraire, il nous affirme que nous connaissons *là-dehors* et dit par exemple: *le chien dans le jardin court sur la pelouse*. Toute la scène, exprimée verbalement, semble se passer hors de l'observateur que je suis. Mais notre langage nous trompe. Mon cerveau construit sa réalité à partir du processus dit de perception, cette construction est la seule que je puisse connaître. Elle comprend tous mes concepts, toutes mes analogies, toutes mes théories, tous mes mots, tout ce que je peux déduire ou inférer, cette construction est le monde dans lequel je vis, un monde virtuel. Le terme de réalité est trop communément utilisé pour désigner le *là-dehors*, je dirais parfois *la réalité là-dehors* ou simplement *là-dehors*. Notre monde intérieur virtuel, je le nommerais la *réalinté*. C'est la réalité intrinsèque que chacun de nous avons construite et qui respecte nécessairement les structures de notre cerveau. C'est parce que ces structures sont similaires à celles des autres êtres humains que nous pouvons communiquer et construire ce que nous avons appelé l'espace virtuel commun.

Cette réalité intrinsèque, la réalinté est un monde de concepts, de mythes, d'histoires que nous nous racontons.

Il n'est pas étonnant que nous ayons mis si longtemps à nous apercevoir que nous le pouvons pas connaître la nature de *là-dehors*, de l'intérieur une situation est toujours difficile à décrire. Dès que l'enfant commence à faire la différence entre lui-même et pas lui-même (vers trois à six mois), il est prêt à adopter le mythe erroné qu'il peut connaître là-dehors.

Ce que mon cerveau a construit, ma réalinté, n'est même pas un *modèle* de ce qui est là-dehors c'est sa stricte et propre construction. Les liens que le cerveau possède avec là-dehors proviennent des signaux électrochimiques qu'il reçoit au travers des sens. C'est à partir de ces signaux et de sa structure intrinsèque propre qu'il construit sa réalinté. Or ces signaux eux-mêmes ne sont pas le là-dehors mais un encodage informationnel partiel d'information provenant de là-dehors.

Bien que le là-dehors soit inconnaissable notre réalité construite nous a permis de vivre et de nous développer. Il nous a suffi d'une assez *bonne correspondance* avec là-dehors pour assurer notre survie et pour savoir poser des questions auxquelles là-dehors peut répondre. Il nous reste à étudier ce qu'est une *assez bonne correspondance* et donc à détailler la nature de la méthode scientifique.

Les conséquences du cerveau intrinsèque sont tellement contraires à la structure de notre langage et à notre manière de penser habituelle que je me suis mis à la place de certains pour faire un jeu de questions et de réponses:

Question: Y a-t-il quelque chose là-dehors?

Réponse: Oui certainement, mes sens me transmettent des signaux en réagissant au là-dehors. Quelque chose les fait donc réagir. Ce quelque chose, bien que je le nomme, n'est pas de nature verbale.

Question: Puis-je savoir ce qu'il y a là-dehors?

Réponse: Non. Je peux seulement tenir compte de mes réactions à ces signaux que je reçois pour adapter mes mythes (les constructions de mon cerveau) et en construire des nouveaux plus en *correspondance* avec là-dehors. Savoir tenir compte de ces signaux et savoir poser des questions au là-dehors et interpréter les réponses est notre méthode pour construire de la connaissance. Ce type de savoir est l'objet de la méthode scientifique. Nous avons déjà parlé du Sphinx symbole du gardien d'entrée du là-dehors. Nous pouvons lui poser des questions sous forme d'expérimentations scientifiques. Il va nous répondre par oui ou par non, rien de plus. À nous de savoir quelle question poser et comment interpréter la réponse. Le sphinx ne peut non répondre que par oui ou non, car il n'a pas de concepts à sa disposition pour détailler sa réponse. En observant, en écoutant, en touchant, notre cerveau pose continûment des questions à là-dehors.

Question: Dois-je renoncer alors à l'idée de connaissance?

Réponse: Certainement pas, bien au contraire, la connaissance est notre aptitude suprême, c'est elle qui nous permet de construire notre cerveau et donc la réalinté dans laquelle nous vivons. Mais la connaissance se construit pas à pas. Avant d'avoir compris certaines choses, nous ne savons pas quelle question poser au Sphinx.

Question: La connaissance n'est donc pas objective?

Réponse: Le mot est traître, il est trop lié à objet, objet en dehors de moi, je préfère ne pas l'utiliser. C'est un mot de l'ancien paradigme cartésien par lequel je suis là et j'observe l'univers là-bas en dehors de moi, sous ce paradigme l'objectivité devait assurer que je ne tiens pas compte de l'observateur dans le processus d'observation. Pour le cerveau intrinsèque, ceci n'est pas possible. Cette objectivité oublie qu'il y a une différence entre réalité et perception.

Question : Qu'est-ce que cela change de penser que la réalité est intrinsèque au cerveau?

Réponse: Cela met le cerveau au centre, à l'origine de toute connaissance et cela résout beaucoup de problèmes d'interprétation de la connaissance en particulier en ce qui concerne les concepts primitifs.

Question: Blue Brain, si jamais il se réalise, construira-t-il sa propre réalité intrinsèque?

Réponse: Je vous donne rendez-vous dans dix ans pour le savoir, ou alors si vous êtes plus pressé d'avoir mon avis et ses fondements, continuez votre lecture, nous allons y revenir.

Lorsque deux personnes discutent, elles emploient un langage commun pour échanger entre deux réalintés différentes, mais construites à partir de structures cérébrales semblables. La communication me paraît très compromise s'il n'existe pas une similarité de structures cérébrales. Ce n'est qu'avec des mammifères que nous avons le sentiment de pouvoir un peu communiquer, avec les insectes cela me paraît difficile. Avec des extraterrestres, cela reste une énigme.

La virtualité «commune» que les hommes établissent en communiquant entre eux est une méta réalité virtuelle, un espace virtuel verbal, syntaxique commun aux réalintés des individus et qui permet la communication. Ce méta espace virtuel permet de construire la société humaine, d'établir des théories communes, d'écrire des livres que d'autres peuvent parfois lire.

Le problème n'est pas que les machines sont trop admirées, mais qu'elles ne le sont pas assez! Le péché n'est pas que les machines soient des mécaniques, mais que les hommes soient des mécaniques.
G. K. Chesterton[36] Heretics

---

[36] 1874-1936 Ecrivain et philosophe britanique

VII. Pensée, intuition et raisonnement

Des théories vraiment profondes sont ce qui est vraiment utile, pas l'utilité éphémère des applications pratiques. Gregory Chaitin

UN PARADIS D'ENFANT

J'avais probablement cinq ou six ans et nous habitions ce qui à l'époque, vers 1950, était une banlieue éloignée du Caire. Méadi était un village entre Nil et désert fait de villas cossues, de jardins, de senteurs enivrantes et de parcs bien verts. Peu de circulation automobile sur ses rues bordées de flamboyants et d'eucalyptus. Le contraste était saisissant entre la luxuriante végétation, les senteurs du bord du fleuve et à peine plus loin l'étendue monotone et perdue du dessert. La maison se trouvait à la frontière de deux mondes. Avec ma sœur Janine, nous aimions les longues promenades dans le sable, l'après-midi. Nous étions un petit groupe avec ma sœur et les nanis et nous partions à chaque fois à l'aventure dans l'immensité. Pas de traces, pas de route à suivre, juste l'immensité. Nous quittions les odeurs subtiles de l'allée de pois de senteur et bientôt il n'a avait plus que le sable et le vent chaud qui nous caressait. La première passion de Janine était les pierres et elle en trouvait de toutes sortes. Nous rentrions pour le goûter et les limonades fraîches, les yeux remplis de cette monotonie si diverse, de ce désert, qui, lorsqu'il a une fois pris votre cœur, ne vous quitte plus. Souvenirs, si précis et si vagues, quelques images, des ambiances, des sourires, de vastes étendues, des parfums et si plein de mystères à découvrir, avec leurs promesses de joies infinies. Je me souviens de Méadi. Ce Méadi qui n'existe plus que dans les souvenirs de Janine et les miens et qui nous lie à jamais.

Un jour à l'école, un petit ami me mit au défi de lui donner le plus grand nombre possible. Je fus bouleversé, bouleversé de ne pas savoir répondre[30]. J'aurais pu compter tous les grains de sable du désert si j'avais voulu et j'aurais encore des nombres en réserve mystère, mystère et merveille. Les nombres sont des merveilles, plus grands que la plus grande merveille que je connaissais: le désert. Et je pouvais m'y promener simplement dans ma tête.

Je sentais qu'il était plus beau, plus satisfaisant de savoir que j'aurais pu compter tous les grains de sable, plutôt que de les compter effectivement. Je sentais que je connaissais tous les nombres, mais que je n'aurais jamais pu les dire. Ce sentiment a dû avoir pas mal d'influence sur ma vie. Pas besoin de faire les choses si je sais que je peux les faire! Paresse! Pas besoin de dire les choses, il suffit de savoir que cela serait peut-être possible.

La vie était douce, prometteuse et réjouissante, Méadi était le centre du monde, qui du reste ne s'étendait pas beaucoup plus loin. Cet après-midi-là, mon oncle Clémi est venu me chercher avec mes cousins Paul et Jo. Clémi possédait un voilier et il nous avait promis de participer avec lui à une régate sur le Nil. Nous voilà sur ce voilier en train de faire de notre mieux pour tourner autour des bouées et pour attraper la moindre brise. C'était magique, le Nil, le vent, la voile, le soleil couchant. Et aussi le mystère de comprendre comment ça marche. On a gagné la régate. Clémi est devenu mon premier héros absolu. Mon second fut Gödel, fort loin de Méadi et quelque vingt ans plus tard. Depuis ce jour j'allais porter à Clémi une véritable vénération. Celle que l'on porte à ceux qui savent. Nous n'avions ni Batman, ni Superman à l'époque. Juste Mickey, Donald et maintenant Clémi. Mais cette régate avait comme libéré mon imagination. Le voilier n'avançait pas tout seul. Le voilier avance à cause du vent. Le vent est capté en *appuyant* sur les voiles, c'était bien clair. J'avais *compris le schéma*. Quelle joie d'avoir saisi un peu du savoir de mon superhéros. Pour consolider un apprentissage, le cerveau utilise la répétition, les connexions neuronales se renforcent d'autant plus qu'elles sont utilisées. Je me suis mis naturellement à dessiner des voiliers, toutes sortes de voiliers. J'en ai aussi fabriqué avec des morceaux de bois, des boîtes à chaussures ou tout ce que je pouvais trouver. Pour la voile, c'étaient les mouchoirs en coton brodé, comme on en faisait l'époque, qui je découpais discrètement. Je les essayais sur le petit bassin au fond du jardin de mes parents, au-delà de l'allée de pois de senteur. Il se passa alors une première chose étonnante, qui du reste ne m'étonna pas puisque cela se passa tout seul, sans que je ne m'en aperçoive: je me mis à dessiner des voitures à voile et montrais fièrement mes dessins à mes parents. Mon cerveau avait séparé la voile du voilier, j'avais constitué des patterns spécifiques pour la voile et relié ces patterns au concept de moteur. Ce faisant j'avais abstrait et *appris* quelque chose. En abstrayant le concept de moteur, ce dernier maintenant pouvait s'appliquer à de nombreux autres véhicules.

Une chose encore plus surprenante se passa lorsque je dessinais le premier avion à voile. Pour moi, l'avion était le roi des véhicules, le plus noble, le plus libre, le plus rapide. Il avait donc bien droit au seul moteur que je connaissais et que j'avais extrait du voilier: la voile.

Il faut dire que j'adorais déjà les avions, soit en papier ou en balsa, vous vous en souvenez peut-être. Il fallait glisser l'aile dans une fente du fuselage ainsi que le stabilisateur et la dérive dans des fentes à l'arrière. Et cela volait. Mes essais en vol m'avaient fait comprendre qu'il fallait mettre l'aile au bon endroit en la faisant glisser vers l'avant ou vers l'arrière pour que la machine conserve un vol allongé et en bon équilibre. Il fallait aussi une bonne technique de lancé pour donner à l'engin une certaine vitesse qui lui permette de se tenir en l'air. À force de répétitions infructueuses, je finis par dominer la technique et comprendre que sans vitesse, il ne pouvait pas voler.

L'effet de la vitesse du vol, je pense que je l'ai apprise en tendant la main hors de la fenêtre de la voiture de mon père. Suivant l'inclinaison de la paume le bras tout entier montait ou descendait si la vitesse de la voiture était suffisante. Tous les enfants apprennent de cette manière comment marche une aile et ce qu'est l'effet de la vitesse. Par une expérience. Pas besoin de théorie à ce stade. Alors je dessinais mon premier et du reste unique avion à voile.

Je ne sais plus comment, en regardant mon dessin, il m'est apparu que cela ne pouvait pas fonctionner. Mais cela m'est apparu. (Nous ne savons jamais comment les pensées nous apparaissent). Si le vent poussait la voile et donc l'avion, il n'y aurait plus de vent pour pousser l'aile vers le haut, me disais-je.

Figure 22: l'avion à voile

La sorte de *gène intérieure* que me produisait le dessin de l'avion à voile se traduisait en une sorte de refus intérieur, qui à son tour s'exprimait en mots: c'est impossible, cela ne marche pas. Ça doit pour ça qu'il n'y a pas d'avions à voile! Mon cousin, lui, voulait que l'on essaie quand même de le construire. Moi, je sentais (sans en avoir les mots) qu'un raisonnement tout simple (et dans ce cas plein d'erreurs dit l'oiseau) pouvait nous éviter un travail inutile. Raisonner pouvait remplacer, essayer. N'est-ce pas un miracle incroyable. On peut essayer dans sa tête. On n'a pas besoin d'essayer avec des objets. La route de la paresse était toute tracée. Elle allait dans mon cas se prolonger bien longtemps. Bien sûr, mes souvenirs sont flous, mais je pense à l'avion à voile comme ayant été mon premier raisonnement. La première fois où je faisais inconsciemment une aussi grande confiance à quelque chose qui se passait dans ma tête, plus même qu'un essai sur l'objet physique. J'avais là deux méthodes pour générer de la connaissance: la seconde, le raisonnement me donnait visiblement plus de joie, plus que de la joie, une émotion indescriptible qui fait que je m'en souviens qu'aujourd'hui, si clairement. La première, celle des essais des erreurs, était aussi intéressante, mais ce n'était pas la méthode préférée du paresseux. Voilà intensionnalité et extensionnalité regroupée dans un même cerveau voilà empirisme et réalisme scientifique[31] se donnant déjà la main.

La seconde méthode donne la joie de vraiment comprendre ce qui se passe comment un élément agi sur un autre, comment les choses se combinent. La première confère probablement plus de certitude sur le moment, mais elle a le désavantage de ne pas donner de compréhension donc moins de certitude pour l'avenir. Examinons de plus près intuition et raisonnement.

INTUITION, RAISONNEMENT, MÉTHODE SCIENTIFIQUE

Les enfants aiment généralement qu'on leur raconte des histoires ou qu'on leur lise des livres avec des images. Pendant qu'ils écoutent, leur cerveau se structure, ils fabriquent des patterns, des images, des modèles et les relient entre eux. Ils testeront inconsciemment ensuite ces nouvelles connexions contre les informations sensorielles ou les accepteront comme des explications ou des croyances nouvelles. Ils poseront des questions pour compléter des *liaisons manquantes* dans leur réalinté en construction.

Les neurosciences avec leurs systèmes d'imagerie étudient les régions du cerveau activées par une image donnée. Ils appellent représentation distribuée ou pattern, le réseau de neurones qui s'active lorsque le sujet observe l'image ou pense à l'objet. Ainsi la pensée *chien* n'activera pas exactement le même réseau de neurones que la pensée *chat*. Les patterns séparent par réduction et encodent hiérarchiquement les perceptions, les concepts et leurs relations. Récemment (décembre 2012), des neuroscientifiques de l'Université de Californie à Berkeley ont publié dans le journal Neuron[1] une carte de cet *espace sémantique,* fabriquée en relevant des corrélations montrant comment environ trente mille régions du cerveau répondaient à mille sept cents catégories d'objets et d'actions. Nos patterns ne mémorisent pas seulement les concepts, mais aussi les successions de concepts, des relations entre concepts, les schémas mentaux. Ainsi, le cerveau en mémorisant des relations entre concepts, crée ce que nous appelons des *ordres*. Il devient sensible à des modèles d'organisation entre concepts. Il s'enrichit progressivement par la mémorisation d'ordres de plus en plus complexes et abstraits. La richesse et la variété des ordres que le cerveau devient capable de repérer contribuent à ce que nous appelons l'intelligence. Pour le cerveau intrinsèque, l'ordre ne se trouve pas dans les choses là-dehors, mais dans nos modèles mentaux. Si votre bibliothèque est rangée par ordre alphabétique, cet ordre n'est pas là-dehors dans votre bibliothèque, c'est votre cerveau qui le repère et l'impose. Quelqu'un qui ne saurait pas lire ne repérerait pas cet ordre-là.

Une analyse de nos actes quotidiens montre que nous utilisons des stratégies inconscientes, des hypothèses générées sans l'intermédiaire de la pensée consciente, bien plus fréquemment que nous n'utilisons le raisonnement et la logique. Ces prévisions, ces attentes que nous générons continûment, sans réfléchir, guident, en fin de compte, nos vies bien plus que ne le fait le raisonnement. Ces stratégies inconscientes, nous les appelons nos intuitions. Nous faisons bien plus souvent appel à l'intuition qu'à la logique, quitte, au besoin, à reconstruire, après coup, des explications logiques *ad hoc* permettant de justifier nos choix et d'expliquer rationnellement nos comportements. Le néocortex est cette fine couche externe des hémisphères cérébraux, présente chez les mammifères. Elle est toute repliée sur elle-même pour gagner de la place, son épaisseur est d'environ un millimètre et demi. On la décompose en six niveaux hiérarchiques allant de la boîte crânienne en direction des profondeurs du cerveau. Chez l'homme le néocortex est responsable des fonctions supérieures: le langage, les perceptions sensorielles, les commandes motrices, le raisonnement... On le décrit généralement comme un niveau surajouté à la partie plus primitive

---

[1] Le site de Neuron : http://www.cell.com/neuron/home

ou reptilienne du cerveau. Le cas de Phineas Gage [2], un accidenté ayant survécu à la perte de son cortex frontal, démontre que bien que si ce dernier participe à toutes les fonctions supérieures, il n'est indispensable à aucune des activités motrices ou perceptives et que celles-ci bénéficient donc d'une certaine indépendance. L'essentiel des problèmes que nous avons à résoudre dans la vie quotidienne est simple et notre système d'intuition se révèle parfaitement adapté. Le néocortex et le raisonnement ne sont pas indispensables pour résoudre un problème. Peu importe la solution suggérée par l'intuition que nous adoptions, nous finirons par résoudre le problème sans nécessairement avoir recours à la pensée logique. En effet, la grande majorité des problèmes que nous avons à traiter sont *tolérants à l'erreur*. Nous pouvons, en cas d'erreur, réessayer autant de fois que nécessaire. La répétition d'approches successives différentes s'avère une stratégie acceptable. L'imagination intuitive est assez puissante pour résoudre seule l'essentiel de nos problèmes quotidiens par un procédé de répétition des essais et de mémorisation des erreurs: l'apprentissage. La très grande majorité des situations sont répétitives, une fois que nous avons appris et mémorisé, le cerveau va nous proposer immédiatement la réutilisation du même schéma mental mémorisé. Si, sur la route, je me suis trompé de direction, il est fort probable que, lorsque je m'en apercevrai, je trouverais un chemin de raccord, un moyen de me remettre sur la bonne route. Sinon je pourrais toujours faire marche arrière et reprendre une autre route. Le système *d'essais et d'erreurs* ne nécessite que peu de théorie et pas d'abstractions de haut niveau. Cependant ce système ne fonctionne pas lorsque nous avons à faire à des systèmes complexes. La suite des essais et des erreurs ne va pas converger vers une solution. Les situations ne se répètent jamais. Nous n'avons pas à faire à un système routier, fixe une fois pour toutes. C'est l'un des problèmes que nous rencontrons en économie par exemple. L'apprentissage par essais et erreurs est similaire au processus de la sélection naturelle de Darwin. Chez Darwin le nouvel essai provient d'une mutation aléatoire; pour le cerveau, la mémoire des essais précédents contraint la direction des nouveaux essais rendant le processus incroyablement plus efficace pour atteindre un but donné. Les bases de l'apprentissage par *essais et erreurs* sont l'extensionnalité, l'observation et la répétition d'un geste, d'une pensée jusqu'à ce que l'apprenti le fasse en se trompant rarement.

[2] 1823-1860. Ouvrier américain qui a eu le crâne transpercé par une barre d'acier et survécu.

Si le système par essais et erreurs est suffisant dans la vie quotidienne, il est inefficace pour les systèmes complexes et ne permet pas la conquête de certains territoires inconnus, des territoires pour lesquels nous ne pouvons pas faire des essais ou parce qu'une erreur serait inacceptable. Par exemple, pour mesurer la distance d'une étoile, fabriquer une centrale nucléaire, construire un pont d'autoroute, faire une opération cardiaque. L'intuition humaine est donc tout à fait insuffisante pour dépasser certaines frontières. Elle peut même nous induire totalement en erreur. Voici, pour nous distraire, un exemple simple[32] où il s'agit d'évaluer la probabilité d'un événement et pour lequel l'intuition ne suffit généralement pas. Il ne s'agit pas ici de complexité.

Supposons que vous ayez trois cartes de forme identique placées dans un sac. Une première carte possède deux faces rouges, la seconde, deux faces bleues et la troisième une face bleue, l'autre rouge. Une carte est choisie au hasard et une face est exposée, elle est rouge. Est-ce que l'autre face a plus de chances d'être rouge ou bleu, ou bien les chances sont-elles égales.

Comme vous voyez une face rouge, cela élimine automatiquement la carte à deux faces blues. Restent deux cartes. Sur l'une d'elles, l'autre face est rouge sur l'autre, l'autre face est bleue. Il semble donc que la réponse est moitié-moitié, une chance sur deux d'être rouge et une chance sur deux d'être bleue. Si vous faites extensionnellement l'essai en effectuant suffisamment de tirages, vous verrez que ce n'est pas le cas. Le rouge sortira deux fois plus souvent que le bleu. Et vous devrez en déduire que votre raisonnement ou votre intuition étaient faux.

Ne vous inquiétez pas si vous vous êtes trompé, c'est le cas pour presque chacun d'entre nous, j'ai choisi mon exemple pour cela. De manière générale, pour les problèmes un peu complexes notre intuition, développée et adaptée par la sélection naturelle, n'est pas nécessairement un bon guide. Son avantage qui a été déterminant pour notre survie est sa rapidité.

Cependant, pour correspondre à ce que nous constatons par l'expérience (extensionnellement), nous devons affiner notre raisonnement intensionnel, raisonner juste, c'est-à-dire concevoir une meilleure interprétation des informations que nous avons. Ces dernières pouvant provenir de nos sens ou, comme dans ce jeu, de données intensionnelles. Voici comment interpréter les données dans le cas des trois cartes: remarquons d'abord que l'ensemble des cartes possède trois faces rouges entre elles toutes. Chacune de ses trois faces rouges ayant la même probabilité d'être la face que nous voyons au départ. Mais une seule de ces trois faces rouges a du bleu de l'autre côté. Alors que deux de ces trois faces rouges ont du rouge de l'autre côté. D'où l'on déduit que le rouge a deux fois plus de chances que le bleu de se trouver sur la face cachée.[33]

Il semble fantastique que nous ayons développé naturellement cette capacité à raisonner dont nous n'avions apparemment pas besoin en tant qu'homme primitif. Et pourtant cette capacité n'est qu'un prolongement par le néocortex des exigences intrinsèques du cerveau. Il nous a fallu l'essentiel de notre temps sur terre en tant qu'homo sapiens pour en arriver là. Une fois muni d'un néocortex, il a fallu frayer notre route jusqu'à la science. Nous avons dépassé avec les lumières l'époque de la connaissance autoritative[3], nous avons ensuite dépassé l'empirisme et les principes *Ad hoc* avec le concept de lois universelles falsifiables.

L'idée de falsifiabilité fut introduite formellement par Karl Popper[4] dans son ouvrage de 1934: *Logique de la connaissance scientifique*, elle implique que pour qu'une loi soit scientifique, il faut qu'il existe des expérimentations susceptibles de montrer qu'une prédiction de la loi est prise en défaut. Une loi scientifique n'est pas un énoncé dont on peut montrer qu'il est vrai. Montrer qu'un énoncé est vrai impliquerait qu'il fût testé en tout lieu, en toutes circonstances et en tout temps. On ne peut donc jamais montrer en sciences qu'un énoncé est vrai. Comme on ne peut pas montrer qu'un objet n'existe pas. La falsifiabilité est notre substitut à cette impossibilité. Le critère particulièrement contraignant de Popper fait intervenir deux idées principales. Premièrement, la nécessité pour une théorie scientifique de faire au moins une prédiction et, deuxièmement, la nécessité que cette prédiction concerne une expérience nouvelle (dont on ne connaît pas encore le résultat avec une précision suffisante) susceptible de prendre en défaut la prédiction et donc de réfuter la théorie. Popper exclut du domaine scientifique, entre autres, toutes les théories qui ne font que s'ajuster a posteriori aux expériences en ne prédisant rien de nouveau. Ce sont de telles théories que nous appelons *Ad hoc*. Les patchs dont nous avons souvent parlé sont toujours Ad hoc. Einstein, après sa parution, a patché la relativité générale en rajoutant une quantité que l'on a appelée la *constante cosmologique*[34]. Il voulait éviter l'expansion ou la contraction de l'univers, il croyait en un univers stable et éternel. Il a par la suite appelé l'ajout de cette constante *la plus grande erreur de sa vie*, cela une fois que Hubble[5] eu découvert le décalage

---

[3] Bien qu'elle soit encore très répandue dans le monde et en particulier dans l'éducation.
[4] 1902-1994 Philosophe austro-britannique, professeur à la London school of economics. Nous lui devons les fondements de la méthode scientifique.

vers le rouge et l'expansion de l'univers. Aujourd'hui, la constante cosmologique est l'une des explications de l'énergie dite noire. L'homme était génial jusque dans ses erreurs.

L'immense majorité de nos inventions technologiques depuis 70 ans, celles qui peuplent notre vie quotidienne sont dues, à leur source, à des connaissances intensionnelles, à des théories. À des créations du néocortex. Ce sont elles les véritables responsables de notre développement. Les technologies ont changé le monde bien plus que les guerres, les idéologies et toutes les religions réunies. C'est le néocortex qui a mis l'homme sur la Lune, créé votre téléphone portable, votre ordinateur, votre lecteur laser, l'appareil de tomographie, le GPS, etc. Tout cela est issu de ce simple petit morceau de matière, de ces atomes arrangés de telle manière qu'ils permettent la créativité et la génération de connaissances!

EXPÉRIENCES DE PENSÉE

Si la connaissance basée sur l'extension procède par essais et erreurs, celle basée sur l'intension la prolonge en utilisant le raisonnement logique et les expériences de pensée. Le développement du néocortex en tant que couche supplémentaire au cerveau reptilien a permis l'extension de nos quatre exigences et généré d'énormes capacités nouvelles d'abstraction et de conceptualisation. À commencer par le langage. L'intensionnalité prend le relais de l'extensionnalité et prolonge nos connaissances de manière apparemment illimitée. Le désir de connaissances, qui auparavant se bornait à l'immédiat, a littéralement explosé. Ce n'est plus le présent et le proche avenir qui nous intéresse, le néocortex a étendu nos désirs et nos possibilités de connaissances vers le passé et l'avenir plus lointain. Les concepts et le langage ont prolongé les idées vers plus d'abstraction et d'universalité. L'avantage principal du raisonnement et de la logique est de fournir des formules générales qui peuvent être manipulées mécaniquement par des règles de syntaxe précisant les opérations permises et celles qui ne le sont pas. À cela s'ajoute l'énorme arsenal fourni par les mathématiques. Avec ces outils naissent progressivement les théories. Le raisonnement n'est pas issu de rien, il lui faut au départ une intuition, lui permettant d'étendre à l'infini la variété et la portée de nos idées.

Si vous allez visiter la ville italienne de Pise, le petit dépliant auquel vous avez droit en grimpant sur la fameuse tour inclinée vous parlera

---

[5] Edwin Hubble astronome, 1889-1953. Le fameux télescope satellite porte son nom.

de Galilée[6]. En effet, dans une biographie du maître, son élève Vincenzo Viviani, affirme que Galilée a laissé tomber du haut de la tour des boules constituées de la même matière, mais avec des masses différentes. Il voulait vérifier que leur vitesse de chute ne dépendait pas de leur masse. Aristote, dont la pensée faisait encore la loi, avait prétendu lui que les objets lourds tombent plus vite que les objets légers. Le résultat de cette expérimentation fut une véritable révolution. D'après Galilée, le grand Aristote avait tort. C'est la première fois que les enseignements d'Aristote, qui avaient régi le monde pendant deux mille ans, étaient remis en cause. L'expérimentation allait triompher sur la vérité autoritative des écrits et de la tradition, on découvrait l'empirisme. Depuis l'histoire de la Tour de Pise, l'expérimentation allait primer sur les écritures. Par ses expériences, Galilée lançait un nouveau paradigme, une nouvelle méthode pour s'approcher de la *vérité*: l'expérimentation. Un premier pas crucial vers ce que nous appelons la science. Mais je pense que l'histoire Vincenzo Viviani est fausse! Galilée lui-même n'en parle jamais dans ses écrits. Je pense que Galilée s'est convaincu autrement en ce qui concerne la chute des corps, sans même devoir grimper sur la tour. Il s'est contenté de raisonner. Et nous revoilà dans notre sujet. L'expérience aurait été une approche extensionnelle. Le raisonnement est purement intensionnel. Une théorie peut être contredite par l'expérimentation, mais elle peut aussi l'être par la pensée logique. Essayer de la contredire par la pensée logique est le premier pas pour transformer un mythe en théorie scientifique avant de devoir faire l'effort de monter une expérimentation. Souvent cette tentative de falsification logique prend la forme d'une expérience de pensée. Plus loin, la figure 35 illustrera ce point.

LE MYSTÈRE DES EXPÉRIENCES DE PENSÉE

Certains raisonnements peuvent procurer tant de joie, tant de bonheur, lorsque nous les découvrons, qu'il faudrait les qualifier de *monuments de la pensée*, au même titre que sont des monuments les pyramides d'Égypte, le Parthénon, la Joconde, la Vénus de Milo, l'Iliade, les nombres arabes ou la grande muraille de Chine. Le raisonnement de Galilée mérite sans aucun doute le titre de monument par sa simplicité et son élégance. Il est instantanément à la portée de chacun et pourtant pendant deux millénaires, personne, aucun de nos grands cerveaux ne fut capable de le tenir. C'est l'une

---

[6] 1564-1642 Mathématicien, physicien et philosophe italien

des conséquences perverses de l'explication autoritative qui ne laisse pas la place à la critique et étouffe la pensée. Étonnant! Je ne résiste pas au plaisir de vous le raconter:

Prenons un objet lourd L et un objet léger l de même forme et tous les deux constitués de la même matière. Si je lâche, en même temps, les deux objets depuis une certaine hauteur H, d'après Aristote L devrait toucher le sol en premier. Galilée imagine maintenant qu'une ficelle relie les deux objets L et l qui constituent alors un ensemble que nous appelons (L+l). Lâchons maintenant (L+l) depuis la même hauteur H. (L+l) étant plus lourd que L, il doit arriver au sol avant L d'après Aristote.

D'un autre côté comme l tombe plus lentement que L, lorsque les deux objets sont attachés ensemble, l va freiner L dans sa chute. (L+l) va donc tomber plus lentement que L. Ces deux déductions se contredisent, on en déduit que l'hypothèse de départ doit être fausse. L'hypothèse de départ est l'affirmation d'Aristote: L tombe plus rapidement que l. On en déduit que la vitesse de chute de L et l est la même. Galilée était bien informé des questions de résistance de l'air et faisait son raisonnement en supposant que l'expérience de pensée se passe dans le vide.

Galilée, bien que, reconnaissant l'importance de l'expérimentation et l'observation dans la recherche de connaissances nouvelles (ayant lui-même effectué des observations astronomiques des lunes de Jupiter et des phases de Vénus) écrit dans l'*essayeur*[7] que: *Le grand livre de l'Univers est écrit dans le langage des mathématiques. On ne peut comprendre ce livre que si on en apprend tout d'abord le langage, et l'alphabet dans lequel il est rédigé. Les caractères en sont les triangles et les cercles, ainsi que les autres figures géométriques sans lesquelles il est humainement impossible d'en déchiffrer le moindre mot.*

Les raisonnements de ce type, décrivant une expérience faite en appliquant simplement des règles logiques à des hypothèses initiales, se nomment des *expériences de pensée* ou en allemand des *Gedankenexperiment*[8]. L'expérience de pensée semble fournir une connaissance concernant le monde là-dehors sans quitter le domaine de notre propre pensée. Bien souvent les expériences de pensée utilisent la contradiction. Les raisonnements du type de celui de Galilée sont dits *raisonnements par l'absurde*. Ils sont basés sur le principe de non-contradiction d'Aristote[35] qui dit : P et non P ne

[7] Daté de 1623
[8] Je cite le terme allemand qui a été très utilisé par Einstein pour qui les Gedankenexperiment étaient une véritable méthode de découverte.

peuvent être vrais simultanément, autrement dit ou bien quelque chose est ou bien il n'est pas. Il s'agit là de notre quatrième exigence, mais considérée par Aristote comme extrinsèque, c'est-à-dire comme un principe logique «naturel».

Pour démontrer qu'une hypothèse est fausse, on va supposer qu'elle est vraie et en tirer toutes les conséquences logiques et mathématiques, sans faire recours à là-dehors. Si l'on arrive à une contradiction, cela voudra dire que l'hypothèse initiale était fausse, en admettant qu'il n'y ait pas d'erreur infiltrée dans le raisonnement.

Pour la vision intrinsèque, l'hypothèse n'aura simplement pas passé la première barrière de la falsifiabilité: celle du raisonnement logique ou mathématique. Une telle expérience de pensée est donc une vérification de la compatibilité avec des connaissances préétablies. Elle n'a rien de mystérieux.

Tous les physiciens et les chimistes font plus ou moins explicitement des expériences de pensée. Certaines de ces expériences de pensées scientifiques sont devenues célèbres, comme le chat de Schrödinger, le démon de Maxwell, l'expérience EPR d'Einstein. Elles décrivent toutes une situation apparemment possible d'après les règles existantes, mais qui amène à une contradiction ou pour le moins un questionnement nouveau.

Cette situation a cependant semblé surprenante à de très nombreux philosophes, penseurs et hommes de science qui raisonnaient avec une réalité extrinsèque. Comment est-ce possible qu'une activité purement cérébrale, sans perceptions sensorielles, puisse affirmer quelque chose de précis et d'universel sur le monde à l'extérieur du cerveau?

Le cerveau intrinsèque nous confirme que l'expérience de pensée ne nous apprend en effet rien sur le monde extérieur, un raisonnement, comme celui de Galilée, nous apprend simplement quelque chose sur un précédent raisonnement. Il construit une contradiction à partir de l'ancien raisonnement, montrant que ce dernier ne respecte pas les règles de la logique. L'expérience de pensée dénote une erreur interne au cerveau dans ses précédentes tentatives de rendre compte du monde là-dehors, rien de plus. L'expérience de pensée, étant générée, peut parfois être mathématisée et aboutir à l'établissement d'une théorie. Théorie qui prédit, par exemple, l'existence de trous noirs que nous n'avions jamais perçu par nos sens, même munis d'instruments. Théorie qui prédit, par exemple, l'existence et l'action d'une particule, que l'expérimentation confirmera ou infirmera bien des années plus tard. Pour confirmer l'existence du boson de Higgs, il aura fallu attendre juillet 2012, cinquante ans après sa prédiction théorique, pour avoir, au CERN, une confirmation expérimentale indirecte de son existence. La capacité du cerveau de produire une expérience de pensée constitue un point de départ pour toute nouvelle théorie scientifique[9]. Pour le cerveau intrinsèque, l'expérience de pensée ne décrit pas quelque chose qui se passe là-dehors, mais quelque chose qui se passe là-dedans, dans notre réalité virtuelle. Et cela au moyen de la structure de là-dedans, il n'y a plus de miracle à ce que cette structure soit bien adaptée. Ce qu'il nous faudra décrire et expliquer est le rapport qui existe entre le cerveau et là-dehors, c'est-à-dire le fonctionnement de l'expérimentation.

Voici un extrait d'un article d'Andreï Linde[10] qui exprime son étonnement devant l'efficacité du raisonnement:

«*La chose la plus incompréhensible au sujet du monde est qu'il soit compréhensible.* C'est l'une des citations les plus fameuses d'Albert Einstein. *Le fait que le monde soit compréhensible est un miracle.* De manière similaire Eugene Wigner[11] dit que l'incompréhensible efficacité des mathématiques est *un don merveilleux que nous ne comprenons pas et ne méritons pas.* Nous avons par conséquent un problème qui peut paraître trop métaphysique pour être adressé de manière significative: pourquoi vivons-nous dans un univers compréhensible avec certaines règles, qui peuvent être efficacement utilisées pour prédire l'avenir?»

En adoptant le point de vue intrinsèque, le côté miraculeux, qui frappe Einstein, Wigner et par la suite Linde, disparaît. Les règles dont parle Linde sont alors en effet des constructions du cerveau lui-même; nous ne pouvons pas nous étonner que ces dernières soient compréhensibles par l'entité qui les a générées. Nous ne pouvons pas faire autrement que de construire intrinsèquement une réalinté que nous pouvons comprendre, à défaut de toujours savoir l'interpréter. La question qui demeure véritablement à expliquer est celle des prédictions efficaces que les règles générées intrinsèquement peuvent produire. C'est-à-dire: *comment se relie cette réalité intrinsèque au là-dehors?*

C'est là qu'intervient la méthode scientifique. Elle renonce à décrire la *réalité vraie* (qui est un concept extrinsèque classique) pour la remplacer par la notion *d'hypothèse falsifiable* (qui est un concept intrinsèque). L'expérimentation est le moyen de falsification, le moyen d'obtenir de là-dehors une réponse à une question

---

[9] Nous parlerons plus loin du processus de génération de théories scientifiques
[10] Né en 1948. Physicien Russo-américain, professeur de physique théorique à Stanford, élève de Sakharov.
[11] 1902-1995 Physicien hongrois, prix Nobel en 1963 pour ses contributions à la théorie du noyau atomique et des particules élémentaires.

La méthode scientifique ne prétend pas que la science décrive le là-dehors, mais elle explique comment, à un moment donné de l'histoire de la connaissance, reconnaître notre meilleure hypothèse. La relation avec là-dehors n'est alors pas une égalité, ou une similitude, ou un modèle. Il s'agira simplement d'une réponse à une question: *telle prédiction de ma théorie est-elle validée*. Et la manière de poser la question est l'expérimentation.

C'est sur l'incroyable raffinement de cette méthode que nous pouvons nous émerveiller. Nous devrions la protéger comme un bien précieux de l'humanité et l'enseigner progressivement à chacun dès l'école. En incorporant intuition, raisonnement, théorie et expérimentation, elle nous situe dans notre nature humble et magnifique d'être humain qui ne peut que vivre dans une réalinté, mais qui a réussi à faire de cette réalinté virtuelle une entité que nous pouvons chacun développer à un point qui nous permet de construire des PNR que l'univers n'aurait pas pu produire.

DES EXPÉRIENCES DE PENSÉE AUX TECHNOLOGIES

Les Grecs furent les premiers à utiliser le raisonnement par l'absurde et à fournir de véritables démonstrations en mathématiques.

Ératosthène[12] fut nommé à la tête de la bibliothèque d'Alexandrie en 240 av. J.-C. à la demande du pharaon Ptolémée III. Il fut le premier à calculer la circonférence de la terre avec une étonnante précision. Il avait remarqué que sur une peinture de sa bibliothèque réalisée à Syène (de nos jours Assouan) la lumière du soleil au zénith ne projetait aucune ombre. Il demanda à un bématiste[13], de marcher d'Alexandrie à Syène en comptant ses pas et découvrit que 800 kilomètres séparaient les deux villes. À Alexandrie la lumière formait un angle de sept degrés environ soit un cinquantième du cercle. Il estima donc la circonférence de la terre à 40'000 kilomètres. Remarquable!

Ératosthène se laissa mourir de faim, parce que, devenu aveugle, il ne pouvait plus admirer les étoiles.

Einstein était, lui aussi, un grand amateur d'expérience de pensée. À l'âge de seize ans, il a conçu un autre de ces merveilleux monuments: il a imaginé pouvoir rattraper en courant le front d'un rayon de lumière et il s'est demandé à quoi cela ressemblerait. À l'avant du front, le champ lumineux serait stationnaire, d'après les théories de l'électromagnétisme de Maxwell[36]. Cela est absurde. Einstein a résolu le problème posé par son expérience de pensée huit

---

[12] -276-195 mathématicien grec
[13] Arpenteur en Égypte ancienne

ans plus tard, dans l'un de ses articles de 1905, celui qui porte sur la relativité restreinte[14].

Contrairement à celle de Galilée, l'expérience de pensée d'Einstein ne serait pas physiquement réalisable, mais elle conduit aussi à une conclusion absurde. La nouvelle relativité va résoudre le problème de cette absurdité. Au départ l'expérience de pensée n'est qu'une sorte de mythe qui apparaît dans l'esprit d'un homme, un mythe souvent basé sur un malaise qu'il ressent. Un manque de cohérence peut-être dans sa construction de la réalité, quelque chose ne colle pas. L'expérience de pensée une fois mûrie ressemble alors à une simulation. Les données de départ de l'expérience: le rayon de lumière, la course sont des concepts tirés de l'expérience sensorielle. Ils sont en quelque sorte «prolongés» par la pensée, qui y introduit ses connaissances préalables, les lois de Maxwell, et trouve une contradiction. L'hypothèse absurde dans ce cas est celle de pouvoir rattraper le front lumineux. La lumière ne se rattrape pas, car elle va à la vitesse maximale que permet la nature.

La pensée abstraite débouche sur une théorie, dans notre cas la relativité restreinte, elle-même attend des confirmations (ou infirmations) expérimentales de ses prédictions pour être acceptée par les scientifiques. Plus ses diverses prédictions sont confirmées par des expériences répétées, et plus nous prenons confiance en elle. Mais en principe il se pourrait que l'on découvre un jour que la théorie est prise en défaut, est falsifié. La substance de la théorie est souvent exprimée dans ses équations, ce sont elles qui permettent de générer des prédictions. Ces équations sont ensuite l'objet d'une interprétation qui nous permet de raccorder les équations à nos intuitions fondamentales et à nos concepts existants. Souvent plusieurs interprétations s'affrontent. Parfois les théories ouvrent de larges champs à des applications pratiques des concepts ou des méthodes mises en œuvre. Les théories de haut niveau couvrent un champ très vaste. Elles obligent à repenser la manière dont nous voyons le monde. Ce fut le cas pour la relativité restreinte et encore plus pour la relativité générale, de 1915, qui considère le cas des objets accélérés.

Parfois elles conduisent à des utilisations nouvelles de matériaux ou de champs de forces dont nous ne connaissons pas l'existence ou que nous ne savions pas manipuler. En bas de la pyramide des applications possibles se trouvent les technologies. Si la technologie est bien plus visible par les objets qu'elle produit, elle n'existerait que peu ou pas sans la connaissance fondamentale. Peu de nouvelles

---

[14] Intitulé Electrodynamique des corps en mouvement.

théories générales sont produites, mais plus on descend l'échelle, vers des théories locales, appliquées à certains cas particuliers plus celles-ci sont nombreuses. La quantité d'applications technologiques croît exponentiellement avec le temps. Comme nous l'avons signalé, c'est à ce niveau que se trouvent les profits financiers qui de nos jours semblent servir de guide suprême déterminant la direction où nous allons. Au plan fondamental, en ce qui concerne l'informatique théorique, par exemple, nous ne connaissons pas grand-chose de plus qu'Alan Turing ou John Von Neumann. Mais au niveau technologique le domaine est en explosion perpétuelle ces derniers cinquante ans et s'est avéré un moteur pour toute notre économie. Alors que, même présenté comme révolutionnaire, le dernier iPhone sera dépassé l'année prochaine par le nouveau modèle. Ce ne sera que le déroulement du même tapis.

OBJECTIVITÉ SCIENTIFIQUE, IMPOSSIBILITÉ

Les quatre exigences que nous avons décrites en tant que structure même de notre cerveau représentent, pour certains de nos lecteurs, un changement de point de vue radical. Nous avons posé ces quatre exigences comme une hypothèse et expliqué qu'elles correspondaient bien à ce que nous savons de la structure physique de notre cerveau. Il nous reste un chemin à faire pour en décrire le fonctionnement analogique effectif. Mais aussi pour expliquer comment ce cerveau intrinsèque avec sa réalité propre nous permet de *comprendre* et d'agir sur et ce qui se trouve là-dehors en construisant des PNR. Nous bouclerons ce chemin d'ici au chapitre neuf. Pour le cerveau intrinsèque, ce que nous connaissons devient une construction particulière propre et intrinsèque, liée aux structures mêmes de notre cerveau, en *concordance* avec certaines informations sensorielles. Cette connaissance se construit en nous comme résultat de la confrontation avec des problèmes, eux-mêmes intrinsèques. C'est le *principe de connaissance* de Popper. La connaissance ne vient pas gratuitement, elle est le résultat de la confrontation avec un problème.

Que devient pour le cerveau intrinsèque la distinction que nous avons faite entre définitions extensionnelles et intensionnelles? Cette différence subsiste. Pour les définitions extensionnelles, le cerveau doit *matcher* des impulsions sensorielles même si ce qu'il construit n'est que sa construction propre. Pour les définitions intensionnelles, seule la cohérence entre concepts est mise en œuvre. L'extensionnalité comporte une part d'intensionnalité. Vous ne pouvez pas savoir ce que je vois lorsque je désigne une chaise ou une couleur, je peux vous le dire, mais je ne peux pas être certain que votre interprétation de mes paroles sera la même que la mienne. La signification, le sens, n'est pas dans les mots, il est rajouté par l'interprétation de chaque cerveau. En physique, le sens n'est pas dans l'équation, mais dans l'interprétation que nous en faisons. Seule la similitude de structure des cerveaux permet une certaine communication entre humains. Cette possibilité de communication est due à nos origines communes et pas seulement au langage. C'est pour cela qu'il nous est désagréable de parler à une machine. Même si nos réalinté sont différentes, la similitude de structure de nos cerveaux nous permet au moins de nous entendre sur le *quelque chose d'inconnu* là-dehors qui est désigné extensionnellement. Cela explique que les premières écritures aient été des pictogrammes. Si nous n'avions pas, vous et moi, une structure du cerveau semblable, nous ne pourrions nous entendre sur rien. Par structure semblable, par origine commune, il faut entendre ici, que nous sommes des résultats de la même lignée d'évolution. Sans un là-dehors objectivement décrit (comme dans le point de vue extrinsèque classique), il va être difficile de communiquer avec des extraterrestres, s'il y en a. Sur les sondes spatiales Pioneer dix et onze, une plaque gravée a été placée, comme une bouteille à la mer à l'attention des extraterrestres qui les recueilleraient. Même si cela se produisait, rien ne dit que les extraterrestres seraient en mesure de lire ou de comprendre les symboles gravés sur ces plaques. Ils pourraient cependant presque sûrement repérer qu'il s'agit de PNR. (figure 23).

Que devient précisément, dans cette perspective, la notion *d'objectivité* qui est à la base de la vision extrinsèque? Bien évidemment ce concept est comme tous les autres une création du cerveau. Sa définition intensionnelle, se référant à une quasi parfaite *identité* entre une représentation mentale et ce qui se passe là-dehors, elle contredit ce que nous savons sur les mécanismes de perception. Il ne peut y avoir *identité* entre un concept, création informationnelle du cerveau et quelque chose d'inconnu là-dehors que, par ailleurs, ce même cerveau décrit comme matériel. L'objectivité est donc un mauvais concept, nous entraînant vers des pensées contradictoires. Comment parler d'objectivité alors qu'il n'y a pas d'objet là-dehors, mais seulement des virtualités intrinsèques au cerveau et généré par le cerveau. Nous devrions remplacer *objectivité* par *cohérence*, c'est-à-dire qu'une description qui était dite objective devient une description qui ne contredit pas le reste de nos connaissances.

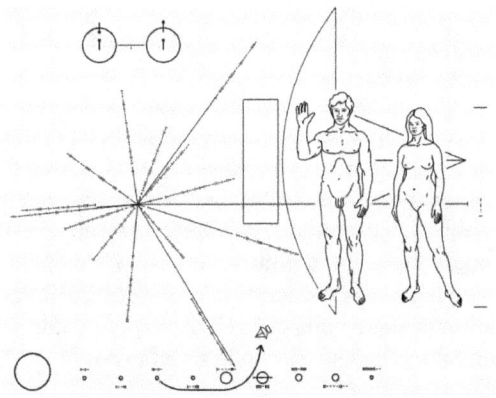

Figure 23: plaques de Pioneer 10 et 11

Cependant, même si chacun construit à sa manière sa propre *réalité*, l'observation, quand elle est possible, permet de tester l'existence ou la non-existence d'un phénomène bien cerné, même si sa nature nous échappe. Ainsi, même si vous et moi ne voyons pas le même bleu, nous pouvons nous mettre d'accord sur le fait que le ciel *est* bleu. Nous pouvons tous les deux faire une *même* prévision: il ne va pas pleuvoir cet après-midi. Et tous les deux falsifier notre théorie. Le *même* dans la phrase précédente concerne la *verbalisation* de notre sensation de bleu et pas la sensation elle-même. Ce que nous avons de *même* c'est le *mot* bleu et peut-être une mesure de longueur d'onde réfléchie, quant à la sensation, nous n'en savons rien et n'avons aucun moyen de le savoir. L'utilisation du verbe être comme identité est, bien entendu, d'un abus de notre langue, il n'y a pas d'identité possible. Ainsi, s'il n'y a plus d'objectivité dans le sens classique, il demeure la possibilité d'émettre *des hypothèses cohérentes falsifiables* et communicables d'un homme à l'autre. C'est une raison d'être de la méthode scientifique. Elle ne nous fournit pas une vision *objective de la réalité,* mais une manière d'améliorer constamment nos théories en les confrontant à la cohérence et à l'expérience. Elle nous offre donc un moyen d'améliorer constamment nos prédictions. La notion de *vérité scientifique* disparaît totalement et ne correspond à rien d'autre qu'à la cohérence. Par connaissances scientifiques, nous entendrons les connaissances que nous construisons en respectant la méthode scientifique. Les mythes demeurent de la connaissance, mais pas de la connaissance scientifique, s'ils n'ont pas passé les contraintes de cohérence et d'expérimentation. La vision intrinsèque transforme-telle nos connaissances scientifiques? Pas grand-chose ne change en ce qui concerne les connaissances scientifiques elles-mêmes, par contre leur description et leur interprétation peuvent changer considérablement: elles ne concernent plus la nature elle-même, mais nos représentations et les questions que nous pouvons poser à là-dehors par l'expérimentation. Nous sommes passés de la notion de vérité objective concernant la nature là-dehors, à celle d'hypothèse falsifiable produite par notre cerveau. Aucune théorie dans ces conditions n'est définitive et tout l'effort de la science consiste à chercher à les falsifier pour en construire de nouvelles. Le point de vue intrinsèque nous oblige à distinguer entre les équations et leur interprétation, nous y reviendrons en exposant le point de vue de Tegmark.

Si vous voulez vous persuader du changement profond dans nos interprétations de la science qu'apporte le point de vue intrinsèque, prenez n'importe quelle revue de vulgarisation scientifique et parcourez la en ayant présent à l'esprit ce point de vue.

Si notre manière de comprendre la science change, la manière de concevoir des sciences nouvelles pourra aussi changer. Passer de l'univers de Ptolémée à celui de Copernic n'a été qu'un changement d'interprétation, les trajectoires des planètes restent les mêmes, mais les conséquences sur les découvertes avenir ont été énormes. Une mauvaise interprétation d'une théorie scientifique peut bloquer totalement de nouvelles avancées. La science, jusqu'à ce jour, a négligé le cerveau en tant que générateur de cette science. Elle a adopté le point de vue idéalisé de l'objectivité. Intégrer le cerveau en tant que le générateur de la connaissance me paraît être une ouverture essentielle vers la science du futur.

En reprenant notre exemple de rencontre avec des extraterrestres intelligents, auraient-ils les *mêmes* lois de la physique que nous? Certainement, elles seraient peut-être plus raffinées, exprimées par d'autres symboles, mais ce seraient les mêmes lois dans le sens où elles fourniraient les *mêmes prévisions*. Les concepts qui les décrivent seraient par contre totalement différents, leurs interprétations des lois seraient adaptées à la structure de ce qui correspond chez eux à notre cerveau. Il est probable que leur réalinté soit très différente de la nôtre et utilise des concepts primitifs différents, mais *l'expression mathématique* de leurs lois serait certainement *équivalente* aux nôtres. La communication avec eux sera extrêmement difficile. Même en ce qui concerne leurs mathématiques. J'utilise le mot *équivalente*, car il n'est pas du tout certain que leurs mathématiques soient les *mêmes*, comme l'aurait prétendu Platon. Par *équivalente* je veux dire qu'un mathématicien d'une *troisième race* extraterrestre, qui aurait réussi à communiquer tant avec eux qu'avec nous, pourrait nous affirmer que leurs lois sont équivalentes aux nôtres. Pour comparer deux entités, on ne peut être ni l'une ni l'autre. Un tiers est nécessaire. De même, nous ne pouvons pas comparer nos constructions mentales avec là-dehors, mais seulement leurs résultats, nous ne sommes pas une tierce partie. Notre capacité hiérarchique d'abstraire nous fournit un moyen intrinsèque de nous mettre hors d'une situation et de la considérer comme de l'extérieur. Mais ce moyen demeure intrinsèque évidemment. Dans l'idée darwinienne d'évolution, les extraterrestres auront rencontré comme nous la difficulté de voir au-delà de l'immédiatement perceptible développé par leur génétique et structuré par leur cerveau. Ils auront donc nécessairement créé un langage et des mathématiques pour appréhender l'invisible, comme nous l'avons fait. Ils auront certainement buté aux difficultés de la formalisation et développé leurs concepts primitifs. Notre parcours est en ce sens un parcours normal.

Lorsque nous disons que quelque chose est impossible, de quel type d'impossibilité parlons-nous, dans le contexte du cerveau intrinsèque. Nous savons que nous ne pouvons pas parler d'impossibilité objective ou absolue. Nous parlons plutôt de cohérence avec le reste de notre système de pensée. L'impossibilité objective est un mauvais concept. Nous devrions plutôt dire que nous n'avons pas encore trouvé le moyen de rendre ce concept cohérent avec nos autres conceptions, que, par exemple, il s'oppose à notre logique, à nos mathématiques, ou qu'il nécessiterait un temps qui s'écoule à l'envers. Ce modèle d'impossibilité est fondamentalement lié à notre structure cérébrale et à notre culture. Pour tout concept, il est aussi possible que nous puissions monter une expérience dont un concept donné soit la variable. En effectuant l'expérience, là-dehors nous répond alors par oui ou par non qu'une prévision liée à ce concept corresponde à là-dehors ou ne corresponde pas. Même dans ce cas, il n'est pas certain qu'un jour, ayant évolué nos connaissances, nous ne sachions pas monter un autre processus expérimental qui nous donne une réponse différente. L'impossibilité n'est jamais que provisoire dans notre monde virtuel. Ce phénomène est particulièrement marquant en mathématiques où le choix des axiomes peut rendre possibles ou impossibles certaines structures. Dans les années 1950, John Nash, qui obtint le prix Nobel d'économie après avoir surmonté sa schizophrénie, découvrit qu'un problème de géométrie, réputé impossible, avait des solutions en abondance. Il s'agissait du problème dit du plongement isométrique.

Je me souviens encore de la leçon inaugurale de mon professeur de géométrie, André Delessert. La conférence se déroulait dans l'ancien et austère palais de Rumine, dans les années soixante et, comme je venais d'être nommé son assistant, j'y assistais naturellement. André Delessert était une personnalité très connue à Lausanne. Il avait écrit des livres qui servaient de base aux cours de géométrie suivis par tous les gymnasiens (lycéens) du canton de Vaud pendant des générations et était non seulement un mathématicien et un pédagogue remarquable, mais aussi un sculpteur apprécié. André Delessert commença sa leçon en faisant remarquer que du point de vue de l'information, le mieux que la logique peut faire est d'énoncer: *un égale un*. Toute dérivation logique à partir de là est soit une identité, soit, implique une perte d'information. Je n'y avais jamais pensé sous cet angle et cette affirmation me perturba. D'où provient alors cette énorme richesse des mathématiques et en général de la pensée humaine, si en progressant logiquement, nous ne faisons que perdre de l'information. D'où provient toute cette connaissance intensionnelle si ce n'est pas de la logique. La question allait continuer à me travailler longtemps, elle se traduisait pour moi en : comment sommes-nous capables de créer?

George Boole,[15] un très grand mathématicien et logicien anglais, formalisa dans son ouvrage intitulé *Les lois de la pensée*, ce que nous appelons aujourd'hui l'algèbre de Boole, ou les lois de la logique. Boole cherchait à dégager sous forme de lois les méthodes utilisées par l'esprit humain pour établir un raisonnement. Pour cela, il crée comme l'avait suggéré Leibniz, cent cinquante ans plus tôt, une algèbre dite binaire n'acceptant que deux valeurs numériques : 0 et 1 et deux lois de composition interne (le ET et le OU.) Les travaux de Boole allaient, cent ans plus tard, déboucher sur les langages informatiques.

Le paradoxe de Russell est probablement le plus célèbre paradoxe de l'histoire de la logique moderne. Son influence fut énorme et dévastatrice. Un paradoxe est comme un défi pour un logicien, un mathématicien ou un homme de science. Nous ne pouvons pas vivre avec lui, il nous faut le dénouer à tout prix, car sinon de connexion en connexion tout le système de pensée s'écroulerait. Soit il faut tout recomposer de manière différente ou expliquer pourquoi le paradoxe

---

[15] 1815 –1864 Mathématicien et logicien britannique.

ne tient pas. Alors, lorsque, le 16 juin 1902, Gottlieb Frege, un mathématicien et philosophe qui cherchait à éclaircir les fondements de l'arithmétique, à la suite des travaux de Boole, était sur le point de publier le deuxième tome de son livre: *Les lois fondamentales de l'arithmétique* (Grundgesetze der Arithmetik), il reçut une lettre de Bertrand Russell, alors un jeune philosophe et logicien britannique. Russell attirait l'attention de Frege sur un paradoxe qu'il avait découvert un an plus tôt. Frege fut accablé de ce qu'il venait de lire. Son livre était déjà sous presse. Il rajouta en dernière minute une annexe dont voici la teneur: *Peu de choses plus regrettables peuvent arriver à un auteur scientifique que de voir l'un des fondements de son édifice démoli alors que son œuvre est terminée. C'est la position dans laquelle j'ai été placé par une lettre de M. Bertrand Russell, alors que s'achevait l'impression du présent volume.*

Voici un énoncé très simple du paradoxe de Russell: *l'ensemble des ensembles n'appartenant pas à eux-mêmes appartient-il à lui-même?*

Si l'on répond oui, alors, comme, par définition, les membres de cet ensemble n'appartiennent pas à eux-mêmes, il n'appartient pas à lui-même: contradiction. Mais si on répond non, alors il a la propriété requise pour appartenir à lui-même: contradiction de nouveau. On a donc une contradiction dans les deux cas, ce qui rend l'existence d'un tel ensemble paradoxale.

Russell a aussi énoncé son paradoxe sous la forme: *Le barbier de Thèbes rase tous les Thébains qui ne se rasent pas eux — mêmes, se rase-t-il lui-même?*

Cela vous rappelle-t-il le paradoxe d'Epiménide[16] le crétois qui dit: *Tous les Crétois sont des menteurs*, que nous avons examinés au chapitre cinq? Ces paradoxes mettent en évidence les problèmes que pose l'autoréférence en logique. D'apparence relativement innocente, ils sont présents non seulement dans le langage, mais jusque dans l'organisation de notre société, créant des boucles autoréférentes et des circularités contradictoires[37].

Bertrand Russell et Alfred North Whitehead, pour dénouer ce type de paradoxe, ont écrit un ouvrage fondamental en trois volumes: Les *Principia Mathematica*[38]. La tentative des Principia était de dériver toutes les mathématiques d'un certain nombre d'axiomes et de règles d'inférence logiques en s'inspirant du travail de Frege.

Vers le début du XXe siècle, Georg Cantor[17] créa non seulement la théorie des ensembles, mais il définit avec précision ce qu'était un

---

[16] Philosophe grec du VIIe ou VIe siècle av. J.-C. à qui l'on attribue le paradoxe du menteur.

189

ensemble infini en utilisant la notion de correspondance biunivoque entre ensembles. Une telle correspondance associe de manière unique chaque élément du premier ensemble à un élément du second. Cantor réussit à montrer qu'il y avait une infinité d'infinis de plus en plus grands et qu'en particulier l'ensemble des nombres Réels, ceux qui comptent les points d'une droite, était plus grand que l'ensemble des nombres entiers. Cela veut dire qu'il n'y a pas de correspondance biunivoque entre ces deux ensembles. On ne peut pas compter les points d'une droite, il n'y a pas assez de nombres entiers pour cela.

Montrer qu'une chose n'existe pas dans un ensemble infini est toujours une prouesse de l'esprit, totalement hors de portée d'un ordinateur. Pour cela, il développa une méthode simple et extrêmement élégante dite *diagonalisation de Cantor* (voir annexe 3) qui allait être reprise plus tard par Gödel et Turing dans leurs travaux. La diagonalisation de Cantor est certainement un autre admirable monument de la pensée. Je pense que notre capacité à générer des raisonnements tels que ceux utilisés par Cantor doit être très significative concernant la structure du cerveau humain. Un domaine tel que les neurosciences des mathématiques reste à développer.

Sans précaution particulière, on peut facilement, avec la notion d'infini, s'aventurer dans des contradictions. La somme infinie: 1-1 +1-1+1-1+1... peut être soit zéro soit un suivant la manière dont vous faîtes votre addition.

L'œuvre de Cantor allait susciter beaucoup d'oppositions et de résistances en particulier de la part d'Henri Poincaré. Cantor avait ébranlé profondément les mathématiques. Il consacra la fin de sa vie à chercher à démontrer l'hypothèse du continu: *il n'y a pas d'infini entre celui des nombres entiers et celui des nombres réels*, sans y parvenir[18]. Cantor se laissa sombrer dans la folie et mourut en 1918 au sanatorium dans la pauvreté et la malnutrition. L'infini avait avec lui trouvé une place précise en mathématiques, une place qui bousculait profondément les intuitions. La théorie des ensembles permettait dès lors à Russell de formuler ses paradoxes sur l'ensemble de tous les ensembles, les fondements mêmes des mathématiques étaient ébranlés. L'un des plus grands mathématiciens de son temps, David Hilbert[19] dressa un plan pour

---

[17] 1845-1918. Mathématicien allemand, inventeur de la théorie des ensembles et des multiples infinis.

[18] Kurt Gödel en 1940 et Paul Cohen en 1963 ont montrés qu'en adoptant les axiomes acceptés de Zermelo Fraenkel, l'hypothèse du continu était indécidable.

[19] 1862-1943 Mathématicien allemand reconnu comme l'un des plus influents du

compléter les Principia de Russell: *la formalisation* des mathématiques. Hilbert reprenait l'idée du fil d'Ariane dans le contexte restreint des mathématiques. Il s'agissait de fonder les mathématiques sur un choix d'un nombre fini d'axiomes de départ, comme en géométrie euclidienne, et de démontrer que ces axiomes n'étaient pas contradictoires. Hilbert affirma que la consistance de l'ensemble des mathématiques devait pouvoir se réduire à la démonstration de la consistance de l'arithmétique.

LEIBNIZ RUSSELL HILBERT GODEL ET TURING

Hilbert voulait de fait éliminer des mathématiques les pièges liés au fonctionnement de notre cerveau: des associations, des inférences, des perceptions sélectives, des interprétations qui pourraient ne pas être légitimes, ainsi que les conséquences potentiellement dévastatrices de l'infini de Cantor. Si la physique peut s'appuyer sur l'expérimentation pour valider ou invalider ses conjectures, les mathématiques n'ont rien de tel *à l'extérieur* d'elles-mêmes, pour falsifier ses raisonnements. Un espoir de construire des fondations solides résidait dans une construction à la Leibniz basée sur une syntaxe rigoureuse et des axiomes initiaux non contradictoires. C'est ce qu'avait déjà amorcé Euclide pour la géométrie deux millénaires auparavant. Lorsque le physicien fait l'hypothèse ou prédit *l'existence* d'une particule avec de caractéristiques données, il sera éventuellement capable de monter un jour une expérimentation qui falsifie son hypothèse, peut-être pourra-t-il même un jour en observer indirectement une représentation ou la représentation d'une conséquence indirecte de cette existence. Rien de tel n'existe en mathématiques. Hilbert s'était laissé convaincre par l'approche de Cantor concernant l'idée *d'existence* en mathématiques. Nous avons vu que pour le physicien, un objet existe si l'on peut observer une interaction. Cantor définit *l'existence d'un objet mathématique* en stipulant qu'il suffit que son existence ne contredise aucun des axiomes de la théorie. Le mathématicien se retrouve alors avec l'énorme liberté de créer les objets qui lui conviennent, pour autant que ces derniers n'introduisent pas de contradictions: des espaces à n dimensions, des algèbres, des géométries… Existence et non-contradiction se retrouvent à être deux concepts fortement liés en mathématiques. Cela n'est pas tellement étonnant si nous pensons à la manière dont notre cerveau génère de nouveaux concepts abstraits. Cela répond

siècle

aussi partiellement à la question que nous nous sommes posée en évoquant la leçon inaugurale du professeur Delessert. Les mathématiques sont infiniment riches, car elles permettent de créer infiniment d'objets différents, de plus en plus abstraits et complexes pour autant qu'ils n'introduisent pas de contradictions. Nous pouvons en dire de même de notre cerveau, puisque les mathématiques sont sa création.

Mais cette approche pose immédiatement un nouveau problème qu'Hilbert évoqua dans sa conférence de 1910: *nous devons commencer par montrer que l'arithmétique n'est pas contradictoire.*

Gödel présenta, en 1931, ses deux théorèmes dits d'incomplétude[20]:

> *1- Pour tout système formel non contradictoire assez puissant pour générer l'arithmétique, il existe des propositions vraies indémontrables dans le système.*
>
> *2- Un tel système formel ne peut démontrer sa propre non-contradiction.*

Le deuxième théorème de Gödel allait mettre à mal le programme d'Hilbert: si un système ne peut montrer sa propre consistance, on ne voit pas, comment il pourrait montrer la consistance d'un système plus vaste. (l'ensemble des mathématiques).

Pour démontrer ses théorèmes, Gödel allait utiliser le paradoxe d'Epiménide sous la forme: *cette déclaration est improuvable.* Il réussit à transformer cette affirmation autoréférente en un énoncé numérique de théorie des nombres, c'est-à-dire en arithmétique. Gödel réussit donc à traduire des énoncés au sujet de l'arithmétique dans le langage même de l'arithmétique faisant en sorte que l'arithmétique puisse parler au sujet d'elle-même. Il fit cela en numérotant tous les énoncés arithmétiques utilisant des nombres premiers[21] puis en utilisant le processus de diagonalisation[22] de Cantor.

Si nous supposons que l'arithmétique est non contradictoire, il y aura donc nécessairement des énoncés d'arithmétique qui ne sont pas démontrables à partir des axiomes de l'arithmétique. Roger Penrose l'a très joliment exprimé en disant: *Si vous croyez qu'un système formel donné est non contradictoire, vous devez aussi croire qu'il y a des propositions vraies, dont le système formel ne peut montrer qu'elles sont vraies.*[23] Et cela quels que soient les axiomes ou le

---

[20] Article de 1931 intitulé « Sur les propositions formellement indécidables des Principia Mathematica et des systèmes apparentés »

[21] Ayant comme seul diviseur 1 et le nombre lui-même.

[22] Voir l'annexe 3 au sujet de la diagonalisation de Cantor

[23] Cette formulation est particulièrement intéressante car elle relie les deux comportements du cerveau dont nous avons parlé, l'intuition dans le :*vous croyez* et le raisonnement dans : *le système formel.*

système formel choisi. La formulation de Penrose me semble parlante, car elle associe fortement la croyance du mathématicien au théorème lui-même. Elle est un premier pas vers une neuroscience des mathématiques.

Le programme d'Hilbert lié aux *Principia Mathematica* de Russell constitue un programme mécaniste: il s'agit de réduire les mathématiques à un ensemble de signes et de règles de grammaire, en ignorant le contexte des idées et des applications qui pourraient nous permettre de leur attribuer une signification. Hilbert considérait alors que l'on pouvait résoudre les problèmes mathématiques, démontrer les théorèmes, en identifiant un *processus de décision*. Ce dernier pourrait établir, pour toute suite de signes, considérés comme une proposition du système, si cette dernière est vraie ou fausse. C'est le fameux problème de la décision le *Entscheidungsproblem*. Hilbert aurait ainsi éliminé toute nécessité de compréhension ou interprétation des mathématiques les réduisant à une procédure mécanique. Le Entscheidungsproblem a plus tard été nommé *Halting problem* ou *problème de l'arrêt*. Sa formulation est alors la suivante: étant donné la description d'un programme informatique arbitraire, décider si ce programme va s'arrêter ou continuer à tourner en boucle pour toujours.

Si Gödel démontra que pour toute formalisation assez puissante, y compris l'arithmétique, il existe des propositions dont il est impossible de montrer si elles sont vraies ou fausses, Turing, dans son article de 1936, fit un gigantesque pas de plus, il montra que l'Entscheidungsproblem n'avait pas de solution, il n'existe pas de telle procédure de décision, quel que soit le système formel. Ce fut la fin du rêve de Leibniz et la fin de son utilisation souhaitée par Hilbert. Mais ce fut aussi le début des ordinateurs et de l'informatique et une ouverture sur de nombreuses questions concernant la mécanisation. Turing définit des nombres ou des fonctions *computables* comme ceux qui peuvent être calculés par des procédures mécaniques telles que les systèmes formels. Mais il montre aussi qu'il existe, au sens mathématique, des fonctions ou des nombres non computables tel par exemple l'Entscheidungsproblem. Pour de nombreux autres problèmes, il s'est, par la suite, avéré qu'il n'y avait pas de solutions computables. Par exemple il n'y a pas de procédure algorithmique pour vérifier si un nombre réel est transcendant[24].

---

[24] Un nombre transcendant est un nombre réel qui n'est pas la solution d'une équation polynomiale à coefficients entiers. Les nombre π et e sont transcendants.

Trente ans après leur première publication, voici comment Kurt Gödel parle de ses théorèmes d'incomplétude.

Rien n'a changé dernièrement dans mes résultats ou dans leurs conséquences philosophiques, mais il se peut que certaines conceptions erronées aient été écartées ou affaiblies. Mes théorèmes montrent uniquement que la mécanisation des mathématiques, autrement dit, l'élimination de l'esprit et des entités abstraites est impossible, si l'on veut avoir des fondements et un système satisfaisant pour les mathématiques. Je n'ai pas démontré qu'il existe des questions mathématiques indécidables pour l'esprit humain, mais seulement qu'il n'y a pas de machine (ou de formalisme aveugle) qui puisse décider toutes les questions de théorie des nombres (même d'une certaine espèce très spéciale.) De même, il ne résulte pas de mes théorèmes qu'il n'y a pas de démonstrations de consistance convaincantes pour les formalismes mathématiques usuels, en dépit du fait que les démonstrations de cette sorte doivent utiliser des modes de raisonnement qui ne sont pas contenus dans ces formalismes. Ce qui est pratiquement certain est qu'il n'y a pas, pour les formalismes classiques, de démonstrations de consistance combinatoires concluantes (du genre de celles que Hilbert espérait donner), c'est-à-dire, pas de démonstrations de consistance qui utilisent uniquement des concepts faisant référence à des combinaisons finies de symboles et ne se référant pas à une totalité infinie quelconque de combinaisons de cette sorte.[25]

Gödel se qualifiait lui-même de platonicien, il lui semblait que l'existence même de ses théorèmes justifiait cette croyance. Si un mathématicien est capable de montrer la vérité de propositions qu'un système mécanique ne peut pas montrer, c'est qu'il est d'une certaine manière, comme le suggérait Platon relié à un monde idéel. Cette position est encore celle de la majorité des mathématiciens et se trouve en contradiction avec la position matérialiste de la majorité des scientifiques. Les théorèmes de Gödel sont là, nous devons vivre avec eux et ne pouvons pas simplement écarter leurs conclusions. Et leurs conclusions éliminent la possibilité de cerner la totalité des opérations du cerveau par des procédures mécaniques, quelle que soit la puissance de l'ordinateur que nous construisions.

J'aimerais remarquer que le deuxième théorème de Gödel qui nous dit (sous certaines conditions) qu'un système formel ne peut pas montrer sa propre cohérence est similaire au problème de l'observateur. Cela nécessiterait d'autres développements, mais la

---

[25] Extrait d'une lettre de Gödel à Léon Rappaport du 2 août 1962

comparaison de deux entités ne peut se faire que par une troisième. Cela illustre la difficulté que nous rencontrons à comparer nos représentations avec là-dehors. Nous devrions être une tierce partie.

LA MORT D'ARCHIMÈDE

Nous avons déjà vu combien les civilisations peuvent être fragiles et combien les idées fausses et les interprétations mal fondées sont dangereuses. L'intelligence est, elle aussi, fragile. Elle est à la merci permanente de la bêtise, de l'autorité et de la violence. Dans une société comme la nôtre qui fait une promotion constante de la bêtise, de l'apparence et de la mécanisation, nous devons veiller à la protéger. À tout moment nous pouvons retomber dans les ténèbres de la superstition ou dans les illusions d'explications non fondées, aux apparences alléchantes. Sans arrêt sur notre planète d'excellentes idées disparaissent, sous le prétexte qu'elles pourraient nuire à un agent économique particulier. Il n'est pas dit que les meilleurs produits triomphent sur le marché. Il n'est pas dit que les meilleurs cerveaux soient en position de s'exprimer. N'oublions pas que nous sommes dirigés par le guide suprême de l'économie (le profit) et non la morale ou la connaissance. Le guide suprême ne tient compte que de l'immédiat, il n'a pas de perspective historique, il décide en fonction de ce qui s'est passé hier et des gains qu'il va réaliser demain. Nous avons généré des merveilles de connaissances et de technologies dont beaucoup dorment dans des tiroirs. Nous avons un bagage culturel et artistique magnifique qui pourrait nous mettre à l'abri de dérives, mais nous restons malgré tout extrêmement fragiles. Mon symbole favori pour me souvenir de cette fragilité est le mythe de la mort du génial Archimède[26].
Archimède jouait, paraît-il, à dessiner des cercles sur son tas de sable, il semble que les génies ne font que jouer. Un soldat surgit et mit les pieds sur sa place de jeu. Archimède l'insulta pour avoir dérangé ses cercles, en réponse le soldat lui trancha la gorge. Voilà comment disparut l'un des plus grands génies de l'humanité! L'inventeur de la poussée d'Archimède, de la spirale d'Archimède, du levier d'Archimède... C'était l'époque de la Seconde Guerre punique[27]. Les Romains envahissaient Syracuse. L'expression *Noli turbare circulos meos*[28] est encore utilisée aujourd'hui en référence à ses derniers mots. À court terme l'épée l'emporte toujours sur le

---

[26] 287 av JC- 212 av JC
[27] 218-202 av JC Guerre opposant Rome à Carthage.
[28] Ne dérange pas mes cercles

cerveau, mais à long terme le cerveau sera victorieux, si l'épée lui en laisse le temps.

VIII. Causalité et représentation mentale

CAUSALITÉ EXTRINSÈQUE ET INTRINSÈQUE

La présentation classique de la causalité, que j'appelle une causalité extrinsèque, considère que les objets matériels dans l'univers interagissent entre eux, indépendamment de la présence ou non d'un observateur, et que toute modification dans les caractéristiques d'un objet est liée aux interactions qu'il a pu subir. Ces interactions sont alors nommées *causes* de la modification. Sans interaction, il n'y a pas de modification.

La causalité intrinsèque considère que tous les concepts sont de natures informationnelles et générées par le cerveau, y compris le concept de causalité. Le lien causal est une construction du système neuronal dû à sa structure. Les objets conceptuels n'interagissent pas entre eux, ils se combinent en suivant des règles imposées par la structure du cerveau. Nous ne pouvons connaître la nature de là-dehors.

Mais revenons-en à la causalité extrinsèque classique:
Un événement doit toujours avoir une ou plusieurs causes qui l'ont précédé et qui ont été déterminantes pour que l'événement se produise. Ce schéma nous fournit un *outil de compréhension* du monde qui décrit comment le monde fonctionne. L'outil de compréhension fait aussi partie de la *structure de la réalité,* il est rendu possible par cette structure. L'observateur est placé à l'extérieur de la réalité qu'il décrit et cette description est supposée *objective,* indépendante de l'observateur. L'observateur comprend comment le monde fonctionne en observant les enchaînements temporels de causes et d'effets. Il décrit les régularités qu'il observe au moyen de lois qui modèlent cette causalité. C'est le point de vue *réaliste,* celui d'Albert Einstein par exemple. Le cerveau considéré de ce point de vue n'intervient tout simplement pas dans la réalité observée, il est un observateur extérieur à l'expérimentation est sans interaction avec elle. Le souci d'objectivité vise à éliminer complètement tout effet que l'observateur pourrait lui-même produire. *Comprendre* un événement

consiste alors à repérer les causes et à expliquer *comment* la cause a produit l'effet.

Dans notre langage quotidien, les causes peuvent être non matérielles, mais spirituelles. Une décision humaine peut être une cause ainsi que la colère d'une divinité. Et cela pose problème, car on ne voit pas comment une pensée pourrait interagir avec un objet matériel. Newton lui-même après avoir expliqué et calculé le mouvement des planètes, en reliant par des lois causales les trajectoires, finit par invoquer le divin pour expliquer la stabilité du système solaire qui échappe à ses calculs.

Le monde ainsi décrit fonctionne nécessairement en suivant des lois mécaniques[1], sauf dans certains cas ou se produisent des *intrusions humaines ou divines*. Si nous voulons éliminer les intrusions, il ne reste qu'un monde fonctionnant mécaniquement, un monde horloger. Chaque événement est précisément déterminé par son passé. Cette perspective classique se heurte à de nombreuses difficultés lorsque l'on cherche à remonter des chaînes de causes ou lorsqu'on ne peut pas éviter la présence de l'observateur, en particulier pour les systèmes complexes.

La perspective intrinsèque considère, elle, que l'observateur est le centre de son observation. Elle analyse le processus de perception et le fonctionnement du cerveau qui perçoit. Elle considère que le cerveau de l'observateur relie de manière interne des perceptions nouvelles à des patterns mémorisés. Ces patterns mémorisés ne représentent pas seulement des objets, mais toute une hiérarchie d'abstractions et de liaisons temporelles entre représentations. Il appelle causalité la manifestation consciente de certaines de ces liaisons. L'ensemble de ces liaisons, de ces schémas et de ces concepts, constitue une *réalité virtuelle* qui est notre réalité intrinsèque, la réalinté dans laquelle nous vivons. Cette réalité virtuelle est structurée par l'architecture du cerveau, elle est hautement récursive. La causalité n'est alors plus un phénomène de la nature, ni un outil que le cerveau utilise, mais la structure du cerveau lui-même: la pensée elle-même. La réalité vécue n'est plus extérieure au cerveau, elle est virtuelle, l'observateur est le créateur même de cette réalité qui ne fait que s'*appuyer* sur les perceptions. Ce qui se passe là-dehors est dès lors inconnaissable. L'univers là-dehors n'est plus *observé*, il est de fait un univers *construit* par le cerveau, sur la base de perceptions.

Cet univers construit est bien *adapté* à ce qui se passe là-dehors, du moins si l'on considère l'échelle à laquelle nous vivons et la partie du là-dehors à laquelle nous sommes confrontés, car il a évolué de

---

[1] Car formalisé dans un langage.

manière darwinienne, par essais et erreurs. Il est mal adapté aux autres échelles qu'il construit intensionnellement par abstractions successives et par mathématisation et auxquelles il n'a jamais été confronté.

La causalité intrinsèque relie entre eux des concepts suivant les conditions imposées par la structure du cerveau, alors que la causalité classique relie entre eux des objets matériels (ou énergétiques). La causalité intrinsèque relie des informations et non de la matière. Seul le cerveau génère des concepts. Personne n'a, à ce jour, vu ou désigné un concept (qui est par nature informationnel et abstrait) dans la nature bien que nous nous exprimions en disant: *ceci est un arbre* comme si il y avait un concept d'arbre là-dehors. Nous opérons un étrange mécanisme d'identification d'une production de notre cerveau avec quelque chose *là-dehors* dont la nature est insaisissable.

Notre langue, qui est bâtie en suivant les prémisses d'Aristote, nous incite à penser en terme de causalité extrinsèque avec sa structure sujet-prédicat. Cette structure de la langue, qui contient le présupposé d'une causalité extrinsèque, rend difficile l'expression concernant la causalité intrinsèque. La langue contraint fortement la pensée et lui impose ses structures.

Les théories scientifiques ne sont pas modifiées lorsque l'on change de point de vue sur la causalité, leur interprétation peut cependant être totalement différente en particulier en ce qui concerne les concepts dits primitifs. Le monde là-dehors paraît si réel lorsque nous l'observons, tout contribue à nous faire penser qu'il a une existence indépendante de nous, il est vraiment difficile de se rendre compte que c'est notre cerveau qui le génère et que tout ce que nous percevons n'existe que dans notre cerveau, ce qui existe là-dehors nous ne sommes simplement pas équipés pour en connaître la nature et quel que soit notre équipement et nos technologies futures la nature de là-dehors échappera à jamais.

C'est cet invraisemblable effort de pensée que je vous demande, cher lecteur, mais vous avez le temps de vous faire votre propre idée. Pour comparer nos représentations à là-dehors, il faudrait une tierce partie ayant accès au cerveau de l'observateur et à là-dehors. Faute de cette tierce partie, nous sommes pris dans une autoréférence. La question que pose le cerveau intrinsèque est de comprendre la nature du rapport qu'il y a entre nos théories et le là-dehors, comment il se fait que nous ayons des théories dont les prévisions sont exactes à des décimales près. La méthode scientifique nous assure du moins que nos théories s'améliorent constamment. L'expérimentation teste les réponses de là-dehors aux questions posées par le dispositif expérimental, réponses que nous pouvons comparer aux prévisions de la théorie. C'est à nouveau un processus de type darwinien ou le cerveau échafaude une hypothèse fondée et où là-dehors effectue la sélection. En effectuant sa sélection, il ne nous révèle cependant pas sa vraie nature. Là-dehors se comporte comme un jury d'examen caché, nous ne savons pas qui sont les juges, mais nous devons accepter le verdict.

REMONTER AUX ORIGINES

Lorsqu'un livre de ma bibliothèque tombe au sol et que j'ai simultanément ressenti un tremblement de terre, je n'hésite pas à penser que le tremblement de terre est la cause de la chute du livre. Mon cerveau relie ces deux patterns automatiquement. Je peux facilement me représenter la succession d'événements dont l'un précède et influence l'autre en conformité avec les lois de la physique. Le tremblement de terre, une vibration parcourant les structures de mon immeuble, transmise par le plancher à ma bibliothèque, qui, en tremblant, provoque finalement un glissement du livre et sa chute sur le sol. Cette suite causale, que mon cerveau génère, je la ressens comme *explication* de la chute du livre. Chaque étape dans cette explication est liée à la précédente et ne se serait pas produite sans elle. J'éprouve alors un sentiment de totale cohérence à mon explication et j'acquiers une certitude que ma pensée causale décrit parfaitement la succession des événements qui se sont produits là-dehors et que les lois physiques que je connais expliquent les enchaînements. Je n'ai pas besoin pour ma propre satisfaction de remonter plus loin que le tremblement de terre dans cette suite causale. Je n'ai pas jugé nécessaire de savoir ce qui avait provoqué le tremblement de terre, je l'ai accepté comme *un fait de la nature*. Ma quête s'est arrêtée là, étant muni de la certitude que, même si je ne connais pas les causes antérieures, un expert, lui, les connaîtrait. J'ai adopté un point de vue extrinsèque.

Mais, si j'étais le petit Paul qui a maintenant cinq ans, si j'étais resté curieux comme lui, j'aurais posé toute une suite de questions: *mais pourquoi ce tremblement de terre? Mais pourquoi les plaques tectoniques?...* Et ces suites causales remontent, d'effets en cause, toutes nécessairement au moins jusqu'au big bang, jusqu'aux origines. Une fois arrivés là, nous sommes face à l'inconnu et là peut s'introduire la *divinité créatrice*. Même si nous repoussons causalement plus loin les questions d'origine, il devra toujours y avoir un avant, cause de l'après, à l'infini. Impossible d'arrêter la chaîne sinon par un événement qui *se crée lui-même* à partir de rien. La solution du dieu créateur présente cependant des difficultés, elle n'arrête pas vraiment la chaîne, elle n'explique pas l'origine du créateur lui-même, ni sa procédure de création, ni ses choix de commencer la création à un moment donné après avoir passé un temps infini à ne pas avoir créé. Cette solution n'est pas *explicative*, elle ne dit pas comment ou pourquoi il a créé l'univers à ce moment-là et dans cet état-là. Comme toute mauvaise explication, elle va nécessiter toute une série de patchs comme l'attribution de pouvoirs miraculeux. Cette solution n'offre aucun pouvoir de prévision falsifiable. Nous ne pouvons pas lui reconnaître un caractère scientifique, c'est uniquement un mythe. Une autre solution adoptée par Stephen Hawking dans son livre écrit avec Leonard Mlodinow: *The Grand Design,* qui est aussi celle de Lawrence M. Krauss de l'Arizona State University dans: *A Universe from nothing : Why there is something rather than nothing ?,* par exemple, est *l'autogénération* de l'univers à partir de rien. À mes yeux l'autogénération, l'univers qui se crée lui-même, ne répond pas à notre véritable préoccupation sous-jacente. Elle remplace un concept primitif *l'origine* ou la *création* par un autre concept, tout aussi peu clair, celui de *rien.* Dire *rien n'existait* est une phrase en soi impossible, il faut bien qu'un observateur observe pour dire que *rien n'existait.* Cela peut être une phrase qui a un sens difficile à comprendre pour la vision extrinsèque, pour laquelle la réalité existe indépendamment de l'observateur. Mais pour le cerveau intrinsèque c'est tout simplement une phrase qui contient sa propre contradiction, similaire à: *je n'existe pas* ou *je ne connais aucun mot.* Le genre de phrase que Leibniz cherchait à éviter dans sa langue fil d'Ariane. L'autogénération est un mythe et pas une théorie, il me paraît difficile d'en extraire une prévision falsifiable. Il faudrait créer un *rien* et voir ce qu'il en sort. Trop d'hypothèses mythiques sont aujourd'hui exposées avec des prétentions scientifiques alors qu'elles ne font aucune prédiction falsifiable. Elles devrait être considérées comme des mathématiques ou des mythes mathématisés, mais pas des sciences. Je ne veux pas sous-estimer l'importance de ces spéculations philosophiques intéressantes par ces cerveaux gigantesques, qui montrent que l'autogénération n'est pas interdite par nos lois de la physique. Ces spéculations nous disent ce que nos théories existantes permettent, ce qui est déjà important. Mais le buzz médiatique a vite fait de les transformer en théories scientifiques.

Le cerveau intrinsèque permet de cette manière d'éliminer toute une catégorie de questions absurdes qui se posent lorsqu'on décrit un univers sans observateur, puisque pour cette approche tout ce passe dans le cerveau de l'observateur. Nous y reviendrons en parlant des théories du tout.

La causalité intrinsèque propose une autre approche du problème des *origines*. N'oubliez pas que, dans cette perspective, nous ne parlons pas de *là-dehors* mais uniquement de concepts produits par le cerveau en fonction de sa propre structure. De nombreux concepts, en particulier les concepts primitifs, sont autoréférents et récursifs, la structure des liaisons neuronales implique qu'ils sont leurs propres causes par récursivité comme nous l'avons examiné au chapitre cinq. La causalité en tant que concept «*causalité*» est typiquement dans cette catégorie. Nous pouvons nous interroger sur la cause d'une cause. La récursivité est une nécessité imposée par notre cerveau causal intrinsèque, elle n'est pas là-dehors. Elle constitue une sorte de bord dans les hiérarchies conceptuelles. Là-dehors, il n'y a pas de récursivité.

La *régression infinie* est ce piège mental d'autoréférence hiérarchique qui nous conduit récursivement dans une suite infinie de causes et d'effets. On raconte qu'une dame, participante à une conférence de Bertrand Russell, a interrompu le conférencier en lui disant qu'elle ne croyait pas que la terre flottait toute seule dans les airs, elle pensait plutôt que la terre reposait sur le dos d'une tortue géante. Russell lui demanda alors sur quoi reposait la tortue. Elle répondit sans hésiter: sur une autre tortue. Au moment où Russell allait lui demander sur quoi reposait cette autre tortue, elle lui dit avec véhémence: *Vous ne m'aurez pas comme cela professeur, ce ne sont que des tortues jusqu'en bas*. Tous les phrases et concepts autoréférents sont sujets à la régression infinie.

Remarquons pour terminer que les suites causales remontent vers le passé. La cause d'un événement présent se trouve dans l'histoire passée du cerveau qui raisonne. Je ne peux comprendre qu'au travers du passé, car je n'ai de mémoire que du passé. Mais il s'agit d'un passé: le mien. Comme notre vision est partielle et limitée, il n'est pas certain que je trouve des causes adaptées dans notre réalité intérieure. Notre réalité ne recouvre que certains niveaux de résolution limités, elle ne nous fournira pas toujours des causes, heureusement nous pouvons en fabriquer!

CAUSALITÉ ET DUALISME D'ÉMERGENCE

Reprenons notre exemple de la chute d'un livre, mais dans un cas est un peu différent: je prends un livre dans ma bibliothèque et je le lâche délibérément, il tombe parterre. À la question, pourquoi le livre est-il tombé? je peux aussi répondre par une suite causale d'événements explicatifs: parce que ma main l'a lâché, parce que mes muscles de la main se sont détendus, parce qu'une impulsion nerveuse a été transmise depuis mon cerveau…

Cette suite de causes se termine au bout d'un certain nombre d'étapes par : *parce que, je l'ai décidé*. (Nous écartons la réponse Dieu l'a voulu). La question suivante serait logiquement: *pourquoi l'as-tu décidé?* On est alors passé d'un monde à un autre monde. De celui de la matérialité des enchaînements physiques, à celui des enchaînements informationnels de la pensée. Nous avons franchi la *ligne rouge* qui sépare deux univers très différents: celui de la matière là-dehors et celui de l'information virtuelle. Ne perdons pas de vue que tout cela se passe dans la virtualité que mon cerveau a construite, c'est là que se manifeste la *ligne rouge*, lorsque d'un coup je ne décris plus des événements matériels, mais un fonctionnement de mon cerveau. Pour la vision intrinsèque, je n'ai jamais que décrit des virtualités informationnelles. (Une ligne rouge se manifeste seulement dans la vision traditionnelle où je pense décrire objectivement la matérialité de là-dehors).

Mais revenons à la conception extrinsèque traditionnelle. Je pourrais, bien entendu, avec un équipement moderne, examiner quels circuits de neurones ont donné l'ordre aux muscles de ma main de se détendre et peut-être examiner l'activité neuronale qui s'est produite juste avant, descendre au niveau moléculaire ou même atomique… Remonter les enchaînements d'interactions matérielles, cela ne m'aidera pas vraiment à franchir la ligne rouge de séparation des deux mondes. À un moment bien précis, quelque chose appelé, la pensée abstraite, affirme qu'elle a décidé et que sa décision est la cause de l'enchaînement causal matériel qui a suivi au niveau de l'activité neuronale, puis au niveau de la main et de la chute du livre. La pensée abstraite prétend qu'elle a opéré un acte des plus mystérieux du point de vue de la physique: celui d'avoir exprimé une volonté ou une intention qui s'est concrétisée en une décision, qui, à son tour, s'est traduite en un acte physique qui a modifié un morceau d'univers. Comment une décision qui est purement informationnelle, peut-elle s'engendrer elle-même et modifier des objets physiques?

René Descartes était un dualiste, il considérait qu'il y avait deux domaines, celui de la matière et celui de l'esprit. À la suite de Platon et d'Aristote, il considérait que les phénomènes mentaux n'appartenaient pas au champ de la physique. Dans ses *Méditations métaphysiques*, Descartes décrit l'esprit comme une chose immatérielle, une substance dont l'essence est la pensée, une substance distincte du corps. Le dualisme pose immédiatement le problème de la volonté, de l'intention ou de la décision: comment un esprit, une substance immatérielle peuvent-ils être la cause de quoi que ce soit dans un monde matériel?

203

Pour la science, ce type de dualisme est impossible à défendre, une entité immatérielle ne peut pas agir sur de la matière puisqu'une action implique un échange d'énergie, Descartes lui-même n'arrive pas à l'expliquer et doit faire intervenir la divinité. Un autre type de dualisme que certains appellent le dualisme de propriété ou le *dualisme d'émergence* est lui parfaitement admissible dans le cadre de la science. Le dualisme d'émergence conjecture que, quand la matière est organisée de manière appropriée, comme, par exemple, dans le cerveau des mammifères, des *propriétés mentales* émergent, comme résultat de cette organisation. Ce que nous appelons *moi* serait précisément une émergence de la matière qui me constitue. L'*esprit* serait alors un résultat de la matière apparaissant comme conséquence de l'organisation matérielle. Il est certain que le réseau neuronal est un système adaptatif complexe générant des émergences. Ce qui est conjecturé dans le dualisme d'émergence, c'est que les fonctions supérieures sont portées par ces émergences. Mais ces dernières étant un résultat de l'activité neuronale intervenant après coup, elles ne peuvent être la cause d'un changement dans la matière.

Pour le *dualisme émergent,* il n'y a pas d'action de l'esprit sur la matière, pas de ligne rouge, tout se passe totalement au niveau de la matière, l'esprit enregistre, après coup, dans son propre langage, ce qui se passe de manière causale et déterministe au niveau matériel du cerveau. Dans cette optique, en observant de plus près ce qui se produit dans la matière du cerveau, on doit donc pouvoir y lire des informations correspondant à ce que nous appelons la volonté, l'intention ou la décision. L'émergence d'informations de ce dualisme explique l'esprit et son action sur la matière comme une sorte d'illusion, renonçant entre autres à l'idée de la liberté de choix. Le dualisme d'émergence bouclerait la boucle déterministe dont nous avons parlé en première partie. Il élimine l'*esprit* de Descartes qui devient une sorte d'éclairage après coup, volonté ou décision disparaissent, tout s'est vraiment déjà passé au niveau de la matière. Avec cette conception, les neurosciences peuvent poursuivre leurs recherches des causes des comportements volontaires dans la matière du cerveau tout en déléguant à la psychologie et d'autres sciences le rôle d'examiner ce qui a été enregistré, après coup, par les émergences. Francis Crick,[39] le très célèbre prix Nobel et Christoff Koch[2] soutiennent cette position. Ils pensent que les neurosciences pourraient expliquer des phénomènes tels que la *conscience* en se concentrant sur l'étude des réseaux de neurones. Ils suggèrent eux aussi que la

---

[2] Né en 1956, neuroscientifique, spécialiste de la conscience et directeur du Paul Allen Institut for Brain science.

conscience pourrait émerger d'oscillations du cortex qui se synchronisent à quarante hertz, sans expliquer ces synchronisations.

La description des émergences ne peut pas se faire dans le langage des agents sous-jacents, c'est-à-dire celui des neurones. Cela justifie que l'étude des réseaux neuronaux et des propriétés physiques et biologiques du cerveau ne puisse pas nous donner de véritables descriptions de ce qui se passe sur le plan des émergences. D'autres sciences vont les décrire et les étudier, chacune avec son langage spécifique: la psychologie, la linguistique, la sémantique et la logique par exemple. L'expérience de Benjamin Libet, que nous avons déjà mentionnée au chapitre six, semble montrer que l'on peut détecter une activité dans le cortex moteur jusqu'à cinq cents millisecondes avant que le sujet ne déclare penser qu'il a pris sa décision. Plus récemment des enregistrements directs du cortex montrent que l'activité d'un nombre restreint de neurones était suffisante pour prédire avec une marge d'erreur de moins de vingt pour cent quel choix allait faire un sujet sept cents millisecondes avant que le sujet lui-même ne soit conscient de son choix. L'expérience de Libet pourrait donc confirmer l'approche du dualisme émergent pour laquelle l'activation du pattern neuronal dominant, celui que Libet mesure, détermine le choix et précède la conscience de ce choix. Tout se passerait donc dans la matière, les émergences ne font que constater les faits et fabriquent l'illusion de décider ce qui en fait n'est que purement causal et matériel.

Dans ce cas la boucle déterministe de la première partie serait effectivement bouclée. Les résultats de l'expérience de Libet ne sont donc pas étonnants pour les matérialistes, elles les confortent dans leur vision de la réalité: celle d'un monde déterminé totalement et rigidement causal. Ce qui me paraît plus étonnant est la remarque de Libet lui-même qui affirme qu'il reste pour la conscience la possibilité d'arbitrer soit en censurant le pattern dominant soit en appliquant des règles préétablies. Cette censure ou l'application de règles préétablies me paraît, en suivant sa ligne de pensée, aussi devoir être le résultat d'une illusion et trouver sa cause dans la matière, sans aucune intervention de l'émergence.

Pour ma part, la ligne de pensée du dualisme émergent ne me convainc pas, elle est incomplète. Je ne crois pas au monde totalement matériel et déterministe qu'elle nous présente. Je ne suis pas prêt à abandonner l'idée de liberté de choix pour la considérer comme une illusion. Pourtant, les évidences pour ce monde-là semblent s'accumuler: les lois de Newton et en général toutes les lois de la physique sont toutes déterministes, les ordinateurs et l'intelligence artificielle qui remplacent le cerveau par des procédures algorithmiques déterministes, le dualisme émergent qui nous explique pourquoi nos sentiments de volonté, d'intention, de décision ou de liberté de choix sont des illusions.

Et, pour soutenir ces arguments, se trouve la grande majorité de nos hommes de science. Je souhaite vous dire dans les prochaines pages, pourquoi je ne suis pas convaincu, proposer une hypothèse scientifique alternative au dualisme émergent, solidement fondé, montrer les différences entre ordinateur et cerveau et démontrer que le déterminisme matérialiste est une approche fausse qui ne résiste pas à une analyse plus fine.

LOIS DE LA NATURE

Avant de compléter notre théorie du cerveau au chapitre neuf, je souhaiterais avec vous faire quelques remarques sur la nature des lois en sciences. Les lois de la physique sont des lois causales décrivant l'évolution future d'un système, étant données des conditions initiales, soit son état à un instant t_0 donné. La cause doit toujours précéder l'effet. Les lois peuvent aussi comparer l'évolution de deux ou plusieurs événements, elles décrivent, par exemple, l'interaction réciproque de deux objets dans un système qui ne contient que ces deux objets, fermé à toute interaction extérieure. Bien souvent, elles ne s'appliquent qu'à des systèmes dits isolés, c'est-à-dire qui n'ont aucune interaction avec l'extérieur du système. Une théorie est un ensemble d'explications concernant la nature qui peut regrouper un certain nombre de lois et les expliquer. Plus les lois sont mathématisées, plus elles sont considérées comme précises. Évidemment, les lois et les théories sont intrinsèques au cerveau.

Les lois peuvent provenir de calculs, d'expériences, de corrélations, elles n'ont pas toutes la même apparence et ne sont donc pas définies de manière univoque. Cependant, toute théorie ou loi doit pouvoir faire au moins une prédiction falsifiable. La proposition: *il pleuvra ou ne pleuvra pas ici demain,* n'est pas une théorie physique, puisqu'elle ne fait pas de prédiction falsifiable. Une théorie définit le domaine d'application de ses lois et leurs conditions de validité. Une théorie est d'autant plus fondamentale que son domaine d'application est étendu. Les grandes avancées en physique se sont faites par *unification* de deux phénomènes de nature apparemment différente, sous un même chapeau. Ainsi, Maxwell a unifié l'électricité et le magnétisme, le modèle standard de la physique uni électromagnétisme, force faible et force forte. La gravitation newtonienne a unifié la chute d'un corps avec le mouvement des planètes.

Les objets physiques manifestent leur existence au travers de leurs interactions avec d'autres objets. Un objet sans aucune interaction possible avec un quelconque autre objet dans l'univers n'a pas d'existence au sens de la physique.

Une loi de la science n'est jamais prouvée. Elle est au contraire en attente d'être démentie. Tant qu'elle n'est pas démentie, elle est considérée comme valable. Un principe physique est une méta loi, il s'applique à toutes les lois de la physique, comme le principe de la conservation de l'énergie. Sans conditions initiales définies, une loi ne vous dira rien sur les états futurs d'un système. Elle ne vous dit que comment relier un état précédent à un état suivant. Les conditions initiales représentent le point de départ, le pourquoi et les lois le comment, la manière de passer de l'état initial à l'état final. Le mot, pourquoi est cependant trompeur. Dans l'une de ses acceptions, il sous-entend une raison de faire, un précurseur conceptuel qui permet d'atteindre un résultat escompté: *pourquoi as-tu allumé la lumière? Parce que, je n'y voyais pas assez clair.* En physique, il n'y a pas de *pourquoi*, dans le sens d'une action en vue d'obtenir un résultat. Chaque état est bien le résultat de causes initiales, la physique n'accepte pas les causes finales, la cause doit précéder l'effet. Les conditions initiales d'un système physique isolé sont elles-mêmes le résultat d'un état précédent. Pour modifier quoi que ce soit dans l'état actuel de l'univers, ce dernier, s'il en était capable, devrait de cause en cause, changer la totalité de son passé[3].

Si cela se produisait, si l'univers changeait tout d'un coup des éléments de son propre passé, comment le ressentirions-nous? Nous verrions par exemple des objets apparaître ou disparaître, nous nous retrouverions brusquement dans un endroit différent, bref, le monde nous paraîtrait incompréhensible avec notre cerveau intrinsèque. Un tel cerveau ne se serait du reste pas développé dans cet univers-là. Cela signifierait en particulier que nous ne pourrions rien connaître du passé, des changements ayant pu en cours de route modifier les trajectoires causales. Mais nous ne pourrions non plus pas prévoir grand-chose de l'avenir, sous peine qu'un changement vienne nous contredire. Que la nature ne puisse pas changer elle-même ses conditions initiales revient simplement à dire que le passé est écrit une fois pour toutes.

Nous pouvons définir un *miracle* comme un changement de conditions initiales. Un miracle nous laisse dans l'incompréhension, notre cerveau ne peut pas en faire façon. Les physiciens sont eux perpétuellement à

---

[3] Cette manière d'écrire semble attribuer une intention ou une volonté à l'univers.

la recherche de miracle, car ils sont le signe que leurs théories sont incomplètes et qu'ils ont du travail devant eux.

La trajectoire d'un obus de canon va toujours suivre une courbe déterminée par les équations de Newton et les facteurs de résistance. Je ne peux rien dire sur le point d'impact de l'obus si je ne connais pas les conditions initiales: la position du canon, la charge de poudre, l'inclinaison du canon, etc. Mais une fois les conditions initiales connues, les lois de Newton vont invariablement me donner l'état final, si je considère le système obus, atmosphère, canon comme isolé.

Du point de vue du cerveau intrinsèque, ce que nous appelons communément *lois de la nature* sont des productions de notre cerveau comme tous les concepts. Une loi de la physique décrit, du point de vue intrinsèque, comment certains concepts s'articulent entre eux dans notre réalité virtuelle. L'unification de forces, par exemple, consiste à produire une abstraction recouvrant les deux forces regroupées. La physique se construit donc dans notre cerveau en respectant ses exigences propres de structure cohérente. Nous ne sommes plus des observateurs qui considèrent une réalité indépendante d'eux et préexistant à leur propre existence. Nous sommes les créateurs d'une théorie, d'une virtualité et notre création est modelée par les structures de notre cerveau et les lois de la physique préexistantes.

Si les solipsistes affirmaient déjà que le monde n'existe que dans notre tête, la position intrinsèque affirmerait que le seul monde que nous connaissions est construit dans notre tête en suivant des règles précises, dont certaines assurent une *relation* avec là-dehors. Sur la nature de là-dehors nous ne pouvons rien dire. Sur son existence avant que nous ne l'observions, nous ne pouvons que construire des mythes compatibles avec nos lois. L'expérimentation nous assure la meilleure *correspondance* possible entre nos constructions intrinsèques et la nature là-dehors, une correspondance vérifiée par comparaison des prévisions des lois avec des observations soigneusement répétées.

Pour Gregory Chaitin une théorie scientifique est un programme pour calculer les faits de la nature. Plus ce programme est court, meilleure est la théorie.[4] Autrement dit le cerveau peut générer de nombreuses théories pour décrire un même phénomène, Chaitin retient comme étant la meilleure celle qui représente une meilleure compression du phénomène décrit.

C'était déjà le point de vue de Leibniz, dans son point VI des *Discours de métaphysique*, il écrivait ceci: *Car supposons que quelqu'un fasse quantité de points sur le papier à tout hasard, comme ceux qui exercent l'art ridicule de la géomancie, je dis qu'il est possible de*

---

[4] *Thinking about Gödel and Turing*, Gregory Chaitin, 2007

208

trouver une ligne géométrique dont la notion soit constante et uniforme suivant une certaine règle, en sorte que cette ligne passe par tous ces points, et dans le même ordre que la main les avait marqués. Et si quelqu'un traçait tout d'une suite une ligne qui serait tantôt droite, tantôt cercle, tantôt d'une autre nature, il est possible de trouver une notion ou règle, ou équation commune à tous les points de cette ligne en vertu de laquelle ces mêmes changements doivent arriver. (...) Mais quand une règle est fort composée,[5] ce qui lui est conforme passe pour irrégulier. (...) Mais Dieu a choisi celui qui est le plus parfait, c'est-à-dire celui qui est en même temps le plus simple en hypothèses et le plus riche en phénomènes.

Cette remarque d'une grande profondeur explicite la substance des lois de la physique conçues par notre cerveau intrinsèque: elles sont une *compression mathématique* qui, une fois développée, restitue d'une certaine manière, les données que nous avons pu recueillir par l'expérimentation. Le développement dont nous parlons ici est un calcul: le calcul des solutions mathématiques des équations représentant les lois. Notre cerveau, en générant des lois, écrit ses représentations de la manière la plus condensée possible. Les lois sont des mythes représentés de la manière la plus compressée et qui ont surpassé les contraintes logiques et de compatibilité et permettent des prédictions falsifiables.

Leibniz précise, de manière analogue à Occam, que Dieu a choisi la compression la plus simple, celle qui a besoin du minimum *d'hypothèses préalables*. Il n'évite cependant pas lui-même, l'hypothèse préalable du dieu créateur.

Poincaré a aussi fait remarquer qu'une trop grande multiplicité de lois physiques revenait à ne plus avoir de lois. À la limite, une loi pour chaque situation et ce n'est plus de la physique; c'est une collection de descriptions. Les unifications sont nécessaires.

LE MYSTÈRE

Notre famille a quitté le Caire plutôt précipitamment. C'était début 1957. Ma mère nous a réveillés ce matin-là très tôt, nous voilà embarqués Janine et moi dans la voiture, mon père au volant. J'ai demandé si nous allions à l'école et ma mère m'a répondu: pas aujourd'hui chéri. Nous voilà maintenant sur la route de l'aéroport, à l'époque elle me paraissait plutôt longue depuis Zamalek, il fallait traverser le quartier d'Héliopolis puis plonger dans le désert avant d'entrevoir quelques installations militaires et, finalement, les pistes

---

[5] On dirait aujourd'hui « complexe ».

entourées de sables et quelques bâtiments. Il n'y avait ce matin-là qu'un seul avion, un DC4 de la Swissair. À l'époque les mesures de contrôle auxquelles nous nous sommes habitués n'existaient pas et nous marchions jusqu'à l'avion tous les quatre, sans bagage. À un moment, deux hommes se sont approchés de mon père et l'ont saisi. Il faisait signe à ma mère de continuer. Elle nous prit par les bras et nous nous mîmes à courir vers l'avion. Janine appelait mon père en pleurant. Ma mère aussi était en pleurs. Par la fenêtre de l'avion, nous vîmes les deux hommes entraîner mon père vers un bâtiment. Quelque huit heures plus tard nous nous posions sous la neige à Genève Cointrin. En culottes courtes, sans bagage et surtout sans mon père. Je pensais pouvoir retourner au Lycée français du Caire après quelques jours, je ne revis l'Égypte que trente-cinq ans plus tard.

Du balcon de ma chambre à coucher, je pouvais voir le Nil et au loin les pyramides, je pouvais sentir l'odeur des Eucalyptus, entendre les cris des vendeurs de foul et de haressous. J'ai, bien sûr, eu le temps de reconstruire Le Caire mille fois dans ma mémoire, et plus je reconstruisais la ville, plus elle s'emplissait de mystères, je savais que de ce côté, il y avait une ruelle, mais je ne l'avais jamais empruntée, alors je la fabriquais moi-même. Et le Caire devenait avec les années la plus belle ville du monde, la plus excitante et la plus mystérieuse. En allant sur la route de la Citadelle, nous avions l'habitude de longer un aqueduc, une sorte de mur qui empêchait de voir ce qui se trouvait de l'autre côté. Avec les années et à chaque fois que je décrivais la ville à mes amis, le mystère de ce grand mur s'épaississait, mais curieusement je ne demandais jamais à ma mère ce qu'il y avait de l'autre côté. Je préférais inventer mes propres histoires. Si bien que trente-cinq ans plus tard, lorsque je me rendis enfin au Caire, le mystère du mur restait profond. Le dicton disait qui boit de l'eau du Nil en reboira. J'ai voulu en reboire. J'étais dans un taxi quand tout d'un coup le voilà. Mon taxi longeait exactement ce mur-là, celui que j'avais mille fois évoqué. Mes souvenirs resurgissaient incroyablement précis. J'arrêtais le taxi et longeais à pied l'aqueduc jusqu'à une ouverture en forme d'arche. Une circulation intense entrait et sortait. J'allais enfin savoir ce qui se passait de l'autre côté, enfin découvrir ce mystère qui m'avait habité pendant si longtemps.

Cette partie de la ville était grouillante de marchands de toutes sortes, de bruits de Klaxons, d'odeurs inconnues. Un jeune homme, sorti de la foule, avec un turban sur la tête et une galabeya blanche immaculée, au regard lumineux et un peu hagard se figea devant moi, comme pris dans un questionnement. Je m'arrêtais devant lui et me sentis comme englobé dans les questions qu'il se posait, lui, et qui me répondaient à moi. Et au bout d'un moment qui me sembla interminable, je lui dit

Chokran, merci, et fis demi-tour. Je n'irais pas voir de l'autre côté du mur. Le mystère valait mieux que tout ce que je pourrais y découvrir.

IX. Cerveau, matière et computation

CERVEAU ET LIBERTÉ DE CHOIX

Je peux prendre une décision, je peux changer d'avis, je peux voir les choses autrement, je peux créer une pensée qui n'existait pas préalablement autrement dit mon cerveau peut modifier son propre état. Je peux oublier et construire à chaque instant une modification de ma réalité intrinsèque. Les histoires que je me raconte n'ont pas les contraintes physiques imposées par le monde là-dehors puisqu'elles sont purement informationnelles. Les histoires racontées par ces univers intérieurs *sans contraintes* sont ce que nous appelons ici des *mythes*. Nous aurions pu les appeler visions, rêves ou intuition, mais le terme de mythe me semble le plus adéquat, car il présume qu'une histoire se raconte. Les mythes n'ont pas de contraintes, ils ne sont pas nécessairement logiques ou cohérents. En adaptant certains mythes aux lois de la physique, je peux les transformer en plans et, en matérialisant ces plans, modifier la matière et créer des PNR. Par matérialiser, nous le verrons, j'entends ici, encoder mes plans dans de la matière de manière que cette dernière supporte la même information que celle contenue dans mes plans. La possibilité de manier librement l'information dans mon cerveau me permet de dresser des plans et ensuite de les réaliser dans la matière. Pour générer des plans encodables dans la matière et construire l'objet escompté, j'ai dû organiser l'information suivant un ordre. La *connaissance* nécessaire à opérer ces modifications de la matière est engendrée par *l'adaptation de certains mythes: les expériences de pensée* aux lois de la physique connues. Dans cette description un certain nombre d'étapes et d'inconnues restent à éclaircir:
Quelle est la nature de la pensée, comment se génèrent les mythes? Comment les mythes se combinent-ils entre eux? Quelle est la nature de la pensée volontaire et décisionnelle qui les transforme en expérience de pensée et en plans? Une fois un plan établi, comment faisons-nous pour le matérialiser et produire des PNR? Le dualisme d'émergence ne répond pas à ces questions. Excluant le libre arbitre, il considérerait que les PNR sont des productions déterministes du réseau de neurones, autrement dit que plans de la Rolex sont déjà pré contenu... dans le génome... Prenons les choses tout à fait simplement en nous demandant: comment prenons-nous une décision?

Au restaurant, par exemple, chaque nouvelle ligne de la carte des mets appelle différents patterns mémorisés: il faut faire un choix. Un des patterns va dominer et s'imposer en fonction des souvenirs appelés par la carte, mais aussi en fonction d'autres patterns plus ou moins conscients: ceux qui représentent vos souvenirs concernant ce restaurant, votre appétit, l'état général de votre cerveau, etc. Le pattern qui s'impose est celui que la grenouille *ressent* comme une envie qui guide son choix. Il se peut que vous soyez menés à devoir arbitrer consciemment, entre deux patterns finalistes. Cet arbitrage sera le résultat d'un autre pattern mémoriel qui sera intervenu, probablement en suivant un autre cheminement neuronal, et qui fera finalement office de choix. Vous le ressentez bien comme votre choix propre, rien d'extérieur à votre cerveau ne vous l'a imposé. Mais il n'est pas venu de rien, il a un précurseur, une cause, un pattern qui a dominé, avec son groupe de connexions mémorielles et physiologiques. Est-ce ce que repère Libet dans ses expériences?

L'idée de choix est directement reliée à l'idée que vous *auriez pu* délibérément choisir autre chose. Mais dans cette description, comme pour la dualité émergente, vous n'auriez rien pu choisir, vous n'avez été que spectateur de la succession de connexions neuronales.

Une assertion telle que *j'aurais pu choisir la pizza* n'est pas une assertion acceptable. Vous ne savez pas, maintenant, si vous auriez vraiment pu, auparavant, faire autrement, puisque vous ne pouvez pas revenir en arrière et reproduire exactement le même état mental. Admettons que vous ayez, préalablement à votre entrée dans le restaurant, décidé de vous limiter aux plats végétariens. Qu'avez-vous fait effectivement? Une pattern préalable s'est manifestée, est restée active et a restreint la carte des choix possibles, la suite de l'opération de décision reste la même, mais à partir d'une carte plus réduite. Votre prétendue décision est déterministe, il serait à priori possible de retracer des chaînes causales au niveau de votre réseau de neurones. Le nombre d'états possibles du réseau de neurones du cerveau est invraisemblablement grand, même si vous limitez votre estimation à quelques états possibles par neurone. Il est impossible qu'un cerveau donné se retrouve dans le même état à deux instants t_1 et t_2 différents. À l'instant t_2, votre cerveau est *informé* de son état à l'instant antérieur t_1, ce qui implique déjà une différence. Imaginer que nous puissions à deux moments distincts nous retrouver dans le même état mental est une approximation. Si nous ne pouvons précisément revenir à un état passé du cerveau, nous ne pouvons non plus pas prévoir quel sera son état futur. En effet, le simple fait qu'il émette une prévision est déjà une modification de l'état actuel du cerveau. Prévoir précisément l'état futur de son cerveau, ce serait comme pouvoir faire fonctionner son cerveau plus vite qu'il ne fonctionne, pour rattraper maintenant ce que nous serons plus tard, ce qui est impossible. Lorsque nous connaissons bien quelqu'un, il nous semble pouvoir anticiper ses réactions et ses comportements. Nous n'avons plus besoin de communiquer continûment, nous nous comprenons à demi-mot, ou d'un seul regard, comme si un cerveau pouvait en *simuler* un autre. C'est un peu ce que font les neurones miroirs dont nous avons parlé. Nous pouvons à peu près comprendre ce qui se passe chez l'autre par un processus de miroir.

L'imprévisibilité dans les systèmes quantiques[1] a conduit certains penseurs et chercheurs, comme Sir John Eccles[2], Sir Roger Penrose et Stuart Hameroff[3] à explorer la possibilité que le cerveau utilise explicitement des processus quantiques pour générer des phénomènes tels que la conscience et la possibilité de faire des choix, réconciliant ainsi le point de vue de la grenouille (je suis libre de décider) et celui de l'oiseau (ce que la grenouille croit décider, je peux le prévoir en observant le réseau de neurones). Le comportement apparemment probabiliste[4] des phénomènes quantiques ouvre la porte à une possibilité de compréhension physique de la liberté de choix. Elle ne donne pas cependant, pour l'instant, une véritable explication, et la plupart des neuroscientifiques n'y croient pas. Il est cependant indiscutable que les neurones, comme chacune de nos cellules, sont capables de computer faisant du cerveau un système adaptatif complexe. Pour l'instant les neurosciences ne se sont pas occupées de niveaux de résolution à l'échelle des particules.

LA MATIÈRE DE LA PENSÉE

Le neuroscientifique matérialiste mesure et observe l'évolution de l'état physique du système neuronal et cherche à comprendre comment l'état suivant est relié à l'état précédent, comme nous le faisons en physique. Il ne s'occupe pas ce qui se passe au niveau de la pensée, puisque celle-ci est considérée comme une émergence après coup et ne se mesure pas, il laisse ce sujet aux psychologues. Lorsqu'il veut faire intervenir une sensation, il est obligé d'avoir recours au sujet pour obtenir des informations. Il se place comme oiseau et, pour savoir ce que pense la grenouille, sa seule solution, c'est de le lui demander. C'est aussi ce que fait le médecin qui vous ausculte. C'est le cas, par exemple,

---

[1] Les physiciens parlent d'un hasard fondamental.
[2] 1903-1997. Prix Nobel de médecine
[3] Ne en 1952. Professeur en médecine à l'université d'Arizona.
[4] L'équation de Schrödinger est parfaitement déterministe. La probabilité n'apparaît que lorsque nous voulons prévoir le résultat d'une mesure.

dans l'expérience de Libet, le sujet testé est obligé d'indiquer lui-même le moment ou il prend une décision.

Si la pensée agissait effectivement sur le réseau neuronal, établir des lois déterministes de passage d'un état du système au suivant deviendrait impossible. Le neuroscientifique ne le pourrait pas puisque les états suivants, s'ils sont bien contraints par les états précédents, sont, dans ce cas, aussi affectés par la pensée, qui, elle, n'est pas mesurée. Le problème dit du cerveau et de l'esprit ou plus communément en anglais le *brain and mind problem* est celui de comprendre les liaisons qui existent entre la pensée et le réseau neuronal. Pour l'instant, nous avons décrit deux variantes de solutions au problème du brain and mind : le dualisme cartésien, qui ne saurait fonctionner et le dualisme d'émergence qui exclu une action de la pensée sur le réseau de neurones.

Certains neuroscientifiques fouillent minutieusement la matière du *brain* dans l'espoir d'aboutir à des informations sur le *mind*. Ils s'approchent du mind en cherchant à analyser les mécanismes matériels qui accompagnent ou sous-tendent la pensée. Ces mécanismes sont par exemple: le fonctionnement électrique et chimique des neurones, des synapses, des protéines, la connectique des réseaux de neurones, etc. Cette recherche est pour le moins incomplète pour le dualisme émergent, comment connaître des émergences à partir des éléments sels.

Pour les matérialistes, qui considèrent que la pensée est entièrement encodée sous forme de spikes ou d'autres états du système neuronal, chercher à résoudre le problème du brain and mind par des mesures sur le réseau pourrait faire sens. De l'intérieur, nous saurions lire ces informations, comme la grenouille regardant le James Bond. De l'extérieur, par les mesures, comme l'oiseau, nous lisons bien quelque chose, mais ne savons pas encore le décoder de manière compréhensible pour l'observateur. Les neuroscientifiques lancés sur cette voie recherchent donc un code qui permettrait de décoder des signaux mesurés et les traduire en phrases ou en images. Je doute que cette approche puisse nous apprendre grand-chose. L'information dans le cerveau est distribuée, une phrase ou une image fait appel à de très larges sous réseaux. Rien ne dit qu'il y ait un code stable.

Dans l'hypothèse où le mind est une émergence du brain, l'approche réductionniste ne fonctionne pas, en décomposant en éléments, on perd tout ou partie de l'émergence. Si nous cherchons à établir une théorie différente du dualisme d'émergence et qui respecte les lois de la physique, tout en autorisant une action de l'esprit sur le corps, trois conditions paraissent indispensables:

1.— Le mind doit être *en dehors* du brain pour pouvoir agir sur lui et en changer l'état.

2.— Le mind doit être un *système physique* qui peut encoder de l'information et échanger de l'énergie.

3.— Le mind doit *pouvoir computer* (intégrer des informations) à partir de l'information encodée, de manière a fournir une information nouvelle et pour que brain et mind dialoguent.

Appelons ces trois conditions *les nécessités du mind.* Examinons, ce que sont ces émergences, qui constitueraient la pensée d'après le dualisme d'émergence. Remarquons tout d'abord que chaque neurone génère de par son activité électrique, un champ électromagnétique[40] (champ EM) résultant du mouvement des charges électriques que nous avons appelé des spikes. L'ensemble de ces champs se combinent, se superposent et interfèrent à différents niveaux. L'électroencéphalogramme, avec lequel nous sommes tous familiers, mesure à l'extérieur de la boîte crânienne, l'activité moyenne de ce champ combiné. Ce champ EM en retour affecte le fonctionnement du cerveau. Et c'est là le point important duquel le dualisme d'émergence ne tient pas compte. Cela a pourtant été vérifié[41] de manière persistante depuis trente ans. Une méthode dite TMS[5] est couramment utilisée à des fins thérapeutiques pour soigner des désordres neurologiques ou psychiatriques ou même de simples migraines, une application du TMS vise à améliorer les capacités de concentration. Il s'agit d'utiliser l'induction électromagnétique avec de faibles niveaux de courants pour stimuler de l'extérieur de la boîte crânienne, l'une ou l'autre région cervicale. Par application de champs électromagnétiques externe, on peut perturber le fonctionnement du cerveau. Cela peut aller jusqu'à modifier les temps de réaction du sujet, le priver de sa perception visuelle ou même arrêter la parole (Hallett 2000). Pour cela des champs de 50 à 100 V/m sont utilisés, du même ordre de grandeur que les champs endogènes du cerveau. On ne sait pas encore exactement comment cette action s'opère, mais il est vraisemblable que pour des neurones qui sont au seuil de déclenchement du potentiel d'action, ils verront le déclenchement inhibé ou accéléré par le champ EM qui est appliqué. Quelques photons peuvent suffire à influencer le comportement d'un canal ionique. Les champs endogènes, émis par l'activité même du cerveau, forment alors une sorte de guide, une régulation qui inhibe ou accélère les déclenchements chronologiques des spikes[6].

Les champs EM endogènes sont des émergences de l'activité électrique du réseau neuronal qui les produit, ils sont parfaitement capables d'encoder de l'information par modulation de fréquence. Leur combinaison représente un extérieur pour chaque neurone du réseau. Les

---

[5] Transcranial Magnetic Stimulation
[6] Frolich et McCormick, 2010

nécessités 1 et 2 du mind sont donc remplies par le champ EM endogène. En se combinant en se superposant et en interférant entre eux, ces champs EM locaux produisent des champs résultants qui sont effectivement des computations analogiques, intégrant de l'information. (Voir figure 24). Nous pouvons imager cette computation en observant la surface ondulée d'un lac. Les ondulations à un instant donné sont le résultat de milliers d'événements qui ont chacun contribué à l'état actuel de la surface du lac. Des cailloux qui ont chuté, des bateaux qui ont laissé leur sillage, des coups de vent, etc. On nomme ce type de computation analogique au moyen de champs EM le *field computing*[7] (computation de champs).

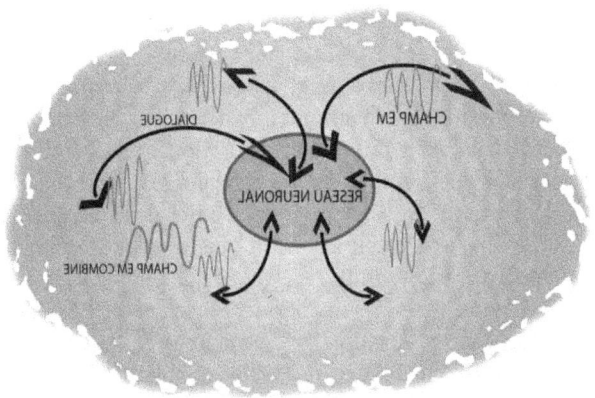

Figure 24: Cerveau digital et analogique

Le domaine d'investigation des ordinateurs analogiques et particulièrement le field computing, a malheureusement été très négligé depuis 50 ans, envahis que nous sommes par le monde digital.[42]Les résultats de ces computations analogiques du champ EM influencent en retour le comportement électrique du réseau neuronal. Les champs EM endogènes remplissent donc les trois nécessités du mind et peuvent être envisagés comme un bon candidat pour être la matière concrète qui encode une information nécessaire à l'esprit. Ils peuvent être considérés comme un *deuxième niveau* de computation, en dehors et en plus du réseau de neurones, mais il s'agit cette fois de computation analogique. On peut alors dire que la computation digitale du réseau est guidée par

---

[7] Voir par exemple. http://www.cs.indiana.edu/~jwmills/MAFC/mafc.html

cette computation analogique. Notre candidat lié au réseau neuronal constitue une nouvelle forme de dualisme, qui est cette fois compatible avec les lois de la physique et surtout qui rend possible l'action de l'esprit sur la matière. Il s'agit bien d'une émergence au sens de Crick et Koch, mais une émergence qui régule l'activité du réseau de neurones.

De nombreuses études montrent[8] que, lorsque des groupes de neurones déclenchent leurs spikes de manière synchrone, cette synchronicité, particulièrement en ondes gamma, est corrélée à l'attention. Dès que vous fixez votre attention sur un sujet, les neurones correspondant aux représentations de ce sujet déclenchent de manière synchrone, si vous relâchez votre attention, la synchronicité s'évanouit. Nous savons que pour que deux oscillateurs se synchronisent, il leur faut un canal de communication et des degrés de liberté. (voir chapitre deux). Le champ EM émergeant peut très bien être le canal de communication qui favorise la synchronisation des spikes. Cela peut même se produire pour des neurones distants les uns des autres et sans synapses communes.

Imaginez un orchestre, les instruments seraient les neurones, les sons qu'ils émettent l'analogue d'un champ EM local. La combinaison des sons émis par les différents instruments génère une *computation*: la sonorité de l'orchestre. Si à un moment donné, les instruments jouent ensemble, il y a synchronisation et la musique émane, là où précédemment il y avait du bruit. Lorsque les champs EM synchronisent les potentiels d'action, il y a attention. Les champs EM locaux sont *interprétés* en un champ global. Chaque membre de l'orchestre est alors influencé dans son jeu par la sonorité de l'ensemble.

Nous avons souvent utilisé le concept de *matcher* pour qualifier une similitude retrouvée entre patterns mémoriels et sensoriels. Le match des patterns est la source de l'analogie intrinsèque. Nous avons maintenant un moyen analogique de finalement expliquer comment le match et l'analogie se produisent. Un *match* s'exprime par une mise en phase des deux groupes de patterns, qui à un moment donné vont émettre leurs potentiels actions de manière synchrone avec un nouveau groupe de neurones représentant les propriétés communes des deux groupes initiaux. Une analogie est alors constatée. Cette dernière est rendue possible par le fait que la computation au niveau des champs EM est une computation analogique. La synchronisation des spikes est donc l'expression physique de ce que nous avons appelé l'analogie. L'intégration des informations sensorielles et mémorielles se produit alors au niveau des interférences des champs électromagnétiques. Plus la similitude est bonne, plus il y aura de neurones qui vont se déclencher en phase. Le fait de *reconnaître* s'exprime par la mise en phase de certains

---

[8] Miltner 1999 ou Srinivasan 1999

patterns, les oscillations bêta et gamma dans le cortex visuel primaire se synchronisent et nous *devenons conscients* de l'objet que nous observons, nous le reconnaissons. Tant que cette mise en phase ne se produit pas, nous ne sommes simplement pas conscients de ce que notre œil enregistre.

Si par exemple l'on désynchronise chimiquement les spikes en administrant des toxines à l'abeille, elle arrête de reconnaître le pollen, elle n'encode plus l'odeur de la même manière.[9] Nous avions signalé la difficulté rencontrée par la neuroscience pour intégrer les différentes informations résultant des différentes perceptions sensorielles en un tout, ce que l'on appelle le *binding problem*, l'encodage et l'intégration par le champ EM pourrait complètement éclaircir cette question, la computation étant à ce niveau intégrative et analogique.

En résumé, il est certain que les champs EM jouent un rôle majeur dans le traitement de l'information par le cerveau. Une interaction permanente de l'information EM et l'information neuronale, un jeu permanent entre ces deux niveaux est ce que fait le cerveau en permanence pour manier l'information. Ce sont ces interactions entre la computation analogique et le réseau neuronal qui nous permettent de générer de nouvelles pensées. Il reste évidemment un travail considérable pour conforter cette hypothèse, mais elle paraît prometteuse et surtout en accord avec l'ensemble de nos connaissances. Elle s'appuie sur le dualisme émergent, mais fait un pas de plus en confiant à l'esprit un rôle actif de computation analogique dans la décision au lieu du simple rôle passif qui lui était assigné. Elle justifie notre sentiment de libre arbitre et explique pourquoi la seule analyse du réseau de neurones est insuffisante pour décrire certaines fonctions cérébrales.

SYNCHRONISATION ET CERVEAU

La synchronisation a été étudiée depuis Isaac Newton. À l'origine c'était en connexion avec le mouvement des planètes du système solaire. Chaque planète attire toutes les autres de manière continûment variable suivant leurs positions respectives, il s'agit d'un système interactif complexe. C'est pour résoudre ce type de problème que Newton inventa le calcul différentiel et intégral. Dès qu'il y a plus de deux planètes dans le système étudié, le problème se complique. Depuis Henri Poincaré nous savons que la plupart des problèmes de ce type n'ont pas de solutions calculables, dans le sens où l'on ne peut pas trouver de formule qui nous permette de résoudre les équations relatives au problème de plusieurs corps qui s'attirent mutuellement par gravitation. Les équations

---

[9] Stopfer 1987

différentielles qui sont impliquées ne peuvent pas être résolues, avec une exception: les équations différentielles linéaires. Malheureusement, les problèmes de la complexité ne se contentent pas d'équations linéaires, ces dernières ne manifestent pas des comportements suffisamment riches. C'est le cas dès qu'il y a des émergences, les parties du système coopèrent entre elles et la linéarité est perdue. Dans les systèmes vivants, les équations qui gouvernent les comportements des oscillateurs biologiques et leurs synchronisations sont *méchamment* non linéaires, car le système complexe est adaptatif. Arthur Taylor Winfree[10] fut l'un des premiers à modéliser des *oscillateurs biologiques* et à constater que suivant le nombre et la sensibilité aux interférences entre les oscillateurs, il se manifeste un phénomène *d'autosynchronisation*. Le système d'oscillateurs s'auto-organise et finit par se *synchroniser* spontanément. Robert Desimone du MIT a étudié les séquences de potentiels d'action synchronisés sur les cerveaux de singes. Il observe que, lorsque le singe prête attention à une stimulation visuelle donnée, il en résulte une augmentation du nombre de neurones qui émettent des spikes synchronisées. Certains troubles neurologiques tels que l'autisme ou la schizophrénie semblent, d'après David Lewis de l'université de Pittsburgh, inhiber la synchronisation de certains neurones corticaux et réduire l'activité synchronisée précisément dans la bande gamma. En 1997, déjà, Henry Markram avait découvert des processus montrant combien la *chronologie* des potentiels d'action et la synchronisation étaient importantes pour le renforcement ou l'inhibition des synapses, semblant indiquer que la synchronisation intervient aussi dans les processus de mémorisation. Steven Strogatz[11] a récemment écrit un livre *Sync. How order emerges out of Chaos,* dont nous avons déjà parlé plus haut. Il attribue à Winfree la découverte d'un *point crique* sur la diversité des rythmes des oscillateurs. Passé ce point l'autosynchronisation s'organise, à la manière d'un *changement de phase*. C'est précisément ce qui se passe lorsque des perceptions sensorielles et mémorielles *matchent*. Un point critique est à un certain moment dépassé et l'autosynchronisation des neurones s'organise, ils se mettent spontanément à émettre des spikes en phase. L'auto-organisation est une émergence fréquente dans la nature; les bancs gigantesques de poissons, les volées d'oiseaux sont toujours aussi intrigants et magnifiques à contempler. Les oscillations d'un pont qui coordonnent les rythmes de pas des marcheurs qui à leur tour renforcent ces oscillations peuvent conduire à une destruction catastrophique. Nous avions remarqué que pour qu'une synchronisation se produise, deux conditions sont

---

[10] 1942-2002 Biologiste à l'université d'Arizona
[11] Né en 1959 mathématicien américain, professeur à Cornell

nécessaires: l'existence d'un canal de communication et des degrés de liberté supplémentaires.

La synchronicité dans le cerveau, qui est corrélée à l'attention et à la conscience, est une *synchronicité chronologique* de déclenchement des spikes, une modulation de fréquence. Au lieu de se déclencher de manière aléatoire, ils se mettent en harmonie par autorégulation et se déclenchent de manière synchrone. Le déclenchement du potentiel d'action est initié par des protéines situées sur la membrane du neurone et appelées *canaux ioniques*. Ces derniers se trouvent localisés à la jonction de deux neurones et permettent le passage d'un ou plusieurs ions en fonction d'une différence de potentiel électrochimique. Ces canaux ioniques, dont l'ouverture est commandée par cette différence de potentiel entre les deux faces de la membrane cellulaire, sont sensibles aux champs électromagnétiques. Un champ, même de très faible intensité, peut entraîner l'ouverture ou la fermeture du canal et donc le déclenchement ou l'inhibition d'un spike. Le champ EM propre au cerveau influence alors continûment la manière dont les canaux proches du potentiel de déclenchement s'ouvrent en modulant ainsi l'émission des spikes. Un dialogue s'établit entre le champ EM et le réseau neuronal, le champ EM agissant en rétroaction pour influencer en retour l'activité neuronale. Le champ EM agit en *relais* entre deux neurones permettant ainsi la synchronisation. Souvenez-vous de la synchronisation des trente-deux métronomes dont nous avons parlé au chapitre deux. Pour que la synchronisation se produise automatiquement, il faut qu'ils soient posés sur une même table qui ait la possibilité de bouger, il faut qu'il y ait un degré de liberté supplémentaire. Dans le cas de la synchronisation du déclenchement des potentiels d'action, le champ EM joue le rôle de la table mobile pour les métronomes. Il offre la liaison et les degrés de liberté nécessaires à produire la synchronisation. Mais de plus il compute, c'est-à-dire qu'il n'offre pas une simple liaison linéaire comme la table, qui ne fait que transmettre l'information moyenne générée sur son degré de liberté supplémentaire, il manipule cette information de manière plus complexe en combinant analogiquement les micros champs générés par chaque neurone.

Nous devenons conscients au moment où une synchronisation *suffisante* émerge entre les déclenchements des spikes de certains groupes de neurones. Lorsque cette synchronisation disparaît, l'objet sort de notre attention. Cette boucle rétroactive entre deux systèmes de computation est l'action autoréférente qui nous manquait. Elle rend possible l'action de la pensée sur la matière, autrement dit l'action des interférences du champ EM synchronisé sur la matière du réseau neuronal.

Nous pouvons résumer cette description du fonctionnement du cerveau de la manière suivante:

Le réseau neuronal, en computant digitalement par le déclenchement de spikes, génère des champs EM émergents, ces champs se combinent effectuant une computation analogique, les ondes EM résultant de cette computation analogique influencent en retour le déclenchement chronologique des spikes et donc la computation digitale. Un dialogue continu de rétroaction s'établit entre ces deux couches séparées du fonctionnement cérébral. Les champs EM permettent des synchronisations de spikes de groupes de neurones en offrant une liaison entre neurones et les degrés de liberté requis. Un certain niveau de synchronisation atteint correspond à la sensation de *conscience*, l'attention est alors focalisée sur l'activité du groupe de neurones ainsi synchronisée et leur représentation. L'information ainsi computée est celle que nous ressentons comme étant nos pensées.

Les fonctions intrinsèques du cerveau, comme l'analogie, ne peuvent se produire que si deux patterns *matchent* entre elles, c'est-à-dire se synchronisent. Les modes et types de synchronisations sont les traductions physiques des termes abstraits: analogie, réduction, causalité et non-contradiction, confirmant ainsi les hypothèses du cerveau intrinsèque.

Le dialogue entre le niveau digital et analogique est continu, il est responsable de la fonction première du cerveau en tant que générateur continu d'hypothèses.

Nous appellerons la conjecture descriptive du fonctionnement cérébral ainsi résumé, le *cerveau intrinsèque et dual*. Le terme de *dual* a été choisi pour rappeler la similitude avec le dualisme cartésien, sans pour autant nécessiter un *esprit immatériel*, inacceptable pour la science. L'esprit immatériel a été remplacé dans le cerveau intrinsèque et dual par le dialogue continu entre deux systèmes de computation. L'immatérialité à été remplacée par une émergence. Cette description ressemble aussi dualisme émergeant de Crick et Koch, sauf qu'elle désigne précisément la nature de l'émergence comme étant le dialogue de deux systèmes de computation et explique par la synchronisation, comment cette émergence se produit. Le cerveau intrinsèque et dual attribue au champ EM le rôle actif d'ordinateur analogique et explique par quel processus s'effectue sa rétroaction sur le réseau. Le terme de *cerveau dual* me semble bien indiquer que le dualisme dont nous parlons se situe à l'intérieur même du cerveau, il s'agit d'une propriété intrinsèque du cerveau lié à sa propre structure, un monisme. Le fait que le cerveau des mammifères soit un cerveau dual est bien établi. La relation entre synchronisme et attention l'est aussi. Le cerveau dual explique le système de génération continue d'hypothèses ainsi que le caractère intrinsèque de l'analogie, la causalité, la réduction et la non-contradiction qui résultent des deux couches de computation et des synchronisations. Il permet le processus de reconnaissance en matchant analogiquement une perception sensorielle avec des patterns mémoriels. (figure 25).

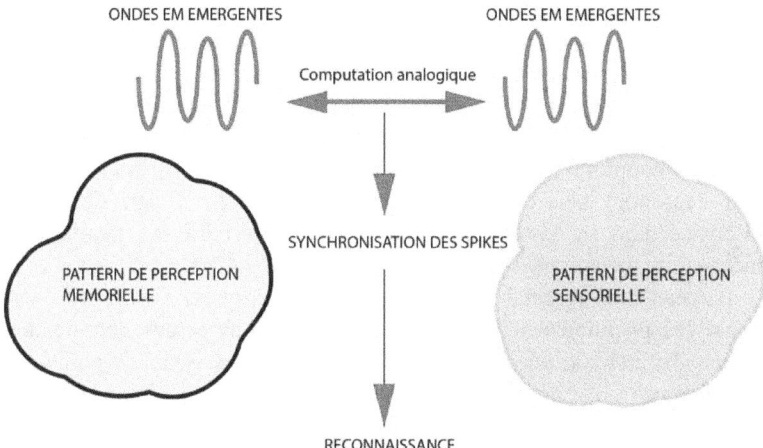

ONDES EM EMERGENTES   ONDES EM EMERGENTES

Computation analogique

SYNCHRONISATION DES SPIKES

PATTERN DE PERCEPTION MEMORIELLE

PATTERN DE PERCEPTION SENSORIELLE

RECONNAISSANCE

Figure 25: Processus de reconnaissance

Il reste cependant beaucoup de travail pour caractériser, comment se fait l'interaction entre le champ EM et le réseau de neurones en particulier comment cet *ordinateur analogique* influe le traitement global de l'information. Une fois quelques neurones assemblés dans un cerveau primitif, la nature n'a pas pu rater l'autosynchronisation via les ondes EM qui s'est imposée automatiquement. Notre description du cerveau dual est biologiquement plausible et ne se base que sur des éléments parfaitement connus des neurosciences, elle est falsifiable.

Le *cerveau intrinsèque et dual* est un *organisme* non simulable sur un ordinateur aussi puissant qu'il soit. La continuité du dialogue entre le réseau neuronal et les champs EM n'est pas simulable même en approximant, toute approximation ferait immédiatement diverger le système. Le réseau neuronal simulé de manière bottom-up devrait permettre une sensibilité aux champs EM, ce qui est impossible avec des microprocesseurs fonctionnant de manière sérielle, on ne verrait pas d'où proviendraient ces champs EM, l'ordinateur n'en émettant pas. Les fonctions du cerveau intrinsèque et dual sont dictées par sa structure qui elle-même se construit en fonction de ces états, sa structure à un moment donné n'est pas seulement celle du réseau neuronal, mais aussi celle des champs EM. En ne simulant que partiellement le réseau, on simule autre chose qu'un cerveau. À chaque instant l'état de chaque groupe de neurones est dicté par l'état global du cerveau qui à son tour est dicté par les perceptions dues au corps et à l'environnement, il n'y a pas de simulation globale du cerveau possible. Finalement, le cerveau est un organisme dont l'émergence principale est d'être vivant, ce caractère est essentiel, car il rend possibles les échanges d'énergies et d'informations nécessaires à son fonctionnement. Tout cela est évidemment perdu sur une simulation *non vivante*. L'ordinateur n'avalera pas le cerveau. Il est donc très loin de pouvoir le digérer. Il devra se contenter d'une imitation de plus en plus ressemblante de certains comportements humains, ceux que nous adoptons lorsque nous suivons des instructions. Pour le reste, pour l'essentiel, cela reste notre privilège. Le dualisme cartésien, bien qu'erroné dans sa description (celle de l'immatérialité de l'âme) reste une parfaite métaphore.

Le cerveau dual ressemble à un monisme du corps et de l'esprit dans lequel les phénomènes mentaux et corporels sont perçus comme des aspects différents d'une même entité, mais perçus à partir de points de vue distincts. Cette approche n'est pas sans rappeler celle de Spinoza qui ne dissocie pas pensée et matière sinon dans le langage utilisé pour les décrire. Contrairement à Spinoza, le cerveau intrinsèque et dual ne nie pas le libre arbitre, ce dernier ayant cependant perdu le caractère absolu que lui confère l'attitude extrinsèque avec un là-dehors connaissable. Le libre arbitre s'exerce dans le cadre de nos représentations, notre monde intérieur, notre réalinté. Comme ce monde est le seul que nous puissions connaître, le libre arbitre fait bien partie de nos caractéristiques.

Le cerveau intrinsèque dual est une théorie intrinsèque falsifiable engendrée par un cerveau intrinsèque dual. C'est une théorie concernant un morceau de l'univers particulier, celui qui la génère.

CONSÉQUENCES DU CERVEAU DUAL

Examinons ce que devient l'expérience de Libet dans l'hypothèse du cerveau dual. La conscience dans le cerveau dual apparaît au moment où les synchronisations entre deux patterns sont suffisantes. C'est-à-dire qu'elles dépassent le seuil critique de Winfree, il n'est donc pas étonnant qu'il faille un délai avant d'atteindre ce niveau de synchronisation et que l'on puisse mesurer de l'activité neuronale avant que la synchronisation ne soit établie. Dans l'exemple des trente-deux métronomes, il leur faut un certain temps pour se synchroniser. Une fois la synchronisation des spikes atteinte, les effets de la computation analogique se manifestent pleinement par l'activation de patterns correspondant à la génération d'idées et d'associations nouvelles. C'est le cœur même du processus créatif. Libet mesure l'activité neuronale avant que le sujet ne prenne conscience de sa décision. Il se pourrait bien que sa mesure concerne des spikes en voie de synchronisation. Si tout paraît de l'extérieur déterministe, c'est en quelque sorte que nous ne mesurons qu'une partie du phénomène de décision, une partie dont la grenouille n'est pas consciente. Le fait qu'une activité inconsciente du réseau neuronal apparaisse avant que le sujet ne soit conscient n'est pas étonnant, le cerveau génère ses hypothèses, lorsque ces dernières commencent à matcher (à se synchroniser) Libet le mesure, il faut alors jusqu'à une demi-seconde pour que la synchronisation dépasse le seuil de Winfree. La synchronisation ne peut se faire qu'après le début de l'activité neuronale puisqu'elle en est une émergence. Dans l'expérience de Libet, le sujet est contraint de prendre *immédiatement* une décision. Il n'est pas étonnant que, dans cette situation, il suive, à soixante pour cent, son impulsion première, comme c'est souvent le cas lorsque nous devons prendre une décision immédiate. Nous avons observé que dans certaines situations, un processus conscient de décisions est bien trop lent et n'aurait pas assuré notre survie. Par contre, si nous avons le temps de décider, le processus conscient va prendre le dessus et même s'il n'est pas l'initiateur des impulsions et des idées qui lui parviennent par le processus de génération d'hypothèses, il a tout loisir de computer et de choisir. Le cerveau dual explique comment ce processus s'accomplit. L'expérience de Libet ne ferait alors que confirmer que la conscience n'est pas l'initiatrice des idées et des mythes, chose que nous savions par ailleurs et que nous avons étudiée avec le cerveau comme générateur d'hypothèses. Elle a cependant tout loisir d'organiser ces mythes une fois qu'il lui sont parvenus.

Si le cerveau dual récupère l'idée de *liberté de choix* en expliquant les procédures du cerveau la rendant possible et sans s'opposer au matérialisme, elle ne s'oppose pas non plus à un déterminisme qui serait dicté par les lois de la physique. S'il s'avère que l'univers décrit par les lois de la physique les plus générales est globalement déterminé, le cerveau dual ne changerait pas la chose, sans pour autant être en contradiction. Pour le cerveau intrinsèque, la *liberté de choix du cerveau dual* est le résultat de l'information intrinsèque récoltée à un certain niveau de résolution, à un niveau moins élevé, celui des lois générales de la physique, cette notion disparaît. En changeant de niveau de résolution, donc d'informations disponibles, déterminisme et liberté ne sont pas incompatibles, pour le cerveau intrinsèque. L'incompatibilité apparaît seulement dans la vision extrinsèque, où nous prétendons connaître le là-dehors, et où déterminisme et liberté sont projetés comme des réalités sur l'univers externe, à un unique niveau de résolution. Ici s'exprime l'une des grandes différences entre la vision classique extrinsèque et le cerveau intrinsèque. Du point de vue extrinsèque les choses sont soumises au principe de réalité, elles sont absolues, du point de vue intrinsèque, nos connaissances sont informationnelles et leur interprétation dépend du niveau auquel cette information est considérée. Nous avions commencé à entrevoir cela avec les mots auto référant dont le sens change avec le niveau hiérarchique auquel ils sont considérés.

Le côté absolu de la vision extrinsèque est la source des contradictions. Si nous réalisons que toutes nos connaissances et tous nos concepts sont informationnels et intrinsèques, une affirmation va nécessairement dépendre du niveau de résolution et de l'information qui apparaît à ce niveau. La hiérarchie informationnelle générée par les propriétés intrinsèques ne nous permet pas de faire autrement. Lorsqu'ensuite nous posons la question à là-dehors pour savoir, laquelle de nos deux interprétations est correcte, la réponse va dépendre de la manière dont la question est posée, c'est-à-dire la manière dont l'expérimentation est montée; ce qui peut s'interpréter en disant que les deux interprétations sont valables. Nous verrons au chapitre onze que l'information récupérable dépend du niveau de résolution qu'adopte l'observateur et que ce qui est apparent et mesurable à un certain niveau peut très bien ne pas l'être à un autre.

Une autre des conséquences, majeure du cerveau intrinsèque dual, en ce qui nous concerne ici, est l'affirmation que le cerveau ne saurait pas être une machine de Turing. Le cerveau dual contredit ce qui est couramment appelé l'hypothèse de Church Turing dont nous parlerons aussi au chapitre onze. Il n'est pas simulable sur un ordinateur digital. En particulier le dialogue entre la computation neuronale et la computation analogique n'est pas simulable sur une machine qui fonctionne pas à pas en utilisant des algorithmes. Le cerveau serait plus proche d'une machine à oracle telle que Turing l'a décrite dans sa thèse, en 1938. Mais même sur une telle machine, il ne pourrait pas être simulé.

Tous les composants nécessaires à décrire le cerveau dual ont été expérimentalement vérifiés chez différents mammifères, ils sont tous aisément falsifiables. Ils expliquent, comment la pensée et les fonctions supérieures se génèrent. Ces fonctions supérieures, qui traditionnellement sont liées à l'esprit, sont le résultat de computations analogiques de l'information encodée dans les champs EM émergents de l'activité neuronale et rétroagissant sur cette dernière, parvenant à notre attention lors de synchronisations des potentiels d'action. Avant synchronisation, ces bits d'information sont bien présents, mais non organisés, comme un bruit de fond sur votre écran de télévision. Lors de l'autosynchronisation, sur l'écran apparaît James Bond et derrière l'écran des spikes coordonnés.

Soudainement, tous les neurones synchronisent leur transmission d'impulsions et font feu au même moment. Si les spécialistes parviennent à expliquer ce processus simultané, nous aurons accompli un grand pas dans la compréhension de l'énigme de la création. Dr Michel Bourguignon, service de médecine nucléaire, faculté d'Orsay.

Pour nous ce processus simultané, dont parle Michel Bourguignon, est expliqué par le cerveau dual. Michel Bourguignon n'explique cependant pas comment la synchronisation s'opère.

Les ordinateurs sont évidemment eux aussi capables d'agir sur la matière, ils peuvent être programmés pour effectuer certaines actions, comme *allumer la lumière*, sous la condition que certaines autres conditions soient remplies. Leurs instructions viennent cependant de l'extérieur, du programmeur, les chaînes causales remontent au cerveau du programmeur, c'est chez lui que la création s'est initiée, pas dans la machine.

L'anesthésie générale est un acte médical dont l'objectif principal est la suspension temporaire et réversible de la conscience et de la sensibilité douloureuse obtenue à l'aide de drogues anesthésiques. Nous ne savons pas exactement comment ces drogues fonctionnent. Ce que nous savons cependant c'est qu'elles empêchent ou inhibent les synchronisations entre groupes de neurones en bloquant certains neurotransmetteurs. Leur existence même supporte l'idée d'un rapport entre synchronisation et conscience. De nombreuses études utilisant des appareils à résonance magnétique nucléaire montrent que des anesthésiants tels que le propofol ou le xénon diminuent l'activité et les connexions entre différentes parties du cerveau en particulier du lobe frontal et du lobe pariétal. Cette baisse d'activité s'accompagne nécessairement d'une diminution et une désynchronisation du champ EM.

Un article de Johannes J. Fahrenfort et ses associés[12], daté de décembre 2012[13], démontre la relation entre la synchronisation et la conscience: *Quel procédé neuronal*, se demandent les auteurs, *au-delà de la classification en catégories, peut élever les représentations neuronales au niveau ou les objets sont effectivement perçus. Ils montrent dans leur article que des visages tant visibles qu'invisibles (non conscientisés) produisent les mêmes réponses au niveau du cortex visuel.*

C'est-à-dire que les patterns d'activités neuronales évoquées par les visages visibles pouvaient être utilisés pour détecter la présence de

---

[12] Neuronal integration in visual cortex elevates face category tuning to conscious face perception. http://www.pnas.org/content/109/52/21504.abstract

[13] http://medicalxpress.com/news/2012-12-facts-neural-unconscious-conscious-perception.html

visages invisible (non conscientisés par le patient) et vice-versa. Toutefois seuls les visages visibles pouvaient causer un changement dans la synchronisation de l'activité neuronale ainsi qu'une augmentation de l'activité de connectivité entre les aires visuelles supérieure et inférieure. Lorsque nous sommes dans un milieu bruyant, nous arrivons quand même à suivre une conversation en la distinguant du reste des sons qui nous parviennent. Comment cela est-il possible? Comment filtrons-nous les sons qui nous intéressent et les distinguons des autres? Un signal auditif intéressant étant repéré, notre cerveau génère des attentes quant à la suite de la conversation. Seuls les signaux correspondant à ces attentes sont amplifiés par la synchronisation via les ondes EM et sont ainsi filtrés du reste. Lorsque votre attention se relâche et qu'il n'y a plus synchronisation, vous n'entendez plus que le bruit de la foule. La génération d'attentes et la synchronisation EM sont nécessaires pour expliquer cette capacité de focalisation. Le même genre de mécanisme fonctionne aussi pour les odeurs et le goût, permettant aux Nez de distinguer des centaines d'odeurs et de goûts différents pour lesquels le commun d'entre nous n'avons pas les patterns d'attentes voulues.

L'évolution a donc dirigé le cerveau vers l'amélioration constante de prévisions sur des choses externes à lui-même. Elle n'a jamais eu besoin de prévisions sur son propre état futur et n'a donc jamais évolué une telle capacité. La structure physique, sensorimotrice, du cerveau est essentiellement axé sur l'extérieur du cerveau, qui lui-même est insensible. Il n'est donc pas étonnant qu'il ne génère pas des prévisions conscientes sur son propre état.

LE HARD PROBLEM N'EST PAS UN PROBLÈME

Le philosophe David Chalmers[14] a appelé le *Hard problem of Neuroscience*[15] la question de comprendre comment se produit la sensation. Quelles que soient mes connaissances intensionnelles d'une *réalité*, je découvre un aspect supplémentaire sensible en vivant cette réalité, nous dit-il. Il me paraît effectivement évident qu'il y a une différence entre tout connaître sur l'amour et tomber amoureux!

Le hard problem consiste à expliquer pourquoi et comment nous avons des expériences phénoménologiques, des *qualia*. L'exemple[16] souvent cité est celui du neuroscientifique qui, de naissance, ne voit pas les couleurs, mais qui aurait appris tout ce que l'on peut savoir sur le cerveau et en particulier sur la couleur et sa perception. Un beau jour ce

---

[14] Né en 1966, philosophe australien, professeur à New York University.
[15] Voir par exemple : http://consc.net/papers/facing.html
[16] Il s'agit une expérience de pensée imaginée par le philosophe Frank Jackson.

neuroscientifique retrouve la vision chromatique. Il va apprendre quelque chose. Il savait tout sur le bleu par exemple, sa longueur d'onde, quels éléments reflètent du bleu... Mais en recouvrant la vision des couleurs, il va apprendre ce que *cela fait* de voir du bleu, il va apprendre la *bleuité*. Il va apprendre, comment lui ressent le bleu. Il va compléter une connaissance intensionnelle par une connaissance extensionnelle. L'expérience du bleu, la bleuité, échappe à tout examen du réseau neuronal. Il s'agit typiquement d'un problème de ligne rouge : de l'intérieur l'information recueillie n'est pas la même que celle qui peut être recueillie de l'extérieur. La description intensionnelle ne donne pas toute la richesse de l'extensionnalité. En voyant du bleu, mille nouvelles connexions neuronales vont se former, des connexions différentes de celles qui s'étaient formées par l'étude intensionnelle de ce que nous pouvons savoir sur le bleu. L'intensionnalité peut expliquer, mais ne donne pas la sensation, simplement parce que ce ne sont pas les mêmes connexions neuronales qui vont être mises en jeu. Mon ami, le professeur Georges Abou-Jaoudé[17] illustre dans ses cours le débat à distance entre Newton et Goethe sur la couleur. Newton insistant sur la partie mesurable par des instruments et Goethe sur l'aspect des sensations. L'approche newtonienne est intensionnelle, de l'extérieur, celle de Goethe, extensionnelle, de l'intérieur; celle de Newton, sans qualia, celle de Goethe avec qualia. Le cerveau intrinsèque et dual résout-il le hard problem? Dans la perspective extrinsèque, si nous pensons que nos descriptions et nos théories constituent un modèle de ce qui se passe là-dehors, le hard problem exprime simplement que notre modèle est incomplet. Il lui manque la description et l'explication du qualia, c'est-à-dire de comment se produit la sensation et pourquoi nous l'éprouvons. Lorsque le neuroscientifique recouvre la vue, il découvre quelque chose de plus: la sensation du bleu. La sensation qu'il découvre n'a pas pu faire partie de son modèle du cerveau et de la perception des couleurs, aussi complet que ce modèle n'ait été. La sensation comme l'émotion n'est pas réductible à de la syntaxe, elle est de nature sémantique et comprend tout le réseau de connexions neuronales tissées par l'histoire individuelle. Chalmers est un matérialiste, sympathisant des singularistes, il est naturel que le problème se pose pour lui dans cette perspective.

Il voudrait pouvoir, de l'extérieur, atteindre toute l'information engendrée à l'intérieur du cerveau, atteindre par le langage, la totalité de la richesse des connexions et computations qui se produisent à l'intérieur du cerveau. Les milliers de connexions qui s'établissent, dont certaines liées à des émotions profondes, la computation analogique et digitale

---

[17] Professeur à l'EPFL

continue, ne peuvent pas être rendues dans une explication intensionnelle avec des mots, quelle que soit la quantité de mots. Il n'est donc pas étonnant que notre neuroscientifique découvre quelque chose en recouvrant la vue. Il n'est pas étonnant non plus que les singularistes se posent le hard problem, eux qui pensent pouvoir simuler le cerveau avec des algorithmes et buttent là sur une difficulté.

Dans la perspective du cerveau intrinsèque et dual, le hard problem, comme celui de la ligne rouge, ne se pose simplement pas. L'information collectée de l'intérieur, est infiniment plus riche et complexe que celle que nous pouvons collecter de l'extérieur du cerveau et formaliser en descriptions verbales ou algorithmiques.

Le hard problem illustre les limites du matérialisme et de la pensée transhumaniste. Il n'a rien de hard.

LA PENSÉE PEUT FALSIFIER LES LOIS

Jusque dans la première partie du XXe siècle, la physique ne traitait que de la matière et de l'énergie. La notion d'information en était absente. Les concepts et la pensée étant des émergences sont informationnels et non matériels. En n'incorporant pas les émergences dans ses lois fondamentales, les prévisions que ces dernières génèrent sont nécessairement incomplètes. En fait, ces prévisions pourraient être falsifiées par un animal qui ne serait considéré par les lois de la physique que comme un tas de matières inertes. Considérer uniquement des systèmes isolés ne contenant pas de vivant revient à se limiter à un cas idéal qui en pratique ne se trouve que rarement.

Le physicien Paul Davies donne l'exemple suivant: *vous voulez savoir la différence entre un oiseau mort et un oiseau vivant. Vous en prenez un dans chaque main et les lancez devant vous. La trajectoire parabolique de l'oiseau mort est parfaitement calculable et vous ne vous tromperez pas en calculant sur son point de chute au moyen des lois de Newton. L'oiseau vivant par contre va s'envoler et se poser sur une branche. Sa trajectoire n'est pas prévisible.*

Les conditions initiales (le lancer des oiseaux) étant à peu près identiques, ce qui fait la différence est que, dans le cas de l'oiseau mort, les lois de la physique peuvent s'appliquer; le système n'est pas interactif complexe. Dans le cas de l'oiseau vivant en plus des lois, intervient la vie de l'oiseau et en particulier les informations engendrées par son cerveau et transmises à ses ailes. Les lois de la physique, si elles sont appliquées telles quelles à un système adaptatif complexe en ne tenant pas compte du vivant sont alors falsifiées.

David Deutsch,[18] le physicien d'Oxford et l'un de mes héros et inspirateur, illustre combien cette lacune de la physique est importante, combien l'univers futur que décrit la physique peut diverger de l'évolution de l'univers qui va effectivement se produire. Dans son livre *The Beginning of Infinity*. Il propose de comparer deux photos de l'île de Manhattan prises toutes deux à cinq mille mètres d'altitude, mais à mille ans d'intervalle, disons, en 1012 et en 2012. La première photo illustre les conditions initiales de l'expérience de pensée. En appliquant les lois de la physique à partir de ces conditions, nous allons simuler l'état de l'île, en 2012. Eh bien, notre simulation n'a aucune chance de ressembler à la seconde photo. Les immeubles, les automobiles, les rues n'y apparaîtront pas. Vous aurez falsifié les lois de la physique. Bien sûr Manhattan ne constitue pas un système clos, mais l'exemple illustre suffisamment notre propos. La nature seule n'aurait pas produit Manhattan 2012, Manhattan 2012 est un PNR. Manhattan 2012 n'est pas exclu par les lois de la physique, elle est totalement improbable. Il a fallu pour passer de 1012 à 2012 des cerveaux capables d'agir de manière organisée sur la matière pour produire ce résultat.

Mon ami Joseph m'a transmis un film de la NASA[19] montrant notre planète filmée de nuit depuis la station spatiale internationale. La lumière éclabousse de tous les côtés sur notre planète, c'est vraiment impressionnant. Des extraterrestres capables d'observer la terre ne manqueraient pas d'être intrigués et probablement de déduire qu'il y a des cerveaux sur cette planète. La terre entière se transforme petit à petit en un PNR. Songez maintenant au fait que notre espèce n'a que cent mille ans de vie sur la planète et qu'il a déjà transformé à ce point le paysage de la terre. Cette transformation s'est essentiellement produite ces deux cents dernières années. À quoi ressembleront donc la terre et son voisinage cosmique dans quelques millions ou milliards d'années, si nous ne nous détruisons pas entre-temps. Les prédictions cosmologiques sur l'évolution future de l'univers, qui ne tiennent pas compte de l'homme, pourraient se révéler complètement faussées. La physique fondamentale, à elle seule, ne prévoit pas comment la nature évolue en présence de cerveaux. Ses lois prévoient ce qui se passerait en notre absence. Une théorie du tout ne peut espérer décrire globalement l'univers en négligeant un phénomène aussi important que le cerveau humain. En cherchant à être objectif et à décrire là-dehors comme si celui qui décrit n'existait pas, nous avons implicitement fixé des limites à la possibilité de connaissance. Une théorie du tout ne peut être élaborée que par un cerveau et pour un cerveau, elle ne peut exclure le cerveau. La physique, en cherchant à être fondamentale, néglige les émergences et ne tient pas compte du fait que ces émergences rétroagissent sur la

---

[18] Né en 1953 à Haïfa. Physicien britannique. Professeur à Oxford. Ecrivain et penseur.
[19] http://www.youtube.com/watch?v=7ObnEpRccHM&feature=fvwp

matière et falsifient les prévisions qui se trouvent reléguées à être des cas idéalisés.

Nous avions remarqué que si la physique acceptait les miracles,[43] elle détruirait sa capacité à reconstituer l'histoire de l'univers et à prévoir son avenir[44]. Nous sommes dans un cas semblable avec une physique excluant le cerveau sa capacité de prévision pourrait être altérée. Pour l'instant, cette lacune n'est pas trop criante et le physicien s'en accommode ou la néglige, elle est loin de ses préoccupations quotidiennes. Si nous survivons et que notre technologie continuait sa trajectoire exponentielle, cela deviendra de plus en plus gênant. La physique passerait à côté d'un phénomène essentiel et se confinerait à des cas idéalisés. Par ailleurs si nous n'étions pas les seuls, si d'autres, pensants, de notre galaxie avaient, eux aussi, cette capacité de produire des PNR et ce depuis quelques milliards d'années, cela se verrait sûrement en observant la Voie lactée. On ne peut pour l'instant distinguer de région qui semble ne pas avoir suivi le cours naturel d'évolution des choses depuis le Big Bang. Soit ces civilisations n'ont pas existé, soit elles se sont autodétruites avant d'avoir transformé visiblement une région de la galaxie.

BLUE BRAIN

Le projet Blue Brain dont nous avons parlé au chapitre six est devenu maintenant, depuis janvier 2013, un projet européen, le Human Brain Project et a bénéficié d'une formidable couverture des médias. En réfléchissant à la modélisation du cerveau, une question se pose naturellement: en admettant que nous réussissions à reproduire fidèlement, neurone par neurone, connexion par connexion l'ensemble du cerveau humain et que nous disposions d'un ordinateur suffisamment puissant pour faire tourner cette simulation en temps réel, quel sera le comportement de Blue Brain? Bien entendu, il faudra donner à Blue Brain des sens, un corps (un avatar ou un robot) et un environnement (soit artificiel, soit le monde extérieur) et lui faire passer une phase d'apprentissage. Mais projetons-nous dans le futur et *admettons* un instant que cela soit fait et que nous ayons réussi. Comment alors se comportera-t-il? Dormira-t-il? Rêvera-t-il? S'intéressera-t-il aux mathématiques? Aura-t-il peur? Sera-t-il nostalgique, ambitieux, curieux, créatif? Renoncera-t-il à découvrir le mystère du mur du Caire? Fera-t-il preuve d'humour? Bref, nous ressemblera-t-il?

Henry Markram pensait, en 2006, que cela devrait être le cas. À la vue du nombre considérable de neuroscientifiques qui ont rejoint le projet dans le cadre du Human Brain Project, il semble que beaucoup de chercheurs (mais de loin pas tous) en neuroscience acceptent aujourd'hui une position similaire, malgré les résistances initiales. Le buzz médiatique a contribué à répandre ce point de vue dans le public, bien souvent en exagérant les positions déclarées des neuroscientifiques.

Examinons la question du point de vue matérialiste réductionniste. Tout se trouve dans la matérialité du cerveau, y compris la source des fonctions supérieures. Si la simulation est suffisamment fidèle, rien ne doit pouvoir lui échapper. Si quelque chose semble échapper, c'est une question de réglages fins, de corrections ou de résolution de la simulation. Henry a déjà montré, en 2006, qu'effectivement des émergences se produisent d'elles-mêmes dans une colonne néocorticale simulée. Dans une simulation, les émergences devraient aussi produire les fonctions supérieures. Évidemment, le point de vue dualiste cartésien rejetterait complètement cette thèse, la simulation ne modélise que la partie matérielle du cerveau, il manque l'esprit, Blue Brain se comportera pour un dualiste cartésien comme un ordinateur simulant un mécanisme et rien de plus. Ce qui est déjà un résultat intéressant. Mais l'essentiel échapperait: l'âme. Du point de vue du dualisme émergent, la thèse d'Henry est aussi parfaitement acceptable, la simulation devrait, si elle est suffisamment fine, générer des émergences semblables au cerveau. Les émergences pourraient être différentes dans la simulation que chez nous, mais cela n'est pas important puisqu'elles n'ont aucun rôle à jouer dans le fonctionnement du cerveau du point de vue du dualisme émergent.

Nous avons cependant une objection majeure à ce point de vue si nous considérons les émergences que sont des champs EM rétroagissant sur le système neuronal. Blue Brain aura un problème sérieux avec les fonctions supérieures qui n'existeront simplement pas. Sans l'action des champs EM, le comportement du réseau neuronal ne sera pas conforme à celui du cerveau et il n'est pas certain que cette imitation incomplète soit vraiment intéressante de ce point de vue en l'absence de la computation analogique.

Comment la simulation Blue Brain traite-t-elle les champs EM? Une simulation sur un ordinateur digital ne peut tout simplement pas les traiter. Pour qu'elle puisse le faire, il faudrait déjà que les neurones simulés soient sensibles aux champs EM, ils ne le sont pas, ce sont physiquement des processeurs d'ordinateur. Un neurone dans Blue Brain est simulé via un modèle mathématique dérivé du modèle de Hodgkin–Huxley,[20] il décrit comment les potentiels d'action sont initiés et se

---

[20] Ils reçurent le prix Nobel en 1963 pour ce travail

propagent, cela au travers d'un ensemble d'équations différentielles non linéaires qui approximent les caractéristiques électriques des neurones. Aucun moyen de percevoir les effets d'un champ EM, ni même d'en émettre un (hormis celui généré par l'ordinateur lui-même). Il faudrait donc simuler séparément les champs EM et leurs effets sur les canaux ioniques et le déclenchement ou l'inhibition des spikes. Si Blue Brain choisit cette option, elle abandonnera l'idée d'une simulation purement biologique pour devenir de l'intelligence artificielle, où on ne laisse pas les émergences se développer toutes seules, on les programme. On simulera, d'un côté le réseau de neurones, de l'autre ce que ce réseau est censé produire *tout seul*: le champ EM. Il s'agira de régler finement l'un des éléments par rapport à l'autre pour obtenir un résultat ad hoc. L'idée d'une simulation biologique *bottom-up*, est qu'une fois les éléments biologiques mis en place, le cerveau ainsi modélisé doit réagir tout seul. Si l'on doit lui dire quoi faire, on parlera plutôt d'intelligence artificielle que de simulation biologique.

Un ordinateur digital, même les ordinateurs massivement parallèles, fonctionne de manière cyclique, une opération après l'autre et cela pour chaque processeur, il m'est difficile d'imaginer comment simuler l'interaction permanente des computations analogiques des champs EM avec le réseau de neurones sur une machine qui fonctionne par cycles. Il nous faudra inventer d'autres types d'ordinateurs. Si la nature nous y autorise. J'aurais tendance à penser que ce processus n'est pas simulable, quel que soit le type d'ordinateur. Le système est si hautement récursif, si distribué et si sensible aux conditions initiales qu'il ne me paraît pas pouvoir être simulé.

Alors, comment a fait la nature? Nous avons déjà parlé de la différence fondamentale entre un mécanisme et un organisme. Un cerveau en tant qu'organisme ne peut qu'être évolué et ne peut pas être fabriqué ou même simulé sur une machine. J'aurais tendance à considérer Blue Brain comme une tentative d'imitation de certaines fonctions du cerveau. Mais un organisme, contrairement à un mécanisme, n'est pas décomposable en parties, il ne fonctionne que comme un tout. Il n'est par exemple vivant que comme un tout. Blue Brain ne sera évidemment pas vivant, il imitera le vivant, c'est tout.

L'idée même de *simulation du cerveau* paraît dès lors être un résultat du paradigme mécaniste. Alan Turing, lui-même, a étudié cette situation dans sa thèse de doctorat de 1938. Il y a conçu une machine qu'il a appelée O-machine, (machine à Oracle), capable de computer au-delà des machines de Turing, et de résoudre des problèmes impossibles à résoudre sur des ordinateurs digitaux.

Nos représentations nous conduisent à des équations qui sont pour la plupart non computables ou non tractables,[45] nous procédons donc par approximations. Cela donne de bons résultats sur les systèmes mécaniques, mais sur les systèmes adaptatifs complexes les résultats sont rapidement divergents. Les équations différentielles non linéaires qui apparaissent ne peuvent pas être résolues et doivent être approchées. De plus, il est en général impossible de recueillir toute l'information, tous les data avec une précision suffisante, des informations seront nécessairement négligées.

Le cerveau intrinsèque nous rappelle que ce que nous simulons n'est pas *l'objet là-dehors*, mais uniquement nos représentations de cet objet. En observant ou en expérimentant, nous avons généré des concepts concernant l'objet et construit des mythes et éventuellement traduit ces derniers en théories scientifiques. Nous avons ensuite mathématisé ces théories en recherchant des équations qui modélisent au mieux la théorie. Ces équations sont traduites en algorithmes, ce qui en général n'est pas possible, donc nous approximons. Une fois ces algorithmes obtenus, nous les faisons tourner sur un ordinateur et appelons le résultat une *simulation* de la *réalité là-dehors*. C'est bien évidemment une appellation abusive. Si Blue Brain peut être une expérience intéressante pour l'intégration de nos connaissances sur les réseaux de neurones du cerveau et peut-être pour certaines applications pharmaceutiques, il me semble qu'il est impossible de parler d'une simulation même partielle du cerveau et encore moins de cerveau artificiel. À mon avis il faut considérer le projet de Henry comme un premier pas exploratoire intéressant tant pour l'étude du cerveau que pour les ordinateurs.

Nous avons construit nos théories économiques à partir d'une image simplifiée et trompeuse de l'homme: celle d'un agent économique poursuivant son meilleur intérêt. Je crains que dans les projets de simulation du cerveau ou d'intelligence artificielle, nous ne fassions de même: simplifier l'homme en le réduisant à des algorithmes.

X. Prévoir

Ma mère avait une très chère amie qui, comme nous, habitait le Caire. Elle s'appelait Lotfia el Nadi et je me souviens d'elle à cause de sa gentillesse et sa douceur, mais aussi à cause de deux de ses talents. D'abord, elle fut la première aviatrice d'Égypte et une amie de Amelia Earhart, ensuite elle savait lire le marc de café. Lotfia avait fait croire à ses parents qu'elle suivait des cours à l'université alors qu'en fait, elle se rendait au terrain d'aviation. C'est elle qui en premier me fit voler à l'âge de six ans au-dessus du désert dans un petit Gipsy Moth biplace, alors que nous étions censés être au cinéma. J'ai pris d'elle ce goût de l'air et du vol et imaginez donc ce que cela pouvait donner au-dessus de ce vaste désert, sans limites. Quant au Marc de café, elle le lisait souvent dans la tasse de café turc de ma mère. Janine et moi nous assistions à ces séances quasi religieuses de prédiction de l'avenir. J'étais admiratif. Ces séances me confirmaient que j'avais encore beaucoup à apprendre en ce qui concerne la face cachée des choses et pourquoi ces choses cachées s'exprimaient, dans le café après une manipulation précise. Pourquoi Lotfia pouvait-elle lire dans les tasses alors que les autres ne savaient pas le faire. Quel rapport entre les avions et le marc de café. Comment pouvait-on apprendre.

Chaque civilisation a construit son rapport avec l'avenir, chacune a son système pour le prévoir. Dans la Grèce antique, le Dieu Apollon était aimé et respecté de tous. En plus d'être le dieu du soleil qui ramenait ce dernier chaque matin sur son chariot pour éclairer la journée, il était aussi celui de la musique et surtout celui de la raison et de la vérité. Apollon était l'une des personnalités les plus complexes de l'Olympe. Il avait un don unique et très particulier qui lui avait été conféré par son père Zeus : il pouvait voir l'avenir, il avait le don de prophétie. Il exerçait ce don au travers d'intermédiaires. Un oracle était une personne qui pouvait, au nom d'Apollon, prédire et interpréter l'avenir. Le temple le plus connu était établi à Delphes où les oracles d'Apollon exerçaient leur métier de prophétiser. La plus fameuse était la Pythie, la prêtresse de l'Oracle de Delphes. La Pythie était désignée par les prêtres du temple d'Apollon, c'était toujours une vierge de Delphes. La Pythie ne pouvait pas se contenter de répondre par oui ou non, comme le faisaient ses prêtres en son absence. Il fallait qu'elle prononce une phrase complète et elle était contrainte de dire la vérité. La préparation du client était une opération importante menée par les prêtres du temple qui s'assuraient de la sincérité de la question en questionnant le client jusqu'au moment où ils l'estimaient prêt à rencontrer la Pythie et à poser son unique question. Plutarque estima que les dons de prophétie de la Pythie étaient exacerbés par des vapeurs hallucinogènes émanant de la montagne.

L'un des clients de la Pythie fut le roi Crésus. On se souvient de lui, car il fut le premier à battre monnaie sept siècles av. J.-C. (2700 ans après, l'expression : riche comme Crésus, est encore utilisée). Crésus voulait envahir la Perse pour conquérir ses richesses. Il envoya donc son émissaire à Delphes, chargé de cadeaux, pour questionner la Pythie. La question posée fut: *que se passera-t-il si Crésus fait la guerre à la Perse?*

La Pythie répondit dans son état de transes habituel: *Crésus détruira un grand empire.* Crésus pensa, en recevant cette réponse: *les dieux sont avec nous.* Il envahit donc la Perse et fut lamentablement battu. Il se retrouva finalement simple employé subalterne à la cour de Perse, son empire détruit. Il put, un jour, longtemps après, envoyer un nouvel émissaire à Delphes. Il était chargé de poser à la Pythie la question qui tracassait Crésus: *pourquoi m'avez-vous fait cela ?*. Selon Hérodote, la réponse qu'il reçut fut la suivante:

La prophétie donnée par Apollon disait que si Crésus faisait la guerre à la Perse, il détruirait un puissant empire. S'il avait été bien conseillé, il aurait envoyé un nouvel enquêteur pour demander de quel puissant empire il s'agissait. Mais Crésus n'a pas compris et n'a plus posé de question. Il ne peut donc que s'en prendre à lui-même.

Crésus, comme chacun de nous, a interprété en fonction de ses propres souhaits. La phrase de la Pythie l'a conforté dans ses propres attentes. La réponse de l'oracle n'a pas servi de mise en garde, mais d'encouragement dans ses projets guerriers. Bien sûr, cette réponse était sujette à interprétation et Crésus a choisi la sienne. Mais nous le savons bien, toute réponse sera interprétée en fonction des mythes préexistants, donner des conseils ne sert pas à grand-chose.

Les oracles modernes sont tout aussi mystérieux et sujets à interprétation dans leurs réponses que ne l'était la Pythie. Que ce soient des Think tanks, des experts ou de simples astrologues et prédicateurs. Il faut interpréter et surtout savoir poser les bonnes questions. Ces gens connaissent leur métier et savent donner des prévisions ambiguës. Mais nous continuons à les consulter, nous en avons besoin, au même titre que les Grecs. Nous savons que leurs prédictions ne vont pas correspondre à ce qui va se passer. Alors, pourquoi les consultons-nous? Pourquoi en ressentons-nous le besoin alors que nous ne sommes pas naïfs et eux non plus? Pour prendre une décision, nous avons recours aux patterns mémoriels et aux associations sensibles qui matchent le mieux les représentations que nous fournissent nos sens à ce moment; nous échafaudons toutes sortes de scénarios, imaginons toutes sortes de réactions possibles. Toute information, même mythologique ou peu fondée, que nous fournissent les oracles modernes, viennent, d'une certaine manière, enrichir l'ensemble des impressions sensibles auxquelles nous avons recours. Elles se combinent, dans la mesure où elles trouvent en nous un écho, avec l'ensemble des autres informations/sentiments mémorielles qui nous habitent, au moment de décider. Nous sommes d'une certaine manière enrichis. Et nous pouvons ressentir cet enrichissement comme utile. Dans la plupart des cas nous ressentons la prévision comme une confirmation de notre propre point de vue. Le prévisionniste n'a pas besoin d'être précis, il n'a pas besoin de connaître à fond la situation. Son rôle n'est pas de décider à votre place, ni même de vous influencer, mais celui de vous *inspirer*. L'inspiration nous est constamment nécessaire, nous pouvons la trouver dans la nature, dans les arts ou dans la lecture. L'inspiration nous incite à abstraire, à prendre du recul, à en rire et à varier les angles de vue. Le prévisionniste sait que c'est de cela que vous avez besoin. Nous trouvons rarement cette inspiration chez les experts qui traitent précisément du sujet que nous avons à résoudre, car, chez eux, nous ne cherchons pas une inspiration, mais une réponse. Et ce sont deux attitudes et deux mécanismes cérébraux différents. Il est des hommes qui vous enseignent des faits et d'autres qui vous inspirent à rechercher vos propres réponses. Nous avons besoin des deux. Mais les hommes qui vous inspirent nous marquent et orientent bien plus profondément nos vies. Les faits se trouvent facilement une fois que l'inspiration et la motivation sont là.

Nous n'avons en général pas besoin que l'on nous donne des réponses, nous avons besoin d'être inspirés pour imaginer de bonnes questions.

Connaître l'avenir procure un avantage important à condition que cette information reste secrète. La survie et la *grimpée dans l'échelle des récompenses* dans notre société se font bien souvent en possédant une information que les autres ne possèdent pas. Nous avons donc tous appris à manier et à monnayer l'information pour en tirer profit.

Nous rencontrons tous de nombreuses situations dans lesquelles il nous est difficile de voir clair et de faire des choix de nous sentir inspiré par la vision d'un autre peut parfois débloquer la situation. C'est une opération intrinsèque au cerveau, nous ne savons que trop bien qu'il n'est pas question de *vérité* dans de telles prédictions, ne serait-ce que parce qu'une telle chose n'a pas d'existence.

Examinons un autre type d'Oracle qui nous permet de nous approcher du concept de connaissance.

David Deutsch dans son excellent livre, The *Fabric of Reality*[1] imagine, aussi un oracle: un extraterrestre scientifique visite la Terre et nous fait cadeau d'un oracle d'ultra haute technologie. Ce dernier peut prédire le résultat de n'importe quelle expérience possible, mais il ne fournit aucune explication au sujet de comment il a fait pour atteindre le résultat. Il donne des réponses, mais nous laisse le soin de l'interprétation. On peut supposer, comme dans le cas de la Pythie, que l'oracle extraterrestre de Deutsch ne donne que des réponses justes.

Les instrumentalistes[46] doivent penser qu'une fois en possession de cet oracle, nous n'aurons plus aucun usage pour les théories scientifiques, excepté à des fins de divertissement. David Deutsch se demande si cela est vrai. Comment utiliserions-nous cet oracle en pratique? Dans un certain sens, il contiendrait la connaissance nécessaire pour construire tout PNR, disons, un vaisseau interstellaire. Mais comment exactement nous sera-t-il utile pour le construire, ou pour construire un second oracle du même genre ou même pour construire une meilleure trappe à souris. L'oracle ne fait que prédire le résultat d'une expérimentation. Par conséquent pour l'utiliser nous devons d'abord savoir de quelle expérimentation nous devons lui demander le résultat. Si nous lui soumettions des plans d'un vaisseau, il pourrait nous dire par exemple comment le vaisseau se comporterait durant son vol, ainsi que toutes ses caractéristiques de vol. Mais il ne pourrait pas dessiner le vaisseau à notre place. Si, par exemple, sur la base de nos plans, il nous disait que le vaisseau allait exploser au décollage, il ne pourrait pas nous dire comment prévenir une telle explosion. De toutes les manières nous devrions *comprendre* comment le vaisseau est supposé marcher pour pouvoir poser les bonnes questions. C'est seulement de cette manière que nous aurions une chance de découvrir ce qui aurait pu causer une explosion au décollage. Des prédictions, même quasi parfaites, même universelles, ne sont pas des substituts pour des explications. L'oracle ne remplace pas la théorie et son interprétation. La prévision exacte d'un état futur ne nous dit pas comment arriver à cet état. La connaissance et la compréhension sont propres à l'esprit humain. Elles sont liées aux structures intrinsèques de notre cerveau, à notre manière propre de construire notre réalité, comme nous l'avons analysé ici. L'oracle nous serait cependant utile pour bien des situations: il nous permettrait de tester le vaisseau, sans risquer la vie des pilotes. Il nous permettrait d'éviter de coûteux test en soufflerie ou dans le vide. Il nous éviterait de devoir monter des expérimentations, mais nous aurions quand même la tâche de les concevoir. Un tel oracle nous permettrait de fonctionner par essais et erreurs dans les cas les plus simples, de la même manière que le

---

[1] Publié en 1998

fait la nature, il nous permettrait un apprentissage sans théorie. Mais ne nous fourniraient que des rudiments de connaissance. Le principe de connaissance se trouve, en quelque sorte, confirmé par l'oracle de Deutsch. La connaissance n'apparaît que lorsque nous nous confrontons à un problème au point de savoir formuler la question intéressante à la nature.

L'utilité de l'oracle resterait toujours dépendante de notre capacité à résoudre les problèmes scientifiques de la même manière que nous le faisons maintenant, c'est-à-dire en imaginant des théories explicatives. En générant de la connaissance. L'Oracle n'est pas un substitut au travail explicatif humain. Il n'y a pas de raccourcis à la connaissance. Nous humains devons faire tout le chemin, car la connaissance est nôtre. Je veux dire qu'elle se manifeste en nous au travers de nos structures et de notre histoire, il n'y a pas de connaissance là-dehors, elle ne peut être qu'en nous. Découvrir et créer ne sont pas vraiment des termes opposés.

PRÉVISIONS

Je souhaiterais analyser en votre compagnie quelques réflexions simples sur l'idée de prévision. Nous avons examiné des oracles qui nous donnent des réponses sans explications et en avons conclu qu'ils ne conduisaient pas très loin en ce qui concerne l'augmentation de nos connaissances. Mais nous n'avons pas discuté comment ces oracles pouvaient arriver à leurs conclusions. Quelles méthodes peuvent nous fournir des informations sur l'avenir et quelle est la fiabilité de ces méthodes. Lorsque le système étudié est isolé et qu'il n'y a pas d'interactions entre ses éléments, les lois de la physique sont suffisantes. Mais dans la plupart des cas concrets, elles sont inapplicables, car nous avons à faire à des systèmes interactifs complexes non isolés.

Partons de ce que nous savons sur le cerveau générateur d'hypothèses.

Vous êtes au cinéma, vous regardez passivement le film, mais, en fait, vous êtes sans arrêt en train de fabriquer ce qui va se passer ensuite et comment cela va se terminer, c'est de cela que provient une bonne partie de votre plaisir à regarder le film. Vous aimez d'un côté avoir deviné juste, mais aussi de temps en temps que le spectacle vous surprenne, qu'il y ait du suspens. Jouer avec votre faculté de prévoir, avec vos attentes, est un jeu subtil à doser et signe des grands scénaristes et réalisateurs. Si vous avez trop souvent raison, vous trouverez le film lassant et stupide. Si vous avez trop souvent tort, vous perdrez de l'intérêt. La *curiosité* est une conséquence de ces mécanismes, elle en découle comme une nécessité, non point d'obtenir des réponses, mais de vérifier sans arrêt la qualité de nos prévisions.

Notre présent est donc une sorte de *combinaison* entre un passé mémorisé et un avenir prédit. Nos décisions, nos émotions présentes sont fonction de nos expériences passées et de nos attentes pour le futur. Nos attitudes, notre état mental, nos comportements tous dépendent de ces *combinaisons*.

Très curieusement, nos attentes ont tendance à se réaliser. Le cerveau intrinsèque explique ce phénomène. Une attente, une prédiction modifie notre état mental et donc la réalinté que nous créons. Construisant notre espace virtuel en fonction de nos attentes, nous percevons les choses qui nous occupent l'esprit et nous décidons en fonction d'elles. Nous percevons mal les choses non attendues. Souvenez-vous, par exemple, du gorille qui traverse la piste de danse (Chapitre six). Lorsque nous les percevons, nous les interprétons en fonction de nos mythes existants. Cela tend à nous maintenir sur une route, un chemin de pensée déterminé. Plus nous en savons, moins nous pouvons sortir de l'ornière tracée par nos connaissances.

Cette remarque a des conséquences pour les systèmes éducatifs qui, s'ils ne sont pas assez équilibrés canalisent excessivement la possibilité de connaissances future. Souvent on peut remarquer que les progrès substantiels dans un domaine proviennent d'outsiders, nouveaux dans la discipline. L'entraînement à la méthode scientifique est extrêmement positif en ce sens, nous obligeant à perpétuellement remettre en cause ce qui pourrait paraître acquis. La curiosité se cultive. La mécanisation de la pensée peut se combattre. Pour cela, le mélange des disciplines est indispensable, ainsi que le mélanges des cultures et des points de vue.

La manière de prévoir est la source d'idées nouvelles, mais prévoir peut aussi être très négatif si nos prévisions sont continûment guidées par des craintes personnelles ou sociales, des principes de précaution, des suspicions ou des souvenirs trop oppressants. C'est l'un des dangers de la robotisation. Les humains qui déclarent jouir de leur vie sont ceux qui ont réussi à perpétuellement générer des attentes qui leur sont agréables. Nous avions appelé *liberté de construction*, au chapitre six, notre capacité à porter notre attention sur un sujet choisi. Ainsi, le système darwinien de génération d'attentes, en liaison avec notre *liberté de construction,* nous donne une latitude pour générer la réalinté dans laquelle nous vivons et faire que nos attentes s'y réalisent. Si nos prévisions se réalisent dans notre monde virtuel, c'est en fait que ce ne sont pas seulement des prévisions, ce sont des processus avec lesquelles nous construisons notre réalité intérieure à venir. Comme pour tout système interactif complexe, en injectant une prévision dans le présent du système, nous lui fournissons un élément de construction supplémentaire qui le modifie.

Notre recherche perpétuelle de régularités nous conduit parfois à en constater aussi où il n'en existe pas. Elle nous conduit à ériger en *lois* des événements occasionnels, à confondre le bruit de fond avec les grandes tendances. On appelle ces fausses inférences des *biais cognitifs,* ils sont fréquents tant individuellement que collectivement, amplifiés par le buzz, la pression de conformité et la soumission à l'autorité. En climatologie, en économie, dans la gestion d'un portefeuille d'actions, l'interprétation va beaucoup dépendre de l'échelle de temps envisagée et de la sélection des événements significatifs.

Dans la vie quotidienne, nous sommes tous sensibles aux coïncidences. Nous les trouvons surprenantes et cherchons immédiatement des lois qui les expliqueraient. Elles sont pour la plupart de mauvaises explications qui ne tiennent compte que d'une des deux trajectoires impliquées dans la coïncidence, et recherchent des causes dans le passé de cette trajectoire seule. En recherchant des causes dans l'espace limité de notre mémoire, nous n'en trouvons pas ou nous en fabriquons des fausses. Il s'agit d'un biais cognitif. Une vision historique plus large, une culture plus approfondie nous permettrait de repérer d'autres régularités et de générer d'autres prévisions. Des événements, qui paraissent disjoints à une échelle de temps donnée, pourraient bien être connectés à une échelle plus large. Nous éclairons l'avenir avec une lampe de poche alimentée par le passé. Mais de quel passé parlons-nous, sur quelle profondeur temporelle et quelle dimension spatiale l'envisageons-nous.

Dans son livre: *La pauvreté de l'historicisme* parut en 1957, Popper veut montrer l'inefficacité de ce type de prévisionnisme et les dangers qu'il présente. Sa critique porte essentiellement sur trois points:

— Il nous est impossible de connaître la totalité de l'histoire, nous ne faisons qu'une sélection de certains événements, nous choisissons plus ou moins consciemment quels événements sélectionner et lesquels négliger, soit par ignorance de ces événements, soit parce que nous ne les estimons pas relevant. Toute description est nécessairement sélective et dépend de notre histoire personnelle.

— L'histoire humaine est un déroulement singulier unique, la connaissance du passé ne nous dit rien sur l'avenir. Cet ensemble d'événements uniques ne peut pas résulter de lois ni permettre d'en abstraire des lois. Si l'on peut relever des tendances, rien ne nous dit que ces tendances vont se poursuivre. Une hypothèse peut éventuellement permettre d'exclure certaines possibilités, elle ne restreint pas le champ des possibles à une seule direction.

— En particulier l'action future d'un homme ne peut jamais être prédite avec certitude, ce que sera son influence sur l'histoire humaine non plus. La croissance de la connaissance scientifique, le contenu de nouvelles théories ne peuvent pas être prédits, leur influence sur la société non plus.

Popper met en garde contre l'implémentation de programmes basés sur l'historicisme et prend le marxisme comme exemple. L'implémentation dans la société de tels programmes linéaires engendre une foule de conséquences inattendues et non désirées dues à la complexité des interactions sociales. Il devient impossible de repérer des causes d'un effet inattendu, car ces effets sont des émergences résultant de la société et du programme dans son ensemble.

Si certains systèmes physiques répétitifs se prêtent à des prédictions nous dit Popper, c'est parce qu'ils sont isolés. Ce sont des cas particuliers ou la prédiction peut être étonnamment précise. Comme dans le cas des éclipses. La plupart des phénomènes naturels ne sont pas répétitifs et pas isolés. C'est le cas en sciences humaines, en biologie, en psychologie et dans tout ce que nous avons appelé les systèmes interactifs complexes, on ne peut en isoler une partie de manière réductionniste sans perdre de l'information sur le tout. Voici comment je m'imagine la situation: La mise en évidence de régularité, le concept de lois de la nature, la mathématisation depuis Newton de ces lois a été pour l'humanité un fantastique pas dans la compréhension du monde qui nous entoure. Nous avons cherché à pousser la conception du monde qui en ressort, le paradigme newtonien, au-delà de ses limites. Dans le courant du XXe siècle, constatant les limites du réductionnisme, un nouveau concept a vu le jour: celui de système adaptatif complexe. Il en est aux balbutiements de son pouvoir explicatif. Pour ce type de système une autre manière de penser est nécessaire et en train de voir le jour.

Un premier phénomène dit de *bifurcation* apparaît dans les systèmes interactifs complexes. Il y a bifurcation lorsque la loi d'évolution d'un sous-système varie suivant l'évolution d'un autre sous-système. Les bifurcations rendent le réductionnisme totalement inopérant. Or les bifurcations dans les systèmes naturels sont la règle plutôt que l'exception. C'est le cas en météorologie, en finance, dans les phénomènes de société, dans le cerveau. Etc.

Un autre phénomène caractéristique est *l'auto-organisation*. L'auto-organisation d'une structure est un phénomène émergent qui impose un certain *ordre* aux composants d'un système dynamique, en contrepartie d'une dissipation d'énergie. (Voir figure 39). Elle se produit dans une large variété de systèmes dynamiques complexes, tant en physique qu'en chimie, en biologie, en économie, ou en sociologie, c'est-à-dire à différents niveaux de résolution. La cristallisation, les patterns de convection lorsqu'un liquide est chauffé sur une plaque, la fameuse main invisible du marché, l'organisation des bancs de poissons... sont juste quelques exemples *d'auto-organisation*. Le cerveau est naturellement sujet à auto-organisation, la plupart se produisent par synchronisation. Nous sentons bien cette auto organisation à la manière dont nos idées s'organisent et se relient spontanément.

Les mauvaises explications ne tiennent en général pas compte de ces phénomènes et proposent des solutions linéaires qui ne vont pas fonctionner durablement. Ces solutions nécessiteront de nouveaux patchs, ce qui est caractéristique des mauvaises solutions. Cette propriété explique les phénomènes d'inflation tels que l'inflation des législations dont nous avons parlé. La course-poursuite continue en générant à chaque fois son lot d'émergences indésirables.

Lorsqu'un niveau donné d'analyse comprend des éléments dont la structure interne est capable d'agir sur ou de créer d'autres éléments, la méthodologie des systèmes adaptatifs complexes rencontre cependant de sérieuses difficultés. Cette méthodologie est essentiellement formelle, composée par exemple d'équations différentielles non linéaires. Elle est dirigée vers la description de changements quantitatifs, mais pas de changements dans la structure de l'objet.

Avec l'ordinateur, une nouvelle forme de prédictions est apparue. La recherche de corrélations entre événements, à priori disjoints, prend de plus en plus d'importance avec le développement de gigantesques bases de données. Nous remplaçons progressivement dans de nombreux secteurs une compréhension difficile de systèmes interactifs complexes par l'observation de corrélations issues de la juxtaposition de bases de données. Nous en faisons des lois empiriques que nous ne comprenons pas, mais qui sont fort utiles. Dans la plupart des cas, ces informations permettent à ceux qui les détiennent de générer du profit s'ils sont les premiers ou les seuls à les posséder.

La combinaison d'un grand nombre d'interactions déterministes dont l'évolution individuelle est parfaitement prévisible engendre, lorsque l'ensemble est envisagé, une évolution imprévisible. Il faut pourtant se garder d'attribuer au hasard une évolution qui n'est imprévisible que parce que la complexité du phénomène d'origine rend trop difficile la prédiction de son résultat par le calcul ou le raisonnement. L'imprévisibilité n'implique pas le hasard comme le déterminisme n'implique pas la prévisibilité.

Songez à ce que pensait Laplace en 1886, concernant notre capacité à prévoir:

Nous devons donc envisager l'état présent de l'univers comme l'effet de son état antérieur et comme la cause de celui qui va suivre. Une intelligence qui, pour un instant donné, connaîtrait toutes les forces dont la nature est animée et la situation respective des êtres qui la composent, si d'ailleurs elle était assez vaste pour soumettre ces données à l'analyse, embrasserait dans la même formule les mouvements des plus grands corps de l'univers et ceux du plus léger atome; rien ne serait incertain pour elle, et l'avenir, comme le passé, serait présent à ses yeux. L'esprit humain offre, dans la perfection qu'il a su donner à l'astronomie, une faible esquisse de cette intelligence. Ses découvertes en mécanique et en géométrie, jointes à celles de la pesanteur universelle, l'ont mis à portée de comprendre dans les mêmes expressions analytiques les états passés et futurs du système du monde. En appliquant la même méthode à quelques autres objets de ses connaissances, il est parvenu à ramener à des lois générales les phénomènes observés et à prévoir ceux que des circonstances données doivent faire éclore. Tous ses efforts dans la recherche de la vérité tendent à le rapprocher sans cesse de l'intelligence que nous venons de concevoir, mais dont il restera toujours infiniment éloigné.», Essai philosophique sur les probabilités, œuvres, Gauthier, Villars, 1886, vol. VII, 1, pp. 6-7.

L'intelligence dont parle ici Laplace a été dénommée *Démon de Laplace*. Pour Laplace le monde est totalement déterministe. Les systèmes interactifs complexes ont changé la donne.

La mise en évidence et l'étude des systèmes interactifs complexes et en particulier des systèmes chaotiques[2] ont mis définitivement fin à nos certitudes mécanistes. Si vous ne l'avez pas encore lu, je vous recommande vivement le livre exceptionnel d'Ilya Prigogine[3]: *The End of Certainty*. Il y soutient que le déterminisme est une attitude scientifique dépassée. Ses travaux ont porté sur l'indéterminisme dans les systèmes non linéaires. Sur la question de la flèche du temps en thermodynamique et le problème de la mesure en physique quantique. Il s'éloigne donc complètement de l'approche de Newton, Laplace, Einstein ou Schrödinger. Ces approches qui ont conditionné le *mécanisme ambiant* que nous critiquons ici, en nous intéressant à l'irréversibilité et l'instabilité dans les systèmes complexes. Prigogine y dit notamment:

La chance ou les probabilités ne sont plus une manière d'accepter notre ignorance, mais plutôt partie d'une nouvelle rationalité étendue. Ce n'est qu'au niveau statistique que nous pouvons incorporer l'instabilité. Les lois de la nature ne traitent plus avec des certitudes, mais avec des possibilités surmontant l'ancienne dichotomie entre être et devenir. Elles décrivent un monde de mouvements irréguliers et chaotiques plus proche des anciens atomistes que du monde régulier des orbites newtoniennes. Ce désordre constitue les fondations mêmes des systèmes

---

[2] Voir chapitre douze
[3] 1917-2003 Prix Nobel de Chimie

macroscopiques auxquels nous appliquons une description évolutive associée à la deuxième loi, la loi de l'entropie croissante.

Dans son livre *Beyond Boundaries*, Miguel Nicolelis s'interroge sur nos possibilités de prévoir l'avenir. Il y argumente contre la possibilité pour des machines de capturer la totalité des contingences de l'histoire qui ont conspiré à engendrer le cerveau humain. Il y cite en particulier Stephen Jay Gould et son argument de *repasser la bande*. Dans cette vision, quelle que soit la puissance des ordinateurs, les efforts pour créer de l'intelligence artificielle sont voués à l'échec si leur but est de construire un cerveau comparable au nôtre. L'expérience de pensée de Gould se déroule ainsi: vous appuyez sur le bouton de rembobinage de la bande en étant bien sûr que vous effacez tout ce qui s'est passé et vous reculez jusqu'à un point quelconque du passé. Vous laissez ensuite l'enregistreur repartir et observez si la répétition ressemble à l'original. Gould conjecture que: *tout repassage de la bande conduirait l'évolution sur des chemins totalement différents de la route initiale. Mais la route divergente du replay serait tout aussi interprétable et explicable après coup que la route originale.*

Miguel en conclut que la route, la série de contingences, qui ont déterminé l'évolution du cerveau humain, pourrait ne *jamais plus être revisitée, nulle part dans l'univers*. Et quel que soit le nombre de rembobinages et de réenregistrements de la bande. L'humanité n'a qu'une seule chance, c'est celle que nous vivons maintenant.

PROPHÉTIES

Nous devons commencer par distinguer entre prévision et prédiction. Je peux prévoir que je mourrais, je ne sais pas prédire quand. Une prédiction s'assimile plutôt à une prophétie: un énoncé concernant le futur qui n'est ni basé sur la logique et le calcul (simulation), ni sur l'expertise (et donc l'inférence) comme la simple prévision. La prophétie résulte de la croyance forte d'un individu en une vision ou une révélation, un message qui lui est apparu, qui lui a été transmis ou qu'il a obtenu en interprétant des *textes*. Ces *textes* sont alors qualifiés de *sacrés* ou *saints*. Les prophéties concernent quasiment toutes, des événements catastrophiques à venir. Pour l'ore, à notre connaissance, aucune prophétie ne s'est vraiment réalisée. Sinon les prophéties *autoréalisatrices*. Certaines prophéties (comme celles des oracles) sont formulées en termes si vagues que, suivant le point de vue de l'auditeur, il a le choix de l'interprétation. C'est le cas dans les livres religieux qui sont nécessairement sujets à interprétation. On distingue deux types de prophéties:

La *prophétie préventive* : C'est celle que vous faites à votre fils lorsqu'il joue avec un couteau: attention, tu vas te faire mal.

La *prophétie autoréalisatrice*: C'est celle qui produit elle-même l'effet qu'elle prophétise: *Le cours de l'action va se casser la figure, nous vendons tout au plus vite.*

Par nature ces prophéties sont très différentes, la première veut mettre en garde en suggérant que le résultat de la prophétie pourrait être évité, la seconde peut être la source d'énormes difficultés et manipulations de la société et de l'économie. Elle a déjà produit ses propres kilomètres de législations et de patchs pour essayer de la contrôler en contraignant ce que l'on a le droit de savoir et de ne pas savoir si l'on veut intervenir sur un marché.

Si les prophéties préventives sont faites pour espérer se révéler fausses, les prophéties autoréalisatrices se réalisent effectivement par le fait qu'elles sont énoncées. Elles profitent d'une confusion en ce qui concerne la nature de la réalité. Les prophéties agissent dans l'espace virtuel et non évidemment là-dehors. Leur énoncé modifie la structure même de cet espace qui dès lors va évoluer à partir de la nouvelle structure.

Je m'explique: ma mère, en bonne mère juive me disait m*on chéri, tu ne devrais pas fréquenter des femmes, cela n'ira jamais avec toi, tu es bien trop sensible mon chéri, cela va te créer des problèmes.* Voilà une bonne prophétie autoréalisatrice, au moindre petit problème, m'apparaissait l'idée: *ta mère te l'avais bien dit, ça n'ira pas…*

Rassurez-vous, cher lecteur, je m'en suis finalement bien sorti, mais il en a fallu du temps, des expériences et de la réflexion. Évidemment, le but de ma mère était de me protéger. Dans sa réalité intrinsèque, elle me percevait effectivement comme très sensible. Elle me disait quelque chose qui était donc vrai, pour elle. Ce dont elle ne tenait pas compte c'est que je suis comme tout humain un système adaptatif complexe. Avec le temps je vais me changer moi-même, m'adapter. Je ne suis pas une machine construite d'une manière et qui va rester ainsi toute sa vie.

Le même problème se présente en ce qui concerne les agences de notations financières: Moody's, Standard & Poor's, Fitch… Leurs ratings prétendent être des visions objectives, ce qui est éventuellement le cas dans leur réalité, mais ce sont aussi des prophéties autoréalisatrices. Leurs prophéties sont donc éminemment dangereuses et peuvent contribuer à créer le problème qu'elles dénoncent. En France la loi de régulation bancaire et financière, promulguée en 2010, dans son chapitre III, encadre en particulier les communications des agences de notation[4]. La dangerosité de ces prophéties a été constatée, je ne suis pas

---

[4] http://www.senat.fr/rap/l09-703-1/l09-703-136.html#toc226

certain que les remèdes apportés ne soient pas que des patchs. Le fait que nous nous adressions à des systèmes adaptatifs, interactifs et complexes pose de gros problèmes en ce qui concerne la communication. Ces questions touchent en particulier la notion de secret, de mensonge et de transparence, comme nous l'avons déjà observé au chapitre cinq. L'enfant découvre vers l'âge de trois ans déjà la notion de secret. Il devient capable de prévoir une réaction indésirable de ses parents et cherche à l'éviter par le secret et quelques années plus tard par le mensonge. Ce problème va le poursuivre toute sa vie et la philosophie ambiante ne lui offre que peu de moyens de réflexions. Dire toute sa vérité est non seulement impossible, c'est souvent indésirable. Tout d'abord parce qu'elle ne constitue qu'un point de vue et il ne vaut souvent pas la peine de peiner autrui. Songez au secret médical, aux confessions, au secret des sources pour les journalistes. Dire sa vérité va souvent à l'encontre de ses propres intérêts alors que se taire ou mentir pourrait dans certains cas favoriser tout le monde. Peut-on toujours faire confiance à l'éthique de ceux qui vont détenir l'information? Une bonne réflexion sur ces sujets me paraît plus intéressante que des principes moraux autoritatifs comme: il ne faut jamais mentir. Ces principes finissent invariablement par se confronter à des situations d'arbitrage.

La notion de transparence est du même ordre, que faire si la transparence devient une prophétie autoréalisatrice. Peut-on parler de transparence en ce qui concerne un système adaptatif complexe. Sûrement pas.

David Deutsch dans son livre *The Beginning of Infinity* nous assure que nous n'avons pas d'autre choix qu'un optimisme fondé. Ses arguments sont extensifs et profonds. Je les résumerais ici en disant: quitte à faire des prophéties autoréalisatrices autant que ces prophéties soient bonnes.

XI. Concepts primitifs et cerveau intrinsèque

Dans ce chapitre, nous examinerons trois concepts primitifs essentiels et qui structurent notre image du monde: l'information, le hasard et le temps. Ces créations de notre cerveau sont au sommet de leur hiérarchie conceptuelle. Différentes cultures les interprètent de manières diverses; mais, en les examinant de plus près, l'homme s'est toujours trouvé confronté à des situations paradoxales pour lesquelles la grenouille et l'oiseau semblent se contredire. Nous prenons ici des exemples pour analyser l'apport que peut avoir le concept du cerveau intrinsèque en ce qui concerne nos concepts primitifs.

L'informaticien comme le journaliste parlent d'information sous des aspects fort différents, l'informaticien exclut de son information l'idée de signification qui est, par contre, essentielle pour le journaliste. Le physicien qui fait une expérimentation cherche à recueillir de l'information sur là-dehors en faisant une mesure sur la matière. Que fait-il exactement? Pourquoi les lois de la physique ne nous parlent-elles pas d'information?

La relation au hasard peut être assimilée à une sorte de foi. Certains y croient, d'autres pas. Le hasard est-il une mesure de notre ignorance, de notre manque d'information ou alors est-il plus fondamental, y aurait-il des événements qui n'auraient pas de cause et dont on attribuerait la cause au hasard?

Un temps réversible, comme celui des lois de la physique, conduit inévitablement à une vision déterministe. Pour nous le temps s'écoule dans un sens. Qu'est-ce qui détermine cette direction? L'avenir est-il fixé comme le passé où nous retrouvons nous à chaque instant devant de multiples avenirs possibles? Est-ce alors le hasard qui va choisir lequel dérouler?

Ainsi, ces trois concepts primitifs ne sont pas disjoints, des passerelles les relient. Le hasard pourrait résulter d'un manque d'information. Le choix de l'avenir parmi les possibles pourrait résulter du au hasard. En glissant vers un passé, l'avenir génère de l'information. Ces trois concepts sont autoréférents et hiérarchiques dans l'espace virtuel. En les attribuant au là-dehors, nous les projetons sur un plan unique. En les écrasant ainsi, nous perdons la richesse de la hiérarchie de l'espace virtuel et introduisons des confusions et des paradoxes.

ENTROPIE ET NIVEAUX DE RÉSOLUTION

L'idée d'entropie est apparue lorsque nous nous sommes mis, au début du XIXe siècle, à étudier les machines à vapeur. Il s'agissait d'améliorer la conversion une forme d'énergie en une autre. De l'énergie thermique, en énergie mécanique. Le physicien français Sadi Carnot, en 1824, dans son livre : *La puissance motrice du feu,*[1] puis l'allemand Rudolf Clausius, en 1862, ont remarqué qu'il y a toujours une perte: une partie de l'énergie se dissipe en chaleur et ne peut pas être utilisée pour engendrer du mouvement. L'entropie caractérise cette perte dans la conversion d'une forme d'énergie en une autre. C'est un phénomène que nous connaissons très bien dans notre vie quotidienne : en tournant, le moteur de votre voiture dissipe de la chaleur, une partie de l'énergie n'a donc pas été convertie en énergie mécanique permettant à votre voiture d'avancer, mais en énergie thermique gaspillée. Réciproquement, en refroidissant l'intérieur votre réfrigérateur, ce dernier dégage aussi de la chaleur vers l'extérieur dans votre cuisine. Un pendule *idéalisé* continuerait à osciller indéfiniment, les pendules physiques finissent toujours par ralentir, il y a eu dissipation de leur énergie en chaleur à cause des inévitables frottements. Dans toutes nos réalisations, nous sommes confrontés au problème du rendement.

Ludwig Boltzmann,[2] un professeur à l'université de Vienne, a éclairé, au début du XXe siècle, le concept d'entropie sous un angle nouveau. Son point de vue devait finalement modifier complètement la physique en la faisant passer d'une science exacte à une science statistique et non déterministe. L'entropie de Boltzmann intervient avec le concept de mélange, si vous faites de la cuisine, il vous est nécessairement tout à fait familier. Lorsque vous mélangez du lait à votre café, lorsque vous cassez des œufs pour mélanger le blanc et le jaune, lorsqu'un cube de glace fond dans votre whisky, vous créez des événements difficiles à inverser. Il est physiquement possible de reséparer les molécules qui faisaient partie de la glace, de celles qui faisaient partie du whisky, molécule par molécule, mais en pratique cela ne se produit pas. Laisser fondre votre cube de glace dans le whisky est un phénomène PR, re-séparer les molécules de glace de celles du whisky est un phénomène quasi PNR. Re séparer nécessite un mécanisme qui peut récolter une information permettant de distinguer entre différentes molécules et effectuer un tri. Ce mécanisme est celui du démon de Maxwell. Je l'ai baptisé quasi PNR, car il se trouve parfois dans la nature et ne nécessite pas vraiment

---

[1] http://www.bibnum.education.fr/files/42-carnot-texte-f.pdf
[2] 1844-1906 physicien autrichien concepteur de la mécanique statistique.

un cerveau. Le vivant par exemple est quasi PNR, il effectue précisément ce genre de tri. Prenons l'image d'un tas de sel et un tas de poivre; l'un est blanc, l'autre brun. Si nous les mélangeons, nous obtenons un unique tas brun clair, il est constitué de grains de sel et de grains de poivre qui ont chacun gardé leur identité et leur couleur. C'est seulement en tant que tas observé à une certaine distance, macroscopiquement, que la couleur du nouveau tas est différente. La couleur brun claire n'apparaît qu'à un *niveau de résolution* assez grossière. C'est une émergence. Le génie de Boltzmann est d'avoir imaginé qu'il en était de même pour les gaz et les liquides que pour les grains de poivre et de sel. Un gaz ou un liquide est considéré comme une collection de molécules et d'atomes, chacun avec leur identité propre. Lorsque vous mélangez votre lait avec votre café, vos molécules de lait restent des molécules de lait et celles de café restent du café, même si le mélange change de couleur à faible résolution. La température est une caractéristique des atomes et des molécules du liquide ou du gaz. Elle caractérise l'énergie du mouvement de la particule. Si je mélange un liquide froid avec un liquide chaud, je vais obtenir un liquide tiède. Mais individuellement, en première approximation,[3] les molécules chaudes vont rester chaudes et les froides vont rester froides. C'est seulement à faible résolution que mon mélange sera tiède. Que signifie alors le fait qu'il est plus facile de mélanger les choses que de les séparer. Reprenons notre tas de sel et de poivre mélangé, disons qu'il est placé dans un bol et supposons que je secoue le bol pendant une minute. Cela ne changera rien à mon tas mélangé. On dira que le mélange est robuste. Si par contre mon bol contient séparément le sel d'un côté et le poivre de l'autre et que je secoue le bol, je vais retrouver, au bout d'une minute, du sel et du poivre mélangés. La séparation en deux tas distincts n'est pas robuste.

La raison en est simple. Séparer les grains de sel et de poivre nécessite une opération bien plus précise que des secousses sur le bol. Elle nécessite que grain par grain un mécanisme analyse s'il s'agit de sel ou de poivre et fasse le tri. Pour simplifier la situation de nos tas de sel et de poivre, supposons qu'il y ait seulement dix grains, cinq de poivre que j'appelle P et cinq de sel que j'appelle S. De plus je vais considérer le cas à deux dimensions où les grains sont disposés sur une droite. Il y a deux possibilités d'avoir des tas séparés: PPPPPSSSSS et SSSSSPPPPP. Par contre il y a vingt cas mélangés possibles:

PSPPPPSSSS,	PSSPPPPSSS,	PSSSPPPPSS,	PSSSSPPPPS,
PSSSSSPPPP,	PPSPPPPSSS,	PPSSPPPPSS,	PPSSSPPPPS,
PPSSSSPPPS,	PPSSSSSPPP,	PPPSPPSSSS,	PPPSSPPSSS,

---

[3] Avant que les molécules n'interagissent entre elles.

252

PPPSSSPPSS,   PPPSSSSPPS,   PPPSSSSSPP,   PPPPSPSSSS,
PPPPSSPSSS,   PPPPSSSPSS,   PPPPSSSSPS,   PPPPSSSSSP.

Ces vingt microétats vont être regroupés sous un nom unique *Mélangé*. Alors que *Séparé* ne regroupent que deux microétats possibles. La langue française a ici tendance à nous tromper. Les deux mots mélangé et séparé sont des abstractions de niveau trop élevé (ou l'on a négligé des détails) pour capturer la réalité de la situation microscopique. On appelle ces abstractions des macros états. Dans le cas d'un grand nombre de grains ou de molécules disposées en tas à trois dimensions l'écart entre mélangé et séparé se creuse encore plus. Il y a donc beaucoup plus de possibilités pour notre tas de se retrouver mélangé, après avoir remué le bol, que de se retrouver séparé. Boltzmann interprète ce fait en terme de probabilités en affirmant que l'état mélangé est bien plus probable que l'état séparé. Et donc que la nature tend vers des états mélangés puisque ceux-ci sont plus probables. Pour un niveau de résolution donné, un macro état, l'*entropie* est, d'après Boltzmann, le nombre de micros états sous-jacents. Nos tas séparés ont une faible entropie, lorsqu'ils se mélangent l'entropie croit. Cette tendance à passer d'un état moins probable à un état plus probable est alors une nouvelle formulation du deuxième principe de la thermodynamique. Remarquons que c'est un principe statistique, une tendance, pas une loi déterministe. Il est toujours possible qu'en remuant le bol mélangé, on se retrouve le sel à gauche et le poivre à droite, on aurait ainsi mis en évidence un quasi PNR.

Remarquons que l'entropie correspond à notre notion de l'ordre: il y a moins de possibilités pour nos grains de sel et de poivre d'être en ordre, sel d'un côté, poivre de l'autre, que d'être dans le désordre du mélange. Le deuxième principe dans cette perspective dirait que le désordre tend à croître. (Ce que nous savons tous depuis longtemps).

Maintenant, microétats et macro-états dépendent de caractéristiques de l'*observateur*, rien de tel n'existe là-dehors. L'ordre que nous constatons est produit par notre cerveau et pas par là-dehors. L'ordre (ou le désordre) sont des concepts du monde intérieur virtuel et non de là-dehors. C'est le cas pour toutes les émergences, qui comme nous le savons ne se produisent que dans le monde virtuel.
Voici ce qu'en dit Roger Penrose: [4] *L'entropie ne dépend-elle pas de qui regarde et avec quelle attention? Effectivement c'est une des questions délicates que pose la physique théorique que de dire ce que l'entropie signifie exactement.* Lorsque nous parlons d'entropie, nous parlons donc

---

[4] Dans son livre *Les deux infinis et l'esprit humain.*

de quelque chose d'intrinsèque lié à notre processus de perception et au mécanisme de réduction de notre cerveau. L'entropie est un processus purement informationnel, un concept, une émergence. Les niveaux de résolutions qui la font apparaître correspondent aux hiérarchies de nos patterns. Même si nous parlons de particules, d'échange d'énergies et d'entropie ces choses n'ont pas d'existence là-dehors, elles ne sont qu'une description de notre cerveau. Évidemment, Penrose adopte le point de vue extrinsèque classique pour lequel le concept même d'entropie pose problème puisqu'il présuppose l'observateur, alors qu'il devient évident avec le cerveau intrinsèque, où il n'est qu'une émergence dans la réalité virtuelle.

Ainsi de nombreux physiciens distinguent les phénomènes fondamentaux des phénomènes émergents. Ces derniers résultant d'une perspective liée au nombre et à la disposition d'éléments impliqués dans le système considéré, ainsi qu'au niveau macroscopique de l'observation. Ainsi la température est une émergence qui n'apparaît que lorsqu'un certain nombre de molécules ou d'atomes sont envisagés simultanément, elle caractérise une énergie moyenne liée à la vitesse et aux collisions entre ces particules, ce n'est pas un phénomène fondamental.
Cette distinction n'est cependant pas toujours aisée. Des physiciens, comme Erik Verlinde d'Amsterdam, ont proposé que la gravitation serait un phénomène émergeant de nature similaire à l'entropie. En effet ni la gravitation newtonienne, ni celle d'Einstein n'explicitent des éléments fondamentaux, leur description est a bas niveau de résolution et constitue des moyennes macroscopiques. Verlinde estime qu'à des niveaux de description microscopique se trouve de l'information cachée et que notre observation de phénomènes gravitationnels est liée à l'entropie due à cette information cachée.
Nous avons imaginé le cas où, en parlant de mélange, vous brassez votre lait et votre café pour obtenir un liquide brunâtre. Que ce passe-t-il si vous remplacez le café et le lait par de l'eau et de l'huile. Dès que vous arrêtez de brasser, votre mélange se réorganise, l'eau part au fond et l'huile se regroupe en surface, ce qui veut dire que l'entropie diminue d'elle-même, semblant défier le deuxième principe. Or il se veut que les molécules d'huile s'attirent fortement l'une l'autre, les poussant donc à se regrouper. En plus de la position des particules, dans ce cas il y a une interaction entre particules rendant le système complexe. Pour retrouver le deuxième principe, il faut alors tenir compte de ces énergies internes.
L'équation de Boltzmann $S = k \times \log W$ où S représente l'entropie, W le nombre de microétats correspondant au macro état et k la constante de Boltzmann dont la valeur est de 1.38062×10^{-23} joules/kelvin est gravé sur la tombe de Boltzmann. Ce dernier s'est suicidé, accablé par les

critiques que soulevaient ses idées. En particulier, ses idées nécessitaient que les molécules et les atomes existent pour pouvoir être mélangés. A cette période, peu de physiciens croyaient à l'existence physique des atomes. Les critiques et controverses ont eu raison d'un homme de l'intelligence et de la sensibilité d'un Boltzmann. En 1906, âgé de 62 ans et en mauvaise santé, il se pend lors de vacances avec sa famille près de Trieste.

Sans encore le savoir, Boltzmann avait préparé le terrain pour la théorie moderne de l'information. Vous aurez sûrement remarqué que pour reséparer le mélange en sel d'un côté et poivre de l'autre, il a fallu un mécanisme qui recueille de l'information avant de pouvoir faire le tri. Ce mécanisme est une expérience de pensée, elle est encodable dans de la matière et nous pourrions le fabriquer avec des capteurs appropriés et un ordinateur qui effectue le tri en fonction d'algorithmes donnés. Vous aurez aussi remarqué que l'entropie d'un système ne dépend d'aucun des composants individuels du système, c'est une émergence, elle est intrinsèque au cerveau. Elle correspond à la capacité d'abstraction de notre système neuronal ainsi qu'à notre capacité intrinsèque de faire des analogies en repérant des similitudes (la couleur blanche du sel) et en laissant tomber des différences (la forme des grains...). L'entropie, si elle ne décrit pas là-dehors, décrit bien le fonctionnement de notre cerveau: elle décrit l'information que nous ne retenons pas en passant d'un niveau d'abstraction à un autre dans notre pensée.

L'entropie dépend du niveau de résolution, c'est-à-dire, dans les termes du cerveau intrinsèque, de l'inverse du niveau d'abstraction; si nous pouvions élever suffisamment le niveau de résolution, c'est-à-dire ne plus abstraire du tout, il n'y aurait plus de microétats sous-jacents, donc plus d'entropie. Une connaissance parfaite et totale d'un système impliquerait une entropie nulle, ce que nos mécanismes de perception nous interdisent.

La Femtophotographie produit des images réalisées au trilliardième de seconde. Cette vitesse de prise de vues correspond à une résolution totalement inhabituelle pour notre œil. En passant ses films au ralenti, à 25 images secondes, on peut voir un petit paquet de lumière qui avance progressivement et observer ses effets lorsque le paquet de photons rencontre de la matière, déclenche l'émission de nouveaux photons, pénètre la matière elle même et permet de voir son intérieur. À ce niveau de résolution temporelle d'autres ordres sont produits par notre cerveau lorsque celui-ci interprète l'image ralentie, ordres qui étaient cachés et ininterprétés autrement. Les vidéos de Femtophotographie sont postées sur Internet et sont incroyablement impressionnantes.

Je considère symboliquement Boltzmann comme la première victime de la robotisation, les mécanistes ne voulant pas reconnaître l'existence d'émergences et la possibilité d'une physique statistique.

Le deuxième principe qui affirme que l'entropie d'un système isolé croît quand on va vers le futur, elle doit donc décroitre lorsque l'on observe vers le passé. L'entropie devient donc de plus en plus petite au fur et à mesure que l'on se rapproche du Big Bang. Dans l'approche classique, nous devrions alors observer dans les images de fond de ciel beaucoup d'ordre; à la limite, au Big Bang lui-même, l'entropie serait nulle et notre connaissance devrait être parfaite. Ce qui est absurde. L'expansion de l'univers permet de partiellement contourner cette absurdité. Les cosmologistes ont introduit une période d'inflation aux environs de 10^{-36} secondes après le Big Bang. Le Big Bang et l'inflation sont pour l'instant des expériences de pensées non falsifiables, bien qu'elles soient des prolongements logiques d'observations et de théories existantes. Ce ne sont pas des théories scientifiques.

L'INFORMATION

Voilà enfin, nous avons les outils pour nous amuser avec le concept d'information que j'ai utilisé tout au long de ce livre sans trop le définir. Bien sûr, c'est un concept étrange autoréférent et surtout tellement central puisque c'est l'information sensorielle qui alimente notre cerveau et que celui-ci traite cette information pour en faire notre réalité intérieure, virtuelle, la réalinté dans laquelle nous vivons. Je considère ce concept comme étant le plus *profond* parmi nos concepts primitifs, tous les autres s'exprimant à travers lui. De plus, il représente notre seul lien avec là-dehors, tout ce que nous pouvons capter concernant là-dehors nous parvient sous forme d'information. Il nous situe, en tant qu'observateur, il nous distingue du reste en nous situant comme son récepteur.

— Comment percevons-nous l'information?

Tout contact avec là-dehors se fait par l'interprétation de *signaux informatifs* à partir desquels notre cerveau, utilisant ses structures intrinsèques, fabrique des concepts, des mythes et des théories. L'information est donc au centre du processus de connaissance.

Cette capacité, unique dans l'univers connu, à générer et à accumuler de la connaissance nous caractérise en tant qu'humain. Ce qui n'est pas porteur d'information ne peut pas avoir d'existence.

Tout ce à quoi nos sens réagissent n'est que matériel, c'est-à-dire que nos sens interagissent avec de la matière (ou de l'énergie). Pendant l'interaction ils ont extrait de l'information encodée dans la matière et l'ont encodée sous forme de signaux électriques transmis au cerveau, qui les interprète ensuite.

L'information n'est pas une caractéristique de la matière ou de l'énergie dans le même sens que la masse, la charge ou le spin puisque l'information peut se transmettre d'un support matériel à un autre, prendre d'autres formes et rester similaire à elle-même[47]. Elle n'est donc pas intrinsèque à la matière, elle est plutôt *portée* par la matière, sans être la matière elle-même. Un morceau de matière donné peut porter des informations différentes à des moments différents. Nous dirons qu'elle est encodée dans la matière. Cet encodage est un peu analogue à une sorte de dualisme, d'un côté nous avons la matière elle-même, de l'autre l'information *encodée* dans cette matière comme un esprit qui peut se transmettre d'un support matériel à l'autre. Nos yeux sont sensibles à des photons qui frappent notre rétine, nos oreilles le sont à des variations de pression de l'air ambiant, notre toucher à la forme, la température et la structure d'un objet. Des réactions bien différentes, toutes traduites en impulsions électriques au niveau des neurones et que notre cerveau regroupe en une structure unique qu'il interprète, à laquelle il associe à un concept et que, finalement, il appelle: *mon chien*. Pour ensuite guider ma plume pour écrire ce mot chien.

Combien d'encodages, de manipulations, de pertes, de sélections, de rajouts, de recombinaisons, de changements matériels, de transferts d'énergie se sont produits sur la longue route qui a conduit de la *chose* là-dehors jusqu'au mot *chien* sur ce papier. Combien de supports différents ont été mis en jeu pour que mon cerveau me présente le concept chien et guide ma main pour écrire ce mot!

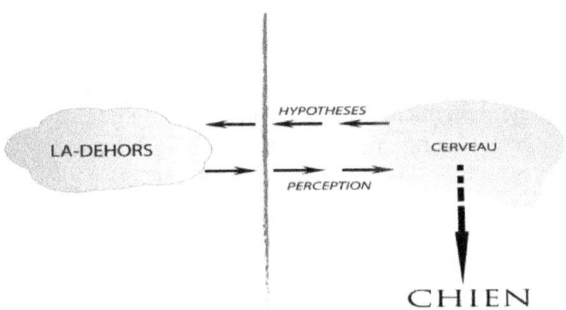

Figure 26: De la perception au mot

Et de cette longue chaîne, dont les maillons sont de nature très différente, cette entité abstraite qui a navigué d'un support à un autre par plusieurs canaux distincts, qui s'est communiquée d'un support au suivant par des processus différents et pour laquelle mon cerveau après recombinaison de différentes sources sensorielles a créé le mot *information*. Comment se fait-il que j'identifie ce mot *chien* à cette chose là-dehors? Comment se fait-il que la langue française utilise le verbe être dans le sens «*identité*» pour affirmer «*ceci est un chien*»? Alors que mon concept abstrait «chien» n'a qu'un faible rapport avec ce qui est là-dehors et qu'il ne saurait en aucun cas y avoir identité? Là-dehors, mon cerveau se représente de la matière, mais lui-même ne manie que de l'information. L'information est transmise par encodages successifs, ce n'est pas le cas la matière. Beaucoup de questions nous restent à éclaircir. À quel moment puis-je dire que j'ai reçu une *information*? Quel est le rapport entre matière et information? Puis-je être informé sans avoir compris? Un autre cerveau que le mien pourrait ne pas générer, à partir d'impulsions sensorielles semblables, la même information. Un cerveau d'extraterrestre produirait-il, devant la même image, une information totalement différente? Ces questions de niveaux s distincts semblent à première vue indémêlables et il a effectivement fallu des millénaires pour y voir plus clair.

— Comment l'information est-elle encodée dans la matière, sans être une propriété de la matière?
L'encre était dans le réservoir de ma plume. Quelque chose, lié au mouvement de ma main, l'a maintenant déposée sur ce papier en organisant les molécules d'encre dans un ordre spécifique: l'écriture. L'eau, qui était le solvant de l'encre, s'évapore progressivement de manière que, ce qui reste, se comporte comme un solide stable. En observant ce solide stable, votre cerveau peut lire le texte et reconstituer l'information qui était précédemment dans le mien. Votre cerveau matche des patterns en reconnaissant (ou en devinant) les mots ou les lettres formées par l'encre séchée. Cette reconnaissance, que vous permet votre fonctionnement analogique, vous assure de lire mon texte et vos liens mémoriels hiérarchiques de lui attribuer le sens qui émergera en vous. (Qui sera un peu différent du sens qui était dans le mien). L'ordre imprimé aux molécules d'encres par ma plume fait apparaître pour vous, à un certain niveau de résolution, des structures macroscopiques nouvelles qui ne vous seraient pas apparues lorsque l'encre était dans le réservoir. Ce sont ces structures macroscopiques, ces encodages spécifiques, les lettres et les mots, que vous savez distinguer, matcher avec des patterns existants, lire pour leur attribuer un sens.
Écrire va apparemment à l'encontre du deuxième principe en créant un ordre improbable. En écrivant, j'ai fabriqué un quasi-PNR. En écrivant, j'ai encodé dans l'encre de l'information qui est dans mon cerveau. Remarquons que l'information ne peut pas exister sans être encodée dans

la matière. En abstrayant ce qui y est encodé et en le nommant *information,* je me donne l'illusion qu'il existe une *information* non encodée. Si le processus d'abstraction permet une grande richesse, il nous expose à de nombreux risques de confusions, en particulier entre le monde de la matière là-dehors et le monde virtuel de l'information. Cette confusion est renforcée par la structure de la langue qui permet à tort d'affirmer: *ceci est un chien,* en identifiant ainsi virtualité et matérialité. Remarquons aussi que le *sens* n'est évidemment ni dans la matière ni dans l'information encodée, c'est uniquement notre cerveau qui le génère intrinsèquement en interprétant. Pour interpréter, le cerveau fabrique des concepts et les relie de manière intrinsèque. Nous distinguerons donc entre information et interprétation de cette dernière. La langue ne nous facilite pas cette distinction avec des expressions comme *qu'est-ce que cela veut dire* ou *quel est le sens de la vie,* elle nous incite à croire que le sens est dans les choses ou dans l'information et a confondre entre sémantique et syntaxe.

Toute matière encode de l'information; dans la grande majorité des cas nous la négligeons parce que nous ne sommes pas à même de l'interpréter et que nous n'y sommes même pas sensibles. Nous ne *voyons* au sujet de *là-dehors* que les choses pour lesquelles nous avons des attentes et des concepts interprétatifs déjà préparés, parce que nous ne voyons pas *là-dehors,* nous ne voyons que nos représentations. Il y a donc un rapport précis entre l'information que nous sélectionnons dans la matière et nos structures interprétatives, ce rapport est créé par le *cerveau générateur d'hypothèses.* Ce processus de sélection est renforcé par les niveaux de résolutions auxquels nos sens ont accès, résolution spatiale et temporelle.

Ce principe de sélection ou d'oubli du cerveau est aussi valable pour la réalité virtuelle collective d'une culture. Elle acceptera ou rejettera des concepts, des théories ou des mythes en fonction de ses connaissances antérieures et de ses interprétations.

Kurt Gödel, par exemple, était très attentif avant de publier, il pensait qu'il fallait que le moment soit juste avant de diffuser une pensée, il lui fallait être certain qu'elle correspond aux paradigmes ambiants pour ne pas être rejetée. Lorsque Dirac découvrit, par la théorie, l'électron à charge positive, plus tard, appelé positron, et mit ainsi en évidence l'antimatière, il fut raillé par ses pairs. Gauss découvrit les géométries non euclidiennes avant Riemann et Lobatchevski, il ne publia cependant rien, car il estimait que la communauté mathématique n'était pas prête à comprendre sa découverte. Nous avons déjà évoqué le suicide de Boltzmann dénigré par ses pairs pour avoir introduit des probabilités et des statistiques en physique. Une théorie doit être en accord suffisant avec les manières de penser habituelles pour être acceptable. Si le cerveau ne peut pas la relier à des concepts existants, elle va être rejetée. De manière générale, une civilisation se *met d'accord* sur des normes par un processus largement inconscient de pression de conformité et de soumission à l'autorité. Comme nous l'avons détaillé dans la première partie de cet essai, mettre en cause ces normes que ce soit par sa pensée ou son comportement va nous exclure de la communauté. Cela explique la prudence d'un Kurt Gödel. Venons-en maintenant à l'information.

Vous souvenez-vous de notre Rolex sur la planète désertique du chapitre six? Ce qui nous avait surpris était cet arrangement improbable d'atomes qui n'aurait pas dû se produire tout seul sur cette planète, l'aspect PNR. Cet arrangement improbable encode énormément d'information parmi lesquelles le cerveau peut en décrypter certaines et sur lesquelles il peut inférer et se dire, par exemple: *un autre cerveau a dû venir ici avant moi.* Plus un arrangement nous paraît improbable, plus il encode d'information. Observer un arrangement improbable, comme une montre, nous fait immédiatement interpréter cette information comme provenant d'un PNR et nous indique qu'il a fallu un cerveau pour qu'il se matérialise.

— Quelle relation y a-t-il entre résolution et information?

Nous avons vu que nous pouvons nous représenter un système fermé dans une grande variété de microétats. L'observateur, lorsqu'il fait une mesure là-dehors, choisit le niveau de résolution auquel il se situe, il choisit un niveau d'agrandissement. Une mesure consiste alors à comparer deux systèmes, l'un supposé connu, l'autre étant le système à mesurer. Le cerveau compare ses représentations des deux systèmes, il est partie prenante dans le processus de mesure, et cela de plusieurs manières : par le choix de ce qu'il veut mesurer, par le choix de l'instrument supposé connu, par le choix de la question qu'il pose au système et par l'interprétation du résultat de la mesure. En mesurant, le cerveau extrait l'information provenant du niveau de résolution qu'il a choisi. Il néglige tous les autres niveaux. Une mesure implique différentes interactions, entre l'instrument de mesure et l'objet mesuré, entre l'instrument et nos sens... Nous ne pouvons fabriquer que des représentations d'une mesure qu'à un niveau de résolution à la fois, celui pour lequel notre instrument de mesure est conçu. La pensée théorique peut éventuellement nous fournir un accès à des résolutions qui nous échappent expérimentalement. La *granularité* caractérise la taille du plus petit élément repérable à un niveau de résolution donné. La granularité n'est pas une propriété du système naturel observé, mais résulte de l'observateur.

Pensez à la résolution d'une photo. Vous pouvez agrandir jusqu'à un certain point. Au-delà, vous ne voyez plus que le grain de la photo. La résolution ne dépend pas du paysage que vous avez photographié, mais des caractéristiques de votre appareil de photo. De même vous pouvez vous éloigner jusqu'à un certain point de la photo pour la voir en entier, vous êtes rapidement en position de voir la photo en intégralité. À basse résolution (à granularité grossière) les microétats d'un système sont traités comme équivalents, nos représentations ne distinguent plus de différences au-delà d'un certain seuil. Les nuances disparaissent dans la granularité. De l'information, présente dans le système, ne se trouve plus dans la représentation à ce niveau. L'entropie peut alors être considérée comme une mesure de notre *ignorance* des microétats possibles. L'entropie mesure donc ce que nous ne pouvons pas savoir d'un système donné, autrement dit, l'information qui est présente dans le système, mais qui nous manque.

Si nous considérons une baignoire pleine d'eau à trente degrés, nous avons une information sur un macro état de l'eau, la température moyenne, cependant nous ne savons rien sur la vitesse de chacune des molécules qui composent l'eau de la baignoire. L'entropie serait alors la quantité d'informations supplémentaires nécessaires pour spécifier tous les états de chaque molécule.

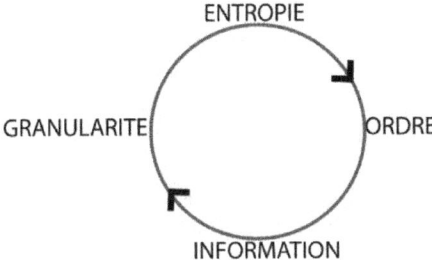

Figure 27: Granularité

L'information disponible va dépendre de la granularité choisie pour l'observation, à chaque niveau de résolution apparaît une information nouvelle, émergente, comme un nouvel ordre, de celle qui se trouve plus en profondeur.

L'ignorance, à un niveau de résolution donné, correspond à ce qui est négligé à ce niveau, c'est-à-dire les ordres non représentés par notre cerveau, ou autrement dit le désordre. Par contre, ce *que nous spécifions* est ce que notre cerveau représente parce qu'il a repéré un ordre. Si nous pouvions tout percevoir et représenter à tous les niveaux d'un système, nous pourrions prédire exactement l'évolution du système. L'entropie serait nulle, comme nous l'avons déjà remarqué au paragraphe précédent.

Le génie de Claude Shannon, faisant suite aux travaux de Boltzmann, est d'avoir précisé en quel sens la matière porte ou encode l'information: dans ses niveaux d'organisation.

Ainsi, un morceau de matière peut sembler solide et plein à nos sens, mais être vide à une résolution supérieure du niveau de celle qui décrirait un neutrino. Pour une molécule d'eau, les questions de changement de phase, le passage du liquide au solide, lorsque la température varie, n'apparaissent pas; il faut un certain nombre de molécules pour le constater et donc une résolution plus faible. Les émergences dépendent du niveau de résolution.

L'information a la capacité *de transiter* d'un support matériel à un autre, elle peut s'encoder de nombreuses manières différentes dans une large diversité de supports et à différents niveaux hiérarchiques. Une information biologique est encodée dans la molécule d'ADN, de la musique est encodée sur un CD, l'image de télévision dans des ondes électromagnétiques, le son perçu par vos oreilles est encodée dans la succession des spikes neuronaux... Pour transiter d'un support matériel A à un autre support B, il est nécessaire que les deux supports interagissent physiquement, qu'il y ait un échange d'énergie entre A et B. Il faut de plus qu'un ordre présent entre éléments de A se traduise en un ordre sur des éléments de B. Par exemple lorsqu'un tampon est appliqué sur de la cire ramollie. En transitant d'un support A à un support B, le transfert va modifier l'état de A et de B, puisqu'il y a échange d'énergie. Au niveau macroscopique, lorsqu'on allume une bougie avec une autre, par exemple, la modification sur B est bien visible, mais la modification sur A passe inaperçue. Ce n'est pas le cas si notre résolution est microscopique. Au niveau des particules, l'échange d'énergie qu'implique la transition d'information va être sensible pour A et pour B. Le physicien va travailler à un niveau de granularité donné et rechercher les régularités qui se manifestent à ce niveau-là. Les lois de la gravitation de Newton, par exemple, ne vont pas s'intéresser à la composition chimique des astres dont elles décrivent le mouvement. En augmentant sa résolution, il va peut-être s'intéresser à une réaction nucléaire qui se passe sur une étoile donnée. Ce faisant il ne tiendra pas compte du mouvement de l'étoile, il utilisera d'autres outils et un *autre langage* avec d'autres concepts. Chaque niveau est contraint par les niveaux inférieurs, en changeant d'échelle, on ne doit pas pouvoir introduire de contradictions dans l'ensemble. À chaque niveau, l'information apparaît naturellement comme un ordre émergent à ce niveau. Nous avons distingué la vision de la grenouille de la vision de l'oiseau. Avec le concept d'information hiérarchique, nous pouvons donner à cette distinction un sens beaucoup plus précis: la grenouille et l'oiseau ne travaillent pas au même niveau de résolution, ils n'ont pas accès au même support matériel et doivent donc chacun utiliser un langage approprié au niveau de résolution auquel ils travaillent. La grenouille voit le film de James Bond et l'oiseau un flux d'électrons. Ce ne sont que deux encodages différents de la même information, mais des interprétations différentes, générant des mythes différents et des connaissances différentes. Chaque étage de résolution révèle sa propre information et les concepts permettant l'interprétation à chaque niveau sont différents ainsi que le langage.

Le niveau de résolution dépend évidemment de l'observateur, là-dehors il n'y a pas de niveaux de résolution. Ce n'est qu'un observateur qui peut repérer de l'information.

— La quantité d'information.

Shannon va se demander quelle est la quantité minimale d'information. Il définit, en 1948, le *bit d'information* comme l'unité d'information digitale. Un bit peut prendre soit la valeur 0 soit la valeur 1. C'est en quelque sorte le «potentiel» de prendre l'une de deux valeurs possibles, un bit donc est virtuel. Il peut être implanté (encodé) dans une variété de systèmes: des cartes perforées, des interrupteurs, des transistors, des plaquettes d'argile… Tout système physique susceptible de se trouver dans deux états différents peut encoder un bit.

En pratique les ordinateurs travaillent avec des assemblages de huit bits appelés byte. Un système matériel étant donné, il y a un nombre maximal de bits qui peut y être encodé, tout niveau de résolution considéré. Ce nombre maximal de bits correspond aux nombres d'états possibles dans lequel le système peut se trouver. Le nombre maximal de bits encodables correspond au nombre d'ordres différents dans lesquels le système peut s'organiser. Seth Lloyds, professeur au MIT et spécialiste des ordinateurs quantiques, a calculé le nombre de bits total que l'univers a pu générer jusqu'à ce jour. Il est parti du nombre de particules estimé dans l'univers soit 10^{80} et calculé le nombre d'états possible de ces particules pour atteindre 10^{120} bits. Pour Seth, l'univers entier peut être décrit en terme d'information, comme un gigantesque ordinateur quantique. Il n'y a pas besoin d'utiliser les concepts de matière et d'énergie. Il a certainement raison puisqu'en tous les cas, pour le cerveau intrinsèque, nous ne décrivons que de l'information, celle de nos représentations.

LE HASARD

Le hasard est un concept primitif subtil duquel il est très difficile de s'approcher dans la vision extrinsèque. C'est un concept primitif. Nous lui attribuons toutes sortes de capacités comme celle nous faire rencontrer une très ancienne connaissance, juste là, au coin de la rue. Ou la chute de cet excrément de pigeon exactement sur ma tête. Ou encore deux six sortants simultanément au tirage de dés. Ou tout autre événement dont nous considérons qu'il est imprévisible. Dans ces exemples, le hasard est la *cause qui manque* pour que les exigences de cohérence et de causalité intrinsèque soient respectées. L'événement semble s'être produit sans cause apparente, nous utilisons alors le terme hasard pour servir de cause.

Voici un argument donné par Gregory Chaitin citant le grand mathématicien Armand Borel et qui illustre pourquoi, nous ne sommes pas capables de donner une définition du hasard, même en ce qui concerne les nombres:

Supposons que vous soyez capables de distinguer, parmi les nombres réels[5], ceux dont la suite des décimales forme une série au hasard (ou aléatoire) de ceux qui forment une série non aléatoire. Dans notre notion intuitive de série aléatoire, ou d'événement aléatoire, plusieurs idées/sentiments se conjuguent. Parfois ces idées sont presque contradictoires, en voici quelques-unes: l'idée d'imprévisibilité, le sentiment de surprise, l'idée d'un événement qui échappe aux règles habituelles, l'idée que l'on ne peut reconstituer les causes, l'idée de l'improbabilité, l'idée de l'invraisemblable. Mais le hasard comporte aussi l'idée que la série ou l'événement que vous considérez soit typique, c'est-à-dire qu'il ne doit pas avoir un caractère distinctif qui la rendrait atypique et donc particulier ou spécial. La série 0,0, 0,0, 0,0, 0,… paraît trop particulière parmi toutes les séries possibles composées avec des 0 et des 1 pour être aléatoire. Son caractère particulier, insuffisamment atypique, s'exprime par le fait que l'on peut facilement repérer une règle pour la construire, elle ressemble à un quasi PNR.

Revenons à l'argument de Borel. Supposons que vous ayez une définition du hasard que nous nommons *Def.* Prenez, parmi tous les nombres à N décimales, le premier nombre qui satisfasse *Def.* Ce nombre particulier doit être typique puisqu'il satisfait votre définition de hasard. Or, il est aussi le premier à répondre à votre définition *Def*, ce qui le rend nécessairement atypique. En explicitant un *nombre au hasard*, aléatoire, vous lui ôtez précisément le caractère qui le rend aléatoire. C'est cette caractéristique qui rend le concept de hasard difficile à expliciter. Dès que nous déterminons un nombre aléatoire par une définition, nous lui enlevons par là même son caractère aléatoire.

Dès que votre cerveau donne une explicitation verbale, intensionnelle, de la notion de hasard, ce même acte mental invalide l'explicitation que

---

[5] Les nombres dit réel sont tous les nombres représentés sur un segment de droite, nous les avons rencontrés au chapitre sept.

vous venez de fixer. Plus vous cherchez à *attraper* le hasard et plus il vous échappe. Un nombre au hasard est un exemple de concept que nous pouvons ressentir, mais pas définir, il échappe à toute formalisation, mais il n'échappe pas à notre cerveau. Ces concepts sont là, nous les ressentons bien, nous en avons besoin pour compléter notre image de la *réalité*. Notre cerveau génère les concepts primitifs pour compléter ses suites causales, mais ils sont indéfinissables à partir d'autres concepts. Ils représentent des limites de notre système mental intensionnel, limites qui sont dépassées par nos sensations. La régression infinie tourne en boucle. Le hasard se produit par hasard et pas par une définition explicite. Le hasard n'est pour cette raison pas programmable sur un ordinateur. L'ordinateur ne digérera pas le cerveau.

La question que nous nous posons maintenant est de savoir si le hasard *correspond* à quelque chose là-dehors. Pouvons-nous expliciter un événement naturel qui se produise par hasard? Les concepts pour lesquels ne nous pouvons trouver d'autres causes qu'eux-mêmes sont nécessairement sans correspondance là-dehors, car l'existence là-dehors nécessite la possibilité d'une interaction. Sans interaction, rien ne peut se passer là-dehors. Si quelque chose pouvait se passer là-dehors sans interaction, cela constituerait un *miracle* et, comme nous l'avons vu, l'univers serait alors totalement incompréhensible. Le hasard est donc un phénomène purement intrinsèque qui parle uniquement du fonctionnement de notre cerveau, une limite du moyen par lequel il relie causalement les concepts et les événements. Une sorte de bord. Si dans le monde matériel là-dehors, nous ne pouvons pas repérer de correspondance avec le *hasard*, dans l'espace virtuel intrinsèque, celui de l'information et des concepts, le hasard est fréquent. Il correspond à l'existence d'entropie, c'est-à-dire à des résolutions plus fines ou grossières ou encore à de l'information cachée. Il est donc naturel que dans le monde virtuel intrinsèque dans lequel nous vivons en décomposant par réduction en sous-systèmes, de nombreux événements nous semblent se produire par hasard.

Les mathématiques qui sont, elles aussi, des productions virtuelles du cerveau connaissent et étudient la notion de hasard. Les probabilités sont une construction mathématique permettant de raccorder le hasard dans la virtualité, aux *non-hasards,* là-dehors dont nous ne pouvons extraire qu'une information déterminée. Les probabilités permettent de dire quelque chose dans le monde virtuel au sujet du là-dehors, alors que nous n'avons pas moyen de recueillir une information au niveau de résolution voulue.

Un ordinateur, comme nous l'avons remarqué, ne peut pas expliciter un nombre au hasard puisqu'il fonctionne par algorithmes. Pour lui le hasard ne peut exister. Les générateurs de hasard des ordinateurs, utilisés en cryptographie par exemple, génèrent un pseudo hasard, une imitation, suffisante dans bien des cas. De même les systèmes mécaniques là-dehors ne peuvent pas générer du hasard, il n'apparaît que dans l'entropie de nos représentations.

Ceci étant clair, examinons le *sentiment de hasard,* celui qui apparaît dans notre réalinté virtuelle, le seul qui puisse exister. Quels sont ces événements que nous attribuons au hasard. En fait, l'essentiel des événements auxquels nous attribuons de l'importance se produisent par hasard: les rencontres, la question qui nous fait rater l'examen, une présence imprévue, finalement tous les événements significatifs de notre existence, ceux qui vont marquer des changements de cap, sont dus au hasard. Ou, si je l'exprime autrement, je ne peux pas prévoir les événements qui vont être significatifs. Ou encore, tout ce qui se passe comme prévu ne me surprend pas et je n'ai pas recours au concept de hasard pour en parler.

J'ai remarqué que plusieurs d'entre nous aiment bien expliquer comment ils ont fait pour *maîtriser le hasard.* Par exemple pour monsieur X en jouant au loto sa propre date de mariage, écrite à l'envers. Cette martingale se qualifie mal comme une loi de la nature évidemment! Si elle a marché une fois, cela surprend et réjouit. Mais personne n'a rien appris, on ne peut pas en faire une loi, elle sera certainement falsifiée au prochain tirage du loto. Si une loi/martingale se révélait systématiquement correcte, cela voudrait simplement dire que les tirages qui ont été faits ne résultent pas d'un processus suffisamment aléatoire, mais d'une loi qui a maintenant été découverte et qui est: *la date de mariage de monsieur X écrite à l'envers*. Ce qui semble ridicule, puisque cette date ne change pas avec le temps. L'existence même d'une martingale détruit la notion de hasard, comme nous l'avons examiné avec l'argument de Borel. Croire que l'on possède une martingale, c'est en quelque sorte ne pas croire que le tirage (ou l'événement) est dû au hasard, c'est avoir réduit l'entropie à zéro. D'autres aiment exprimer l'idée que le sentiment de hasard n'existe simplement pas pour eux. Qu'ils y repèrent toujours une cause, une raison, une finalité à ce qui se produit. Cette croyance les conduit à chercher systématiquement une raison aux événements qu'ils vivent. S'ils rencontrent quelqu'un dans un train, par exemple, ils se disent qu'il doit bien y avoir une raison pour cette rencontre et ils la cherchent, souvent en invoquant le *destin*. Pour eux, comme le hasard n'existe pas, leur destin doit être écrit. Ils font un rapport entre hasard et déterminisme. Le hasard d'une rencontre dans la rue, comme nous l'avons évoqué ci-dessus, est particulièrement surprenant par son caractère imprévisible. Souvent dans ces cas la conclusion est la même que précédemment: il doit y avoir une raison qui, peut-être m'échappe pour l'instant, mais qui doit exister. Les personnes qui raisonnent ainsi me donnent l'impression de croire qu'il y a une sorte d'ange qui surveille leur vie de là-haut et, de temps en temps, arrange quelques événements que l'ange sait savoir utiles. Les cas de rencontres *par hasard*, ne sont qu'une simple question de résolution et d'étendue de l'information disponible. (Voir la figure 28).

Il y a encore le sentiment de hasard que chacun ressent devant le lancer de dés. Certains acceptent qu'il s'agisse de pur hasard, ils peuvent donc définir ce hasard extensionnellement en désignant plusieurs lancés de dès l'un après l'autre. Mais il sera très difficile d'extraire de l'observation de ces lancés, la notion commune de *hasard*. Il serait plus évident d'en extraire le concept commun de *lancer de dés*. D'autres pensent encore qu'ils peuvent influencer le résultat du lancer par la pensée, ou encore qu'il existe des jours de chance qui influencent le résultat... Nos attitudes face à ces événements peuvent donc être extrêmement diverses et refléter des mythologies personnelles très différentes, produisant des réactions variées face aux événements de la vie, allant d'un fatalisme profond, au besoin de décider, d'agir et de contrôler en toutes circonstances. Les *hasards* que nous avons évoqués ici sont tous à ranger dans la catégorie des coïncidences.

C'est la coïncidence, la synchronicité de deux événements qui nous surprend, que nous n'avions pas prévue, qui nous paraît de notre point de vue improbable. La *coïncidence* provient toujours du fait que nous n'avons perçu et suivi qu'une chaîne d'événements et pas une autre. Lorsque les deux chaînes d'événements se rencontrent, il ne nous reste que le hasard pour l'expliquer dans le cadre restreint de la chaîne que nous avons suivie. Il s'agit donc d'une question de résolution (fig. 27). Pour un cerveau externe qui aurait suivi les deux chaînes simultanément, il n'éprouverait pas ce sentiment de surprise. Nous ne percevons qu'un *morceau* extrêmement limité de l'univers, lorsqu'un autre morceau pénètre dans notre champ de perception, il est normal que nous ne trouvions pas d'explication dans le cadre du morceau que nous avons suivi.

Vous avez suivi la préparation de votre ticket de loto et rien dans cette préparation ne vous paraît aléatoire, vous n'avez pas suivi la machine à effectuer le tirage, personne du reste ne l'a suivie, mais son tirage n'est pas aléatoire, il suit parfaitement les lois de la physique. La machine est cependant conçue pour brouiller énormément les conditions initiales de manière que ces dernières ne soient pas mesurables. C'est parce que cette mesure est impossible que nous pensons que la machine fait son tirage *au hasard*, ce qui n'est qu'un abus de langage, il n'y a pas de hasard, il y a une impossibilité de mesurer les conditions initiales.

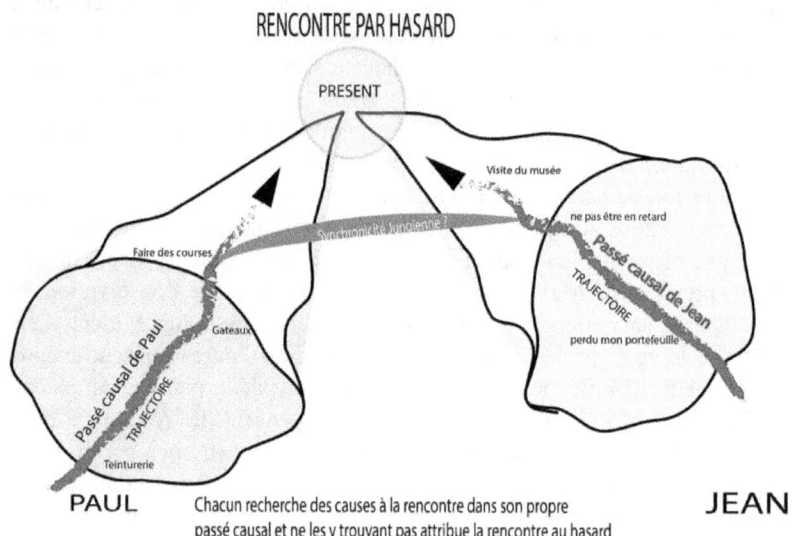

RENCONTRE PAR HASARD

PRESENT

Visite du musée

ne pas être en retard

Faire des courses

Synchronicité Jungienne ?

Passé causal de Jean

TRAJECTOIRE

Gateaux

perdu mon portefeuille

Passé causal de Paul

TRAJECTOIRE

Teinturerie

PAUL   Chacun recherche des causes à la rencontre dans son propre   JEAN
passé causal et ne les y trouvant pas attribue la rencontre au hasard

Figure 28: Coïncidence

Ces deux chemins vont coïncider au moment du tirage au cours duquel vos numéros vont sortir. Cette notion de coïncidence alliée à l'impossibilité de mesurer les conditions initiales explique les exemples que nous avons donnés et notre surprise lorsqu'ils se produisent. Je vous laisserai vous en convaincre. Cela n'empêchera pas certains d'entre nous de se demander pourquoi ces coïncidences se produisent ? Ils veulent une *raison*. Je renverrai ces lecteurs au point de vue de la grenouille et celui de l'oiseau. La grenouille ne comprend pas la raison de ces coïncidences, pour l'oiseau qui a suivi toutes les trajectoires, c'est évident.

N'ayant pas la possibilité d'avoir toujours le point de vue de l'oiseau, la grenouille a recours au calcul des probabilités. Certains, à l'instar du grand psychanalyste Carl Gustav Jung, ont introduit le concept de synchronicité pour chercher à expliciter une raison plus profonde à l'existence de ces coïncidences, une sorte de lien établi à distance entre les deux trajectoires causales de la figure 28. Pour l'instant aucun lien de ce type n'a encore été observé physiquement.

Hasard s'oppose à déterminisme. La définition traditionnelle du déterminisme philosophique fait référence à celle publiée par Laplace, en 1814, dans *l'Essai philosophique sur les probabilités* que nous avons déjà cité au chapitre dix. Si un dé était parfait (parce que son cube serait parfait, que son centre de gravité serait exactement au centre du cube, que sa matière serait assez homogène pour que tous les rebonds soient identiques, etc.) le résultat d'un lancer serait reproductible: deux lancers identiques produiraient le même résultat. Mais la perfection de fabrication du dé étant aussi illusoire que la reproductibilité de son lancé, tous deux affectés d'imprécisions inévitables, le lancer de dés idéalisé est un phénomène déterministe, mais sensible aux conditions initiales: *c'est en ignorant cette sensibilité aux conditions initiales que l'on considère comme aléatoire le résultat d'un lancer de dés.*

Cette ignorance délibérée est une simplification liée à la difficulté en pratique insurmontable de mesure de la position, de l'inclinaison et du vecteur vitesse initiale, c'est une difficulté liée à l'entropie, à l'information qui nous échappe. En oubliant de l'information, on se place à un niveau de résolution intrinsèque pour lequel du hasard est généré.

Qu'en est-il des suites aléatoires en mathématiques? Il est utile de se rappeler que les mathématiques sont des productions intrinsèques intensionnelles de notre cerveau. Gregory Chaitin[6] a défini, en 1965, une *suite aléatoire* de la manière suivante: *Une suite de bits (de 0 et de 1) est aléatoire si elle ne peut pas être générée sur un ordinateur par une suite plus courte.* Ce qui veut dire que le plus petit programme informatique nécessaire à générer la suite a une longueur à peu près identique à la suite elle-même. Pour une suite de bits donnée, Chaitin définit le plus court programme qui générera cette suite comme un programme *élégant*. Une suite sera alors dite aléatoire si ses programmes élégants ont la même longueur en bit que la suite elle-même. Cette définition correspond assez bien au sentiment que nous avons de hasard comme vous pourrez le vérifier. Chaitin montre ensuite que parmi toutes les suites possibles, celles qui ont un programme élégant plus court que la suite elle-même sont extrêmement rares, ce qui signifie que presque toutes les suites possibles sont aléatoires. Mais Chaitin montre aussi qu'étant donné une suite et un programme P qui la génère, il est impossible de montrer que P est élégant! Le hasard en mathématiques est donc une notion qui se laisse cerner et définir. Mais il est impossible de montrer qu'une suite donnée est effectivement aléatoire, bien que presque toutes les suites le soient. Le résultat de Chaitin, sur la base duquel s'est construite la théorie algorithmique de la complexité est extrêmement parlant en tant que caractéristique des concepts primitifs. Faisons-nous une idée plus précise sur ces réflexions de Chaitin. Si la suite considérée comme output caractérise l'univers entier, un programme élégant pour cet output serait la plus simple théorie du tout possible, celle sans éléments redondants, celle que Leibniz aurait considérée comme l'œuvre de Dieu. À partir de cette idée simple de compression, Chaitin (ainsi que Kolmogorov séparément) vont

---

[6] Né en 1947. Sa page web est à : http://www.umcs.maine.edu/~chaitin/

construire la théorie de la complexité algorithmique. Si nous étions capables de prouver qu'un programme Q est élégant, nous serions capables de trouver un programme plus petit que Q et qui produit le même output que Q. D'où une contradiction similaire à celle du raisonnement de Borel pour les nombres aléatoires.[48]

La compressibilité est ainsi reliée au hasard. Plus une suite de chiffres est compressible, moins elle est aléatoire, définissant ainsi des degrés de hasard appelé complexité algorithmique de la suite. Une suite aléatoire aura un programme élégant de la même longueur que la suite elle-même.[49] Sa *complexité algorithmique* est alors dite maximale. La *complexité algorithmique* d'une suite mesure la longueur du plus petit programme qui génère cette suite et donc son degré de hasard. Cette construction ressemble étrangement à l'entropie de Boltzmann. Plus il y a de microétats qui nous échappent, plus le système a d'entropie, moins il a d'ordre, plus il est porteur d'information inconnue et plus il est complexe algorithmiquement, donc plus il est aléatoire. Les notions d'entropie, d'ordre, d'information, de complexité algorithmique sont donc reliées en mathématiques.

Vous souvenez-vous de la bibliothèque de Babel que nous avons évoquée au chapitre cinq. Nous avions déjà remarqué qu'elle est extrêmement compressible puisqu'un tout petit programme informatique peut la générer. Elle est donc algorithmiquement simple et contient peu d'informations cachées, son entropie est élevée. Elle contient cependant toutes nos connaissances présentes et à venir. Cependant plus nous voulons spécifier les ouvrages qui sont intéressants pour nous, plus le programme de génération de cette bibliothèque réduite va s'allonger. Autrement dit, plus le programme qui filtre deviendra important. Plus nous voulons restreindre la bibliothèque à des livres auxquels nous pouvons attribuer un sens, plus la longueur du programme de spécification augmente. Finalement pour spécifier précisément le livre de physique du IIIe millénaire que nous cherchons, celui qui décrit la *véritable* physique du IIIe millénaire, le programme sera le livre lui-même. Le programme élégant pour générer ce livre sera de la même longueur que le livre lui-même. Il n'y a pas de raccourci à notre effort de connaissance.

La notion de hasard apparaît dans le cerveau humain comme une émergence lorsque ce dernier se contente d'une granularité grossière ou que son champ d'observation est restreint, c'est-à-dire quand de l'information est négligée. Et c'est toujours le cas. Il n'est cependant pas étonnant que les lois de la physique au niveau global ne fassent pas intervenir de hasard. Or nous écrasons les niveaux d'informations dans nos raisonnements et c'est de là que surgissent des paradoxes.

Venons-en au hasard qui semble se présenter en physique quantique? Contrairement à une idée répandue, la mécanique quantique est déterministe. L'évolution de l'état quantique est donné par une superposition pondérée de tous les états quantiques possibles. Les règles gouvernant cette évolution sont dites *Unitaires*. Elles sont linéaires, ce qui est une caractéristique fondamentale de l'équation de Schrödinger. Le caractère unitaire se perd lorsque l'échelle d'observation est modifiée et que l'on agrandit l'observation au niveau dit classique. Les règles changent. Un événement à petite échelle a déclenché quelque chose d'observable à l'échelle classique qui diffère complètement de l'évolution unitaire. C'est ce que l'on appelle la décohérence ou la réduction de l'équation d'onde. C'est ce qui se produit lorsqu'une mesure est effectuée. En agrandissant des phénomènes, on change les règles et l'on cesse de conserver des superpositions linéaires. C'est là qu'interviennent les probabilités, une manière intrinsèque de décrire là-dehors.

L'aspect probabiliste ne veut rien dire sur ce qui se passe là-dehors, mais uniquement sur ce qui se passe dans notre cerveau lorsque nous changeons de résolution en partant du niveau maximal de réduction.

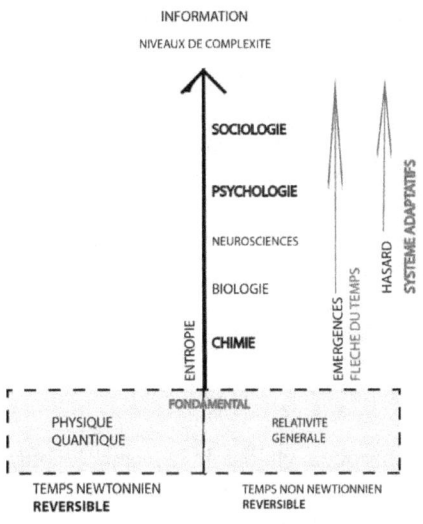

Figure 29: hasard et résolution

Nous sommes limités dans notre possibilité d'extraire de l'information de là-dehors par la manière dont fonctionne notre *prise d'information* sur là-dehors, nous plaçant comme observateur. Il est aussi possible que le niveau d'information qui puisse être extraite soit limité par la nature

271

quantique donc discrète et non réductible de cette dernière. Si nous avions considéré, comme dans le point de vue réaliste, extrinsèque, que nos descriptions sont des modèles de là-dehors, ils seraient en contradiction les uns avec les autres. Mais, étant intrinsèque, leur apparente contradiction n'en est pas une, elle ne fait qu'illustrer les interprétations différentes du même concept suivant le niveau dans la hiérarchie informationnelle de l'espace virtuel ainsi que les différents langages et les différentes descriptions qui en résultent. (figure 29). La projection sur un seul niveau: là-dehors fait ressortir des contradictions. Au niveau de résolution le plus fin et fondamental que nous ayons, le niveau quantique, la nature même de l'information que nous pouvons recueillir ne permettent que de donner des descriptions probabilistes. Dès que l'on peut envisager des sous-systèmes, le phénomène d'émergence apparaît ainsi qu'une flèche du temps, un temps qui s'écoule. L'entropie augmentant nous apparaît la notion de hasard. Tout se passe dans les constructions intrinsèques du cerveau.

Nicolas Gisin[7], de l'université de Genève, dans son article de décembre 2010, discute de la compatibilité du réalisme avec le pur hasard. Il nous dit: *considérons un monde pour lequel certaines mesures produisent des résultats vraiment aléatoires. Dans un tel monde, certains événements sont fondamentalement non prédéterminés; non seulement nous, humains, ne les connaissons pas d'avance, et il n'y a aucun moyen de les connaître d'avance, mais même la nature ne les connaît pas d'avance... Un événement purement aléatoire ne fait qu'arriver, il suit certaines lois de probabilité, mais il ne vient de nulle part.* Le point de vue intrinsèque dirait que la nature n'a pas moyen de connaître, connaître est une fonction purement et uniquement humaine. De plus nous n'avons aucun moyen de connaître la nature de la réalité. Nous ne pouvons que poser des questions en faisant des mesures qui nous répondent par oui ou par non au niveau informationnel que nos instruments ont fixé. Dans cet exemple on voit aisément l'apport important du point de vue intrinsèque.

LE TEMPS

Le temps a historiquement été le concept le plus discuté par les philosophes et les scientifiques. Il est devenu l'archétype même de concept primitif. Tout se passe dans le temps. Rien ne saurait se passer sans évolution temporelle. Mais, dès que nous y réfléchissons un peu, dès que nous voulons en comprendre la nature dans une vision extrinsèque, nous sommes confus, nous ne savons plus à quoi nous

---

[7] Physicien quantique, Nicolas Gisin a monté une série d'expérimentations de pointe à la suite d'Alain Aspect. Spécialiste de téléportation quantique et de l'utilisation des propriétés quantiques pour la cryptographie.

référer. Sa direction apparente du passé vers l'avenir permet le concept de causalité et celui de la possibilité de choix. Les équations de la physique sont conçues pour décrire une évolution temporelle d'un état initial donné vers un état futur. Elles exigent donc la manifestation successive d'états différents et un écoulement du temps. S'agit-il vraiment du même temps en physique que celui que nous ressentons?

Les traces matérielles constituent notre moyen de distinguer entre passé et futur en tant que grenouille. Une trace est un objet, support d'information, qui n'a pas changé d'état (ou relativement peu) lors du passage du temps. Le passé marque son existence dans le présent par ses traces informationnelles, matérielles ou mémorielles. Le futur, par contre, ne se manifeste à nous qu'au travers de nos prévisions/prophéties. Le futur ne laisse pas de traces, la cause précède toujours l'effet. Les traces nous laissent l'impression de connaître, du moins partiellement le passé. Notre réalinté au présent est une combinaison de passé et de futurs anticipés, comme nous l'avons déjà analysé.

Modifier des traces du passé modifie le futur, mais pas le passé. Ce dernier nous apparaît comme complètement déterminé et inchangeable, sous peine de générer des paradoxes. À partir de traces, nous réactivons maintenant, des patterns préalablement mémorisés. En réactivant ces patterns, nous créons de nouvelles associations; en nous remémorant un tel pattern, nous le modifions, il ne sera donc plus tout à fait le même, il se retrouvera modifié et enrichi par de nouvelles associations, celles qui sont liées à la situation présente. Ce qui fait que, pour des événements anciens, nous nous souvenons de nos souvenirs antérieurs et plus du premier enregistrement. Notre mémoire s'estompe ainsi dans le temps. Les traces matérielles et informationnelles s'estompent, elles aussi, aucun objet n'est vraiment isolé et l'information va finir par se disperser. Une trace conserve dans le temps de l'information à un certain niveau de résolution, elle néglige nécessairement beaucoup d'informations microscopiques. Son entropie est donc élevée. La mémoire de notre cerveau est très différente de celle qui est portée par des traces matérielles, elle est donc aussi très différente de celle de l'ordinateur.

Pour nous, du point de vue de la grenouille, une asymétrie profonde entre passé et avenir est manifeste. Nous avons le sentiment d'un écoulement qui va du mémorisé vers l'attendu et cela correspond bien à la mémorisation hiérarchique, ordrée et au système de génération d'hypothèses. Il est donc naturel que notre cerveau ressente un temps qui s'écoule, ce sentiment est fonction et conséquence de cette mémoire hiérarchique ordrée. Cette direction est la *flèche du temps*.

Mais dès que nous adoptons le point de vue extrinsèque d'un temps qui s'écoulerait là-dehors, indépendamment de nous, tout devient plus mystérieux, dans quoi peut-il bien s'écouler? Quel est le nid de cette rivière, s'écoule-t-il dans le temps, dans lui-même. Que nous dirait le point de vue extrinsèque?

Tant en physique classique que quantique, les équations d'évolution temporelle ne sont pas sensibles à un changement de la variable temps t en son opposée: − t; pour elles, le temps est réversible, il peut s'écouler dans les deux sens indifféremment. C'est-à-dire que les équations ne font pas de distinctions fondamentales entre passé et avenir, elles ne mettent pas en évidence une *flèche du temps*. Elles ne le peuvent pas, le temps y est une variable nous permettant de parcourir une trajectoire. Les équations n'ont pas, elles, de mémoire hiérarchique et de présent privilégié. Cette symétrie entre passé et avenir est le fondement même de la pensée extrinsèque déterministe: l'avenir en tant que symétrique du passé doit être, comme lui, déterminé. De cette symétrie découle directement le paradigme mécaniste dominant chez les scientifiques et qui est un objet de cet essai.

La question de la réversibilité du temps est extrêmement importante puisqu'elle est liée à des questions aussi fondamentales que celle du déterminisme et de la liberté de choix. Le moyen le plus simple d'imaginer ce que signifie de remplacer t par − t dans les équations est de penser à ce que cela donnerait si vous passiez un film à l'envers. Si la séquence représente une boule roulant sur une surface lisse sans frottement, comme une boule de billard, il est vrai que vous ne remarquerez rien de surprenant. Cependant, si la séquence représente un verre de vin chutant sur le carrelage de la cuisine et se brisant en morceaux, la séquence inversée sera surprenante à regarder. La séquence inversée de la boule nous paraît être l'enregistrement d'un événement PR, alors que celle du verre qui se recompose paraît être plus miraculeuse qu'un PNR. Elle est invraisemblable, mais elle n'est pas totalement exclue par les lois de la physique. Voir les morceaux de verre se recoller va localement à l'encontre du deuxième principe (de l'entropie croissante) et cela nous suggère que cet événement est invraisemblable. Mais le deuxième principe est statistique, il n'exclut pas cette possibilité, il prétend simplement que sa probabilité est très faible.

La flèche du temps et le temps sont des concepts de haut niveau de notre réalité, ces émergences de notre cerveau peuvent-elles avoir une quelconque correspondance là-dehors? Pourquoi les équations de la physique sont-elles symétriques par rapport à la variable t ?

LES TEMPS DES PHYSICIENS

Dans son livre *The End of Time*[8] le physicien John Barbour[9] défend le point de vue que le temps n'est qu'une illusion engendrée par notre cerveau et que nombre de problèmes en physique théorique proviennent du fait d'assumer qu'il existe en dehors de nous. Cette position est en accord avec le point de vue du cerveau intrinsèque, sauf que nous ne parlerions pas d'illusion, mais de temps intrinsèque. Une illusion sous-entend qu'il est possible de sortir de cette illusion, ce qui pour le cerveau intrinsèque n'est pas le cas. Nous ne dirions pas que le temps n'existe pas, mais que, comme tout autre concept, il est une production de notre cerveau. Il est même une production ancienne et résultant de la sélection naturelle. Il a une existence virtuelle. Barbour se situant dans la vision classique extrinsèque parle lui d'illusion. Il attribue cette illusion à notre appréhension du changement. Comme sur un film de cinéma, dès que nous voyons deux images presque identiques, au détail près que la voiture sur la deuxième image se situe deux mètres plus en avant sur la route, nous assumons automatiquement qu'un laps de temps s'est écoulé entre les deux prises de vue. Le temps, pour lui, est une production de notre cerveau qui génère ce concept en réponse aux changements perçus par le système sensoriel. Il ne correspond à rien là-dehors. Du point de vue intrinsèque, le changement n'est qu'une conséquence des traces mémorielles hiérarchiques, qui elles produisent le changement et le temps. La structure causale du cerveau introduit un ordre, une succession dans la manière dont les événements sont reliés les uns aux autres, un ordre physiquement réalisé par la connectivité du réseau et la succession des spikes, que nous ressentons comme une succession temporelle.

Le point de vue de Barbour et ses doutes sur l'existence objective du temps remontent en fait à Héraclite d'Éphèse[10]: *À ceux qui descendent dans les mêmes fleuves surviennent toujours d'autres et d'autres eaux.* Ou encore: *Tout change et rien ne demeure immobile... et... vous ne pouvez vous tremper deux fois dans la même rivière.*[11] Ce qu'il décrit est une expérience extensionnelle fournissant les concepts de bas niveau desquels le cerveau peut abstraire son concept de temps. Sans mémoire et sans abstraction, le changement ne saurait exister. Nos structures mémorielles et l'analogie intrinsèque sont la source du concept de changement. Là-dehors, il n'y a pas de changement.

Chez les penseurs grecs, le temps se présente plutôt comme une qualité que comme une quantité. Aristote dans son livre IV de la *Physique* étudie le temps et se pose la question de son existence avant même de se poser la question de sa nature. Chronos, le dieu du temps est le mari d'Anankè, déesse de l'inévitabilité. Le temps est marié au destin.

---

[8] 1999
[9] Né en 1937, physicien britannique.
[10] Env. 544-480 av. J.-C.
[11] Cité par Platon

275

Galilée fut le premier à considérer le temps comme une grandeur quantifiable qui lui permettait de relier mathématiquement les expériences. Cette conception marque le début de la science moderne et sera reprise jusqu'à ce jour. Le temps est ainsi devenu une variable et les équations décrivent l'évolution d'un système en fonction de cette variable. L'équation représente tous les temps: la trajectoire. On obtient la situation à n'importe quel moment en modifiant simplement t. Rien ne distingue, dans l'équation elle-même, passé et futur. L'équation n'a pas de mémoire hiérarchique, pas de traces ou d'attentes, son temps se résume à une variable que l'on peut changer et n'a rien à voir avec l'énorme quantité de liaisons neuronales mémorielles qui génèrent le temps intrinsèque. Le temps *variable t* est infiniment plus pauvre que le temps ressenti.

Newton utilise un modèle de temps et d'espace qu'il présente comme des références absolues, une sorte de scène de théâtre préadmise, sur laquelle les événements vont se dérouler, mais qui ne fait pas partie du jeu de la pièce. Les objets sont situés sur la scène et y décrivent des trajectoires. La scène est immobile et absolue. Cette vision prévaudra en sciences jusqu'à sa remise en cause en 1905 par Albert Einstein. Newton a besoin de ce temps absolu pour formuler sa lex prima, le principe d'inertie: *tout corps persévère dans l'état de repos ou de mouvement rectiligne uniforme dans lequel il se trouve, à moins qu'une force extérieure n'agisse sur lui, et ne le contraigne à changer d'état.*[12] Sans un référentiel fixe, absolu de temps et d'espace, l'état de repos ou de mouvement rectiligne ne peut pas se définir. Cette formulation d'un espace et un temps absolu lui a valu une critique immédiate de Leibniz, pour lequel il ne peut pas exister de référentiel absolu. Pour Leibniz l'espace est l'ordre des choses qui coexistent et le temps la succession des choses qui coexistent. L'ordre est une notion indissociable du cerveau, par cette affirmation Leibniz se rapproche du point de vue intrinsèque.

C'est cette l'approche qui allait inspirer, au début du XXe siècle, Ernst Mach[13] et par la suite Albert Einstein.

Ce qui gênait Leibniz et allait par la suite déranger Mach dans la vision newtonienne est que le temps et l'espace ne se définissent pas extensionnellement, personne ne les a jamais vus. Les considérer comme *référentiels absolus* devient dès lors gênant. Mach fait observer que les lois de Newton sont vérifiées expérimentalement, uniquement par rapport à des référentiels lointains comme les étoiles. Les positions

---

[12] Traduction de la formulation originale de Newton
[13] 1838- 1916 Physicien et philosophe autrichien.. Son nom est célèbre pour l'unité de vitesse indiquant la vitesse du son dans l'air.

relatives de tous les astres, d'après lui, doivent contribuer à établir la notion de temps. Chaque mouvement de chaque masse dans l'univers contribuerait ainsi à définir le temps et l'espace. Le principe de Mach, ainsi nommé par Einstein, voudrait que l'inertie des objets matériels, comme définis par la première loi de Newton, soit induite par l'ensemble des autres masses présentes dans l'univers.

Feynman, avec son humour habituel, commente[14]: *Pour autant que nous le sachions, Mach a raison: personne n'a à ce jour démontré l'inexactitude de son principe en supprimant tout l'univers pour constater ensuite qu'une masse continuait éventuellement à avoir une inertie!*

En 1851, dans une expérience restée célèbre, Léon Foucault, un physicien français, attacha un pendule à la voûte du Panthéon, à Paris. Son but était de démontrer la rotation de la Terre sur son axe. Ce qu'il fit. Une fois lancé, le pendule de Foucault ajuste son comportement non pas en fonction de son environnement local, mais en fonction des galaxies les plus éloignées, en direction desquelles il a été lancé au départ. Les oscillations du pendule continuent à pointer vers ces galaxies lointaines faisant ainsi le tour du quadrant en vingt-quatre heures. Cela ne posait pas de problème lorsque prévalaient le temps et l'espace absolu de Newton. Et donc Foucault ne s'attarda pas sur la question, il avait montré que la terre tournait bien sur son axe.

Mais pour ceux, comme Mach, qui contestaient le temps et l'espace absolu, le pendule de Foucault venait renforcer leur thèse. En effet selon Mach, l'inertie étant liée à la distribution de masse dans tout l'univers et le pendule de Foucault se comporte bien d'après ce principe. Le pendule pointe vers les galaxies distantes puisque la quasi-totalité de la masse visible de l'univers se trouve non pas dans les étoiles proches, mais dans ces galaxies lointaines. Dans un univers sans aucune matière, on ne ressentirait, d'après Mach, aucune accélération ni force centrifuge. Si tout a une influence sur tout, comme le voudrait Mach, à chaque fois que nous isolons, ou découpons en sous-systèmes, nous perdons de l'information et devons par conséquent fabriquer des concepts propres à ce niveau de résolution. Le concept de système isolé est, pour lui, une approximation idéalisée.

Einstein est, dès 1902, inspiré par les idées de Mach. Il les adapte dans sa théorie de la relativité. Espace et temps y constituent une nouvelle entité de deux éléments indissociables: l'espace-temps qui n'a de sens qu'en présence de matière.

Dans son article de 1905, Einstein définit le temps comme ce que mesurent les horloges. Si cette définition paraît circulaire et

---

[14] Dans son livre Six easy pieces

insatisfaisante, elle est suffisante pour son propos[15]. Il y prétend que ce temps n'est pas absolu, la vitesse de la lumière dans le vide étant fixe et maximale, la mesure du temps va dépendre de la vitesse à laquelle l'horloge se déplace. En conséquence, la simultanéité de deux événements va dépendre du point de vue de l'observateur. La notion de simultanéité perd donc son objectivité, elle est une création de notre cerveau que la relativité restreinte considère comme incomplète. Suivant la vitesse de l'observateur, l'événement A peut être perçu comme se passant avant l'événement B ou alors après. Évidemment la perte de la notion de simultanéité contredit notre expérience quotidienne et notre intuition. Nous ne vivons qu'à des vitesses extrêmement lentes par rapport à la vitesse de la lumière, au cours de l'évolution, nous n'avons donc pas pu constater d'effets relativistes.

Perdant la notion de simultanéité absolue, Einstein semble à première vue aussi perdre la causalité, en effet la cause doit précéder l'effet et cela ne peut pas dépendre de la vitesse de l'observateur. Pour le point de vue extrinsèque, cela paraît inacceptable. Du point de vue intrinsèque, un cerveau ne peut avoir qu'un point de vue, sans notion d'objectivité, la simultanéité n'est pas perdue. Le concept de *cône de lumière*[16] introduit par Einstein en relativité restreinte lui permet de rétablir la notion de causalité. B peut être une cause de A seulement si un rayon lumineux issu de B a pu atteindre A. (A eu le temps, à la vitesse de la lumière, de l'atteindre). L'ensemble des événements du passé qui ont pu avoir un effet sur A constitue le *cône de lumière*.

Einstein propose donc un nouveau concept, l'espace-temps à quatre dimensions, trois d'espace et l'une de temps. En relativité générale, l'espace-temps n'est plus absolu, mais dépends des différentes masses qui peuplent l'univers, un peu à la Mach. La relation entre espace-temps et masse est de nature géométrique, la masse va courber l'espace-temps qui n'est dès lors plus globalement l'espace d'Euclide que nous connaissons. Dans la quinzième édition de son livre populaire sur la relativité,[17] Einstein, qui était fondamentalement un réaliste, écrit:

Comme dans cette structure à quatre dimensions, il n'y a plus de section qui représente objectivement «maintenant», les concepts de : «arriver», ou : «devenir» ne sont pas complètement suspendus, mais compliqués. Il apparaît plus naturel de penser à la réalité physique comme une existence à quatre dimensions, plutôt qu'à l'évolution d'une existence à trois dimensions.

---

[15] En tant que concept primitif, le temps est difficile à définir.
[16] Voir par exemple Wikipédia http://fr.wikipedia.org/wiki/Cône_de_lumière
[17] http://www.amazon.fr/La-Relativité-Albert-Einstein/dp/2228882542

Nous pouvons reprendre notre exemple de cinéma pour illustrer ce propos. Si vous possédez une bobine de film, au lieu de la passer sur votre projecteur, vous pouvez découper celle-ci à chaque image et entasser, dans le bon ordre, une image sur l'autre. Vous avez transformé votre bobine de cinéma en un parallélépipède rectangle. Un bloc où une direction, celle de la succession des images (des maintenants) représente le temps. Ce dernier apparaît à nouveau comme un ordre, à la Leibniz. Ainsi dans ce bloc, vous avez présente la totalité de l'espace-temps de votre film. Passé et avenir coexistent. Si vous brassez les éléments de votre bloc, votre bloc n'aura pas changé, tout sera là, mais vous aurez perdu l'ordre et donc la causalité. Dans une description macroscopique du bloc comme un tout, vous perdez l'information qui émane de l'ordre des tranches de «maintenant».

À plusieurs reprises Einstein mentionne qu'il considère notre impression de temps qui passe comme une illusion. Pour lui, le bloc entier coexiste là-dehors et il faut le voir ainsi; le représenter image par image, continûment, comme nous le présente un projecteur, constituerait pour lui une illusion.

Du point de vue du cerveau intrinsèque, la même remarque peut être faite que pour la description de Barbour. C'est parce que Einstein se place d'un point de vue extrinsèque et veut décrire objectivement là-dehors, qu'il considère que le temps que nous ressentons est une illusion. Or le temps ressenti est à un autre niveau de virtualité où énormément d'informations supplémentaires apparaissent.

La foi inébranlable d'Einstein dans une *«réalité objective»*, que nous pouvons connaître par la pensée, était certainement une caractéristique dominante de sa conception du monde. Ce côté «connaissable» de la nature lui paraissait essentiel à la possibilité même de faire de la science. Il était par conséquent très important, pour Einstein, de préserver la notion de déterminisme. Souvenez-vous par exemple de son attitude devant l'apparition de probabilités dans les descriptions de la physique quantique et de sa célèbre phrase: *Dieu ne joue pas aux dés*. Il consacra d'énormes efforts pour montrer qu'il devait y avoir des variables cachées et que l'apparition de probabilités dans les prévisions provenait de l'incomplétude la théorie quantique, nous le verrons plus loin dans ce chapitre. Souvenez-vous aussi de son *«rajout»* d'une *constante cosmologique* aux équations de la relativité générale, dans le but de préserver un univers stable. (Nous en avons parlé au chapitre sept).

Nous nous étions demandé ce que mesurent exactement les horloges, puisqu'il n'y a pas de temps là-dehors.

En relativité générale, les observateurs établissent la chronologie des événements avec des horloges. Ils comparent leurs résultats en utilisant des rayons lumineux pour transmettre l'information entre l'événement et l'horloge. Comme le fait un chronométreur dans un stade, à distance, il chronomètre le coureur; il ne tient pas compte du temps de voyage de la lumière entre lui et le coureur dans son calcul, car il se trouve à des distances trop petites. Mais le principe est le même. Ce que fait le chronométreur, c'est en fait de décrire les corrélations entre deux objets physiques, le chronomètre et le coureur, sans nécessairement avoir recours à un temps universel comme intermédiaire. Au lieu de décrire la température de ma tasse de café comme diminuant dans le temps, je peux la corréler au nombre de caractères qui sont tapés sur mon ordinateur. Je dirai alors: *mon café refroidi d'un degré centigrade tous les mille caractères tapés sur ma machine*, au lieu de dire mon café refroidi d'un degré centigrade toutes les cinq minutes. Bon, cela ne marche pas très bien, car je n'écris pas du tout régulièrement et par moment j'efface ce que j'avais écrit. Mais ainsi, le temps devient un concept inutile pour décrire le changement. En lieu et place du temps, nous pouvons constituer un vaste réseau de corrélations entre tous les événements de l'univers. Nous pouvons comparer deux à deux l'évolution des objets, sans utiliser le concept de temps dans une optique à la Mach. Dans cette perspective, le temps n'est alors plus qu'une sorte de monnaie commune facilitant les descriptions des changements. Le temps est alors une abstraction de plus haut niveau. Au lieu de comparer deux à deux des événements, je les compare à une référence plus abstraite. Le temps apparaît comme une monnaie pratique, mais pas indispensable dans cette représentation; il n'est qu'un concept virtuel de haut niveau que notre cerveau a introduit pour nous faciliter les choses dans l'examen des corrélations entre événements.

De même que l'argent est une *entité méta virtuelle* qui nous évite la lourdeur du troc pour chaque activité économique, le temps est aussi un concept très abstrait, une *manière* pour le cerveau de rendre compte du changement en utilisant la hiérarchie mémorielle. Le temps fournit une *compréhension* de haut niveau d'événements de bas niveau nous évitant de devoir comprendre séparément, à chaque fois, comment s'effectuent les corrélations entre deux événements. Comment la température de mon café est reliée au nombre de signes tapés sur mon ordinateur. C'est comme cela que le cerveau intrinsèque fonctionne: à chaque occasion, il construit une abstraction, une émergence, un concept, reprenant les similitudes, écartant certaines différences pour repérer des situations analogues.

La relativité se place à un niveau de résolution où elle néglige les interactions à l'intérieur du système qu'elle décrit, alors que notre réalinté se situe à un niveau où certaines de ces interactions sont manifestes. Il n'est alors pas surprenant que la flèche du temps n'apparaisse pas en relativité générale alors qu'elle apparaît pour le temps vécu.

En relativité générale, le temps se ralentit en présence d'un champ gravitationnel, dû à la courbure de l'espace-temps. Ainsi si vous tombez dans un trou noir, votre temps sera fortement ralenti par le puissant champ gravitationnel. Si vous aviez un moyen d'observer votre famille restée au-delà de l'horizon[50] du trou noir, vous verriez comme un film se déroulant vers l'avenir à vitesse croissante, vous effectueriez une sorte de voyage vers l'avenir. Eux, par contre, vous verraient tomber de plus en plus lentement. En relativité générale l'espace-temps se courbe en présence de matière, le mouvement de la matière rend cette courbure fluctuante en permanence. C'est cette fluctuation permanente, la dynamique même du système, qui représente la dimension temps de l'entité espace-temps. Ces considérations sont évidemment loin de nos intuitions liées à notre histoire évolutive et ne représentent pour l'instant des *mythes par prolongements*.

La relativité générale nous confronte à une autre difficulté: Que signifie, par exemple, de dire que l'univers a un âge de 13,7 milliards d'années? De quel temps s'agit-il, puisque nous sommes dépourvus de temps absolu? Einstein définit le *temps cosmique* comme le temps d'un observateur, dit *fondamental,*[51] appartenant à un univers où la répartition des masses est strictement homogène et isotrope[52]. Selon le principe cosmologique, qui nous dit que l'univers est spatialement homogène, tous les observateurs fondamentaux sont alors équivalents: leur horloge défile au même rythme, et indique un même temps cosmique. C'est ce temps cosmique appliqué à rebours à l'expansion de l'univers, qui permet de dater le Big Bang.

Mais qu'y avait-il avant le Big Bang? demande très régulièrement l'étudiant de première année. Et la réponse qu'il reçoit le plus fréquemment est: l'espace-temps lui-même a été créé par le Big Bang donc il n'est pas possible de parler d'un avant! Si plusieurs indications convergent vers l'existence d'un Big Bang, nous ne devons pas perdre de vue qu'il s'agit d'un mythe ou plutôt d'une expérience de pensée basée sur l'interprétation des équations. Une création de notre cerveau qui n'est pas une théorie falsifiable.

Des physiciens comme Sir Roger Penrose interprètent les choses autrement et étudient à partir des clichés de fond diffus cosmologique[53] des régularités pouvant contenir des informations sur l'univers avant le Big bang[18].

Dans quelques milliards d'années, l'univers aura disparu hormis notre amas local de galaxies, tout le reste se sera éloigné au-delà de l'univers

---

[18] http://fr.wikipedia.org/wiki/Cône_de_lumière

observable, ayant subi l'expansion. Toutes les traces du Big bang seront définitivement hors de notre portée (si nos successeurs sont encore présents). L'observation nous confirmera à ce moment-là que l'Univers, hors de notre amas local, est vide. Le passé et toutes ses traces auront disparu à jamais. Nos théories cosmologiques seront alors différentes. La théorie du Big bang par exemple sera falsifiée par l'observation. La seule possibilité de retracer l'histoire de l'univers sera dans les traces laissées par l'homme. Il est possible qu'il en soit de même pour aujourd'hui, les traces d'avant le Big bang ont disparu à jamais, plus aucune copie informationnelle à leur sujet ne nous parvient.

J'aimerais mentionner un événement qui s'est produit lorsque Bryce DeWitt[19] a cherché à intégrer des phénomènes quantiques à la relativité générale et qui a surpris les physiciens. L'équation, dite de Wheeler-DeWitt, qu'il a découverte, est une équation que toute fonction d'onde[54] de toute théorie quantique de la gravitation devrait satisfaire. Or dans l'équation de Wheeler-DeWitt, le temps a disparu. Le symbole t n'est pas présent. Cela a créé une grande perplexité chez les physiciens, munis de leur vision extrinsèque classique, et renforcé l'idée que le temps n'est qu'une illusion. Du point de vue intrinsèque cela paraît au contraire évident, qu'à ce niveau fondamental, l'émergence temps ne puisse pas apparaître.

Si le temps décrit par les équations de la physique fondamentale n'inclut aucune distinction entre le passé et le futur, dès que l'on passe à un niveau de connaissances moins fondamentales, comme en chimie, en biologie, en sociologie, en économie et bien sûr dans notre expérience quotidienne, la flèche du temps apparaît. Les niveaux de résolution utilisés par notre cerveau dans ces disciplines sont différents, les ordres qui émergent sont donc aussi différents et l'information que le nous en extrayons est donc différente et nécessite un langage spécifique. Le temps est une émergence à plusieurs niveaux dans notre réalinté. La notion d'information hiérarchique explique, comme nous l'avons étudié, qu'au passage d'une discipline à une autre le langage varie et que des possibles interprétations différentes apparaissent puisqu'en fait, nous parlons sur la base d'informations différentes.

ÉQUATIONS ET SIMULATIONS

Nous, comme grenouilles, ne sommes pas extérieurs à l'univers, nous y sommes totalement inclus et ne contemplons pas le présent en fixant la valeur d'une variable t_0. Nous n'avons aucun moyen de l'intérieur de fixer une quelconque variable. Les équations constituent pour le

---

[19] 1923-2004

physicien une sorte de modèle, de simulation de l'univers (ou plutôt de notre représentation de ce dernier). C'est de l'extérieur de ses équations que le physicien peut modifier les variables à son goût. Pour le cerveau intrinsèque, les équations sont des abstractions de haut niveau qui négligent donc beaucoup de détails et donc les émergences dues à ces détails, en particulier le temps. Nous savons qu'à des niveaux hiérarchiques différents, d'autres informations se manifestent. La confusion s'introduit si nous écrasons tous les niveaux sur un seul que nous appelons *la réalité objective*. Pour le cerveau intrinsèque, ces niveaux sont distincts dans la réalinté.

Dans la réalité vécue, personne n'est hors de l'univers, il n'y a pas de *supra univers* à partir duquel manipuler les variables. Le monde virtuel des équations ne se trouve pas au même niveau de la hiérarchie informationnelle que le vécu. Lorsque nous redescendons les niveaux d'abstractions vers des sciences moins fondamentales: en chimie, en biologie, en sociologie... les niveaux de virtualité redescendent et la notion de temps apparaît et se rapproche du temps vécu par la grenouille.

Une simulation sur ordinateur a toujours un extérieur, ce dernier comprend l'humain qui a construit la simulation et l'ordinateur qui la fait tourner. Pour le cerveau intrinsèque, nous ne simulons jamais là-dehors, nous simulons nos représentations. Nous encodons dans l'ordinateur des mathématiques, sous forme d'algorithmes, créés par notre propre cerveau. En simulant, nous nous poussons en dehors de la simulation, nous avons changé de niveau de virtualité.

Tant qu'une simulation se contente de modéliser une partie limitée et isolée de l'univers, ne contenant pas notre cerveau, elle peut faire sens, car il peut y avoir un observateur extérieur. C'est le cas pour la plupart des sciences non fondamentales. Mais dès que la simulation contient tous les observateurs, nous sommes en difficulté[55], nous avons généré des niveaux de récursivité supplémentaire. Cette remarque pose une limitation à l'interprétation des simulations contenant des observateurs.[20]

TEMPS QUANTIQUE

En physique quantique, au concept classique de trajectoire, il faut substituer celui d'état quantique au temps t. L'état quantique d'un système est caractérisé, comme nous l'avons vu, par une fonction d'onde (l'équation de Schrödinger), cette dernière contient toutes les informations qu'il est possible d'obtenir au sujet du système. L'évolution de la fonction d'onde est déterminée de manière unique par un opérateur dit *unitaire* qui est réversible dans le temps et conserve l'information.

---

[20] Voir les remarques de Tegmark ci-dessous

L'équation de Schrödinger est l'équivalent quantique des équations de Newton, ses termes peuvent être interprétés comme l'énergie totale du système. Les solutions de l'équation ne décrivent pas seulement les systèmes microscopiques, mais peuvent en principe s'étendre à l'univers en entier. La fonction d'onde du système se présente comme une somme de plusieurs termes. Chaque terme correspondant aux valeurs possibles des différentes propriétés physiques du système. Le système est dit en état de superposition, toutes les valeurs possibles coexistent simultanément. En substituant au concept de trajectoire (totalement présente dans une équation, puisque t est une variable), celui d'état quantique, ces états sont de même simultanément présents dans l'équation. Le déterminisme classique, qui porte sur l'évolution future d'une particule, est remplacé par un déterminisme quantique qui porte sur l'évolution de la fonction d'onde.

La trajectoire d'une particule isolée ne peut pas être prédite précisément par l'équation de Schrödinger. En particulier Werner Heisenberg, en 1927, a énoncé son principe d'incertitude: plus on connaît précisément la position d'une particule, moins on connaît avec précision son moment (sa vitesse) et réciproquement. Lorsque l'on fait une mesure de certaines propriétés sur le système, un seul terme de cette somme demeure. Celui correspondant à la valeur qui a été effectivement mesurée en fonction de la question qui a été effectivement posée par le système expérimental. On dit que la fonction d'onde a été réduite par la mesure.

C'est l'un des aspects de la physique quantique, troublants pour la vision extrinsèque réaliste, que l'on appelle la décohérence. Mais, cet aspect n'est pas étonnant dans la vision du cerveau intrinsèque.

L'équation de Schrödinger est totalement déterministe. Le temps qu'elle utilise est un temps newtonien, c'est-à-dire un temps absolu. Chacun des deux piliers de la physique, relativité générale et mécanique quantique, utilise par conséquent un concept de temps différent, correspondant à des niveaux de résolution différents. La confusion intervient lorsque l'on veut imaginer que les deux décrivent une même réalité extrinsèque absolue. C'est l'un des facteurs qui rendent l'unification en une théorie du tout, difficile extrinsèquement.

Nous avons distingué trois niveaux de résolution et trois temps différents:

1— Au niveau microscopique quantique, les équations utilisent un temps absolu et réversible.

2— Au niveau de nos perceptions, nous ressentons, vivons et expérimentons un temps qui s'écoule de manière irréversible.

3— Au niveau de la relativité générale, les équations décrivent un temps lié à l'espace et de nature géométrique et réversible.

Pour le cerveau intrinsèque, les temps 1 et 3 résultent d'équations, des virtualités de haut niveau pour lesquelles l'observateur tient le stylo. Pour les temps 1 et 3, il se situe hors du sous-système qu'il étudie. Le temps 2 par contre est un temps vécu de l'intérieur et basé sur un sentiment/sensation. C'est notre point de vue en tant que grenouille humaine. Chacun de ces trois niveaux fait appel à des informations différentes émanant d'ordres différents et à des résolutions différentes. Il n'est pas étonnant que bien que portant le même nom de *temps*, chaque niveau ait son propre langage et sa propre description. Il n'est pas étonnant que ces descriptions soient irréconciliables en écrasant tous les niveaux que permet la virtualité informationnelle sur le seul niveau que suppose la réalité objective.

Le temps 1 newtonien apparaît lorsque nous réduisons le monde en sous-systèmes que nous analysons de l'extérieur. Le temps 3 se manifeste lorsque nous considérons de l'extérieur l'univers entier. Le niveau 2 est vécu de l'intérieur. Le temps réversible de la physique n'apparaît que parce que les équations nous placent comme spectateur, en dehors du système décrit. Les trois fournissent des prévisions remarquables, chacune à leur niveau. Chaque description permet de poser ses propres questions à là-dehors et les réponses ne les falsifient pas. Cela ne devrait pas nous étonner si nous avons à l'esprit ce qui a été dit ici sur le cerveau intrinsèque et l'information.

FLÈCHES DU TEMPS

Le terme *flèche du temps* a été inventé par Eddington, en 1928, il l'a utilisé dans son livre: *La nature de la réalité physique*, pour désigner une direction dans l'écoulement du temps. Notre culture, toute notre conception du monde dépendent de cette flèche du temps. Une flèche du temps impose une asymétrie, passé et avenir ne jouent pas le même rôle.

Nous pouvons observer et décoder des traces et des enregistrements du passé sous différentes formes et à différents niveaux de résolution. Nous ne percevons rien de similaire provenant de l'avenir sinon nos propres prévisions. Nous ne parvenons pas à modifier le passé, nous pensons, par contre, pouvoir influencer l'avenir, du moins localement.

Le temps qui s'écoule est une émergence similaire à l'entropie, résultant de notre mémoire hiérarchique qui, elle, impose une différence entre un passé mémorisé et pour lequel des traces sont disponibles, et des futurs, pour lesquels, seules nos prévisions sont disponibles.

La plupart des scientifiques matérialistes considèrent le deuxième principe de la thermodynamique comme une sorte d'intrusion de vues subjectives dans le monde exact des lois de la physique. Ce dernier fait effectivement intervenir des émergences intrinsèques au cerveau, ce qui est inacceptable pour un point de vue extrinsèque objectif. Le temps est aussi une émergence, mais n'est pas cependant considéré comme une intrusion subjective au même titre puisqu'il apparaît dans les équations fondamentales, il est cependant souvent considéré comme une illusion du point de vue extrinsèque.

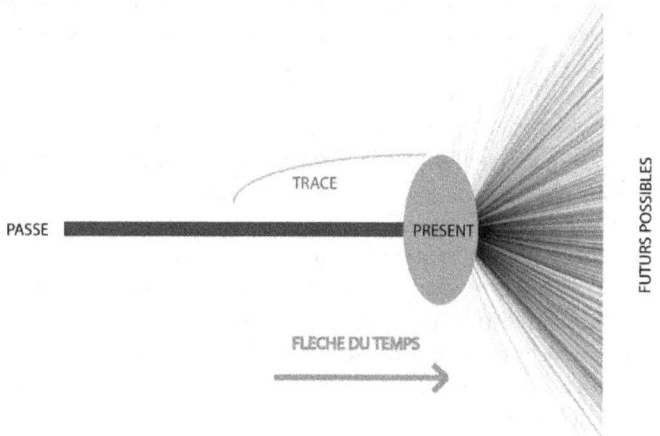

Figure 30: La flèche du temps

Un certain nombre de flèches du temps se manifestent en physique suivant les niveaux de résolution envisagés, elles sont donc toutes liées à des émergences du type de l'entropie:
- La flèche du temps cosmologique, liée à la direction d'expansion de l'univers.
- Celle liée aux radiations, une onde, quelle qu'elle soit, s'éloigne de sa source d'émission.
- Celle liée, dans certaines situations, à la force nucléaire faible, par exemple, dans la désintégration.
- Celle liée à la causalité, la cause précède l'effet.
- Celle liée à la réduction de la fonction d'onde, qui introduit une asymétrie.

J'aimerais, à titre d'illustration, mettre en évidence une flèche du temps particulière: *la flèche du temps par copie*, équivalente aux autres flèches du temps. Pour cela nous allons imaginer le comportement d'un criminel.

Monsieur X est un criminel professionnel. Lors de son méfait, M. X cherche à ne pas laisser de traces ou à effacer toutes celles qui permettraient de l'identifier. M. X cherche à modifier l'interprétation future qui pourra être faite des traces qu'il va laisser pendant son crime. Le crime parfait est celui que l'on a commis, mais que l'on n'a pas pu commettre, d'après l'interprétation des traces que l'on a laissées. Les policiers qui poursuivent M. X s'appuient sur plusieurs principes: tout événement laisse des traces, certaines traces parviennent dans l'avenir avec peu d'altérations, l'évolution des traces va suivre les lois de la physique et de la logique.

M. X, pour *modifier* l'interprétation que pourront faire les policiers du passé, va utiliser plusieurs méthodes:

Les méthodes issues de ses études de physicien: il sait que chaque instant présent produit un énorme nombre de *copies* informationnelles de parties de lui-même, qui vont *voyager* vers le futur. Il sait que l'information ne peut pas disparaître au niveau fondamental. Il sait que l'essentiel de ces copies est porté par des photons qui s'éloignent à la vitesse de la lumière de notre planète et dont il n'a pas à se préoccuper. Certaines copies sont de l'information encodée dans la matière qui demeure présente et qu'il doit effacer. Que veut dire effacer? Il lui faut modifier la matière qui a encodé l'information en augmentant par exemple l'entropie donc l'information inaccessible. C'est ce que X va faire en brûlant, par exemple, des documents. Il sera difficile de reconstituer leur contenu informationnel à partir des cendres et de la fumée qui s'est dispersée. Partout où de l'information a pu être encodée, M. X va appliquer le deuxième principe, sur les bandes magnétiques, les disques d'ordinateurs, les empreintes, etc. M. X a aussi étudié des neurosciences et de la logique: il sait comment le cerveau humain raisonne en présence d'informations partielles sur un sujet: par inférence. Et l'inférence peut guider les policiers sur de fausses pistes, qu'il va s'efforcer de créer: en déréglant la montre de la victime, en laissant de fausses empreintes dans le gazon, en déposant un objet appartenant à quelqu'un d'autre sur les lieux du méfait, en modifiant des agendas, des dates et des heures, en utilisant le mensonge (modifier ses propres souvenirs), en s'efforçant de paraître autre que ce qu'il est, etc.

M. X manipule la matière et ses encodages et manipule les interprétations que les policiers pourront faire des traces qu'ils vont percevoir.

Se demander pourquoi nous nous souvenons du passé et pas de l'avenir et pourquoi nous pouvons influencer l'avenir, mais pas le passé, revient à se demander pourquoi *le passé laisse des traces dans son avenir, mais l'avenir ne laisse pas de traces dans son passé.* L'avantage énorme de cette formulation est qu'elle élimine l'observateur qui se trouvait dans les deux autres questions. Il ne s'agit plus de savoir pourquoi *l'homme* se souvient du passé ou pourquoi *l'homme* influence l'avenir, mais simplement pourquoi le passé laisse des traces à l'avenir. Bien entendu, cette question elle-même reste intrinsèque au cerveau.

Le travail des policiers comporte deux aspects: la récolte de toutes les traces possibles et ensuite le décodage et l'interprétation de ces traces. Le passé laisse un grand nombre de copies (partielles) de l'information qu'il a générée et qui voyage ainsi encodées à l'avenir sous différentes formes: mémoire, enregistrements, empreintes, ADN... M. X devra pouvoir effacer toutes les traces si son crime doit être parfait, une seule pourrait le compromettre.

Pour produire des copies de l'information, des traces, il nous faut des supports matériels encodés. Il a fallu que la matière soit en contact direct ou indirect avec l'événement et échange de l'énergie. Les photons sont des porteurs privilégiés de cet encodage. Notre univers en génère continûment, par exemple dans les réactions thermonucléaires qui se produisent dans les étoiles, mais aussi quand vous allumez une bougie ou une ampoule électrique, quand se produit une quelconque émission d'ondes EM. Un grand nombre de photons sont aussi absorbés par les atomes. Le nombre de photons dans l'univers se renouvelle cependant de manière permanente. Lorsque vous regardez le ciel, la majorité des photons que vous voyez proviennent directement des étoiles, mais il y a énormément de photons que vous ne voyez pas parce qu'ils ont des longueurs d'onde auxquelles nos yeux ne sont pas sensibles ou parce qu'ils ne sont pas directement orientés vers votre pupille.

La création continuelle de photons et leur dispersion dans l'univers entier fournissent continûment des supports physiques possibles à l'information. En arrosant à tout instant la totalité de l'univers, les photons supportent d'innombrables copies de chaque présent, au fur et à mesure que le temps passe.

Prédire l'avenir nécessite d'avoir pris connaissance d'une partie suffisante de l'information concernant un instant donné du passé. Or la plus grande partie des photons pouvant témoigner de cet instant passé sont en train de s'éloigner de leur source et de se disperser dans l'univers à la vitesse de la lumière, ils sont irrattrapables. Dans certains cas, certains photons ont été capturés et l'information qu'ils portent a été encodée sur un autre support. Dans la majorité des cas, elle nous a échappé pour toujours et le passé n'est par conséquent pas totalement reconstituable. Parfois nous pouvons nous contenter de quelques traces restées captives pour interpoler et inférer les pièces manquantes en diminuant la résolution effective de notre reconstitution.

Le futur, lui, n'a aucun moyen de laisser des traces suffisantes pour être reconstituées dans le présent. La flèche du temps par copie est reliée à celles de l'expansion de l'univers, ainsi que celle de la direction des radiations.

LE VOYAGE DANS LE TEMPS

Avant de terminer ces réflexions, revenons sur les paradoxes temporels liés au voyage dans le passé, tel que le paradoxe du grand-père.[56] Le temps est une émergence, l'expression *voyager dans le temps* pourrait alors être considérée comme équivalente à une opération mentale de re mémorisation ou d'imagination. Mais ce n'est pas ce que nous voulons entendre par *voyage dans le temps* dans le point de vue extrinsèque. Nous aimerions que ce voyage dans le passé ressemble à un vrai voyage comme d'aller de Paris à New York. Voyage pour lequel je suis capable de faire des mesures me montrant que quelque chose a changé là-dehors et pas seulement dans mon cerveau.

En relativité générale, l'espace-temps est courbe, il est possible, avec une distribution particulière de matière, d'imaginer des trajectoires ou tout en avançant vers l'avenir, on se retrouve dans le passé. On parle de courbe de genre temps fermée. En anglais CTC, closed time like curves. Les CTC sont évidemment des mythes par prolongement, non falsifiés pour l'instant.

Quelques années après l'arrivée d'Albert Einstein à l'Institute for Advanced Studies à Princeton, il y fût rejoint par Kurt Gödel ils devinrent rapidement de grands amis, au point qu'Einstein déclara au mathématicien Morgenstern que son plus grand plaisir dans la vie était la promenade quotidienne de sa maison à l'institut en compagnie de Gödel. Qui sait quelles ont été les discussions qu'ont pu avoir ces personnalités si différentes, aux convictions si opposées sur la nature de la réalité? Gödel platonicien introverti, toujours habillé à quatre épingles, craignant le froid et les microbes, Einstein, réaliste heureux de vivre, décoiffé, n'accordant aucune importance à ses tenues vestimentaires. Bien entendu ils étaient reliés par leur usage de la langue allemande, par leur fuite d'Europe devant la montée du nazisme et par le fait que l'un comme l'autre dans leur domaine avait changé les horizons. Gödel ne pensait pas que ses théorèmes pouvaient avoir des applications en physique, il déclara même un jour qu'il ne croyait pas à la physique en tant que telle. Son caractère ne l'incitait pas à se comporter de manière soumise devant son très célèbre aîné. Einstein de son côté supportait mal d'être perpétuellement traité comme une *relique de musée,* que l'on venait contempler comme une antiquité précieuse. Il est évident que tous les deux avaient un grand plaisir à leurs rencontres.

Pour la célébration du soixantième anniversaire du grand physicien, en 1949, Gödel a écrit un article dans lequel il explicite pour la première fois, une solution des équations de la relativité générale décrivant un univers en rotation contenant des courbes de genre temps fermées. Dans les univers de ce type, le voyage dans le passé est possible ainsi que les trous de vers. Évidemment, Einstein le réaliste, ne croyait pas du tout à l'existence de tels univers ou à des CTC et considérait la solution de Gödel comme *sans réalité physique*. Dans un univers de Gödel la notion de temps perd son sens, comme Gödel le remarque lui-même. Dans le même article, Gödel discute de la possibilité que l'existence des univers avec CTC ait des conséquences en ce qui concerne notre propre univers. Il est possible, nous dit-il, qu'il existe des univers avec CTC qui ne puisse se distinguer du nôtre par l'observation, cette possibilité fut, du reste, confirmé par la suite. Et donc, conclut-il, la notion de temps perd aussi son sens dans notre univers. Il utilise pour arriver à cette conclusion la notion de concept primitif inobservable.

Pour le cerveau intrinsèque, les CTC sont des mythes par prolongement, c'est-à-dire des mythes issus d'interprétation des équations, mais non falsifiables. Nous discuterons ci-dessous de ce type de mythes. En 1993, Kip Thorne, un physicien de Caltech, a fait le point sur les CTC en se demandant ce qui dans nos lois physiques pouvait empêcher de tels univers d'avoir une *réelle existence physique*. En particulier il se demandait si une civilisation avancée pourrait un jour voyager vers le passé. Kip Thorne adopte évidemment un point de vue extrinsèque. Stephen Hawking a conjecturé l'existence d'un principe de *protection chronologique* que la nature respecterait pour éviter les CTC, sans expliciter de lois qui soutiendraient ce principe. Le point de vue intrinsèque confirme immédiatement ce principe et le justifie totalement par le fonctionnement du cerveau et la mémorisation hiérarchique. Nous pouvons effectivement remonter dans le temps de manière intrinsèque, mais en restant dans le présent, c'est-à-dire sans pouvoir faire de mesures du là-dehors passé et donc sans pouvoir agir sur ce dernier, ce qui est une formulation intrinsèque du principe de protection chronologique. Ou plutôt, le principe de protection chronologique est une interprétation extrinsèque du fonctionnement de notre cerveau.

Dans un univers avec CTC, des événements extérieurs à un système isolé peuvent contraindre nos actions à l'intérieur du système. Par exemple, si je désire faire une expérience et, invariablement, cela ne marche pas, je mettrai en évidence des causes locales observables à mes échecs répétés. Mais si l'univers possède des courbes temps fermées, il est possible que mes échecs répétés soient dus à la structure globale de l'espace-temps dans lequel j'existe, qui elle agira pour produire mes échecs. Il ne peut alors y avoir de système vraiment isolé. C'est en fait ce que le paradoxe du grand-père nous enseigne: il se passera toujours quelque chose m'empêchant de tuer mon grand-père. Quelque chose lié à la structure même de l'univers[57]. La protection chronologique de Hawking aura fonctionné.

Pour ceux qui sont partisans d'une interprétation de la physique quantique par des univers parallèles, comme l'est David Deutsch, le voyage temporel nous amènerait bien dans le passé, mais à partir de là, un nouvel embranchement du multivers se créerait évitant ainsi le paradoxe du grand-père. Évidemment, l'idée même du voyage vers le passé suppose que ce dernier *existe* matériellement quelque part: soit dans notre univers soit dans un autre. Son existence à l'état virtuel sous forme de traces ne suffit pas à voyager effectivement. Le film *Total Recall*, basé sur une nouvelle de Philip K. Dick, propose de modifier les souvenirs mémorisés, le passé virtuel, plutôt que de voyager dans le passé matériel.

Nous ne pouvons faire, au présent, d'expériences sur le passé, car nos sens nous limitent à l'observation de quelques-unes de ses traces. À partir de ces traces, nous construisons l'histoire passée de la même manière que nous construisons la réalité présente. Notre reconstruction du passé va faire appel à nos patterns interprétatifs du présent. Si nous pouvons reconstituer des informations du passé, il est difficile de reconstituer maintenant des interprétations passées, elles seront toujours teintées par nos connexions cérébrales présentes.

TEGMARK. ÉQUATIONS ET BAGAGES

En réfléchissant à ce que devrait être une théorie du tout, Max Tegmark[21] a proposé une théorie qu'il appelle MUH, *Mathematical Universe Hypothesis*, qui fait l'hypothèse que la réalité physique a la nature d'une structure mathématique dans un sens bien défini. Par certains aspects l'approche de Tegmark confirme certaines des thèses que nous avons exposées ici. En effet il distingue les équations des paroles qui expliquent les équations dans les théories physiques. Seules les équations modélisent là-dehors, les explications ne servent que pour que nous puissions les comprendre.

Pour MUH, croire à la *réalité* d'un monde physique là-dehors est équivalent à croire que ce monde là-dehors est mathématique. Cette proposition est parfaitement en accord avec le cerveau intrinsèque. MUH

---

[21] Né en 1967, professeur de physique théorique au MIT. Tegmark a travaillé avec John Wheeler.

compare deux croyances du cerveau et affirme que la première implique la seconde. Il s'agit donc de procédures intrinsèques. Son article intitulé *The Mathematical Universe,* datant de 2007, argumente que si l'on croit à l'existence d'une réalité physique là-dehors, indépendante de l'homme, alors nous devons aussi croire que cette réalité là-dehors a la nature d'une structure mathématique. Dans: *Shut up and calculate,* il explique:... *toutes les théories physiques qui m'ont été enseignées ont deux composants: des équations mathématiques et des mots pour expliquer comment ces équations sont connectées à ce que j'observe et je comprends intuitivement. Quand nous dérivons les conséquences d'une théorie, nous introduisons de nouveaux concepts – protons, molécules, étoiles – parce qu'ils sont convenant. Il est important de se souvenir, toutefois, que c'est nous, humains, qui créons ces concepts. En principe tout pourrait être calculé sans ce bagage.* Ce que Tegmark appelle le *bagage humain* sont tous les concepts introduits dans la théorie pour permettre au cerveau de comprendre le contenu des équations, c'est-à-dire relier les conséquences des équations à la réalinté du physicien. Tegmark adopte donc un point de vue intrinsèque. Pour lui les concepts sont bien des créations de notre cerveau. Il constate que seules les équations sont encodables dans de la matière, les mythes et les concepts, qu'il appelle *bagage humain*, ne le sont pas. Il distingue donc dans une théorie sa substance mathématique encodable, de ses bagages nécessaires aux interprétations humaines. Seule la partie encodable *correspond* à là-dehors. C'est sur la nature de cette correspondance où Tegmark diverge, peut-être, du point de vue intrinsèque. En effet, il nous dit aussi que: *si nous voulons croire que cette correspondance est biunivoque, alors la structure de là-dehors est mathématique.* Il semble considérer que nous pouvons comparer nos théories mathématiques à la structure de là-dehors. Pour le cerveau intrinsèque, nous ne pouvons que comparer des *prévisions* de nos théories avec nos représentations des *résultats d'expérimentation.* Ce qui fort différent. Mais Tegmark utilise le mot croire, ce qui rend son affirmation ambiguë à mon sens.

Il constate ensuite que, moins les théories sont fondamentales, moins elles s'expriment avec des équations et plus leur description est constituée de bagages; autrement dit plus il y a de concepts et moins il y a d'information encodable. Ainsi en passant des théories fondamentales de la physique (relativité générale et physique quantique) à la biologie ou la sociologie, la place des équations diminue fortement ainsi que la précision des prédictions. En principe en remontant ainsi l'arbre des connaissances les théories de plus haut niveau devraient pouvoir être dérivées de celles de niveau plus fondamental. Or en pratique cela ne peut pas se faire. Un nouveau langage descriptif est nécessaire, comme nous l'avons étudié en parlant de la hiérarchie de l'information.

Tegmark se demande s'il serait possible de donner une description de la réalité là-dehors qui n'implique aucun bagage humain, une théorie encore plus fondamentale exprimée uniquement en langage mathématique, une *théorie du tout*. Cette théorie n'aurait aucun concept explicatif et donc rien à quoi notre cerveau puisse attribuer du sens, elle serait totalement mathématique. Ainsi pour Tegmark une théorie du tout serait calculable, mais incompréhensible. Tegmark considère que la *raison d'être* de toute théorie est de calculer la distribution de probabilités de nos *perceptions du résultat d'expériences futures*, étant donné nos observations préalables.

Voici son théorème MUH:

Si l'on croit à l'existence d'une réalité physique là-dehors indépendante de l'homme, alors nous devons aussi croire que cette réalité là-dehors est une structure mathématique.

Une croyance est nécessairement un mythe généré par notre cerveau, il ne saurait y avoir de croyance sans y avoir un croyant. Sa proposition peut se lire: croyance A implique croyance B. A étant *réalité physique là-dehors indépendante de l'homme* et B étant *réalité là-dehors est une structure mathématique*. Dire que: A implique B, est une opération intrinsèque au cerveau reliant causalement deux mythes, elle est parfaitement acceptable par le cerveau intrinsèque.

MYTHES ET MATHS

Une simulation sur ordinateur d'un phénomène physique n'utilise pas de concepts, mais seulement les équations de la théorie, traduites en algorithmes, l'ordinateur n'a pas besoin de comprendre pour pouvoir calculer et nous fournir des résultats. Il ne le pourrait du reste pas, comprendre est une fonction du cerveau humain qui nécessite des concepts et des mythes. L'ordinateur pourrait au mieux, dans certains cas, imiter la compréhension. On ne l'alimente pas de concepts (pour lesquels il n'a pas de structure réceptrice), mais seulement d'algorithmes et de datas et, si un jour, il pouvait en développer lui-même, en générant des émergences, ces *pseudo-concepts* seraient développés en fonction de son *architecture cérébrale* et non pas de la nôtre.

Lors d'un calcul de trajectoires célestes, que vous utilisiez la mécanique newtonienne ou la relativité générale, cela ne vous donnera que des différences infimes de résultats, à condition que les vitesses et le champ gravitationnel soient faibles. Cependant, les descriptions conceptuelles de la réalité là-dehors que ces deux théories impliquent sont totalement différentes, les concepts de l'une n'ont plus cours dans l'autre. Chez Newton, on parle de force où, en relativité, on parle de géométrie et de courbure. Newton parle de temps absolu et d'éther, notions qui ont disparu en relativité.

Nos expériences de pensée ne portent que sur la partie *comprendre*, sur les mythes et les interprétations, pas sur la partie *équations*. Avant de pouvoir développer les équations, nous devons d'abord nous raconter une histoire. Les mythes précèdent généralement les équations. Ils représentent une partie indispensable, intégrée, constituant la substance même de la pensée humaine. La manipulation de ces mythes engendre l'imagination et aboutit à la création de nouveaux mythes.

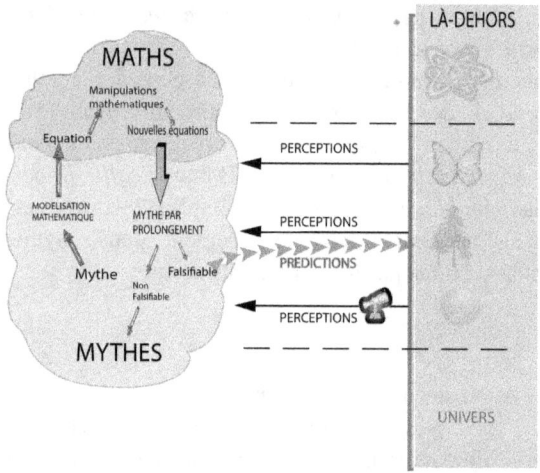

Figure 31: Les Maths permettent de prolonger les mythes

Les équations, en suivant leurs développements et combinaisons mathématiques, conduisent à de nouvelles équations et donc à de nouvelles interprétations. (Voir figure 31). Ces nouveaux mythes issus des manipulations mathématiques, nous les appellerons des mythes par *prolongement mathématique*. Nous avons déjà évoqué les CTC comme étant de tels mythes. Le concept d'antimatière fût un mythe par prolongement issu des équations de Dirac, ce fût aussi le cas de la planète Neptune, c'est le cas de la matière noire et même du Big Bang qui sont issus de la relativité générale.

Certains de ces mythes par prolongement sont falsifiables et, après observation ou expérimentation, deviennent des théories scientifiques, ce fût le cas pour Neptune et l'anti matière, d'autres seront falsifiés et resteront à jamais des mythes, d'autres encore sont simplement non falsifiables comme le Big Bang, mais ont passé l'épreuve d'être compatible avec nos autres connaissances scientifiques et deviennent plus vraisemblables. Dans les années 1950, la théorie cosmologique dominante était celle de l'univers stationnaire. Celui-ci n'avait ni début ni fin. Les pertes de matière due à l'expansion étaient, dans l'univers stationnaire, compensées par une création continuelle de matière. Ce mythe par prolongement a été abandonné depuis la confirmation du rayonnement de fond de ciel par les premières images du satellite COBE. Il a rejoint les milliers de mythes par prolongement qui ont connu ce destin. C'est la nature même de la science de produire des mythes par prolongement pour, de temps en temps, générer des théories scientifiques. (Voir figure 32).

Pour certaines constructions mathématiques, il est parfois difficile, voire irréalisable, d'obtenir une interprétation unique au travers de nos structures mentales. Souvent plusieurs interprétations sont possibles et plusieurs histoires différentes mènent ou résultent des mêmes équations. C'est en particulier le cas pour les équations de la physique quantique. De nombreuses particules ont été *découvertes* en manipulant des équations. L'expérimentation en a confirmé l'existence, parfois cinquante ans plus tard, lorsque les instruments appropriés ont été disponibles pour expérimenter. Ce fut le cas de l'antiproton de Dirac ou plus récemment du boson de Higgs.

Les paradoxes que nous rencontrons parfois ne résultent pas des équations, mais seulement des mythes par prolongement. Ils sont engendrés lorsque l'interprétation conceptuelle des résultats obtenus mathématiquement s'éloigne de notre bon sens quotidien, comme dans le cas du paradoxe de Langevin ou du chat de Schrödinger. Ils peuvent aussi se manifester lorsque deux mythes par prolongement se contredisent entre eux, comme dans le cas des temps ou des espaces différents en physique quantique et en relativité.

La mécanique quantique a fait l'objet de multiples interprétations contradictoires entre elles et décrivant des univers très différents sur la base des mêmes équations.

La *grande chose,* dit Tegmark est ce qui se passe *lorsque vous observez une particule qui est supposée, d'après les calculs, avoir été à deux endroits différents et vous l'observez à un seul endroit lorsque vous effectuez une mesure.* (Il parle de la décohérence, bien entendu). Exprimé dans notre terminologie, *une particule se trouvant à deux endroits en même temps* est un mythe par prolongement de la fonction d'onde avant décohérence. Ce n'est pas *les calculs* qui disent cela, ce sont nos interprétations. D'autres interprétations sont possibles en partant des mêmes équations avec les mêmes calculs.

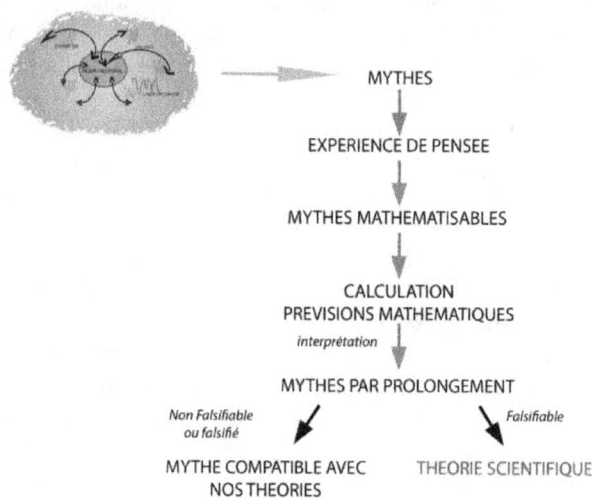

MYTHES

↓

EXPERIENCE DE PENSEE

↓

MYTHES MATHEMATISABLES

↓

CALCULATION
PREVISIONS MATHEMATIQUES
interprétation ↓

MYTHES PAR PROLONGEMENT

Non Falsifiable ↘   ↙ Falsifiable
ou falsifié

MYTHE COMPATIBLE AVEC   THEORIE SCIENTIFIQUE
NOS THEORIES

Figure 32: Mythes par prolongement

Nos interprétations sont intrinsèques, à nous d'imaginer des expérimentations pour trancher entre elles, si nous le pouvons.

Tegmark justifie pourquoi l'évolution a restreint notre intuition à ces aspects de la *réalité* qui ont eu une valeur de survie pour nos ancêtres:
... tel que la trajectoire parabolique des rochers lancés. La théorie de Darwin fait donc des prédictions testables qu'à chaque fois que nous regardons au-delà de l'échelle humaine, notre intuition devrait être prise en défaut. Cette prédiction a été répétitivement testée, et les résultats en sont bluffants: notre intuition est prise à défaut par les hautes vitesses, où le temps ralentit; à de petites échelles, où les particules peuvent être à deux endroits en même temps; à de hautes températures, où des particules qui collisionnent peuvent changer d'identité. Pour moi, un électron en collision avec un positron, qui se transforme en un Z-boson est à peu près aussi intuitif qu'une collision de voitures se transformant en navires de croisière.

En permettant de prolonger des mythes, les maths contribuent à rendre perceptibles des concepts échappant à notre intuition. Certains de ces prolongements seront falsifiables, d'autres ne le seront pas, mais leur remarquable compatibilité avec des concepts déjà connus va quand même les rendre extrêmement intéressants et souvent permettre la génération de nouveaux mythes.

Du: *Que nul n'entre ici s'il n'est géomètre* gravé à l'entrée de l'académie de Platon, aux questions d'Einstein sur l'incroyable pertinence des mathématiques, jusqu'à la vision d'un univers mathématique à la Tegmark, la place des mathématiques dans la *réalité* nous a toujours intriguée. Dieu, avons-nous pensé, devait être un mathématicien. *Sans les mathématiques, on ne pénètre point au fond de la philosophie. Sans la philosophie, on ne pénètre point au fond des mathématiques. Sans les deux, on ne pénètre au fond de rien*, disait Leibniz. *La philosophie,* disait Galilée, *est écrite dans ce grand livre ouvert devant vos yeux. Elle est écrite en langage mathématique.* Mais, finalement, ce n'est pas Dieu ou la nature qui sont mathématicien, c'est notre cerveau.

La question qui est posée se formule en termes extrinsèques: comment des objets développés et conçus dans notre cerveau *peuvent-ils décrire avec précision des événements là-dehors* qui ont échappé à nos sens ou nos instruments jusque-là. Le cerveau intrinsèque, nous l'avons vu, nous répond à cette question: les mathématiques ne décrivent pas des événements là-dehors, ce qui est par nature impossible. Elles transforment des mythes de sorte que les équations et les prédictions résultant de ces transformations soient falsifiables et permettent de générer de nouveaux mythes.

Il y a un grand nombre de mathématiques possibles, mais non générées. Nos structures cérébrales nous contraignent, sans que nous le sachions, à n'envisager, à un moment quelconque de notre histoire, qu'une partie limitée de ces possibles, destinée à s'étendre perpétuellement dans le futur. Le fait de dire des *mathématiques possibles* ne veut pas dire que celles-ci sont préexistantes quelque part dans un monde platonicien. Les mathématiques possibles seront éventuellement générées dans le futur. La question du platonisme est reliée à notre conception du temps. Si l'on se place à un niveau d'information où le futur *existe*, par exemple, dans le sens du bloc de la relativité générale, alors le monde des idées de Platon s'y trouve dissimulé dans des tranches futures par rapport à la tranche que nous vivons actuellement. Si l'on se place à un niveau de résolution possédant suffisamment de sous-systèmes, pour qu'une flèche du temps avec un présent et de nombreux futurs possibles apparaissent, nous devrions renoncer au platonisme. Seule une partie limitée du là-dehors peut faire l'objet de descriptions formelles. Cela provient, comme nous l'avons vu, de la différence de nature entre le là-dehors et une description formelle, qui a ses limites propres et qui séparent, isolent et nous placent, en tant qu'observateur, hors de la description. Nous pouvons *comprendre* des choses que nous ne pouvons mathématiser, nous les comprenons au travers de l'intuition, de pensées générées directement par le cerveau à partir de coïncidences de certaines bribes de pensées préexistantes, au travers de nos mythes. C'est ce que décrit le premier théorème de Gödel: *pour tout système formel suffisamment puissant pour contenir l'arithmétique, il y a des propositions vraies qui ne trouvent pas de preuves dans le système.* Autrement dit, en dehors du système formel nous pouvons *comprendre une vérité* d'une proposition dont le système formel ne peut pas prouver qu'elle est vraie. La figure 33 illustre cette interprétation de la proposition de Gödel et montre que le champ du *compréhensible* n'est pas recouvert par le champ du *mathématisé*.

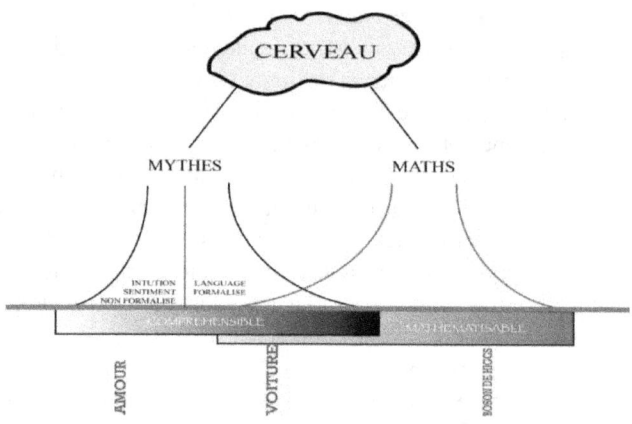

Figure 33: Mythes et Maths

De ces constatations provient l'idée d'une progressivité de la connaissance scientifique en opposition à une connaissance révélée. Une connaissance scientifique apparaît seulement à un certain moment de l'histoire, lorsque d'autres connaissances sont déjà acquises, décomposées et assimilées par le cerveau. L'édifice de la connaissance se construit progressivement, sans pouvoir sauter une étape.

Un mythe peut devenir une explication ou inspirer une explication. La qualité de l'explication est alors testée par l'observation, la compatibilité avec les explications existantes et la généralité des phénomènes qu'elle explique. Nous n'avons pas de moyen d'affirmer qu'une explication est définitivement la bonne. Nous pouvons seulement comparer deux explications entre elles. De même que le temps et l'espace absolu se sont avérés être des mauvais concepts, c'est aussi le cas pour: *meilleure explication*; il n'y a pas d'absolu dans les explications, car il n'y a pas de référence.

Parfois nous pouvons passer d'une explication à sa formulation mathématique, lui donnant ainsi une crédibilité supplémentaire, car elle devient dès lors non seulement logique, mais elle s'intègre à un corpus rigoureux de mathématisations préexistantes. En direction opposée, passer d'un résultat obtenu par des opérations purement mathématiques, à des explications verbales explicatives, est, ce que nous avons appelé, une interprétation. Considérer la réduction, la causalité, l'analogie et la non-contradiction comme intrinsèque au cerveau ne change rien aux équations, mais éclaire les explications sous un jour différent où les modifie carrément.

La connaissance, dont nous parlons ici, comme trait essentiel de l'humain, comme développement de son cerveau, recouvre le champ complet de ce qui est accessible à la compréhension et aux mathématiques, elle n'exclut aucune des activités créatives humaines, mais leur donne des fonctions différentes. La connaissance comme processus va des mythes aux maths.

BOHR, EINSTEIN, LÀ-DEHORS

Les nombreux et intéressants débats des années 1930-1940 entre Niels Bohr et Albert Einstein portaient, en fin de compte, sur deux points de vue différents en ce qui concerne la connaissance d'un phénomène. Einstein demandait en substance *qu'est-ce qui est* ? Alors que Bohr demandait *qu'est-ce qui peut être dit*.

Einstein tenait au concept de *réalité physique* alors que Bohr s'attachait à nos représentations et s'opposait à la description d'un état physique en dehors ou précédemment à toute mesure. Pour Bohr, il n'existe pas de preuves que cet état existe en dehors de l'observation. Le supposer mène à des contradictions. La position de Bohr, en ce qui concerne la physique quantique, a été nommée *l'interprétation de Copenhague*. Bohr considérait les mythes par prolongement comme des mythes, Einstein voulait y voir une *réalité physique*. La fonction d'onde, par exemple, ne donne, pour Bohr, des informations au sujet de là-dehors qu'au moment d'une mesure, c'est-à-dire lorsque l'état de superposition disparaît et cette information devient probabiliste. Pour Einstein, par contre, une équation décrit à tout instant ce qui se passe là-dehors.

Einstein estimait que la physique quantique ne pouvait pas être la description ultime de la nature puisqu'elle ne fournit que des résultats assortis de probabilités. N'étant pas la description ultime, il devait y avoir des variables cachées qu'il s'agissait pour lui de découvrir. Le cinquième congrès Solvay, en octobre 1927 à Bruxelles, illustré par la photographie (figure 34) ci-dessous, représente la culmination de ce débat où Einstein et Bohr s'affrontaient devant un auditoire prestigieux. Einstein proposait des expériences de pensée qui menaient à des contradictions apparentes de la mécanique quantique, l'auditoire était convaincu, mais restait en haleine en attendant la réponse de Bohr. Ce dernier travaillait toute la nuit pour trouver une réponse, qu'il exposait le lendemain et qui contournait la contradiction que l'expérience de pensée d'Einstein avait introduite. Et tout repartait pour un nouveau tour de piste. On reconnaîtra sur la photo outre Einstein et Bohr, Schrödinger, Pauli, Dirac, de Broglie, Born, Planck, Marie Curie, Langevin, Compton, Auguste Piccard… Sur vingt-neuf participants, dix-sept obtinrent le prix Nobel[22]. Ce congrès de Solvay a dû être l'un des sommets de la pensée du XXe siècle, opposant les instrumentalistes tels que Bohr (je ne connais que les résultats de mes mesures) et les réalistes tels qu'Einstein (je peux connaître la réalité).

Figure 34: Congrès Solvay 1927

Le débat sur la nature de la connaissance illustre bien comment *nos présupposés* concernant la science vont orienter la recherche, les interprétations et les modes opératoires. À l'époque les points de vue de Pierce et de Popper commençaient seulement à être connus. Autant Bohr qu'Einstein ne considéraient qu'un point de vue extrinsèque, Bohr comme instrumentaliste était cependant bien plus proche de la conception du cerveau intrinsèque. La dernière tentative d'Einstein, élaborée pour convaincre Bohr, est restée fameuse sous le nom de l'expérience de pensée EPR, elle date de 1935, peu de temps après qu'Einstein ait émigré aux États-Unis. Elle fait suite à de nombreux échanges qui ont suivi le congrès de Solvay. Dans l'article EPR, écrit à

---

[22] Le document suivant retrace en détail les thèmes de Solvay 1927 : http://arxiv.org/pdf/quant-ph/0609184v2.pdf

Princeton avec ses assistants Podolski et Rosen, Einstein va essayer de prendre en défaut une conséquence de la mécanique quantique: la corrélation de deux particules. Le fait que deux particules conservent dans certaines conditions des caractéristiques identiques. Pour cela, il va imaginer une expérience de pensée qui va utiliser la corrélation pour mettre en contradiction le principe d'incertitude de Heisenberg[58] avec la vitesse limite de la lumière. Il commence par définir une condition suffisante de «réalité», il écrit: *si, sans perturber en aucune manière l'état d'un système, on peut prédire avec certitude (avec une probabilité égale à l'unité) la valeur d'une quantité physique de ce système, alors il existe un élément de réalité correspondant à cette quantité physique.*

Pour EPR, la prédiction mathématique précise d'une grandeur physique suffit à établir la «réalité» d'un élément porteur de cette quantité.

Il construit sa contradiction en utilisant la propriété de deux particules, dites corrélées, créées par un même événement, de conserver des propriétés identiques, même si elles se sont éloignées à deux extrémités de l'univers.

Une mesure sur l'une des particules donnerait alors instantanément un résultat sur l'autre, quelle que soit la distance qui les sépare. Si, comme le prétend Bohr, le résultat n'existe qu'au moment où la mesure est faite, on connaît instantanément le résultat sur l'autre particule. Les inégalités de Bell et les expérimentations qui ont été montées depuis, en particulier celles d'Alain Aspect[23], dès 1982, de Nicolas Gisin et de Anton Zeilinger ont montré qu'il n'y a pas de variable cachée et que Bohr semble avoir raison.

La condition suffisante de réalité d'EPR n'est qu'une condition de réalité intrinsèque, elle ne dit rien sur là-dehors.

En un sens Einstein avait lui aussi raison. La physique quantique n'est pas la description ultime de la nature, elle est seulement une description intrinsèque, ultime à ce jour. Ce que nous pouvons savoir de mieux au sujet de la nature au vu de la structure propre de notre cerveau et de la nature de la science. C'est une théorie scientifique.

La question qu'est-ce qui *est* n'a pas de sens parce qu'il n'y a jamais d'identité entre une pensée et là-dehors. Elle conduit à des paradoxes, puisque nous ne pouvons que connaître au travers de nos structures intrinsèques, le là-dehors nous est inconnu. Les équations génèrent des prédictions invariablement confirmées par l'expérimentation et ont permis de réaliser une grande part de nos technologies actuelles. Ce qui pose problème dans une vision extrinsèque est l'interprétation de ces équations, les mythes par prolongement.

---

[23] Né en 1947. CNRS France

Nous avons, à plusieurs reprises, parlé de structures *correspondant*es au là-dehors pour évoquer le lien entre nos représentations et là-dehors, c'est le moment d'être plus précis. Nous avons examiné combien le fait de considérer que cette correspondance était une identité, ou une correspondance biunivoque, conduit à de nombreux paradoxes.

Notre moyen privilégié pour interroger là-dehors est l'expérimentation, mais que signifie-t-elle exactement? Comment interpréter l'expérimentation et la falsification dans l'hypothèse du cerveau intrinsèque? Ce point est évidemment crucial pour la méthode scientifique, il est le lien entre là-dehors et réalinté. Nous avions parlé du symbole du Sphinx auquel nous pouvons poser des questions, mais qui ne peut répondre que par oui ou par non, examinons notre comportement face au Sphinx plus en détail.

Supposons que notre cerveau ait isolé un morceau d'univers qu'il a appelé U; qu'il ait construit une théorie et abouti à une conjecture falsifiable concernant U. Le physicien établit alors un protocole pour une expérimentation portant sur une prévision concernant U, il dessine en fait un plan pour une machine qui va encoder sa question. Cette machine est un ordinateur analogique spécifique. La réponse de cet ordinateur analogique ainsi construit pourrait être, une valeur affichée sur un instrument, une tache sur un capteur photosensible, ou tout autre phénomène auquel nous sommes sensibles et que nous pouvons interpréter. Cette expérimentation pourrait éventuellement falsifier la conjecture en contredisant cette prévision. Le protocole expérimental est une procédure décrivant comment encoder dans de la matière l'information contenue dans sa conjecture et poser une question à la dehors.

Admettons que la théorie prévoit, par le calcul ou la déduction logique, qu'une valeur x doit être mesurée à la sortie du dispositif expérimental. L'ensemble de l'expérimentation jusqu'à ce point est un montage conceptuel intrinsèque de notre cerveau. Rien jusqu'ici ne s'est passé là-dehors. N'oublions pas que là-dehors il n'y a pas de concepts, ni de théorie, ni d'expérimentation. Pour traduire notre expérimentation et contraindre là-dehors à nous donner une réponse, nous allons appliquer notre protocole et procéder à cet encodage matériel de l'information de notre théorie qui doit simuler notre expérimentation mentale, on peut dire que nous allons construire un ordinateur analogique pour simuler notre théorie. En effet, l'appareillage que nous allons construire va effectuer une opération analogique et nous livrer un résultat. Les différents éléments de cet encodage matériel doivent, par le passé, avoir tous fait l'objet de théories dûment falsifiées, et donc acceptées comme scientifiques, de manière que, l'élément x, qui représente la prévision de la nouvelle théorie, soit le seul qui soit effectivement la variable. Comment ce montage va-t-il nous dire quelque chose sur *là-dehors*, alors que là-dehors est inconnaissable? Si le dispositif (dûment et répétitivement vérifié) nous fournit une autre valeur que x, disons y, qu'est ce que cela signifie? C'est-à-dire, comment notre cerveau va-t-il interpréter ce résultat?

Si la lecture du résultat est y, le cerveau va maintenant disposer de deux résultats, x et y. Comme la contradiction n'est pas acceptable, il va falloir choisir ou fournir une nouvelle explication. Les deux résultats sont les productions du même cerveau: x est produit intensionnellement par une dérivation logique et calculatoire de la conjecture, y est produit extensionnellement par la mesure observée du *résultat physique* de l'encodage matériel. Pour obtenir y nous avons fait le détour par un encodage/décodage matériel et construit pour cela un *ordinateur analogique* pour que celui-ci fasse le calcul (il vaudrait mieux dire l'opération, car il ne s'agit pas vraiment d'un calcul au sens digital). Cet ordinateur analogique en l'encodant va *simuler notre théorie*. Il ne va pas simuler là-dehors! On dira, si x=y, que cette simulation a confirmé la théorie, dans le cas contraire qu'elle l'a falsifiée. Là-dehors est l'opérateur de l'ordinateur analogique, ce qui le fait tourner. Le cerveau est l'opérateur de la calculation intrinsèque. L'ordinateur analogique que nous avons construit donne une réponse à la question que nous y avons encodée, réponse que nous allons percevoir et comparer avec celle prévue par notre cerveau. Pour que cette réponse soit utile, il nous faut être certains que la question est bien posée, que nous ne posons pas plusieurs questions à la fois, par exemple. Bien poser la question veut dire que les concepts de notre théorie sont clairs et que leur mathématisation est correcte.

Vers 1965, à l'université de Lausanne, nous disposions d'un IBM 360 disposé sous l'aula principale au magnifique toit en forme de paraboloïde hyperbolique, indiquant bien qu'à cet endroit on faisait de la science. Comme étudiants, nous devions programmer notre problème en FORTRAN[24] et l'encoder sur une pile de cartes perforées, nous allions ensuite au guichet et remettions notre pile de cartes et pouvions venir chercher le résultat le lendemain. Ce qui se passait entre deux restait un grand mystère, nous n'avions pas d'accès à la machine et ne savions même pas à quoi elle ressemblait. Ce qui, pour un jeune obsédé par le

---

[24] Langage de programmation d'IBM des années 1950, encore en usage, il sert de base pour classer la puissance des super ordinateurs.

démontage depuis l'enfance était particulièrement frustrant. Les clients de la Pythie pouvaient eux au moins la voir. Nous pas. La situation est semblable pour le processus expérimental. Nous préparons l'encodage matériel, confions le tout au Sphinx, le guichet de la nature[25] et pouvons revenir lire le résultat sous forme de nouvelles cartes perforées. Nous ne savons pas ce qui se passe entre deux, là-dehors a fait sa computation et nous a fourni sa réponse.

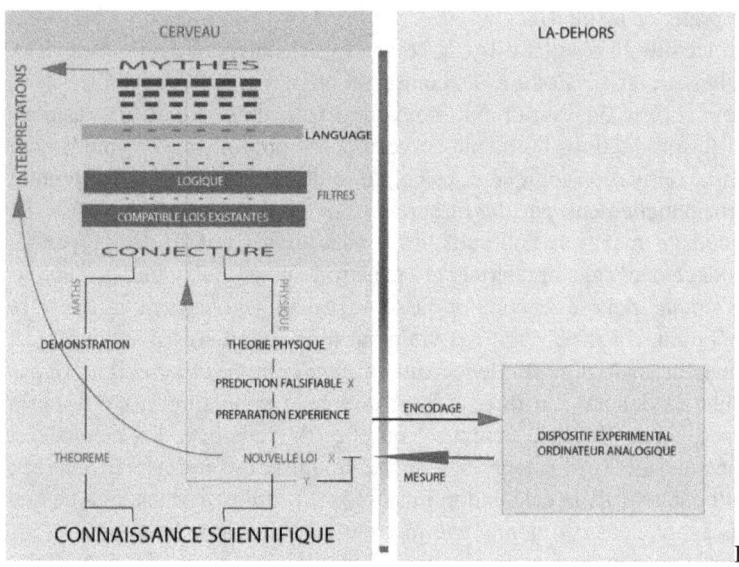

Figure 35: Méthode scientifique

L'expérimentation agit alors comme une sorte de guide de la pensée qui, a chaque halte (chaque nouvelle conjecture), calcule et nous dit : *x égale y*, tu peux avancer; *x différent de y*, tu es sur la fausse voie. Ou encore, dit autrement : *x égale y* ton mythe devient provisoirement de la connaissance scientifique, *x différent de y*, ton mythe restera définitivement un mythe. La nouvelle loi, devenue connaissance scientifique, peut faire l'objet de nombreuses interprétations, suivant les mythes auxquels le cerveau va la rattacher. Ce sont les bagages dont parle Tegmark. Vous souvenez-vous de l'Oracle de David Deutsch. La nature agit de la même manière, elle nous donne les réponses à nos questions, mais c'est à nous de savoir les poser en faisant des conjectures et en montant des dispositifs expérimentaux. Comme l'Oracle, si là-dehors nous fournit des réponses, il ne nous dévoile pas sa vraie nature.

---

[25] Que nous avions comparé au symbole du Sphinx

L'interprétation des réponses dépend de nos autres mythes, ceux qui pré existaient dans notre pensée.

La figure 35 illustre la méthode scientifique, de la production de mythes par le cerveau intrinsèque dual, au filtrage par le langage et la logique, à la compatibilité avec des connaissances préalablement établies, à la conjecture théorique (mathématisée) falsifiable, à la préparation de l'expérimentation et son encodage matériel et finalement à l'interprétation. Elle illustre aussi le fait que les mathématiques, elles, ne sont pas soumises à des contraintes expérimentales.

La simulation sur ordinateur suit exactement le même cheminement sauf que la mathématisation est traduite en algorithmes (ce qui n'est pas toujours possible) et que l'encodage se fait sur un ordinateur digital.

LA NATURE DES PROBABILITÉS

En s'écartant progressivement des cas idéalisés de la science du XIXe siècle et en prenant de plus en plus en compte les systèmes complexes, la science contemporaine, suite à Boltzmann, Prigogine et bien d'autres, fait de plus en plus usage des probabilités et des statistiques pour décrire ce que nous observons effectivement. Nous acceptons de plus en plus qu'il nous est impossible de recueillir la totalité de l'information, qu'il y a de l'entropie et que nous devons nous contenter de parler d'un champ de possibles. Nous avons affirmé plus haut que les probabilités sont une construction mathématique, donc virtuelle, permettant de raccorder dans notre virtualité intrinsèque, le hasard intrinsèque observé, aux «non-hasards» du là-dehors[26], ceux dont nous ne pouvons extraire qu'une information limitée. Les probabilités permettent de dire quelque chose, dans le monde virtuel, sur nos représentations de là-dehors alors que nous n'avons pas moyen de recueillir une information au niveau de résolution voulue. C'est-à-dire les situations où nos observations, ou nos expérimentations ne nous donnent pas les moyens de recueillir toutes les informations. Dans la perspective intrinsèque, le hasard provient uniquement de ce manque d'information. Les probabilités caractérisent donc la manière dont nous savons extraire de l'information de là-dehors et sont liées au processus intrinsèque de réduction. En cherchant à dire quelque chose d'un sous-système considéré comme plus ou moins isolé, il est impossible d'en extraire une description déterministe si, comme l'avait remarqué Poincaré, des composants, à un quelconque niveau de résolution, interagissent. L'expression en terme de probabilité est un moyen de tenir compte des caractéristiques de l'observateur et donc des caractéristiques intrinsèques du cerveau.

---

[26] Tel que décrit par les lois idéalisées.

Nous avons à plusieurs reprises évoqué l'idée d'une théorie du tout. C'est-à-dire une unification ultime des lois de la physique. Le prix Nobel Steven Weinberg pense qu'aucune théorie du tout ne pourra jamais être satisfaisante: *On doit admettre*, dit-il, *que même si les physiciens vont aussi loin qu'ils le peuvent, ils n'auront pas une image complètement satisfaisante du monde, car il nous restera la question «pourquoi?» Pourquoi cette théorie, plutôt qu'une autre?*

Weinberg parle évidemment d'une théorie qui décrirait complètement le *là-dehors* et constate la régression infinie dont nous avons parlé. Du point de vue du cerveau intrinsèque, il n'y a pas d'image de *là-dehors* possible. Il faudrait alors parler d'une image de nos propres représentations, un niveau suprême d'abstraction, une unification de toutes nos théories. La virtualité impose une récursivité qui légitime la question de Weinberg. Quel que soit le mythe, il est généré par le cerveau, il y a donc un dehors à ce mythe puisqu'il a été généré par quelque chose qui le précède, la régression infinie est inévitable. Autrement dit le cerveau qui a créé l'équation sera toujours hors de l'équation. Nous avions remarqué plusieurs fois qu'une théorie du tout devrait se contenir elle-même et devrait ne pas oublier le cerveau. Une théorie du tout ne peut pas négliger l'observateur, elle doit l'englober, il ne peut plus rester d'observateur hors du champ de la théorie.

John Wheeler[27] en s'exprimant au sujet d'une théorie du tout dit: *À mon avis, à la base de cela, il doit y avoir, non point une équation, mais une idée toute simple. Et pour moi, le jour où finalement nous la découvrirons, elle sera si convaincante, si inévitables que nous nous dirons: «Comme c'est juste, il n'aurait pas pu en être autrement.»*

Le cerveau intrinsèque oblige à revoir la classification habituelle des sciences. Toute théorie étant une production du cerveau, une théorie du tout serait, si un jour elle existait, une production particulière du cerveau qui regrouperait tous les mythes possibles et devrait générer des prédictions falsifiables sur là-dehors. Une théorie du tout serait donc une théorie des mythes et de leur production par le cerveau et pas une théorie de là-dehors. Elle devrait donc pouvoir faire des prédictions falsifiables sur l'état futur du cerveau, ce qui nous le savons n'est pas possible. Une telle théorie semble donc ne pas pouvoir exister.

---

1.   1911-2008 Il fut l'un des derniers collaborateur d'Einstein, mais travailla aussi avec Niels Bohr. Professeur à Princeton. Il inventa le terme de trou noir.

Si nous restreignons notre ambition à une théorie du *presque tout* qui décrirait uniquement les mythes falsifiables du cerveau et non falsifiés jusqu'au moment où la théorie est produite, cette théorie serait alors une théorie des limites de la connaissance théorique que le cerveau peut générer. Elle décrirait comment les structures intrinsèques de notre cerveau génèrent des connaissances pour lesquelles nous ne savons pas construire d'expérimentation permettant de les falsifier.

Il me semble que cette idée de placer le cerveau au centre et les théories de la physique comme conséquences du mode fonctionnement du cerveau plairait particulièrement à John Wheeler. En effet, elle est d'une étonnante simplicité.

XII. Intelligence et ordinateurs

COMPLEXITÉ, STABILITÉ ET AUTO-ORGANISATION

Nous avons tous une idée intuitive de la notion de stabilité, notion illustrée par la figure 36 ci-dessous. Une boule au fond d'un verre est en équilibre stable, une boule au sommet d'un verre renversé est en équilibre instable. Un crayon posé sur sa pointe est en équilibre instable, posé sur son flanc, il est en équilibre stable. Un système dynamique, pour lequel une petite perturbation des conditions initiales produit un petit effet final, est dit stable. Il est dit instable si des petites perturbations des conditions initiales s'amplifient avec le temps.

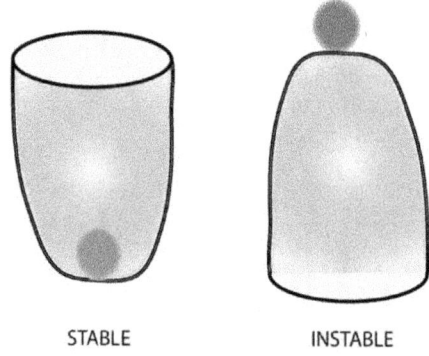

STABLE   INSTABLE

Figure 36. Équilibres

Le mathématicien français Henri Poincaré fut le premier à soulever la question de la stabilité ou de l'instabilité des systèmes dynamiques et à distinguer des systèmes proches ou loin de l'équilibre. Dans son introduction au calcul des probabilités, il y écrit:

Une cause très petite, qui nous échappe, détermine un effet considérable que nous ne pouvons pas ne pas voir, et alors nous disons que cet effet est dû au hasard. Si nous connaissions exactement les lois de la nature et la situation de l'univers à l'instant initial, nous pourrions prédire exactement la situation de ce même univers à un instant ultérieur. Mais, lors même que les lois naturelles n'auraient plus de secret pour nous, nous ne pourrions connaître la situation qu'approximativement. Si cela nous permet de prévoir la situation ultérieure avec la même approximation, c'est tout ce qu'il nous faut, nous disons que le phénomène a été prévu, qu'il est régi par des lois; mais il n'en est pas toujours ainsi, il peut arriver que de petites différences dans les conditions initiales en engendrent de très grandes dans les phénomènes finaux; une petite erreur sur les premières produirait une erreur énorme sur les derniers. La prédiction devient impossible et nous avons le phénomène fortuit.

Un système dynamique complexe est appelé *chaotique* s'il est *extrêmement sensible* aux conditions initiales. Il peut alors se montrer terriblement instable. Pour des systèmes chaotiques la prévisibilité telle que la décrivait Laplace ne fonctionne en pratique plus. Les descriptions ne peuvent plus se faire en termes de trajectoires déterministes, mais seulement en terme de probabilités.

Poincaré, impressionné par les travaux de Boltzmann sur la théorie cinétique des gaz, annonçait: *Les lois de la physique prendront à l'avenir une toute nouvelle forme; elles prendront un caractère statistique*[1]. C'est ce qui s'est produit au XXe siècle. Les lois de la physique se sont adaptées aux limitations de notre cerveau intrinsèque. Les systèmes dynamiques complexes, dont il est impossible de connaître avec précision les conditions initiales, génèrent des trajectoires de particules qui ne sont pas prévisibles. On se retrouve à devoir donner aux conditions initiales une probabilité de distribution, permettant de décrire l'évolution d'un ensemble de particules, en renonçant à décrire l'évolution de chaque particule individuellement. Dans notre exemple de stabilité, celui de la boule et du verre, la boule à l'équilibre stable, au fond du verre est peu sensible aux conditions initiales alors que pour la boule au sommet du verre, un moindre écart peut la faire partir dans une direction ou une autre. Ainsi, l'impossibilité de préciser les conditions initiales oblige à interpréter les lois de la physique déterministes comme des cas idéalisés. Poincaré caractérise un système dynamique par l'énergie cinétique de ses particules ajouté à l'énergie potentielle des interactions entre les particules. Il sépare la description des systèmes pour lesquels on peut négliger les interactions entre éléments, des systèmes où cela n'est pas possible. Les premiers sont dits intégrables. Il montre alors que les équations décrivant les systèmes non intégrables ne sont pas solubles. Les équations ne sont plus linéaires. De tels systèmes sont, comme nous l'avons déjà rencontré, des systèmes adaptatifs. Le déterminisme des équations de la physique résulte d'une simplification consistant à négliger les interactions entre les éléments du système considéré. Lorsqu'il y a interaction, Poincaré montre qu'il se produit des *résonances* imprévisibles entre éléments, ce sont ces émergences qui sont les responsables du caractère non intégrable du système. Les

---

[1] Poincaré, The value of science 1958

résonances de Poincaré se produisent dans une grande variété de phénomènes physiques courants tels que: l'émission ou l'absorption de lumière; l'interaction de champs, en particulier EM; la plupart des phénomènes d'interaction de particules en physique quantique; l'écoulement des fluides proches de la turbulence, les lasers, les réactions chimiques, etc. C'est cette imprévisibilité qui caractérise le dialogue de la computation analogique et digitale dans le cerveau dual.

En fait, il serait plus facile de dire où les résonances n'interviennent pas: dans les cas idéalisés où il n'y a pas d'interaction entre éléments du système. En fait dès que nous avons trois éléments interagissant, nous entrons dans le domaine du non intégrable, de l'imprévisible.

Les systèmes dynamiques complexes, où se produisent des interactions entre composants, sont donc imprévisibles, quelle que soit la précision avec laquelle l'on mesure les conditions initiales. Les résonances de Poincaré introduisent une asymétrie entre le passé et l'avenir: une flèche du temps, équivalente à celle de l'entropie. On peut donc dire que nos représentations nous présentent deux types de processus: ceux qui sont stables et réversibles et ceux qui ne le sont pas. Nous savons que cela résulte de la structure de réduction de notre cerveau et de ses niveaux de résolution. Les processus réversibles sont en fait l'exception et correspondent à des *cas idéalisés*. L'irréversibilité se manifeste par l'entropie ainsi que par l'instabilité du système, les deux processus introduisent cette asymétrie temporelle.

Si Henri Poincaré fut le premier à mettre en évidence le phénomène émergent du chaos déterministe dans certains systèmes mécaniques, dès 1892, il a fallu attendre la publication de l'article du météorologiste Edward Norton Lorenz,[2] en 1963, pour attirer vraiment l'attention sur les systèmes chaotiques. En étudiant des modèles météorologiques, Lorentz s'était aperçu que de petites variations dans les conditions initiales pouvaient conduire à d'énormes différences climatiques. C'est cet effet qu'il baptisa *l'effet papillon*. Le battement d'aile d'un papillon à Tokyo peut conduire à une tempête au Texas. Depuis Lorentz le chaos a été un terrain d'investigations et de recherches considérables. En 1984, sous l'impulsion, entre autres, de Murray Gell-Mann, le Santa Fè Institut consacré à l'étude multidisciplinaire de la complexité fut ouvert et a acquis un rayonnement mondial.

On appelle les systèmes dont la structure dépend de leurs échanges avec l'environnement des *systèmes dissipatifs*. Ces systèmes ne peuvent pas être isolés sans perdre leurs principales caractéristiques. Le vivant, la société, le cerveau, l'économie sont des systèmes dissipatifs. Ilya Prigogine nous donne l'exemple suivant: il nous demande de comparer

---

[2] 1917-2008 météorologue ayant vulgarisé le terme d'effet papillon.

un cristal et une ville. Un cristal est une structure en équilibre qui peut être maintenue même si le cristal est isolé de son environnement. Mais si nous isolions la ville, elle mourrait. Sa structure dépend de sa fonction. Fonction et structure sont pour la ville deux éléments inséparables. Elles expriment les interactions de la ville avec son environnement.

L'*auto-organisation* d'une structure est, nous l'avons vu, un phénomène émergent qui impose un *ordre* aux composants d'un système dynamique. Ce dernier tendra à retrouver cet ordre s'il est perturbé. Le cerveau, l'économie, la société sont naturellement sujet à auto-organisation. Dès l'introduction d'une nouvelle législation, la société modifie son auto-organisation. Cette nouvelle organisation n'est pas prévisible. Nos tentatives de stabiliser ces systèmes complexes par des règlements et des lois sont d'avance vouées à l'échec dans la plupart des cas. Le système réagit immédiatement et contourne ou développe de nouveaux attracteurs et de nouvelles législations sont nécessaires. Nous alourdissons ainsi progressivement nos réglementations sans produire d'autres effets que de décourager la créativité et les initiatives. Les simulations sur ordinateurs de tels systèmes tendent à diverger assez rapidement, comme le font les prévisions météorologiques.

SIMULATION ET LÀ-DEHORS

Un des premiers philosophes à questionner la différence entre le rêve et la réalité a été le chinois Zhuangzi,[3] sa philosophie était proche du scepticisme et il mettait en doute la réalité de ce que nous pouvons connaître. Nos plus chères conclusions, pensait-il, auraient été différentes si nous avions vécu un passé différent. Zhuangzi est connu pour avoir formulé le problème du rêve du papillon: Zhuangzi rêve qu'il est un papillon qui volette avec plaisir. Il ne savait pas qu'il était Zhuangzi. Soudain il se réveille et se retrouve Zhuangzi. Mais il ne sait pas s'il est Zhuangzi qui a rêvé d'un papillon ou un papillon rêvant qu'il était Zhuangzi.

Descartes, dans ses Méditations philosophiques, évoque le même problème:... *il n'y a pas d'indication certaine qui puisse nous faire clairement distinguer entre le rêve et l'éveil.*

Dans le film de Martin Scorsese: *Shutter Island*, le spectateur vit le début du film au travers les pensées et les croyances d'un malade mental, sans savoir qu'il est malade. Dans la deuxième partie, il le vit au travers les optiques de l'institution psychiatrique. Les deux visions sont cohérentes, acceptables, sans contradictions. C'est au milieu du film que le spectateur passe progressivement de l'une à l'autre, et cette transition

---

[3] Philosophe chinois vers -400. http://en.wikipedia.org/wiki/Zhuangzi

nous laisse un curieux sentiment de doute et d'incompréhension. Dans le film *Inception*, Alan Nolan va encore plus loin en supposant que l'on peut connecter deux cerveaux pour que l'un ait accès aux rêves de l'autre et lui implanter des idées. Nolan semble bien comprendre le cerveau intrinsèque, mais pas le cerveau dual.

La connexion directe de cerveau à cerveau est cependant aujourd'hui l'objet de recherches intéressantes. Miguel Nicolelis et son équipe de Duke ont publié pour la première fois, début 2013, une expérience où deux cerveaux de rats sont reliés par une centaine de neurones interconnectés. Il a montré que les deux cerveaux peuvent ainsi collaborer pour résoudre des problèmes. Ce résultat ouvre des perspectives nouvelles en ce qui concerne la collaboration de cerveaux et laisse songeur sur les émergences nouvelles qui pourront apparaître. Les connexions de Miguel sont directes et n'utilisent pas les encodages du langage ou des sens. Le fait que la communication se produise et qu'une coopération se développe ouvre carrément les portes d'un Nouveau Monde de compréhension, d'apprentissage et de coopération.

Dans un contexte de fabuleux développements de l'informatique et de l'ordinateur, il est naturel de s'interroger sur la simulation informatique et ses possibilités de nous guider concernant nos questions sur la nature de la réalité.

Songez à des films tels que Matrix, où nous ne serions que des objets dans une vaste simulation, ou encore Avatar, où l'avatar réussit finalement à sortir de l'ordinateur qui le génère. Ou encore au fameux article du philosophe anglais Nick Boström[4] qui affirme que, soit le développement technologique s'arrêtera avant que nous ne sachions construire des simulateurs universels, soit il est fort probable que nous vivions maintenant dans une simulation tournant sur l'un des ordinateurs de nos descendants. David Deutsch fait remarquer que les conclusions de Boström ne sont pas correctes dans son livre *The Beginning of Infinity*. Il a raison. Quelles sont effectivement les limites du processus de simulation?

Pour nous fixer les idées, reprenons l'exemple d'une photographie, que nous pouvons faire évoluer dans le temps. Imaginons qu'il s'agisse d'un paysage magnifique avec un lac et, en arrière-plan, des montagnes aux cimes enneigées. Si nous remontons à 1826, du temps de Nicéphore Niepce, l'inventeur de la photographie, notre cliché sera en noir et blanc, presque totalement flou. Quelques années plus tard ce sera un daguerréotype, plus précis, couleur sépia. Progressivement les détails s'affineront, je pourrais même reconnaître la neige sur les montagnes en

---

[4] Né en 1973, philosophe à Oxford.
Voir http://www.simulation-argument.com/simulation.html

arrière-plan, un peu plus tard, la photo sera en couleurs, contenant beaucoup d'informations supplémentaires. Elle deviendra 3D, peut-être se détachera-t-elle de son support et flottera dans l'air comme un hologramme, etc. Notre photographie a évolué avec les technologies de manière à tromper l'œil, jusqu'au point où ce dernier ne pourra plus savoir s'il s'agit d'une photo ou de ce qu'il appelle d'habitude la réalité. C'est alors une simulation parfaite qui passerait le test de Turing des photographies. Et si son évolution continuait, avec le progrès des technologies, je ne le remarquerais même plus, car mes yeux ne peuvent augmenter plus que cela leur résolution, il ne distinguent déjà plus la photo de la réalité. Nous avons à ce stade une simulation photographique si parfaite que l'œil ne peut pas la distinguer de la réalité. Mais la phrase précédente est fausse si l'on considère le cerveau intrinsèque. Il faudrait dire, je ne peux pas distinguer ma représentation, engendrée en voyant la photo, de ma représentation engendrée en voyant le paysage. La comparaison à faire n'est pas entre la photographie là-dehors et le paysage là-dehors, mais entre deux représentations engendrées par mon cerveau. Est-ce que cela signifie que la photo est conforme à là-dehors? On ne peut certainement pas dire une chose pareille. Si nous passons d'une simple photographie à une simulation plus complète d'un morceau d'univers, incluant le mouvement, les lois de science, nous pouvons aussi admettre qu'à un moment, nous ne saurons plus distinguer la représentation engendrée dans notre cerveau par le morceau d'univers, de la représentation engendrée dans notre cerveau par la simulation. Mais de nouveau on ne pourra jamais dire que la simulation est *conforme* à là-dehors.

C'est notre cerveau qui compare la similitude de deux représentations qu'il a lui-même générées. Il est au centre de tout processus de simulation. Il est la référence. C'est lui en fin de compte qui accepte de dire que la simulation est parfaite en comparant deux représentations. La simulation n'est donc pas un outil de découvertes de nouveaux phénomènes de là-dehors, mais permet la visualisation ou l'interprétation des conséquences de nos propres équations. Ainsi pouvons-nous par simulation observer les conséquences des algorithmes qui encodent notre savoir sur la résistance des matériaux dans un crash-test automobile simulé. Nous pouvons par simulation observer l'évolution de nos équations de la mécanique des fluides. Mais nous ne gagnons que de la connaissance de nos équations, pas d'information ou de validation par le là-dehors.

L'intelligence artificielle (IA), s'est donnée pour objectif de repérer les *principes de fonctionnement* du cerveau humain pour les encoder en algorithmes et pour finalement les implanter dans un ordinateur. Pour l'intelligence artificielle, peu importe ce qui se passe effectivement dans le cerveau, seule compte le comportement final. L'intelligence artificielle n'est donc pas une simulation de l'homme, mais une imitation, qui se veut parfaite, du comportement de l'homme. Cette idée se rattache au mouvement dit *behavioriste*. L'intelligence artificielle, dans la mesure où elle prétend générer de l'intelligence, est une illusion mécaniste. Elle laisse croire que des attributs tels que la créativité et la spontanéité peuvent être générés par des algorithmes. L'illusion d'intelligence est bien entretenue par des prouesses technologiques qui, si fantastiques et utiles qu'elles soient, n'abordent pas la question principale. Il n'y a pas d'intelligence dans l'intelligence artificielle, il n'y a qu'une série d'algorithmes pré-écrits. Et l'intelligence ne peut se manifester via un processus algorithmique: il n'y a pas de «comment faire», de recette pas-à-pas pour l'intelligence ou la créativité. Il s'agit donc encore d'une tentative de mécanisation, une volonté de nous faire croire que la sémantique peut se réduire à de la syntaxe, qu'un organisme n'est qu'un mécanisme. Les singularistes nous parlent de comprendre le *software* du cerveau. Il n'y a pas de software. Depuis l'article de Turing, de 1950, les partisans de l'IA ont cru que les avancées seraient spectaculaires. Elles ne l'ont pas vraiment été en ce qui concerne l'intelligence. Ce que Turing avait appelé, dans son article, un jeu d'imitation, c'est transformé dans les esprits en test d'intelligence de l'ordinateur. L'intelligence artificielle si elle avait réussi aurait conclu le programme mécaniste. Elle aurait bouclé la boucle, le monde aurait été un grand mécanisme et nous humains, un sous mécanisme. Je suis certain que les programmes peuvent nous rendre d'énormes services et que des mécanismes sophistiqués vont voir de plus en plus le jour. Mais ne réduisons pas l'intelligence à des mécanismes, nous savons qu'il s'agit de bien autre chose, même si elle reste difficile à définir ou précisément parce qu'elle reste difficile à définir. Les algorithmes obéissent à deux obligations pour faire fonctionner la machine: la première est qu'à chaque pas d'exécution, le pas suivant doit être déterminé, faute de quoi la machine s'arrête. Autrement dit, pour passer d'un pas au suivant, il ne faut pas d'inspiration, de créativité ou de hasard. La seconde obligation est que la totalité de la procédure puisse s'exprimer en un nombre fini de pas, faute de quoi l'ordinateur ne s'arrêtera jamais.

Certaines de nos activités humaines sont algorithmiques, celles où nous suivons pas à pas une procédure jusqu'à la dernière ligne: faire un calcul, remplir sa feuille d'impôt ou tout formulaire déclaratif, suivre une recette de cuisine, lire un texte, travailler chez Henry Ford. D'autres ne le sont pas: tomber amoureux, se faire un ami, choisir un lieu de vacances, écrire un article, composer de la musique... D'autres encore sont semi-algorithmiques: conduire une voiture, faire ses devoirs d'école... La robotisation consiste à nous enseigner à nous comporter de manière totalement algorithmique, c'est-à-dire à imiter l'ordinateur. Certaines de nos activités, celles qui sont algorithmiques, peuvent être programmées un ordinateur, la grande majorité ne le sont pas. La robotisation consiste alors à vouloir prétendre et considérer toutes nos activités et toute notre pensée comme étant algorithmiques. Or ce sont nos activités essentielles qui ne peuvent pas être mises en algorithmes, en particulier celles ayant recours à l'imagination et à la créativité. La robotisation va considérer que ces activités soit n'existent pas, soit sont nuisibles et doivent être combattues comme des défauts.

Je suis distrait, je renverse un verre. Bien entendu, il est simple de programmer un ordinateur à renverser un verre, mais sera-t-il pour autant distrait? Puis-je le programmer à être distrait? Bien sûr que non, le mieux que je puisse faire est de le programmer à *imiter* la distraction en renversant par exemple un verre sur dix. Si je le trouve trop distrait, je pourrais le régler pour ne renverser qu'un verre sur vingt. Les humains distraits ne sont pas réglables. Nous avons dit que l'ordinateur compute. Il ne manipule pas des concepts. Les concepts sont des créations de notre cerveau, des bagages humains, comme dirait Tegmark, l'ordinateur n'a pas de concepts. Même lorsque vous lui faites faire une simple addition, il n'utilise pas le nombre, le concept abstrait *nombre*, il utilise un encodage matériel de ce dernier. Il ne sait pas ce qu'est un nombre. En fait, il ne *sait* rien. Il suit mécaniquement un pas après l'autre les instructions données par son programme, ce qui peut être extrêmement complexe. L'idée abstraite d'ordinateur, telle que l'a imaginée Turing, en 1936, ne dépend pas de la manière physique avec laquelle il a été réalisé. Est un ordinateur, n'importe quel objet capable de computer, c'est-à-dire de manipuler des données en fonction d'algorithmes. Nous avons vu, par exemple, qu'une machine de Turing est équivalente, au sens de la théorie de l'information, à un boulier. Un système peut être modélisé sur un ordinateur si une théorie explicative de ce système est computable, c'est-à-dire s'il existe un mythe mathématisable en équations dont les solutions peuvent être atteintes au moyen d'algorithmes. La majorité des problèmes courants se révèlent computables si l'on accepte certaines approximations alors qu'il y a infiniment plus de problèmes non computables que computables. Le prototype de problème non computable est le fameux Entscheidungsproblem d'Hilbert. Parmi les problèmes computables, on distingue encore ceux qui le sont dans un temps raisonnable, ils sont dits appartenant à la classe P de ceux qui ne le sont pas. (Voir le paragraphe *un million de dollars*, ci-dessous).

Nos goûts et nos capacités ne sont pas des représentations encodables. Or une condition nécessaire pour créer un algorithme est de bien comprendre ce que nous voulons modéliser. Nous comprenons qu'un autre humain ait ses propres goûts seulement parce que nous en avons aussi. Nous comprenons par empathie et non par «définition». Nous n'avons pas moyen d'avoir d'empathie avec l'ordinateur, créer des algorithmes pour ce genre de fonction est impossible. Le mieux que nous pouvons faire est d'imiter un comportement approximatif moyen. Certains préfèrent boire la bière à la bouteille et d'autres dans un verre, suivant les circonstances. Comment exprimer ces préférences différentes avec un algorithme, sans inclure toutes les circonstances possibles? On ne peut pas construire une base de données de toutes les circonstances possibles. Cela est relativement simple à montrer en utilisant un argument tel que l'argument diagonal de Cantor. On est donc obligé de se limiter, dans une simulation, à un certain nombre de circonstances.

Si nous admettons qu'il serait possible de constituer une gigantesque base de données identifiant toutes les capacités et savoir-faire extensionnels, encore faudrait-il que le programme d'intelligence artificielle sache quelle information choisir dans la base de données, à quel moment et comment l'utiliser de manière *intelligente*. On se trouve avec un problème du type de celui de l'oracle ou de la Bibliothèque de Babel dont nous avons parlé. L'intelligence artificielle doit savoir quelles questions poser à sa base de données et comment interpréter les réponses qu'il recevra. Se pose aussi la question de la relevance. Si un choix est relevant ou pas dépends, chez nous, de notre vision (construction) globale de notre réalité intérieure à un moment donné. Qu'est-ce que nous considérons ordinaire, ou exceptionnel ou digne d'attention, ou frustrant, ou nécessitant des sacrifices … Celui qui programme va devoir faire des choix. Toute simulation ou intelligence artificielle relève donc d'énormément d'à priori humains. Il y a une grande différence entre penser et effectuer certaines opérations simples et algorithmiques comme des calculs. Pour l'instant, l'ordinateur ne fait que syntaxiquement manipuler des représentations, ce n'est pas ce que fait le cerveau humain.

ORDINATEURS ET HYPERCOMPUTATION

Les premiers ordinateurs construits par l'homme l'ont été vers la fin de la Deuxième Guerre. Il s'agissait, du côté américain, de simuler les réactions en chaîne pour pouvoir produire la première bombe atomique. John von Neumann, lui aussi à l'IAS de Princeton, avait la réputation de comprendre ce que ses interlocuteurs avaient à lui dire dès la deuxième phrase, même si le discours résumait des années de travail. Johnny, comme l'appelaient ses collègues, avait assisté à Göttingen à la conférence à la fin de laquelle Gödel avait annoncé son premier théorème d'incomplétude. Peu de temps après, il écrivait à Gödel lui annonçant qu'il avait démontré ce qui en fait était déjà le deuxième théorème de Gödel. Johnny imposa à l'IAS la construction d'un ordinateur[5], malgré la forte opposition de ses collègues puristes.

Du côté britannique, il s'agissait de briser le code de la fameuse machine allemande Enigma, qui chiffrait les messages transmis aux sous-marins dans l'Atlantique. Privée des ressources provenant du continent, l'Angleterre était menacée d'asphyxie si elle ne pouvait compter sur le ravitaillement américain. Alan Turing fut engagé à Bletchley Parc pour travailler au décodage de la fameuse machine Enigma. Les machines qu'il construisit permirent d'intercepter les messages au sous-marin et de les décoder.

La guerre permet souvent de trouver des financements qui ne seraient pas disponibles en temps de paix. Des hommes exceptionnels ont imaginé et créé ces premières machines au nom de Colossus, ENIAC… Gigantesques, mais des milliers de fois moins puissantes que votre très ancien modèle de téléphone portable et surtout beaucoup moins fiable. Alan Turing, John Von Neumann, Stan Ulam et d'autres encore sont les génies à qui nous devons ces technologies si incroyablement transformatives de la société et de la pensée humaine. L'architecture digitale de la machine de Von Neumann est, en gros, celle qui est encore utilisée de nos jours.

Nos représentations de la plupart des phénomènes physiques, y compris ceux de la physique quantique, sont mathématisées par des fonctions continues et contiennent des nombres réels qui s'accommodent donc mal de la digitalisation, surtout lorsque les systèmes sont interactifs complexes. L'ordinateur digital qui fonctionne de manière discrète ne peut faire mieux que d'approximer ces nombres et ces fonctions.
Nos théories de la nature peuvent par exemple impliquer des distances infinitésimales ou varier continûment les longueurs d'onde, le mieux que peuvent faire les ordinateurs dans ces cas est donc d'arrondir.
En parlant de continuité, nous parlons évidemment de l'expression mathématique de nos théories, pas de ce qui se passe effectivement là-dehors. Là-dehors est-il continu ou discret? Pour l'instant, les interprétations de la physique quantique dépeignent là-dehors comme

---

[5] Je vous recommande l'excellent livre de George Dyson : Darwin among the machines. Fils de Freeman Dyson, George fût élevé et grandit à Princeton à cette période d'intense activité intellectuelle et assista à la naissance de l'ordinateur.

discret, avec des particules insécables: les quarks et les électrons, des quantités minimums d'énergie, des quanta. Les équations peuvent varier continûment, mais elles décrivent des quantités discrètes : des quanta d'énergie! L'infini semble pénétrer de toutes parts nos modèles de la réalité. Cela ne dit évidemment rien sur là-dehors et la question n'a pour l'instant pas de réponse.

En 1982, Richard Feynman, dans son article *Simulating Physics with computers*[6] a montré qu'un ordinateur classique ne pourrait simuler les théories quantiques dans un temps raisonnable et propose un hypothétique ordinateur quantique universel, qui, lui, en serait capable. David Deutsch a prolongé, en 1985 cet argument[7] en donnant une description complète d'un ordinateur quantique universel. Un ordinateur quantique au lieu d'utiliser les bits de Shannon pouvant prendre l'état 0 ou 1, utilise des qubits. Un qubit peut prendre toutes les valeurs intermédiaires entre 0 et 1 simultanément. Il correspond à l'état de superposition quantique et s'encode dans des particules en état de superposition. Cet état est perdu dès qu'il y a une mesure, c'est la réduction de la fonction d'onde. Ce domaine de recherche est en plein développement, en 2013, mais personne ne sait encore si nous pourrons effectivement construire des ordinateurs quantiques suffisamment performants pour être utiles. En attendant, la compagnie D-Waves propose déjà des ordinateurs quantiques commerciaux. Google et la NASA ont annoncé en mai 2013 qu'ils en avaient acquis un exemplaire.

Church et Turing avaient conjecturé, en 1936, que les limitations concernant ce qui pouvait être computé, ne sont pas imposées par l'architecture de la machine ni par l'ingéniosité du constructeur. C'est ce que nous appelons l'hypothèse de Church Turing: chaque fonction, qui serait *naturellement* considérée comme computable, pourrait être computée par une machine de Turing universelle.

Le terme *naturellement* a été le sujet d'énormes ambiguïtés. La conjecture de Church Turing a souvent été considérée comme un théorème démontré, ce qui n'est pas le cas. Depuis quelques années un nouveau territoire de recherche se développe en ce qui concerne la computation au-delà de l'hypothèse de Church Turing: *l'hyper computation*.

Le cerveau humain qui n'est pas simulable sur une machine de Turing, le serait-il sur une machine d'hyper computation?

Dans son livre écrit avec da Costa et Doria et intitulé *Gödel's Way*, Chaitin formule ainsi le problème de l'hyper computation: *y a-t-il une machine dans le monde réel qui puisse répondre à des questions qui ne*

---

[6] http://link.springer.com/content/pdf/10.1007%2FBF02650179
[7] Voir http://www.ceid.upatras.gr/tech_news/papers/quantum_theory.pdf

peuvent être résolues sur des machines de Turing? Nous pouvons comprendre l'hyper computation comme une théorie des systèmes dont le comportement inclut de la physique non algorithmique, comme les systèmes adaptatifs complexes. Chaitin se demande si un tel système serait réalisable. La question traduite du point de vue du cerveau intrinsèque serait: pouvons-nous imaginer des plans pour une entité là-dehors capables d'encoder de l'information non algorithmique.

La première machine devant fonctionner au-delà de Church Turing a été décrite par Turing lui-même dans son article de 1939, il l'a nommée: *oracle machine.* L'idée en était de coupler un *oracle* à une machine de Turing permettant, lorsque ce dernier est consulté, d'aller au-delà des capacités de la machine de Turing lui permettant de surmonter le entscheidungsproblem ou des problèmes non computables similaires. Hava Siegelmann a consacré sa recherche aux réseaux neuronaux artificiels qui ne séparent pas données et processus. Hava Siegelmann remet au goût du jour la computation analogique dans son livre extrêmement technique: *Neural Networks and Analog Computation, Beyond the Turing Limit.*

Mon ami le professeur Georges Abou-Jaoudé, de l'EPFL, travaille depuis quelques années, avec l'appui de collègues russes, à une machine d'hyper computation dénommée Kica. Sa piste de recherche est différente de celle de Hava Siegelmann et se base sur une mathématisation topologique originale qui pourrait se traduire matériellement sans le passage par des algorithmes. Une telle machine, si elle s'avérait réalisable, devrait être capable de résoudre des problèmes insolubles en un temps raisonnable sur une machine de Turing. Contrairement à l'architecture de von Neumann, Georges propose une architecture pour laquelle programmes egale processeurs sur une machine à la fois digitale et analogique.

Un exemple frappant de tels problèmes, que Kica devrait pouvoir aborder, est celui du repliement des protéines. Les protéines, à la base de tout organisme vivant, sont des chaînes d'acides aminés enfilés comme sur un collier. Les instructions pour cet enfilage sont contenues dans l'ADN. Une fois les acides aminés enfilés dans la séquence correcte, la protéine, dans son milieu, se replie en formant une structure tri dimensionnelle spécifique. La question du repliement des protéines est de savoir quelle sera cette structure tridimensionnelle et comment simuler le repliement. Là-dehors nous observons des protéines composées de milliers d'acides aminés qui se replient en quelques secondes. Lorsque nous essayons de simuler nos représentations mathématisées de ce processus sur un ordinateur de von Neumann, le problème se révèle non tractable. On estime qu'il faudrait 10^{127} ans à nos ordinateurs les plus puissants pour calculer la forme que prendrait une petite protéine de cent acides aminés. Comment là-dehors fait-elle cette opération en quelques secondes, nous échappe complètement. Il est cependant certain qu'elle n'utilise pas un modèle digital à la von Neumann. C'est-à-dire que nos simulations sur des machines digitales correspondent mal avec là-dehors. Il n'est par contre pas exclu qu'une machine d'hyper computation puisse apporter une réponse. Dans la mesure où Kica, par exemple, combine digitale et analogique, données et programmes et fait appel bien plus profondément qu'une machine de Turing à des niveaux hiérarchiques d'information représentés par ses structures topologiques; il est bien possible que sur Kica ces types de questions deviennent tractables. Je doute cependant que l'hyper computation permette de résoudre les problèmes de simulation du vivant et en particulier du cerveau. L'hyper computation reste un mécanisme construit, le vivant est un organisme évolué.

UN MILLION DE DOLLARS

Nous avons parlé de problèmes non computables comme le entscheidungsproblem, mais nous avons aussi évoqué la question de la tractabilité qui limite la portée des ordinateurs digitaux. Le temps de calcul pour les problèmes non tractables devient exponentiellement long lorsque l'on augmente le nombre de décimales. C'est sur ces problèmes non tractables que se basent nos systèmes de codes et de sécurité informatique. Il est simple de multiplier une série de nombres premiers donnés. Il est moins simple de trouver les facteurs premiers d'un nombre. En fait, le temps de calcul augmente exponentiellement avec la longueur du nombre en question. Nous ne disposons pas d'algorithmes rapides pour effectuer cette factorisation. La fameuse conjecture *P est différent de NP* formulée en 1971, par Stephen Cook et Leonid Levin, n'est pas encore résolue et fait partie de la liste des problèmes pour lesquels le Clay Mathematics Institute à Providence aux USA, propose un prix d'un million de dollars[8]. Elle a cependant contribué à faire avancer notre compréhension de l'informatique et de la complexité. Elle distingue deux classes de problèmes: P est la classe des problèmes qu'un ordinateur digital peut résoudre efficacement[9], NP est la classe des problèmes pour lesquels un ordinateur peut vérifier efficacement si une solution proposée est correcte, même s'il ne peut pas, lui-même, proposer initialement cette solution. La plupart des informaticiens pensent que ces deux classes sont distinctes. Des milliers de problèmes qui se posent tous les jours aux informaticiens tombent dans la catégorie NP, parmi lesquels : quel est le meilleur design pour un chip

---

[8] http://www.claymath.org/millennium/P_vs_NP/
[9] le temps de calcul croit de manière polynomiale avec le nombre de décimales.

informatique, comment modéliser le repliement d'une protéine, comment optimiser des horaires de train ou d'avion, quel est le meilleur trajet pour un livreur, comment répartir des personnes autour d'une table certaines contraintes étant données. Tous ces problèmes tombent dans la classe de complexité dite NP-hard. La solution algorithmique de l'un de ces problèmes amènerait à une solution de tous les problèmes NP, et P serait égal à NP. Jusqu'à ce jour, aucune solution n'a été trouvée, mais un champ considérable de mathématiques s'est développé sous l'hypothèse que P est différent de NP. Mathématiques qui seraient toutes fausses si le contraire s'avérait un jour.

Nous adoptons alors des approximations lorsqu'un problème non tractable se présente, par exemple dans nos questions de simulation. Mais que valent ces approximations? En 2002, Subhash Khot de la New York University a émis la conjecture dite UGC[10]. (Unique Games Conjecture). Elle nous dit qu'un certain problème de coloration des nœuds d'un réseau est NP-hard à résoudre, même approximativement. Depuis des milliers de problèmes quotidiens ont été reconnus comme tombant dans la catégorie UGC.

La conjecture *P est différent de NP*, si elle est correcte, montre qu'il y a un énorme écart entre la capacité de résoudre un problème et la capacité d'évaluer la solution qu'un autre nous propose. Créer une solution met en œuvre des capacités différentes. La conjecture affirme que la créativité ne peut pas être automatisée avec des algorithmes. Si elle se révèle correcte, cela limite grandement le terrain de jeu de l'intelligence artificielle et restreint les attentes que nous pourrions avoir d'une simulation du cerveau.

Si la conjecture se révélait fausse, cela aurait des conséquences dans de nombreux domaines. La boucle déterministe pourrait quasiment être bouclée. La robotisation triompherait. Nous serions totalement remplaçables par des machines.

PREUVES MATHÉMATIQUES ET ORDINATEUR

Rares sont les histoires en mathématiques qui font la une de la presse et frappent l'imagination de chacun. Pierre de Fermat, né en 1601, avait une formation juridique, mais avait une passion pour les mathématiques pour lesquelles il fut un des plus grands contributeurs de son siècle. Ce ne fut qu'après sa mort que son fils Samuel découvrit, gribouillé dans une marge d'une copie du livre *Arithmetica* de Diophante[11], l'énoncé d'un théorème qui fut par la suite baptisé le *grand théorème de Fermat*.

---

[10] http://en.wikipedia.org/wiki/Unique_games_conjecture
[11] Diophante d'Alexandrie (env 200- env 280) est considéré comme le père de l'Algèbre. Il est connu pour ses équations diophantiennes.

Le gribouillis précisait que la marge était trop petite pour que Fermat puisse en donner la démonstration. La proposition de Fermat est extrêmement simple: *l'équation $a^n+b^n=c^n$ n'a pas de solutions en nombres entiers pour n plus grand que 2*. Pour n=2, nous retrouvons le théorème de Pythagore et l'équation possède bien des solutions en nombres entiers, tels que a=3, b=4, c=5. Des générations entières de mathématiciens ont essayé de reconstituer la démonstration, sans succès. En 1993, quelque trois cent cinquante ans plus tard, lorsque Andrew Wiles annonça, lors d'une conférence à Cambridge, que le problème était résolu, tous les médias en firent leur une. L'histoire était magnifique: un problème, apparemment simple, une démonstration perdue, des générations de mathématiciens qui ont essayé de la retrouver, un mathématicien qui avait travaillé tout seul et en secret pendant huit ans et avait enfin réussi a prouver cette conjecture célèbre. Il semble impossible aujourd'hui que Fermat ait vraiment eu une démonstration, malgré son immense génie.

L'impression aujourd'hui est très répandue que les questions mathématiques peuvent toutes être résolues avec des ordinateurs assez puissants. C'est une autre conséquence de la pensée mécaniste. Ce n'est pas le cas et, heureusement pour les mathématiciens, cela ne le sera jamais si la conjecture P différent de NP est correcte.

Comme dans le cas du grand théorème de Fermat-Wiles, les questions qui impliquent de vérifier une infinité de cas ne peuvent pas être traitées par ordinateur pas à pas. Dans le cas du théorème de Fermat, la conjecture doit être prouvée pour toute valeur de n supérieur à deux. Une méthode au cas par cas ne pourra jamais fonctionner. Il faut quelque chose d'autre qu'un ordinateur.

Les mathématiques sont des productions intrinsèques du cerveau, nous savons que les systèmes formels ont toujours des indécidables, il n'est pas étonnant que les capacités du cerveau intrinsèque dual dépassent les possibilités des algorithmes qui ne regroupent qu'une partie de son activité. Il est fort probable que la conjecture *P différent de NP* soit donc correcte et que les mathématiciens conservent leur travail.

Le problème des *quatre couleurs* restera, lui aussi, célèbre. Lorsque j'étais étudiant, dans la deuxième partie des années soixante, il était l'objet de nombreuses plaisanteries entre nous. Il symbolisait le problème mathématique facile à énoncer, mais impossible à démontrer. Comme le grand Théorème de Fermat, il n'avait pas été résolu à l'époque. Lorsque l'un d'entre nous donnait l'impression de ne rien faire ou de ne pas avancer dans ses recherches, on l'accusait de s'être attaqué au problème des quatre couleurs! J'avais même dessiné une petite conjecture en forme de grosse virgule qui se lamentait et recherchait en vain, en se promenant de par le monde, un mathématicien qui veuille bien lui fournir une démonstration. Mais ma petite virgule se plaignait de ne rencontrer que des incapables. Voici ce dont il s'agit:

Considérons une carte de géographie dessinée sur un plan. La surface de la carte est pavée par des pays qui peuvent se toucher dans certains cas, c'est-à-dire avoir une frontière commune. La question est de savoir combien de couleurs sont nécessaires pour colorier la carte sans que deux pays adjacents ne se voient attribuer la même couleur. (Figure 37).

Figure 37: Vitrail colorié avec quatre couleurs (Wikimedia)

En fait, la conjecture des quatre couleurs date de 1852, mais sa démonstration fut seulement découverte en 1976. Curieusement ma petite conjecture en forme de virgule n'allait pas seulement trouver un mathématicien, en 1976. Et c'est cela qui en a fait une célébrité: en effet ce fut le premier théorème dont la démonstration a fait appel à un ordinateur. Soyons plus précis, la difficulté de la preuve de la conjecture vient du fait qu'il faut démontrer que quatre couleurs sont suffisantes pour colorier toutes les cartes possibles. Comme il y a une infinité de cartes possibles, on ne peut, la non plus, employer des méthodes de force brute, c'est-à-dire d'examen au cas par cas. Les mathématiciens Kenneth Appel et Wolfgang Haken ont réussi à réduire le nombre de cas à examiner d'une infinité à 1478 cas critiques. Ces cas ont ensuite fait l'objet d'une méthode au cas par cas calculés sur ordinateur. Cette démonstration a posé au moins deux questions essentielles. La première provient en fait d'une confusion. Le cœur de la démonstration, la partie difficile, a été fait par des mathématiciens et non par l'ordinateur. L'ordinateur n'a été utilisé que pour calculer un nombre *fini* de cas, ce qui est dans ses cordes. La seconde question est celle de la validité de ces calculs par ordinateur. Comment vérifier que l'ordinateur ne se trompe pas dans ses calculs? Kurt Gödel évoquait déjà le problème dans les années cinquante:

... il est possible qu'il existe une machine à prouver les théorèmes, ce qui est en fait équivalent à l'intuition mathématique, mais on ne peut prouver qu'elle le fasse, non plus qu'on ne peut démontrer que la machine ne produit que des théorèmes corrects dans le domaine de la théorie des nombres.

Que vaut une preuve qu'un mathématicien ne peut pas vérifier. Le débat est à peine ouvert. Cependant, dans la pratique c'est bien ce qui se passe. Personne ne peut vérifier un programme de millions de lignes et encore moins ses calculations. Nous devons faire confiance à la machine et à ses programmes. Pour cela, nous avons développé une large quantité de programmes de corrections d'erreurs, mais l'entscheidungsproblem d'Hilbert nous assure qu'il n'y a pas moyen de savoir *à l'avance* quels seront les résultats, il y aura donc toujours des bugs et des virus possibles. Nous nous trouvons dans la même situation qu'avec l'oracle de David Deutsch. L'ordinateur nous fournit une réponse, mais il ne nous donne pas la compréhension et donc la certitude. Si un jour l'ordinateur quantique voit le jour, la question de vérification des calculs intermédiaires deviendra carrément impossible pour des raisons fondamentales: toute vérification en cours de computation provoquerait de la décohérence! La question des vérifications et de la correction d'erreurs sont aussi importantes pour les simulations. Ces soixante dernières années, la vitesse à laquelle les ordinateurs effectuent des calculs élémentaires s'est multipliée par 10^{15}. Les premières simulations consistaient en des systèmes de quelques centaines d'atomes simulés sur des superordinateurs. Vous pouvez exécuter sur votre ordinateur portable des simulations qui, il y a vingt ans, nécessitaient une machine à plusieurs dizaines de millions de dollars.

Le problème des quatre couleurs et sa démonstration illustrent bien ces deux fonctionnements du cerveau, celui du cerveau qui calcule et qui le fait moins bien que l'ordinateur. Et celui du cerveau qui procède par analogies en utilisant des abstractions et des concepts, celui qui interprète. L'intelligence n'est pas dans le calcul qui n'est qu'une procédure algorithmique, elle est plutôt dans la seconde procédure, l'interprétation. Et pour l'interprétation humaine, rien ne pourra remplacer un cerveau humain. P sera différent de NP.

AVATARS INTELLIGENTS

Dans le film Matrix la question se pose de savoir si un avatar conscient dans un ordinateur aurait moyen de savoir qu'il vit dans une simulation. Boström, qui est dans la ligne des singularistes, affirme qu'il y a, si certaines conditions sont réunies, de bonnes chances que nous vivions dans une simulation engendrée par nos descendants. Pour ma part, niant que le cerveau conscient soit simulable, ces questions ne se posent que comme des contes de fées. Cependant, j'aimerais faire avec vous une petite expérience de pensée sur la base de ce conte de fées: quel moyen un avatar, supposé intelligent et conscient, présent dans un ordinateur digital, aurait-il de savoir qu'il vit dans un hardware et aurait-il un moyen d'étudier ce hardware?

Bien entendu dans le cas d'un avatar, son point de vue de grenouille avatar ne lui dirait directement, absolument rien sur sa condition réelle d'avatar dans une machine. Notre avatar échange de l'information avec son environnement simulé, comme nous le faisons au travers de nos sens. Comment fonctionnent les sens de notre avatar? Soit l'avatar aura un accès direct à l'information de l'environnement, ce qui pour lui est simple puisque ce dernier utilise le même système d'encodage que son propre cerveau, c'est-à-dire les bits de l'ordinateur. Soit ses sens sont des simulations de nos sens et, dans ce cas, la simulation de l'environnement devra encoder ses bits de manière que ces sens simulés décodent correctement.

Cependant, un jour ou l'autre, l'avatar trouvera nécessairement un moyen de se brancher directement sur son environnement sans l'intermédiaire de ses sens, il tourne sur le même ordinateur, avec le même encodage de l'information, après tout et pour lui c'est donc possible[12]. À ce moment tous les concepts de représentation, de complexité, d'interprétation, de hasard, vont pour lui disparaître. L'avatar, contrairement à nous, connaîtra la nature de son là-dehors, qui ne sera du reste plus vraiment un dehors pour lui. Il se noiera dans son là-dehors, aucune différence entre lui et là-dehors ne serait plus là pour lui donner son identité. Il ne s'agira alors plus d'une simulation de notre univers, puisque nous n'avons pas cette possibilité de branchement direct.

Rejetons un instant cette possibilité et supposons que cela ne se produise pas et que notre avatar intelligent ne puisse pas se brancher directement. Il décrit alors, comme interprétation de ses sensations, un monde comme nous décrivons le nôtre avec lui-même au centre, avec des fleurs, des arbres, des galaxies, tout cela étant engendré comme bits d'information par la simulation et bien que dans l'ordinateur ces objets n'existent matériellement pas. Il étudierait le cerveau des autres avatars, leur réseau neuronal, leurs spikes, leurs protéines. Il étudierait l'espace et le temps et

---

[12] On est ici dans la même situation que la connexion de cerveau à cerveau dans la récente expérience de Miguel Nicolelis.

toutes les lois de la physique. Son là-dehors, nous qui sommes encore à un niveau d'externalité supplémentaire par rapport à lui, le savons, n'est qu'un programme tournant sur le hardware de son ordinateur.

Comment ferait-il pour résoudre le problème des quatre couleurs? Nous savons qu'il ne pourrait pas le faire puisqu'il est un avatar tournant sur une machine digitale. Sa réalinté serait entièrement formalisable puisque construite sur la base d'une formalisation: le programme de l'ordinateur qui le génère. Il n'aurait pas de théorème de Gödel. Il ne pourrait pas concevoir l'infini. Les ordinateurs analogiques qu'il construirait seraient, en fait, digitaux. Sa sémantique se réduirait à de la syntaxe. Il serait incapable de démontrer une proposition indémontrable par l'ordinateur sur lequel il tourne lui-même. Il prouverait que P égale NP. Notre hypothèse initiale: que l'avatar soit conscient et intelligent est donc contradictoire, il ne s'agit pas d'une simulation de notre univers.

Je pense qu'il ne peut y avoir d'intelligence sans vie et évolution, seul un organisme peut être intelligent à nos yeux, un mécanisme ne peut qu'imiter; son caractère de *non vivant*, de fabriqué, restreint ses possibilités à celles de la computation. L'intelligence a besoin de mythes, de milliards de connexions mémorielles progressivement développées. Elle se réfère à tous ces flux de relations qui interviennent dans l'interprétation et dont la majorité prend leur racine dans des centaines de millions d'années d'évolution. Elle a besoin de structure similaire à elle-même pour être reconnue comme intelligence par d'autres. Ne sachant ni définir l'intelligence, ni la vie, cela n'est pour lors qu'une proposition. Une compréhension de la nature du vivant et de ses origines devient de plus en plus indispensable au progrès des sciences. Sans cette compréhension, nous nous heurtons à une sorte de mur dans l'ensemble de notre compréhension de là-dehors.

REMARQUES SUR LE VIVANT

Nous ne savons pas définir intensionnellement le vivant, nous pouvons bien en expliciter quelques caractéristiques déterminantes telles que la réplication et le métabolisme. Chercher à comprendre les origines de la vie sans savoir ce qu'elle est aussi difficile que de chercher le Mont-Blanc sans savoir ce qu'est une montagne. Il est possible cependant que nous arrivions à en comprendre les origines, sans pourtant savoir la définir, car il n'y aurait pas un élément critique isolable qui conditionne son apparition. Les premières formes de vie ne pouvaient, par exemple, pas avoir d'ADN ou d'ARN, à moins de croire à une génération spontanée.

Les lois fondamentales de la physique ne constituent pas un outillage approprié pour étudier ou même s'approcher de la notion de vivant. Le réductionnisme, qui a fait le succès de la science jusque-là, ne s'applique pas aux systèmes adaptatifs complexes. Le vivant étant très certainement une émergence, il ne se laisse pas complètement cerner par des caractéristiques. De fait, en le séparant en caractéristiques, en composants, nous lui ôtons sa substance essentielle: *le fait d'être vivant*. Le mot de *création* est source de grande confusion. Évoquer la création, l'origine, c'est évoquer un événement qui soit est le résultat d'une volonté, soit n'a de cause que lui-même. Dans le langage quotidien, nous utilisons ce mot pour effectivement signifier une recombinaison, une computation, une émergence à partir d'un choix spécifique de concepts préexistants. Le résultat nous paraît être une *création*, mais de fait, il s'agit d'une succession de choix de réorganisation d'éléments mémorisés, certains nous paraissant surgir par hasard, faisant émerger un ordre inconnu jusque-là. Mais l'information, les bits, préexistaient, perçus sous d'autres ordres. Il serait plus approprié de parler d'évolution ou de *pseudo création*. Il en va de même pour le vivant. S'il s'agit bien d'une évolution, il est possible que cette dernière ait tellement embrouillé les bits qu'il est difficile à partir des traces de reconstituer l'ordre antérieur. Dans l'espace virtuel de notre réalinté, la création est, comme nous l'avons vu, en mathématiques par exemple, une opération simple. Dès que nous ajoutons les contraintes de là-dehors, les choses se compliquent.

La confusion fréquente entre mécanisme et organisme est entretenue par la pensée mécaniste. Nous ne pouvons que construire des mécanismes, les organismes ne se construisent pas, ils évoluent. Nous ne saurons comprendre vraiment un organisme qu'après avoir compris *l'origine du vivant*, cette compréhension nous indiquerait, comment se fait le passage, la transition du *non vivant* au *vivant*. En attendant, l'analogie mécanique s'impose. Si le vivant ne peut pas se définir comme un mécanisme, il ne peut pas non plus se définir en fonction d'une finalité. Il nécessite une compréhension de ses origines, qui pour lors nous échappe. Nous avons buté à de nombreuses reprises dans cet essai sur la difficulté que nous impose notre manque de compréhension de ce qu'est le vivant. Par exemple, cette lacune nous empêche de comprendre comment simuler un organisme et en particulier le cerveau. Une simulation sur ordinateur est non vivante, que perdons-nous de l'organisme en nous contentant de simuler la matière qui le compose; l'intelligence, par exemple, que nous constatons dans la matière vivante, peut-elle exister sans la vie? Le caractère d'être vivant pourrait-il être essentiel à l'apparition de l'intelligence. Ces niveaux illimités d'abstraction et de recombinaisons que le cerveau peut générer sont-ils liés au caractère vivant? Je ne pense pas que nous arrivions à une bonne compréhension de l'intelligence des mammifères sans avoir au préalable compris le vivant. Toute définition préalable à cette compréhension tendrait à réduire l'intelligence à des procédures mécaniques.

Je vois une très bonne raison pour qualifier le problème de l'origine du vivant d'extrêmement complexe et difficile. L'hypothèse, : *le vivant n'est apparu que sur la terre,* est une hypothèse scientifique falsifiable et pour l'instant valable. Nous n'avons pas détecté de vivant ailleurs. Il faut donc croire que les conditions sur la terre, il y a trois milliards et demi d'années, ont été particulièrement propices à l'apparition de la vie. Et cependant il semble que même sur terre, la vie ne soit *apparue qu'une seule fois.* Animaux ou végétaux nous avons tous un ancêtre commun, nous faisons tous partie du même arbre de la vie. Pourquoi de nouvelles formes de vie n'apparaissent pas continûment sur un terrain aussi propice que ne l'est notre planète Terre? Nous sommes obligés de penser que ces conditions d'apparition sont extrêmement difficiles à réunir. Soit elles sont extrêmement rares, et le vivant est un PR extrêmement peu fréquent, soit le vivant est un PNR et a initialement nécessité une intelligence pour le produire. Cette deuxième hypothèse est naturellement reprise par les théistes qui y voient une confirmation de l'intervention divine, elle est cependant à écarter. Elle ne fait que repousser le problème un cran plus loin: quelle est l'origine de cette intelligence qui aurait produit le vivant sur terre. Il est raisonnable de se concentrer sur l'idée que le vivant est un PR. Il est alors peu étonnant que nous ne comprenions pas encore comment la vie a pu émerger.

Dans le dernier chapitre de son livre *Variation of Animals and Plants Under Domestication,* Darwin fait une remarque intéressante en soulignant que les scientifiques qui croient en un déterminisme total ne vont pas accepter sa théorie de l'évolution. Pour eux, le hasard n'a pas d'existence, ils ne peuvent donc pas accepter l'idée d'une sélection naturelle agissant sur la base de mutations aléatoires. Darwin n'avait évidemment pas encore nos connaissances en ce qui concerne l'information: le déterminisme n'apparaît qu'à des granularités bien plus faibles, le hasard est parfaitement acceptable dans le domaine de résolution auquel les gènes échangent de l'information. L'erreur de Darwin reste malheureusement très fréquente, ne distinguant pas la hiérarchie de l'information, nous appliquons à un concept des considérations valables à un autre niveau.

Le génie de Ronald Aylmer Fisher, qui a été désigné par Dawkins comme étant le plus grand biologiste depuis Darwin, a été d'appliquer les statistiques et l'information à la sélection naturelle. En repérant le niveau de résolution auquel étudier les phénomènes darwiniens, Fisher est devenu le Boltzmann de la biologie. Il est aussi considéré comme un précurseur de Shannon. Dans son livre *Théorie générale de la sélection naturelle*, il applique la théorie des systèmes dynamiques pour combiner la génétique de Mendel avec l'évolution de Darwin. Sa grande idée fut de réaliser que les organismes chez Darwin n'avaient pas d'importance et ne faisaient simplement pas partie du problème de l'évolution, ils ne se situaient pas au bon niveau de la hiérarchie informative, comme Boltzmann l'avait fait pour les particules. Pour faire concorder Darwinisme et mendélisme, les seules entités nécessaires étaient une population et des gènes, c'est-à-dire des entités repérables à une résolution bien plus fine. La manière dont ensuite ces gènes s'organisent n'est pas relevante. Le système dynamique ainsi formé se décrit en résolvant des équations différentielles où la fréquence d'un gène est déterminée conjointement par les lois de Mendel et la sélection de Darwin. Fisher avait trouvé le véritable organisme vivant: le gène. C'est lui qui se perpétue. C'est sur lui que se jouent in fine les mécanismes darwiniens, l'animal n'est que son support provisoire.

La découverte de Fisher a anticipé l'étude systématique des systèmes dynamiques complexes et leur application dans des cas concrets.

Tous les systèmes physiques sont compris par l'analyse de la combinaison de leurs éléments ultimes, que ce soient des atomes, des cordes, peu importe. La notion de complexité est perdue en se limitant au niveau de description le plus élémentaire. Dire qu'un animal est vivant n'est pas significatif à ce niveau puisqu'aucun atome dans le corps de l'animal n'est vivant et que le corps de l'animal n'est fait que d'atomes. La qualité d'être vivant est alors subtilement écartée par cette attitude réductive matérialiste. Être vivant est une émergence que la physique réductionniste n'étudie pas. Or tout être vivant est un système dissipatif: il échange constamment de la matière et de l'énergie avec son environnement. Il se trouve dans un état d'instabilité permanente qui ne prend fin qu'avec la mort. Pendant toute sa vie, des parties de cet être vivant sont détruites et créés, l'instabilité étant même une condition nécessaire de ses processus vitaux et de l'auto-organisation qui lui permet de s'adapter constamment à son environnement. La complexification du vivant est le résultat d'une succession d'instabilités, sans lesquelles la vie n'aurait pu subsister.

C'est, écrit Prigogine, *par une succession d'instabilités que la vie est apparue. C'est la nécessité, c'est-à-dire la constitution physicochimique du système et les contraintes que le milieu lui impose, qui détermine le seuil d'instabilité du système. Et c'est le hasard qui décide quelle fluctuation sera amplifiée après que le système a atteint ce seuil et vers quelle structure, quel type de fonctionnement, il se dirige parmi tous ceux que rendent possibles les contraintes imposées par le milieu. Au voisinage de l'équilibre du système dissipatif, qui se transforme en ayant des échanges de travail, de chaleur et de matière avec l'extérieur, les fluctuations disparaissent dès leur apparition: c'est la stabilité qui correspond à l'équilibre. Dans la région non linéaire, en revanche, loin de l'équilibre, certaines fluctuations peuvent s'amplifier à proximité d'un premier état critique, perturber l'état macroscopique et le déstabiliser. Le système bifurque alors vers un nouvel État stable, qui peut être plus structuré que le précédent, d'où croissance de la complexité; l'état précédent, devenu instable, peut alors être éliminé.* Le nouvel état stable est appelé «attracteur étrange» en théorie du chaos. Prigogine montre aussi que des perturbations *extérieures* au système peuvent avoir le même effet, toujours sans contredire le deuxième principe de la thermodynamique. *Il peut donc y avoir auto-organisation de la matière loin de l'équilibre sans intervention miraculeuse.* Le rôle du hasard dans l'apparition de la vie est très restreint: *il se réduit à un choix entre diverses possibilités d'évolution.*

L'évolution ne connaît pas les buts à atteindre, dit Frank J. Tipler[13]. Au contraire la sélection naturelle agit par des mutations aléatoires, mutations qui n'apparaissent jamais dans l'intention d'atteindre un but dans le lointain futur. Il y a un très grand nombre possible de chemins évolutionnaires, et si peu parmi eux conduisent à la vie intelligente, qu'il est improbable que cette dernière apparaisse plus d'une fois dans un univers de 13,7 milliards d'années-lumière.

Aucune espèce actuellement vivante ne se perpétuera telle quelle dans un distant futur, dit Darwin dans les dernières pages de *l'Origine des espèces*. L'évolution darwinienne par mutations génétiques agit à long terme, mais elle est aussi accompagnée d'une évolution due à une mutation de l'expression de gènes, c'est-à-dire de la manière dont la machinerie cellulaire interprète les gènes pour fabriquer des protéines. Cette mutation de l'expression provient parfois d'un processus très simple affectant un seul gène, et produisant un résultat rapide.

La biologie reste une science très peu mathématisée comme nous l'avons remarqué en parlant des travaux de Tegmark. Elle est essentiellement constituée de descriptions. Probablement une des raisons du peu de théorie en biologie est que les mathématiques actuelles ne s'adaptent pas vraiment bien aux phénomènes biologiques. Nous avons besoin de comprendre pour pouvoir mathématiser. Le mélange continu d'aspects analogique et d'aspects discrets contribue à la difficulté. Bien souvent les mathématiques ont été développées en parallèle avec des problèmes physiques. Le présupposé que la biologie peut être réduite à la chimie et

---

[13] Né en 1947, professeur de mathématiques et de physique à Tulane university.

éventuellement à la physique et que, par conséquent, les mathématiques dérivées de la physique devraient être suffisantes a freiné le développement de mathématiques spécifiques à la biologie.

Ce dont nous avons besoin ce ne sont pas des modèles physiques de plus en plus détaillés de systèmes biologiques, mais de moyens d'identifier les propriétés biologiques qui sont des émergences uniques à de tels systèmes complexes.

CONSTRUCTEURS UNIVERSELS

Von Neumann a disparu prématurément en 1957. Son dernier article inachevé, rédigé sur son lit d'hôpital, était intitulé *L'ordinateur et le cerveau*. Von Neumann cherchait, à défaut d'une définition, des caractéristiques du vivant dans un esprit réductionniste. Il fut le premier à étudier le concept d'autoréplication et les automates cellulaires. La possibilité de se répliquer lui semblait essentielle non seulement pour caractériser le vivant, mais aussi pour construire les machines de l'avenir. Von Neumann considérait l'autoréplication comme un pas suivant, après l'ordinateur. Son livre *Théorie des automates autoreproducteurs* fut publié en 1966, neuf ans après sa mort. Il y introduit le concept de *constructeur universel*, c'est-à-dire un mécanisme qui serait capable de produire tous les assemblages possibles d'éléments matériels donnés. Un constructeur universel, relié à un ordinateur, deviendrait l'usine ultime. En particulier un constructeur universel devrait être capable de se reproduire lui-même s'il dispose des réserves d'énergie et de matériaux nécessaires. Les automates cellulaires de Von Neumann se sont révélés être un champ d'exploration mathématique gigantesque avec d'innombrables applications aux théories de la complexité.[59]

Les automates cellulaires sont devenus incontournables pour simuler les effets des nombreux phénomènes qui s'auto organisent : de la propagation des incendies de forêt, à la circulation automobile, au comportement d'une foule devant un danger et la perturbation des écoulements turbulents ou la percolation.

Les applications des idées de Von Neumann commencent à trouver des marchés, comme les imprimantes 3D. On peut déjà imaginer un avenir où tout objet, des médicaments au téléphone à l'immeuble, pourra être construit à la demande, à distance par la simple transmission de l'information nécessaire au constructeur universel. De telles technologies, que Von Neumann a démontré être possible en théorie, sont de nature à bouleverser notre société en profondeur. Il ne faut cependant pas croire pour autant que les automates cellulaires nous mettent sur la voie de mécanismes intelligents.

XIII. La connaissance

L'AVANTAGE DE LA SCIENCE

Entre deux Bourgeois d'une Ville
S'émut jadis un différend.
L'un était pauvre, mais habile,
L'autre riche, mais ignorant.
Celui-ci sur son concurrent
Voulait emporter l'avantage:
Prétendait que tout homme sage
Était tenu de l'honorer.
C'était tout homme sot; car pourquoi révérer
Des biens dépourvus de mérite?
La raison m'en semble petite.
Mon ami, disait-il souvent
Au savant,
Vous vous croyez considérable;
Mais, dites-moi, tenez-vous table?
Que sert à vos pareils de lire incessamment?
Ils sont toujours logés à la troisième chambre,
Vêtus au mois de Juin comme au mois de décembre,
Ayant pour tout Laquais leur ombre seulement.
La République a bien affaire
De gens qui ne dépensent rien:
Je ne sais d'homme nécessaire
Que celui dont le luxe épand beaucoup de bien.
Nous en usons, Dieu sait: notre plaisir occupe
L'artisan, le vendeur, celui qui fait la jupe,
Et celle qui la porte, et vous, qui dédiez
À Messieurs les gens de finance
De méchants livres bien payés.
Ces mots remplis d'impertinence
Eurent le sort qu'ils méritaient.
L'homme lettré se tut, il avait trop à dire.
La guerre le vengea bien mieux qu'une satire.
Mars détruisit le lieu que nos gens habitaient.

L'un et l'autre quitta sa ville.
L'ignorant resta sans asile;
Il reçut partout des mépris:
L'autre reçut partout quelque faveur nouvelle.
Cela décida leur querelle.
Laissez dire les sots; le savoir a son prix.
Jean de la Fontaine.

LA HIÉRARCHIE DES SCIENCES

Les sciences ont été classées hiérarchiquement des plus fondamentales, comme la physique aux plus abstraites comme la sociologie ou la psychologie. Cette hiérarchie est indicative, les sciences ne s'empilent pas vraiment les unes sur les autres comme les étages d'un immeuble, la situation est plus complexe. Nous avons vu qu'en changeant de niveau de résolution, nous devions aussi changer de langage descriptif et introduire de nouveaux mots et de nouveaux concepts. Les niveaux supérieurs ne sont pas réductibles aux niveaux inférieurs à cause de la croissance de la complexité et des interactions qui introduisent de nouveaux phénomènes non réductibles. Les phénomènes chimiques ne peuvent pas s'expliquer par des équations de la physique qui ratent les émergences et les concepts de la chimie. Comment alors les sciences *s'emboîtent-elles* pour former un tout avec sa propre cohérence? Il est évident que la chimie doit respecter les principes et lois de la physique, elle ne peut y échapper, La physique pose donc des contraintes à respecter par la chimie. De même, la psychologie subit les contraintes des neurosciences et la biologie celles des réactions chimiques.

Les étages supérieurs de notre immeuble sont donc contraints par tous les degrés inférieurs. Ceux-ci développent leur langage et leurs modèles explicatifs en tenant compte de ces contraintes.

Nous sommes donc amenés à construire une science étagée. Toute l'information que nous pouvons dégager ne se trouve pas au plan de résolution maximale, de nos jours, la physique quantique. Des informations se révèlent aux étages supérieurs de l'édifice. Chaque étage, s'il est porteur de beaucoup d'information nouvelle, ne dit rien au sujet de lui-même. La physique par exemple a besoin d'une métaphysique pour parler de sa nature, il en est de même pour la chimie et la biologie.

Si nous nous rappelons que la science est une création de notre cerveau et parle au moins autant du cerveau qui l'a créée que de là-dehors, nous retrouvons dans la classification des sciences, une forme d'image de nos structures intrinsèques typiques. Par exemple, les structures mémorielles existantes contraignent les découvertes nouvelles sans pour autant pouvoir en prévoir le contenu. La réduction intrinsèque a structuré la méthode de séparation des sciences. La causalité intrinsèque a été le moteur de la notion de lois. Etc. C'est pour cette raison qu'il serait bon que, d'un niveau à l'autre, les informations et les langages se raccordent, que les conditions aux limites du niveau d'en dessus *conditionnent* le niveau d'en dessous.

Nous pensions être en train d'étudier la nature là-dehors, nous sommes en fait en train d'étudier comment notre cerveau fonctionne.

Il n'est pas étonnant que la science n'ait pas tenu compte du cerveau qui fait la science, ce dernier s'étant toujours placé comme observateur extérieur au système observé.

LA RECHERCHE AUJOURD'HUI

Je dis simplement que si l'on réduit la science à n'être qu'un ensemble de recettes qui marchent, on est intellectuellement pas dans une situation supérieure à celle du rat lorsqu'il appuie sur un levier, la nourriture va tomber dans son écuelle. René Thom.

Keith Simonton, d'Ucla, a étudié les contributions scientifiques des grands hommes pendant trente ans. Il nous dit que depuis Einstein, aucun homme de science n'a amené de contributions qui le qualifieraient comme un géant dont la pensée sera encore consultée dans des milliers d'années. Selon lui la manière dont la science est maintenant conduite ne fait qu'ajouter au problème. La méthode actuelle d'élaboration des sciences et des technologies est la mise en place de teams plus ou moins larges et ne favorise pas la réflexion solitaire qui a caractérisé les géants des siècles derniers. Des bataillons de chercheurs s'unissent pour résoudre des problèmes en espérant produire une augmentation incrémentale de la connaissance. Cette manière de faire est accélérée par la mise en compétition des équipes, la course aux publications et la course aux subsides. Tout cela ne laisse pas beaucoup de places pour une véritable inspiration créatrice, ce qui est évidemment une condition indispensable pour des découvertes du niveau dont nous parlons. La pression de conformité, la soumission à l'autorité jouent leur rôle dans ces groupes de recherche. Aujourd'hui pour qu'une recherche paraisse sérieuse ou fondamentale, elle doit impliquer beaucoup d'argent, elle doit créer un buzz suffisant. Cela pousse les chercheurs à exagérer les prétentions quant à leurs objectifs possibles, ils peuvent, comme tous les groupes d'humains, se mettre d'accord sur des points de vue qu'aucun des membres individuellement ne considère comme vraiment pertinents.

Cela est négatif pour la recherche fondamentale qui nécessite l'originalité plus que le consensus. En effet, en contraignant la recherche à entrer dans le moule de l'économie et du marketing, on oblige les chercheurs à annoncer d'avance quel est le but de leur recherche et quelles en seront les applications, alors que le cerveau fonctionne autrement. S'il sait à peu près à quoi il veut réfléchir, il n'a aucune idée a priori de ce à quoi il va effectivement aboutir. Cette forme de recherche fondamentale n'est pratiquement plus prise en compte. C'est là l'objet du discours de Simonton. La plupart des groupes de recherche qui postulent pour des supports financiers le font pour des recherches qu'ils ont en fait déjà effectuées et qu'ils ont mises dans un tiroir. En effet, le résultat pratique étant devenu une priorité, il faut aboutir à quelque chose de publiable, sous peine de voir sa carrière ruinée.

Une idée vraiment nouvelle va nécessairement être rejetée au départ, car elle implique trop de contradictions avec des éléments déjà connus. C'est le paradoxe de l'éducation: plus on en sait, plus on est guidé dans une direction de savoirs avenir. Il est difficile pour une idée vraiment nouvelle d'apparaître et de s'imposer dans un large groupe, elle a de bonnes chances d'être contredite avant d'avoir eu l'occasion de mûrir et de prendre une forme plus solide. Une idée neuve nécessite la foi d'un homme, sa vision, qui au départ est injustifiable rationnellement. Il faut qu'il sache se taire et ne pas communiquer avant d'avoir lui-même raffiné l'idée et sa propre conviction au point où il pourra résister aux attaques de ses pairs.

Les universités sont aussi soumises au phénomène de robotisation. L'économie y joue un rôle prépondérant: une fois le laboratoire installé, il faut rentabiliser le matériel en faisant des expérimentations publiables. C'est ce matériel qui va souvent dicter l'expérimentation à venir.

Le Times publie chaque année un classement des meilleures universités: le *QS World University Ranking*. Comme tout classement il contraint les universités à se battre pour être parmi les meilleures dans la direction que propose le classement. Dans le classement du Times cinq critères interviennent: le nombre d'étudiants et de professeurs étrangers, le nombre d'étudiants par professeur, le nombre de citations des travaux de recherche effectués, l'appréciation de l'industrie et l'appréciation d'un panel académique. Dans le classement de Shanghai, les universités sont simplement classées d'après l'argent dont elles disposent et la visibilité internationale de ses chercheurs. Le jeu des directeurs d'université devient dès lors très simple: chercher de l'argent et faire beaucoup d'annonces médiatiques. L'enseignement n'est plus nécessairement la tâche prioritaire. La recherche véritablement fondamentale n'a généralement pas besoin de gros capitaux, elle n'offre pas la sécurité de pouvoir faire des annonces médiatiques à répétition. Une université qui se consacrerait à l'enseignement et à la recherche fondamentale, qui n'aurait pas besoin de gros capitaux sera reléguée en fin de classement.[1]

Si l'on parle énormément de coopération entre chercheurs, j'ai pu souvent remarquer que cette coopération n'était qu'une façade. Ce qui prime, c'est la compétition pour l'obtention des bourses et bien entendu pour la célébrité. Les chercheurs sont complètement emprisonnés dans le même système économique autant que les hommes d'affaires, pire encore, car ils jouissent eux de moins de liberté. La recherche fondamentale n'est pas un métier que l'on puisse faire en suivant des horaires de travail, des objectifs à atteindre, les contraintes d'une hiérarchie... Elle doit être une obsession, des questions qui grondent si profondément dans le cerveau du chercheur qu'il serait prêt à tout pour un simple signe lui indiquant une direction. Elle n'a rien à voir avec l'économie, l'argent ou les honneurs, elle ne s'inscrit pas dans les cadres de vie que nos sociétés nous proposent. En la transformant en métier bien cadré, nous prenons le risque de marginaliser complètement les véritables chercheurs. Et surtout, nous orientons la recherche fondamentale vers la technologie, permettant à des idées absurdes de se développer.

Pour les technologies, la bataille se déroule à coup de brevets et d'inventions incrémentales portant sur des détails tels que la forme précise d'une icône sur un écran. On nous présente ces détails comme d'extraordinaires nouveautés, ce que le système économique valide en déversant sur les inventeurs une pluie de dollars. On trompe le public en lui masquant ainsi où se trouvent les véritables questions scientifiques et en l'empêchant d'établir une échelle des valeurs et des priorités. Il s'agit là, à nouveau, d'une émergence indésirable du système. Les techniciens font leur travail, les agents de brevets et les cours de justice aussi, le marketing présente le produit à sa manière et le buzz fait le nécessaire pour que l'adaptation hédonique se mette en place. Personne ne semble réfléchir à savoir où nous allons avec ce processus. Quelle en est la finalité, où est le sens de tout cela.

PARTAGER L'AVENTURE

Il est intéressant de remarquer que les sciences fondamentales ont peu d'influence directe sur le public, il les connaît principalement au travers des technologies. (Figure 38). Le public est tenu informé de découvertes

---

[1] Le professeur Libero Zuppiroli a consacré un petit livre intitulé *La bulle universitaire* à ces questions. 2010 aux Editions d'en bas.

scientifiques de telle manière qu'il puisse les comprendre dans le cadre d'un système de pensée dépassé depuis cent ans, mais dans aucun cas de manière à changer le cadre lui-même. Ce que le public peut voir quotidiennement, ce sont les technologies, de plus en plus merveilleuses et miraculeuses. Il apprend à les utiliser, mais en général ne sais pas et ne comprends pas ce qu'il y a dedans ou comment cela fonctionne. Il s'en réfère de plus en plus à des spécialistes. La communication au grand public sur l'état des sciences se fait au même rythme et avec les mêmes méthodes journalistiques qui s'appliquent aux faits divers. Le buzz l'emporte et il est extrêmement difficile de repérer le fondamental. Peu de vrais scientifiques se donnent la peine de communiquer directement au grand public alors qu'à mon sens cette communication est fondamentale.

La science est notre bien commun, comme l'ensemble de la connaissance. La plupart d'entre nous, même dans les pays avancés, vivent très loin de l'esprit de la conquête scientifique. La plus grande aventure humaine de tous les temps n'est pas partagée. Elle est réservée à un petit nombre.

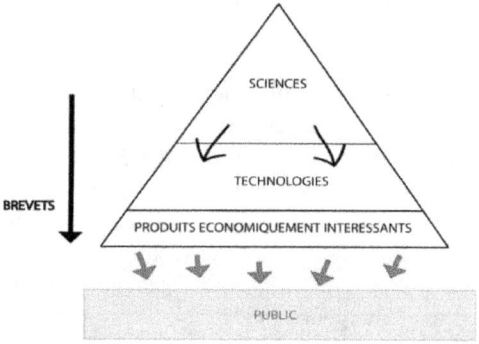

Figure 38: Accès à la science

Les exploits technologiques eux sont bien plus visibles: de l'homme sur la Lune aux iPhones, à l'Internet ou au GPS, tout le monde est au courant et tout le monde semble participer à l'aventure. Mais cette aventure-là est en bout de chaîne et souvent éphémère en comparaison avec l'aventure de la connaissance.

Elle fausse la perception que le public peut avoir des sciences. Cette déformation est accentuée par le fait que l'économie est en jeu et utilise des moyens de communication publicitaires puissants pour vanter ces produits. Le temps de mise à disposition du public des nouvelles technologies se raccourcit de plus en plus. Il a fallu trente ans pour que la radio s'impose, quinze ans pour la télévision, cinq ans pour l'Internet.

Par contre, la relativité et la physique quantique qui ont toutes deux bientôt cent ans n'ont pas vraiment influencé notre manière de penser le monde.

Des découvertes, comme l'ADN, sont connues au travers des applications policières, mais restent fondamentalement incomprises. Il devient de plus en plus important, au fur et à mesure que nous sommes submergés d'informations, d'enseigner, dès le plus jeune âge, des méthodes pour s'y retrouver dans ce déluge. Et pour cela, apprendre à penser est essentiel.

La démocratie a eu comme effet indirect de mettre en avant l'idée d'opinion. Nous nous sentons tous en droit de dire ce que nous pensons. La démocratie nous laisse indirectement penser que toutes les opinions se valent, ce qui est totalement faux. Il serait très simple d'enseigner comment distinguer une bonne explication, d'une moins bonne. Mais cela ne se fait pas.

Trop peu de choses dans le contexte de l'enfant tendent à valoriser la connaissance à ses yeux. Ce qu'il entend dans sa famille, ce qu'il voit à la télévision, dans les journaux, sur Internet ne valorise pas son école et ce qu'il peut y apprendre. Nous savons tous combien un seul bon enseignant qui a su toucher le cœur d'un élève peut influencer sa vie. Je ne crois pas qu'il y ait de méthode universelle pour être un enseignant qui inspire, sinon la sincérité du professeur et la considération de son élève. Il m'est arrivé d'enseigner en Inde et le comportement de curiosité insatiable des étudiants m'a fortement impressionné. J'ai vraiment eu l'impression que pour ces jeunes, comprendre était vital. J'ai eu la même impression en visitant à Natal au Brésil les écoles montées par Miguel Nicolelis. Ces jeunes d'une douzaine d'années, d'une extrême pauvreté qui posait des questions, qui discutaient entre eux de l'âge de l'univers, cela m'a semblé irréel et rempli d'espoir pour notre avenir.

J'avais un ami, Marzuki Usman, pendant la période de ma vie où j'ai habité l'Indonésie. Il a absolument voulu me montrer son village natal à Sumatra. Pour atteindre le village, il a fallu deux jours de Jeep à travers la forêt en partant de la ville de Jambi, au sud de Sumatra. Arrivé au village, Marzuki a voulu me montrer son école.

Un jour, me dit-il, mon père est rentré à la maison et m'a dit qu'il n'avait plus d'argent, qu'il était en faillite et que je ne pourrai plus aller à l'école. J'ai pleuré. J'ai supplié mon professeur de m'admettre quand même. Finalement il a accepté que j'écoute les cours en m'installant derrière la fenêtre. Alors pendant un an, je suis resté derrière cette fenêtre. Un jour est arrivé un inspecteur de Jambi qui posait des questions aux élèves. Derrière ma fenêtre je répondais à toutes les questions et c'est comme cela qu'ils m'ont donné une bourse et j'ai pu réintégrer l'école.

Marzuki a terminé ses études à Jakarta avant de faire son doctorat à Duke, il a créé la bourse de Jakarta pour devenir directeur des finances d'Indonésie et ministre.

Tout ne vient pas des professeurs, une partie vient aussi de la curiosité de l'étudiant.

MYTHES

Je suis assez artiste pour puiser librement dans mon imagination. L'imagination est plus importante que le savoir. Le savoir est limité. L'imagination englobe le monde. Richard Feynman

Nous ne pouvons jamais dire vraiment d'où nous vient une idée ou un sentiment ou une croyance, car, en fait, elles ne viennent de nulle part, elles sont générées par les dialogues inconscients de notre cerveau intrinsèque et dual. Le complexe jeu entre les interférences des champs EM et le réseau neuronal produit des synchronisations imprévisibles qui se manifestent parfois à notre attention sous forme d'idées. Ces idées nouvelles se combinent entre elles pour former nos mythes. Ces univers intérieurs sont libres de toutes autres contraintes que celles des structures propres du cerveau qui les génère. Nous avons mis en évidence les mythes qui deviennent des hypothèses puis des connaissances scientifiques. mythes et connaissances scientifiques ont tous deux leur importance, mais il s'agit de ne pas les confondre. Prendre des mythes pour de la connaissance scientifique ou réciproquement nous précipite dans la confusion.

Certains mythes deviennent collectifs et se propagent de cerveau en cerveau, de génération en génération, se transformant et évoluant. La plupart ne survivent pas plus que quelques minutes. Les mythes sont les productions spontanées, ils ne sont pas soumis à notre volonté et à une méthode. De nombreux mythes résultent de l'expérience humaine et sont remplis de sagesse, ils peuvent nous servir de guides et nous paraissent pleins de vérité.

D'autres mythes peuvent se transformer en rêves, en œuvre littéraire, poétique, musicale ou en d'autres formes artistiques. D'autres encore restent des histoires racontées, des symboles, des images, des paraboles, des fables qui constituent la structure de notre réalinté et de la virtualité commune. Ces histoires ont sur nous un immense pouvoir d'influence, constituant la substance même de nos mémoires et de nos vies.

Platon considérait qu'il y a une hiérarchie des êtres ainsi qu'une hiérarchie des connaissances. Il ne plaçait pas les mathématiques au sommet de sa hiérarchie, d'après lui elles ne pouvaient pas exprimer la totalité de la vérité. Au sommet Platon plaçait la philosophie, c'est pour cela qu'il utilisait les histoires mythiques comme moyen potentiel d'accéder à la vérité la plus haute par l'interprétation. Jésus en fit de même avec ses paraboles. Toutes les sagesses se sont exprimées au travers d'histoires mythiques et non formalisables.

Les mythes n'ont aucune prétention à être exacts disait Platon, leur imprécision est un avantage. L'imprécision donne une largesse de vue bien plus étendue que la précision froide des sciences. Les mythes atteignent des régions de la pensée que les sciences et les mathématiques n'atteignent pas, soumises qu'elles sont à leurs règles propres. D'après Platon la face voilée du monde ne peut être atteinte que par ces constructions d'ordre supérieur, ces récits, ces modèles qui se trouvent au-dessus.

En cas de difficulté, nous cherchons à être guidés et inspirés, nous ne cherchons pas une réponse calculée ou précise, car nous savons qu'il n'y a d'autre réponse à nos questions profondes, que celles que nous fournirons nous-mêmes. Une réponse calculatoire serait la même pour nous tous et ce n'est pas ce que nous cherchons. Dans notre univers virtuel, il n'y a que notre réponse externe qui convienne. Nous avons besoin d'inspiration plus que de réponses extérieure, nous avons besoin de nous comprendre nous-mêmes, plus que de savoir comment *on fait dans ces cas-là*. Nous savons qu'il nous est impossible d'exprimer la totalité de nos sentiments et qu'il sera impossible que ceux-ci correspondent à un cas standard. Nous savons que les réponses d'un autre ne nous conviendront pas.

Voilà ce que disait Einstein vers la fin de sa vie, en 1954: *Un être humain est parti d'un tout que nous appelons l'univers, une partie limitée dans le temps et dans l'espace. Nous nous ressentons nous-mêmes, nos pensées et nos sentiments, comme quelque chose de séparé du reste. Une sorte d'illusion d'optique de notre conscience. Cette illusion est une sorte de prison pour nous, restreignant nos désirs et nos affections aux quelques personnes proches de nous. Notre tâche est de nous libérer de la prison en ouvrant notre cercle de compassion pour embrasser toute créature vivante et toute la nature dans sa beauté. La véritable valeur d'un être humain est d'abord déterminée par la manière dont il s'est libéré de lui-même... Nous aurons besoin de manières de penser substantiellement différentes si l'humanité doit survivre.*

Vous avez sûrement remarqué que dans les cas de difficulté extrême, nous tendons à nous laisser guider par des sagesses simplifiées et radicales comme : *trop c'est trop, un tient vaut mieux que deux tu l'auras, Dieu l'a voulu, l'avenir appartient à ceux qui se lèvent tôt, l'amour est aveugle, qui sème le vent récolte la tempête...* Ces petites phrases anodines resurgissent et nous semblent à ce moment comporter plus de vérité que toutes nos années d'études. Nos mythes, notre pesanteur humaine, nos luttes intérieures, nos contradictions insurmontables sont inexprimables, mais nous pouvons les reconnaître dans les œuvres d'autres humains, dans leur art, dans leur musique, leurs photos ou même dans leur silence. L'épaisseur humaine échappe aux paroles, aux programmes et aux machines. La profondeur d'une amitié, la tendresse, le café au coin du comptoir, la discrétion, les sentiments qui explosent en nous, l'enthousiasme, le délire que nous voulons vivre jusqu'au bout, la chanson que nous fredonnons, les injustices que nous avons commises, nos regrets, nos espoirs, notre mort, notre père disparu, tout cela et bien plus, tisse la substance de nos mythes.

Tout cela, et bien plus alimente nos hypothèses nouvelles.

Mépriser les mythes, vouloir se considérer comme *rationnel*, est tout aussi déraisonnable que de les confondre avec des explications scientifiques. L'histoire de Marzuki, que je vous ai rapportée, est pour moi un mythe. Ces récits nous inspirent et nous donnent la force et la volonté de vivre. La profondeur ou la légèreté. Les équations n'inspirent que peu. Il nous faut donc nous enseigner à nous-mêmes de bonnes histoires, des histoires qui nous font rêver. À force d'enseigner de mauvaises histoires, des histoires basées sur la suspicion, la menace et la précaution, nous éveillons les craintes et réduisons la dimension humaine à celle du robot.

Le 20 juillet 1969, à quatre heures dix-huit de l'après-midi, j'étais assis avec une bonne centaine d'autres étudiants et professeurs dans le grand auditorium du récemment construit collège propédeutique de la faculté des sciences de l'université de Lausanne. Et ce que j'ai vu cette après-midi-là a changé ma vie. En quelques images floues, j'ai vu, j'ai espéré, j'ai su que les hommes pouvaient dépasser leurs limites et croire à leur avenir. J'ai compris que la vie était bien au-delà des misères quotidiennes et même au-delà de ces mathématiques que j'enseignais. Il y avait à espérer en l'homme, et moi, je n'avais pas à vivre une vie banale dont le seul but est de survivre ou de s'intégrer tant bien que mal dans le système. Je pouvais découvrir, comprendre, peut-être même construire librement et sans limites. Je pouvais coopérer avec d'autres pour faire de cette planète un lieu plus beau et agréable. Je pouvais rêver, je pouvais m'enthousiasmer, me sentir libre d'être différent. L'homme avait définitivement cette fibre du dépassement en lui. On venait de me le rappeler avec une vigueur invraisemblable. Nous fûmes des millions à nous créer, ce jour-là, un nouveau mythe si puissant, tellement rempli d'espoir et d'avenir, qu'il allait nous habiter toute notre vie. Bien sûr j'avais déjà lu ces choses-là, mais sous mes yeux, dans mon cœur, je les voyais enfin à l'œuvre, comme tous les jeunes de ma génération. La contagion de la découverte.

Un économiste, interviewé vingt ans plus tard, sur les retombées des missions Apollo a déclaré que, mis à part le revêtement en Téflon des poêles antiadhésives, il ne voyait pas grand-chose comme retombées pour l'humanité. Voilà une déclaration typique de ce à quoi peut aboutir l'absurdité matérialiste lorsqu'elle ne tient pas compte de la nature de l'homme. Cette comptabilité ne tient pas compte des véritables forces qui sont en jeu. En n'évaluant que le matériel, on oublie l'essentiel: l'humain. Une telle évaluation ne tient pas compte de notre monde virtuel. La pensée matérialiste écrase les niveaux de virtualité sur une «réalité» mécanique. Le robot n'est pas sensible à l'espérance, nous humain nous en dépendons de manière vitale. Cet alunissage a conditionné la vie de centaines de millions de jeunes. Les rêves sont des plans d'avenir, comme le disait Carl Sagan. Les mythes sont plus importants que les données mesurables en ce qui concerne les systèmes adaptatifs complexes.

ARTS ET SCIENCE

La vision que nous offrons à nos enfants modèle le futur. Ce que ces visions sont importe. Souvent elles deviennent des prophéties autoréalisatrices. Les rêves sont des plans. Carl Sagan.

J'aimerais défendre ici l'idée qu'il est important d'enseigner conjointement art et sciences. Vers l'âge de quinze ans, l'enfant est jugé plutôt un matheux ou un littéraire. Bien souvent les parents, satisfaits d'expliquer ainsi pourquoi leur enfant n'est pas bon en maths ou ne s'intéresse pas à la littérature, ont une attitude qui renforce ce clivage. Ce classement en deux catégories va perdurer toute la vie. Le littéraire va rester littéraire et le matheux va rester matheux et lorsque quarante ans plus tard ils discutent ensemble, chacun explique ainsi son point de vue à l'autre et en tire même une certaine fierté. C'est bien dommage. Art et sciences sont des mythes humains, leur source est la même, bien que les méthodes soient différentes. Conjuguer ces deux aspects de la connaissance permet d'aller au-delà pour mieux repérer la nature humaine. Une science sans humanités prend le risque de perdre ses points de repère et de se laisser guider par ce qui est technologiquement possible plutôt que par ce qui est humainement souhaitable. Des humanités sans sciences négligent un aspect essentiel des capacités et des connaissances de l'homme.

Nos mythes actuels orientent nos technologies de demain. Notre tort est de trop séparer les disciplines, sous prétexte d'efficacité. Nous devons former des hommes d'abord en les aidant à se construire sur l'étendue complète de leur réalinté. Il ne suffit pas de connaître sa science, il faut connaître et être sensible à l'homme à qui elle est destinée, sous peine que la technologie ne dérape et n'évolue guidée que par ses propres impératifs plutôt que par le bien-être de l'homme.

Le paradoxe de l'enseignement est que, par nature, il restreint ou canalise nos mythes. Un enseignement limite le champ des possibles puisque toute vision nouvelle doit s'ancrer dans les conceptions existantes. Il est donc essentiel de donner des visions larges. Le savoir doit être mis en perspective et la seule perspective possible c'est l'homme, pas la technique. La connaissance est par l'homme, mais surtout pour l'homme. Par manque de culture humaniste les techniciens, architectes et ingénieurs, imprégnés du matérialisme de leur science, nous développent trop souvent des structures linéarisées et lissées. Il ne suffit pas qu'ils connaissent les astuces technologiques, il ne suffit pas que le produit soit économiquement intéressant. Il ne faut pas que nos études nous aveuglent et nous plonge le nez dans le guidon, il faut aussi, sinon d'abord, qu'ils considèrent la complexité de l'homme, qu'ils se sensibilisent à ses doutes, ses espoirs, sa culture, sa diversité, sa folie et à tout ce qui fait sa véritable grandeur.

Observez la différence énorme entre ce qui a évolué et ce qui a été planifié et construit. Prenez un village ou une petite ville qui a mis des siècles pour évoluer. Ses configurations paraissent irrationnelles, ses bâtiments ne s'alignent pas, ne se ressemblent pas. Cependant l'ensemble s'intègre bien à la nature environnante. Les lignes droites, les cubes, le gigantisme des constructions modernes soumises issues d'un impératif de rentabilité impose sur nous une vie linéarisée et asséchée.

L'attitude du *Great divide*, la séparation entre sciences et humanités, est une erreur dont nous payons déjà des conséquences par la mécanisation visible partout, en médecine, en architecture, dans les appareils qui nous sont proposés, etc. Une erreur qui nous amènera à faire de faux choix, à partir dans des directions qui nous briment plus qu'elles nous élèvent. Heureusement, beaucoup d'entre nous en sont conscients. Dans l'université que je fréquente, l'École polytechnique fédérale de Lausanne (EPFL), il est frappant de constater que le moteur essentiel de nos étudiants est le succès professionnel. Ce moteur est totalement insuffisant pour développer de vrais hommes de sciences, il est surtout incapable de produire des hommes complets. À terme, il produira des hommes perdus ne réalisant plus le sens qu'ils peuvent donner à tout cela. On y parle trop de start-ups, de financement, de sociétés industrielles, de réussite économique, de brevets, de succès financiers, d'applications rentables et pas suffisamment de fondements de la science, d'épistémologie, de compréhension et d'humanité. L'université s'est mise par nécessité financière au service de l'économie. Les start-ups en Suisse se sont avérées être bien souvent des destructrices de talents, le taux d'échec y est considérable. Cela ne gêne pas les investisseurs financiers qui font leurs calculs sur un grand nombre d'investissements, mais cela détruit les rêves et espoirs de jeunes talentueux, confrontés à des situations pour lesquelles ils n'ont pas d'expérience et de préparation. L'échec dans notre société reste lourd à porter, certains ne vont jamais s'en remettre.

Je n'imagine pas qu'un physicien réfléchisse avec des équations mathématiques complexes, ce n'est pas vrai. Au départ, une nouvelle combinaison simple de modèles dans son cerveau lui suggère une question ou une image. Einstein, à seize ans, se demandait ce qui se passerait s'il pouvait courir pour rattraper le front d'un rayon lumineux. Il y répondit, en 1905, par la relativité restreinte. Les arts nous offrent un accès royal aux modèles qu'ont développés les autres hommes. Nous pouvons vivre la vie d'Eugénie Grandet, les images mentales de Philip K. Dick, les sentiments de Julien Sorel. Changer d'époque, changer de civilisation, percevoir les couleurs de Van Gogh et au travers d'elles ses tourments, imaginer les croyances d'Ulysse, ou les obligations contradictoires du Cid, nous pouvons être un fou, un joueur obsédé ou un héros de guerre, assis dans notre fauteuil. Aucune autre occasion ne nous est présentée par la vie d'enrichir à ce point notre perception et nos mythes, d'étendre les limites de notre existence vers d'autres horizons dans l'espace et dans le temps.
Les sciences proposent bien évidemment aussi leurs modèles, ils sont d'une autre nature, plus restreinte, car ils ne concernent généralement que les contraintes du monde là-dehors. Aucune autre occasion que les arts ne nous est offerte de transcender les limites de notre vie, les pièges refermés de notre pensée et la pression constante de l'uniformité et de la robotisation, de voyager dans l'espace, le temps et les esprits. Nous avons presque partout renoncé à l'enseignement du grec et du latin sous prétexte d'obsolescence. Qui sait ce que nous avons perdu. Ce n'est pas les études littéraires en tant qu'études qui sont importantes pour l'homme de science, c'est la richesse intérieure que nous offre la lecture, ou la musique ou tout autre art en nous faisant pénétrer dans le monde spécifique de l'autre. Si nous ne pensons qu'aux applications, à l'usage, à ce que nous pouvons en faire ou plus crûment à *comment gagner de l'argent avec cela*? nous passons à côté de l'humain.
Il me semble indispensable que nos futurs ingénieurs soient confrontés perpétuellement aux productions artistiques humaines pour connaître ceux pour qui ils travaillent et éviter d'être emportés par les besoins intrinsèques de leur discipline ou les pressions économiques ambiantes.

Mais aussi pour stimuler leur créativité par des modèles différents, mais humains. Ne créons pas des scientifiques qui savent tout, mais n'ont rien compris, ils ne seraient pas plus utiles que des Oracles.

COMPRENDRE ET EXPLIQUER

La connaissance est préférable à l'ignorance. Il vaut mieux, et de loin assumer la dure vérité que la fable rassurante. Si nous cherchons un sens cosmique, trouvons-nous un but valable. Carl Sagan

Les jeux finis sont faits pour gagner, les jeux infinis sont faits pour jouer. Les jeux finis s'épuisent au bout d'un certain nombre d'étapes, les jeux infinis ne s'épuisent pas. Les enfants apprennent à jouer des jeux finis. Quand la partie est terminée, on range la boîte ou la game boy. La connaissance est un jeu infini, comme le sont les mathématiques, la technologie et la vie Les jeux finis doivent avoir des règles très précises, ils sont faits pour se terminer quand certaines circonstances sont atteintes. Les jeux infinis n'ont pas de règles précises, les règles évoluent en fonction de l'évolution du jeu et de circonstances extérieures au jeu lui-même. Un jeu fini est un système isolé, de tels systèmes sont rares dans la vie. Les jeux infinis ne sont en général pas computable, aucun algorithme ne les définit complètement, une circonstance extérieure au jeu peut toujours intervenir et en modifier les règles. On ne peut jamais demander le but d'un jeu infini, il n'a pas de buts autres que le jeu lui-même, contrairement aux jeux finis dont le but est de gagner.

Les activités humaines les plus significatives, celles auxquelles nous devons attribuer le plus de valeur sont nécessairement des jeux infinis. Au travers nous, l'univers a engendré une espèce capable de le transformer, de lui imprimer un certain ordre différent de ce qu'il aurait été autrement et d'une manière inévitable. Il nous a lâché les rênes, il nous les lâche de plus en plus au fur et à mesure que nous comprenons. Il nous propose son jeu, un jeu infini, celui de la connaissance. Il n'y a ni but ni limites et nous sommes nécessairement toujours au début du jeu, nous le serons toujours puisqu'il est infini. Ce jeu infini est cependant composé d'étapes de jeux finis. Comprendre, c'est aussi aller au-delà du présent jeu fini que nous jouons pour le situer dans un jeu plus vaste. En transformant l'univers, l'homme construit aussi son cerveau. Comprendre est notre méthode pour se construire et générer de la connaissance, *comprendre* est notre plus haute activité, son corollaire est *expliquer* et transmettre cette explication. Là-dessus devrait porter l'essentiel de nos efforts. C'est un jeu que nous jouons tous ensemble, s'il est joué seul, il fini par disparaître; personne ne peut prédire d'où viendra la connaissance et ce n'est qu'ensemble que nous la maintenons en vie. C'est aussi un jeu individuel, car je ne peux pas comprendre sans redécouvrir moi-même, personne ne peut le faire à ma place. Comprendre ne nous vient pas gratuitement. Notre système de valeurs, nos conceptions économiques, notre législation, notre éducation, nos moyens de communication, nos loisirs devraient être jaugés aussi en fonction de leur valeur explicative, du goût qu'ils communiquent pour la compréhension. Et cela à tous les niveaux de compréhension possibles. Étant un jeu infini, comprendre n'est pas pour quelque chose d'autre, comprendre est la finalité du jeu.

Nous sommes tellement engagés dans des jeux économiques considérés comme finis, que nous risquons d'appliquer leurs règles à des jeux infinis. Un dicton de mon enfance disait: *travaille comme si tu allais vivre éternellement et vis comme si tu allais mourir demain.* Ce qui peut se traduire par : construit pour l'humanité, mais ne te fait aucune illusion sur ta mortalité.

L'histoire de l'humanité ne devrait pas seulement se donner comme points de repère, les guerres, les tyrans, les révolutions et les conquêtes, qui sont des jeux finis, mais aussi les découvertes, les pensées et philosophies, les découvertes de la science, les changements de paradigmes dans notre vision du monde qui sont des jeux infinis. Une équation est immortelle disait Einstein, une technologie ou une guerre va être oubliée. Nous devrions moins récompenser la médiocrité et les apparences par de l'argent ou des honneurs. Nous devrions combattre la propagation d'idées fausses par l'explication, comme nous combattons des épidémies avec des vaccins. Ce combat ne peut se faire qu'au travers d'une éducation explicative. Nous devrions expliquer dès l'école primaire, comment distinguer une bonne explication d'une moins bonne, que toutes les idées ne se valent pas, que toutes les idées ne sont pas matière d'opinion et que si nous ne pouvons pas affirmer qu'une idée soit vraie, certaines sont meilleures que d'autres, car elles sont mieux validées par là-dehors.

Une théorie scientifique n'est pas patchable, on ne peut pas l'adapter au cas par cas. On ne peut pas la raccommoder avec des explications Ad hoc, contrairement aux explications mythologiques.

La science ne donne pas de réponse, elle émet de nouvelles hypothèses, en attente de falsification. Ces nouvelles hypothèses suggèrent mille nouvelles questions qui étaient passées inaperçues jusque-là, le jeu est infini. La science navigue donc de questions en hypothèses en nouvelles questions.

L'exemple de l'oracle montre que les questions sont bien plus importantes que les réponses, la connaissance progresse uniquement par la formulation de bonnes questions. Les bonnes questions nous apparaissent en premier sous forme de mythes ou d'expériences de pensée. Aux examens, il faudrait demander à l'étudiant devant une situation donnée, quelles questions il poserait plutôt que quelles réponses il a mémorisées.

L'astrologie, qui ne manque pas de prédictions fausses, ne peut pas être une théorie scientifique, c'est une mythologie parfaitement patchable. Il suffit d'expliquer que l'on n'avait pas tenu compte de telle ou telle planète ou conjonction et le tour est joué. À voir sa popularité, l'astrologie est extrêmement attirante pour l'esprit humain en quête de lois, d'explications des coïncidences et d'analogies révélatrices.

Elle génère, me paraît-il, une forme de connaissance mythologique intéressante, mais qui doit rester au niveau de l'inspiration et du rêve. En pratique, une théorie scientifique complète soit élargit le champ d'application de la précédente soit fournit un nouveau modèle de compréhension. Comprendre, c'est munir son cerveau de concepts interprétatifs plus profonds, lui donner de meilleurs moyens de comparer des situations, de repérer des différences ou des analogies. Comprendre est un processus qui devrait durer toute la vie et en être la substance fondamentale. Comprendre nous place en position de curiosité plutôt que de savoir. Comprendre nous ouvre aux autres plutôt que de nous placer en position de juge. Une attitude axée sur la compréhension et donc sur l'ouverture nous donne un meilleur espoir de survie. Les peuples disparaissent lorsqu'ils restent accrochés à un système d'explication du monde pendant trop longtemps. Comprendre c'est recréer dans son cerveau, je dirais même, c'est créer son propre cerveau.

COOPÉRATION ET COMPÉTITION

Une lecture attentive de textes anciens, particulièrement ceux qui sont concernés par l'univers lui-même, montre que les auteurs invoquent les divinités seulement lorsqu'ils atteignent les limites de leur compréhension. Ils font appel à des forces supérieures seulement lorsqu'ils sont confrontés à l'océan de leur propre ignorance... Lorsqu'ils se sentent certains de leurs explications, toutefois, Dieu n'est même pas mentionné. Neil de Grasse Tyson[2]

Une étude de 2012, réalisée à Wharton, met en évidence l'importance qu'a pu avoir une personne dans la carrière d'un jeune diplômé. Les anciens étudiants interrogés ont tous mis en avant un nom d'un adulte qui avait fait une véritable différence dans leur choix et ambitions professionnelles. Ce n'était pas forcément un professeur, cela pouvait être un parent ou une connaissance. Dans chaque cas, ce qui caractérisait cette personne était son originalité et le non-conformisme de ses

---

[2] Le périmètre de l'ignorance, 2005

méthodes. Et cela de l'école primaire à l'université. Les professeurs qui influencent, qui encouragent et qui font rêver, ceux qui sont non conformistes. Ils ont eu sur leurs étudiants un impact beaucoup plus important. Le contact de personne à personne est bien plus important pour l'avenir d'un étudiant, que le contenu des cours. Ce phénomène se renforce avec la disponibilité des contenus sur Internet. Ce qui est vrai pour l'enfant qui apprend par empathie pour ses parents dès son plus jeune âge continue à être vrai jusqu'aux études universitaires. L'enseignement de la compétition est particulièrement destructif pour la créativité. L'enseignement de la coopération est beaucoup plus riche que celui de la compétition si nous voulons former des jeunes qui s'intéressent à l'échange des idées, qui n'ont pas peur de se faire voler une idée ou de partager une connaissance.

Malheureusement, aujourd'hui on nous enseigne la compétition à outrance, cela passe par des classements, des notes, des brevets d'invention que l'on dépose pour n'importe quelle idée mineure. La compétition détruit le rêve de la connaissance pour le remplacer par un rêve unique et absurde: faire de l'argent. Faire de l'argent pour quoi faire?

Un bon équilibre entre coopération et compétition me semble bien plus sain. Comment le réaliser en conservant les avantages des deux stratégies? Si l'un des partenaires adopte une attitude de coopération et d'ouverture, il ne peut jamais être certain que l'autre en fait de même. Son intérêt bien calculé sera donc toujours de garder une dose suffisante de suspicion. Comment surmonter ce problème? Un autre point important est l'approche multidisciplinaire de l'apprentissage. La spécialisation a sans aucun doute certains avantages, mais elle tue la créativité et l'innovation. La multidisciplinarité large nourrit l'imagination et le rêve. Elle permet à chacun d'établir des connexions insoupçonnées, base même de l'innovation. La culture de la connaissance et de l'innovation est au sujet du risque. Une éducation axée sur la prudence, la peur du risque, détruit le goût de l'innovation. Dès l'école maternelle, nous devons laisser nos jeunes prendre leurs initiatives, mettre des limites bien entendu, mais uniquement par l'explication. Pas par l'autorité et la crainte. Nous ne sommes pas en train d'éduquer des animaux domestiques. L'expérience scolaire est encore bien trop souvent une expérience passive où l'élève consomme de l'information passivement. Or nous savons que comprendre est synonyme de recréer. Le jeune ne doit pas avaler, mais recréer les raisonnements qui lui sont proposés. Nous devons baser notre enseignement sur des récompenses intrinsèques de l'étudiant, sa récompense doit lui venir de l'intérieur et non d'une récompense externe.

Si nous parvenons à lui faire ressentir la joie de la découverte, nous aurons fait un pas énorme. Même si nous n'avons pas couvert tout le programme. Comment alors encourager la créativité chez l'enfant?

D'abord encourager les jeux exploratoires, trop de parents programment les jours et les semaines de leurs enfants. La passion résulte de jeux exploratoires, ou le temps n'est pas programmé. Le jeu est la base de l'apprentissage, tout peut être enseigné comme un jeu. Il faut vraiment permettre aux enfants d'expérimenter et de faire des erreurs. Trop de parents sont des surveillants perpétuels, ils veulent protéger l'enfant et l'empêcher de faire des erreurs alors que l'enfant apprend de ses erreurs. C'est comme cela qu'ils acquièrent de la confiance en soi. Ce n'est pas en ayant été protégé continûment qu'ils vont acquérir une confiance.

SCIENCES ET RELIGIONS

Les débats entre sciences et religions ont commencé avec le cas de Galilée, ils se poursuivent jusqu'à nos jours. Ces débats, même s'ils mettent en jeu de multiples aspects de l'âme humaine, se résument à savoir qui a raison, sur un point ou un autre tel que la création de l'univers, l'âme humaine, l'existence d'un Dieu créateur et tout puissant, etc.

Du point de vue du cerveau intrinsèque, il n'y a pas de conflit. Les deux optiques sont des mythes, comme toute création de notre cerveau. Parmi l'ensemble de ces mythes, certains sont falsifiables, d'autres ne le sont pas, d'autres encore ont été falsifiés. Les mythes non falsifiés, mais falsifiables s'appellent science. Les autres restent des mythes.

En supprimant le concept de vérité absolue et en le remplaçant par celui d'hypothèse falsifiable dans le cadre du cerveau intrinsèque, il n'y a plus de conflit pour accéder à une position : la vérité, puisque cette dernière n'existe plus. Les débats et les guerres opposant des religions entre elles, ou sciences et religions ne font plus de sens pour le cerveau intrinsèque.

Tout mythe peut devenir science s'il est falsifiable et non falsifié. La position de mythe n'a rien à envier à la position de théorie scientifique.

LA BATAILLE DE LA ROBOTISATION

La bataille de la robotisation est engagée depuis plus de soixante ans déjà, elle a profité de l'essor des technologies pour se développer et devenir de plus en plus pertinente et visible. Il s'agit de savoir comment nous nous projetons dans l'avenir. L'image que nous avons aujourd'hui de ce qu'est un être humain, de son rapport avec la société, des rapports des sociétés humaines entre elles va profondément déterminer notre avenir en tant qu'espèce. Nous avons laissé certaines émergences indésirables prendre une place importante dans nos relations humaines et influencer notre identité en profondeur. La vision mécaniste et matérialiste a, comme nous l'avons constaté dans la première partie, colonisé les esprits. Cette vision est basée sur une erreur, sur un paradigme dépassé et contraire à nos connaissances actuelles concernant les systèmes adaptatifs complexes et en particulier le cerveau humain. Nous sommes nombreux à considérer qu'il faut maintenant prendre un virage. Nous ne pouvons plus laisser l'erreur nous gouverner et produire son lot de misère, de pauvreté et de malheur. Un virage doit être pris et de simples patchs ne suffiront plus. Nous savons qu'il ne s'agira pas d'introduire une nouvelle idéologie, il faudra que les choses se fassent d'elles-mêmes et cela prendra son temps. Il est certain que l'éducation aura un rôle prédominant à jouer. Pour l'or le paradigme mécaniste continue à gagner du terrain. Des fonds considérables ont été libérés en Europe et aux États-Unis pour faire de *l'ingénierie inverse* du cerveau, ce que nous avons ici prétendu être impossible, les médias mettent ces projets en avant d'une manière qui ne fait que renforcer une croyance dans la mécanisation de l'intelligence et des autres attributs humains dont nous avons discuté. La revue *Pour la Science*, l'édition française du célèbre *Scientific American*, publie, en mars 2013, un article sous la plume de Henry Markram lui-même, n'hésite pas a parler de robots intelligents, de simulation biologique, de simulation d'intelligence identique à celle de l'humain, mais avec des capacités multipliées... D'un côté se rangent ceux qui perçoivent l'homme comme pouvant se réduire à des procédures mécaniques, l'homme algorithmes, l'homme simulable, de l'autre ceux qui considèrent cette vision comme fausse et pouvant produire des conséquences catastrophiques pour notre avenir. Le choix est crucial pour notre avenir. Nous devons miser sur la connaissance, nous ne devons pas avoir le nez rivé dans des technologies et nous laisser guider par leur progrès. L'argent et le buzz risquent de nous mener dans des directions peu souhaitables. Notre culture ne date pas d'hier et doit prendre toute sa place dans notre image de l'homme et dans nos réflexions quant à notre avenir. Même si la robotisation est financièrement plus intéressante pour un certain nombre de grands groupes, même si elle est plus médiatique et permet de somptueuses carrières, nous ne devons pas laisser la seule parole aux Kurzweil de ce monde. Même si les états préfèrent l'homme-robot plus simple à contrôler, nous devons nous insurger pour dire que nous sommes plus que cela nous, êtres humains.

Cette bataille est perverse, car ses causes passent inaperçues, nécessitant, pour être perçues, une large compréhension de la nature des sciences. Si la source de la bataille reste nébuleuse pour la plupart d'entre nous, ses conséquences se font sentir quotidiennement comme nous l'avons observé dans la première partie.

XIV. Virtualités et société humaine

ÉCONOMIE, MORALE ET SYSTÈMES ADAPTATIFS

Les explications concernant les causes d'une crise économique sont souvent excellentes, mais après coup. Nos économistes, bien que disposant de tous les indicateurs chiffrés possibles, n'ont pas su prévoir la crise, mais savent parfaitement nous l'expliquer une fois que cette dernière s'est produite. Les chiffres étant donnés, de nombreuses interprétations sont possibles, comme pour les lois de la physique. L'économie est intrinsèque. Même si un économiste avait fait la prévision qui va se révéler exacte, sa voix se mélange à celle de centaines d'autres interprétations et a donc peu de chances de faire autorité. La mémoire des crises passées et de leurs indicateurs chiffrés n'est pas utile puisque nous avons à faire à un système adaptatif complexe. Comme l'a montré Popper, l'historicisme ne fonctionne pas. En appliquant les mêmes remèdes, le système complexe peut réagir par auto-organisation de mille manières différentes.

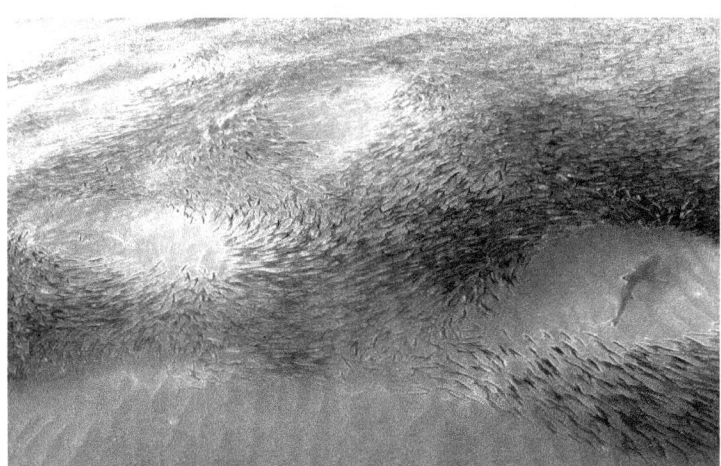

Figure 39: auto-organisation d'un système adaptatif complexe en présence de contraintes.

Nous avons déjà remarqué ce qui se passe lorsque nous appliquons des contraintes à un système adaptatif complexe. Ce dernier se réorganise immédiatement par *auto-organisation* pour contourner ces dernières et de manière à poursuivre ses activités avec le minimum de dégâts. (figure 39).

Des solutions qui consistent à imposer des *règlements et des lois* linéaires à un système adaptatif complexe vont être contournées tout en conduisant à une robotisation grandissante due aux émergences produites. Pour espérer attraper un terroriste dans les aéroports, des milliards de passagers innocents doivent être fouillés et contrôlés, créant des désagréments importants et un climat de suspicion négatif. Bien sûr les terroristes n'emprunteront pas les portiques de sécurité. Une fois le système de contrôle introduit, il devient cependant presque impensable de le supprimer, personne n'en prendrait la responsabilité. Il en va de même avec les caméras de surveillance et généralement avec tous les systèmes de prévention, ils finissent par s'autojustifier. Il est impossible de savoir ce qui se serait passé sans la prévention.

Les règlements, les contraintes et les lourdeurs administratives ne peuvent qu'aller en grandissant, c'est un système à sens unique. Les technologies ne font qu'accélérer le jeu, multipliant aussi les injustices que ces contraintes produisent. Si ces contraintes sont aisément contournables pour ceux qui en ont les moyens, elles deviennent de plus en plus pesantes pour ce qui ne les ont pas, accentuant les clivages dans la société. Nous perdrons la bataille de la robotisation si nous ne réussissons pas à sortir de cette trajectoire.

C'est la même raison qui a permis à l'économie de s'infiltrer dans tous les recoins de notre vie en l'alourdissant. La société doit contrôler et arbitrer. Elle essaye donc de s'en donner les moyens. Cela en nous distrayant de nos jeux humains, faisant de nous des comptables, mais sans améliorer vraiment la qualité de nos vies. L'espoir d'équité et de justice qui accompagne de nouvelles mesures administratives est toujours de courte durée, le système se réadaptant on n'a finalement rien résolu, l'auto-organisation remettra les choses dans leur conditions initiales. Cette situation semble tellement insurmontable que beaucoup d'entre nous ont baissé les bras. L'énergie consacrée au contrôle, à la prévention, au repérage, l'arrestation et le jugement des contrevenants, ajoutée à celle des assurances et des prélèvements d'impôts dépasse largement celle consacrée à la production elle même.

Nous avons aussi remarqué qu'un même comportement pouvait émaner de nombreuses interprétations intrinsèques différentes d'un homme à l'autre. Les raisons qui ont motivé une action identique peuvent être fort diverses suivant l'individu. L'essentiel se passe au niveau de notre réalité intrinsèque et pas au niveau de nos comportements mesurables. Ce sont nos réalités intrinsèques qu'il s'agirait d'harmoniser pour que progressivement nos comportements soient acceptables pour chacun. C'est un des buts de l'éducation et de la culture. L'infiltration envahissante de l'économie a promu des *valeurs mécaniques* telles que: compter, mesurer, classer, organiser, standardiser, minimiser, rationaliser. Leur dénominateur commun est le profit qui finit par agir comme un guide suprême, une raison d'être, même et jusqu'à dans l'éducation qui devient un outil à son service.

La croissance exponentielle des technologies a donné des outils supplémentaires et les incroyables acquisitions de ce dernier siècle ne se sont pas traduites dans une meilleure équité sociale. Si certains indicateurs semblent confirmer un progrès dans différents domaines, comme l'espérance de vie, la mortalité infantile, le travail des enfants, il est extrêmement difficile de comparer des éléments non mesurables, comme le bonheur de vivre, d'une période à l'autre. Le constat des émergences robotisantes dit précisément cela: on nous mesure et on nous évalue selon des normes, on nous oblige à s'y conformer et cela nous robotise. Nous faire subir la tyrannie des normes et des moyennes n'est plus acceptable au-delà d'un certain niveau. La stupidité d'une économie qui confie à un guide suprême unique, le soin de choisir notre destin collectif, sans tenir compte des émergences nuisibles que cela produit va finir par nous déshumaniser. Il devient de plus en plus insupportable pour certains de vivre et de contribuer à un système qui produit ces inégalités, cette misère et cette robotisation. Perdant confiance dans le système, ils ne produisent plus, ou alors se contentent du minimum pour s'en sortir. Le rêve et l'espoir s'éteignent au profit d'un comportement de simple survie. Une économie qui privilégie la stupidité, l'injustice et les beaux parleurs n'est pas ce à quoi nous voulons nécessairement contribuer. Si certains admirent la réussite économique des milliardaires, d'autres la méprisent lorsqu'ils imaginent que cette réussite à contribué à l'injustice du système.

L'économie comptable nous semble à première vue si logique et évidente que nous l'acceptons. Nous apprenons à faire taire en nous la voix qui nous dit que quelque chose est faux, que nous sommes à côté de notre vraie vie. Les discussions tournant autour de l'argent ont largement dépassé celles qui tournent autour du sport ou de la politique. Nous travaillons pour l'argent, nous faisons des affaires pour l'argent, nous comptons nos dépenses, nous prévoyons notre avenir financier. La vie tourne essentiellement autour de l'économie, l'aspect de l'aventure se perd. Nous tombons dans le piège de l'adaptation hédonique, il nous en faut plus. En voulant plus nous acceptons de comprendre moins.

La morale d'un peuple est une méthode partagée d'organisation de l'espace virtuel commun, elle n'est pas formalisée comme l'est la loi et tire son action de l'adhésion de chacun à ses préceptes, plutôt que de risques de punitions.

La morale individuelle est, elle, une organisation de l'espace virtuel intrinsèque à chaque cerveau. Une série de mythes généraux que notre réalinté utilise pour guider ses décisions.

Il n'y a pas nécessairement coïncidence entre morale collective et morale individuelle, elles appartiennent à deux réalités virtuelles différentes. L'intégration à la société dont on parle souvent est précisément l'harmonisation et la cohérence de ces deux virtualités. Une organisation de notre réalité virtuelle collective, une morale, est, en fait, rendue nécessaire par une forme d'incomplétude gödelienne. On ne peut pas légiférer sur tout. Si notre virtualité commune pouvait être cohérente et sans incomplétude, aucune morale ne serait nécessaire et un bon système législatif, un système formel, serait suffisant pour couvrir tous les cas possibles. Dans ce cas, nous vivrions dans une société totalement mécanique. C'est précisément parce que cela est impossible qu'il nous faut une méta organisation, hors du système législatif formel pour pouvoir coexister ensemble: une morale commune. L'erreur consiste à croire qu'en augmentant le nombre de règlements, nous résoudrons les problèmes. Un système formel plus vaste va produire de nouveaux indécidables. L'inflation ainsi se poursuit. Les réglementations ne remplaceront jamais la nécessité d'une morale collective. Celle-ci ne peut provenir que d'une *weltanschauung* commune et acceptée. La morale est l'émergence d'une éducation. L'enseigner sous forme de préceptes n'est pas utile, elle doit émerger en chacun. C'est donc l'ensemble des processus éducatifs qui la génère, y compris l'éducation qui est donnée par l'exemple, celle qui est donnée par les parents, les éducateurs, mais aussi les personnages publics, les héros, ce qui peut être perçu et ressenti du fonctionnement de la société. Une fois que l'exemple donné par la société commence à se dégrader, les exigences morales de chacun diminuent et ce processus a tendance à se poursuivre en se renforçant, au risque de mettre la société à risque. Si mon héros se permet ces bassesses, pourquoi en ferais-je autrement. Les règlements n'arrêteront pas le processus, bien au contraire. Au moment où j'écris ces lignes, les médias dissertent sur les mensonges du ministre français du Budget et de ses aveux. Il y a peu de temps, le champion de vélo Lance Armstrong a avoué avoir menti pendant des années, pour gagner. Ces vedettes, ces stars, ces héros qui donnent l'exemple à notre jeunesse sont des menteurs. C'est leur valeur d'exemple qui est le véritable scandale. Si ces hommes qui ont réussi au plus haut niveau sont des menteurs, nous pouvons alors tout nous permettre. C'est peut-être même le moyen de réussir. L'exemple donné va construire une partie importante de la weltanschauung des individus, ces derniers perdront confiance dans les principes moraux de la société. Des évolutions technologiques tels que les drones pilotés à distance et lâchant leurs missiles posent de nombreuses questions éthiques et morales. Les états considèrent ces technologies et leur utilisation comme secrète, mais les images des dégâts finissent par filtrer et font douter de la moralité de nos dirigeants.

Les paradigmes ambiants font partie de la réalité virtuelle commune et construisent aussi la morale. C'est certainement aussi le cas du paradigme mécaniste. Constater l'injustice régnante, la pauvreté, la célébration de la médiocrité, la mise en vedette d'incapables ou d'ignorants, n'incite évidemment pas au respect de nos confrères humains et de notre société. L'enseignement autoritatif de principes moraux ne suffit plus. Il n'y a pas de raison d'être moral, en dehors de la moralité elle-même.

TRAVAIL ET SOCIÉTÉ

Pour les Grecs anciens, la seule tâche digne du citoyen était la politique, le reste devant être abandonné aux non-citoyens, c'est-à-dire aux esclaves. Chaque famille avait ses esclaves, Xénophon[1] propose même que la cité se dote d'une population d'esclaves d'État dont la location permettrait d'assurer l'entretien de tous les citoyens. L'esclavage a été répandu dans le monde entier jusqu'au milieu du XIXe siècle. Il a progressivement été remplacé par le travail. Notre système économique et social est maintenant essentiellement basé sur l'idée de travail humain qui peut être traité comme une marchandise dans un marché ouvert. Personne ne peut acheter des biens s'il ne gagne pas d'argent. Les sociétés ne peuvent pas produire si les consommateurs n'ont pas de pouvoir d'achat. L'argent est la récompense du travail, il permet de se procurer les biens vitaux et d'assurer la production.

John Maynard Keynes dans sa *Théorie générale de l'emploi*, l'intérêt et l'argent, remarque: *nous sommes atteints d'une nouvelle maladie dont certains lecteurs n'ont peut-être même pas entendu parler, mais dont ils entendront beaucoup dans les années à venir, c'est le chômage technologique. Il s'agit du chômage dû à nos découvertes de moyens d'économiser l'usage du travail dépassant le rythme de création de nouveaux emplois pour la force de travail.*

---

[1] Philosophe et historien grec contemporain de Socrate.

Les politiciens, les syndicalistes se battent pour conserver l'emploi et accusent les délocalisations, l'immigration ou d'autres facteurs, le chômage technologique n'est que rarement mentionné. Le prix Nobel en économie de 1973 fut attribué à Wassily Leontief[2]: *Le rôle des humains en tant que facteur le plus important de production est condamné à diminuer de la même manière que le rôle des chevaux dans la production agricole a d'abord diminuée pour finir par disparaître avec l'introduction des tracteurs.* Nous dit-il.

Puisque le capitalisme s'appuie sur la logique de baisse des coûts pour augmenter le profit, la possibilité de remplacer le travail humain par des robots, dès que cela est possible, s'accentue avec les progrès de la robotique. En 1949, aux États-Unis, les machines effectuaient six pour cent du ramassage du coton, déjà, en 1972 ce chiffre atteignait cent pour cent. Une étude sur les vingt économies mondiales les plus importantes pendant la période 1995 à 2002 montrait que trente et un millions d'emplois avaient été perdus alors que la production augmentait de trente pour cent. L'augmentation de la productivité couplée à la décroissance de l'emploi est une tendance installée et qui ne va que s'accentuer. Ces cinquante dernières années, ces emplois sont allés vers le service, mais cette transition vers le tertiaire se ralentit avec l'introduction de la robotisation et de l'intelligence artificielle. On estime que d'ici la fin du siècle soixante-dix pour cent des occupations actuelles seront robotisées. De nouvelles activités auront été créées, mais de plus en plus, les robots pourront occuper ces nouveaux postes. La vague des robotisations touchera tous les emplois. Ce n'est qu'une question de temps, cinquante ans ou cinq cents ans, il faudra, un jour, remplacer le travail de l'homme en tant que sa source de revenus, par autre chose. La réflexion devrait commencer maintenant. La valeur d'un homme n'aurait jamais dû et surtout ne peut plus se mesurer par son travail. D'un côté nous voulons sauver l'emploi, d'un autre côté promouvoir la compétitivité, il est difficile de voir comment boucler la boucle sans que s'opère une baisse continue des salaires ou du pouvoir d'achat. Cette pression économique s'exerce vers le bas et entraîne une diminution de la qualité de vie pour la majorité de la population. Il n'y a aucun moyen pour que la pression sur les prix avantage la majorité, même si cette dernière paye les produits moins chers. À terme leur pouvoir d'achat diminuera et les écarts sociaux se creuseront.

L'homme doit-il être considéré comme un outil de production ou plutôt comme le bénéficiaire de cette production. Avec la robotisation l'équilibre entre ces extrêmes va devoir évoluer.

---

[2] 1905-1999 Economiste russo-américain

Imaginer la vie et les questions que pourront se poser nos enfants est un moyen de se fabriquer des mythes concernant l'avenir: nos enfants comprendront-ils pourquoi nous avons laissé se créer un écart pareil entre riches et pauvres? Pourquoi un cinquième de la population est affamé? Pourquoi avons-nous à ce point gaspillé les ressources de la planète sans prévoir de moyens de les régénérer? Pourquoi les étudiants doivent commencer par s'endetter et parfois passer leur vie entière à rembourser? Pourquoi l'individu doit subir dans sa chair les aléas d'un système économique qu'il ne contrôle pas et sur lequel, il n'a aucune influence? Pourquoi nous n'avons pas trouvé d'autres moyens que de droguer la population à consommer des produits à obsolescence programmée pour faire tourner une économie qui n'assurent pas le bien-être de chacun?

Ces questions et d'autres semblables devraient nous mettre sur la voie de la réflexion.

De nombreux mouvements attirent notre attention sur les ressources limitées de notre planète. La ressource qui nous manque cependant le plus est très certainement la connaissance et sa diffusion à chacun. Seule la connaissance nous permettra de comprendre et de découvrir des ressources nouvelles et de bien utiliser celles qui sont déjà à notre disposition.

LE BUZZ

Le buzz dont nous avons souvent parlé est un phénomène émergeant aux nombreux aspects négatifs dans une société démocratique. Allié à d'autres phénomènes émergents tels que la pression de conformité, les leaders d'opinion, la distribution de l'information, il produit une réalité méta virtuelle disproportionnée à partir d'un phénomène qui n'en est à l'origine pas un. Il devient important dans l'espace virtuel commun parce que l'on en parle, indépendamment de sa substance propre. Le fait d'en parler lui donne l'essentiel de sa substance. Repris par la presse et les réseaux d'information, il finit par contraindre le politique qui veut surfer sur la vague ou qui paraîtrait déconnecté s'il n'en parlait pas. Il incite à légiférer au plus vite pour laisser l'impression d'avoir la situation en main. Les politiciens vont utiliser le buzz pour se créer une crédibilité ou pour décrédibiliser leurs adversaires. Cela les incite à mettre en avant ce qui pourrait paraître le plus scandaleux. Les journalistes, qui veulent vendre leurs magazines, n'hésitent pas à suivre. Le buzz disions-nous à de nombreux aspects négatifs: nous naviguons de scandale en scandale, l'ambiance générale du pays est dégradée, la confiance est trahie, la sérénité de l'information et même de la justice est diminuée. Dans le domaine économique, le buzz est créateur de bulles, de prix qui explosent ou qui s'effondrent, d'achats à la mode, d'adaptation hédonique. Mais sa conséquence la plus négative me paraît être sociale: le buzz bouscule nos échelles de valeurs et nous fait perdre le sentiment de sens de la vie. Ses changements de cap et sa superficialité, le contenu creux de ce qui fait l'objet du buzz, l'admiration qu'il apporte aux stars d'un jour, finit par nous adapter à des rythmes de changement rapides et rend difficile la construction d'un sens à sa vie. Notre réalinté nous apparaît significative lorsque nous y percevons des continuités et des ordres.

La technologie a multiplié le phénomène et l'a accéléré à une vitesse incroyable, les buzz succèdent aux buzz, les super stars aux super stars, les découvertes du siècle aux découvertes du siècle, les catastrophes sans précédent aux catastrophes sans précédent. Nous devons rester informés et dans la course. Nous n'avons pratiquement plus moyen de distinguer les informations provenant du buzz de celles qui ont un fondement solide. Plus de cinquante pour cent des adolescents français déclarent vouloir être connus, mais ne disent pas pourquoi ils seront connus. Être connu devient une fin en soi. Des gens, hier inconnus, se retrouvent dans les médias à donner des opinions et des conseils pour des raisons qui n'ont rien à voir avec leurs qualités humaines ou intellectuelles: ils font la une du moment.

La recherche scientifique est, elle aussi, soumise au buzz. Le cas du neuroscientifique Moran Cerf[3] a fait la une de la presse anglo-saxonne, en 2012. Un journaliste avait imprudemment laissé entendre que Moran pouvait enregistrer les rêves. Cela a produit un tel buzz médiatique qu'il lui fût pratiquement impossible de le démentir pendant des mois. Il reçut des propositions de l'industrie (Apple entre autres) et même du cinéma[4]. La presse prétendait que Moran aurait trouvé le code pour lire dans la matière neuronale les rêves informationnels du dormeur. Le buzz disait qu'il allait commercialiser un appareil à enregistrer les rêves. Le cas de Moran est un exemple intéressant, illustrant comment de fausses idées peuvent faire la une de la presse et occuper les esprits. Il n'est malheureusement pas unique. Certains groupes de scientifiques l'utilisent à leur avantage en exagérant les conséquences de leurs résultats de manière à attirer l'attention du public ou des politiques de manière à obtenir des crédits.

Pour un scientifique dans le système, ce qui compte, ce qui va lui créer une réputation, lui assurer du travail et des crédits, c'est le nombre d'articles qu'il aura signés, le nombre de références qui seront faites à ses publications et le journal dans lequel ses articles vont paraître. Le

---

[3] Voir par exemple sur You Tube : http://www.youtube.com/watch?v=6QdD96OZFzA
[4] Christopher Nolan, le réalisateur du film *Inception* voulait que Moran Cerf lui serve de caution scientifique.

plus prestigieux est actuellement Nature suivi de Science. Les rédacteurs de ces journaux, en acceptant ou refusant un article, vont orienter les directions de recherche, mais aussi déterminer la carrière des chercheurs. Si un chercheur travaille sur un sujet qui n'est pas à la mode, il y a peu de chance qu'il soit accepté par l'une de ces revues prestigieuses. Elles ont la capacité de créer le buzz autour de n'importe quel sujet. Informé de la science par les journaux de vulgarisation et la presse, comment le public peut-il évaluer sereinement la qualité de l'information qui lui est donnée? Les dangers du nucléaire, les dangers du réchauffement climatique, les dangers des OGN, la nécessité de se faire vacciner, les dangers des téléphones portables, le manque d'eau douce, la perte de biodiversité, etc. Que savons-nous vraiment de ces choses-là? Ce sont tous des dangers, nous devons donc les éviter, mais qu'est-ce qui buzz et qu'est-ce qui est vraiment fondé? Il est extrêmement difficile de se faire une opinion. Lorsqu'une large majorité de spécialistes d'un sujet vous affirme qu'une explication est correcte, nous aurons tous tendance à les croire. Mais ces spécialistes en sont-ils vraiment? Ont-ils le recul nécessaire pour faire un jugement éclairé. Nous savons que l'on peut faire dire n'importe quoi à des chiffres bien choisis. Ont-ils subi une pression de groupe.

Carver Mead, professeur à Caltech, a donné une conférence en février 2013 affirmant que la révolution scientifique qui s'était initiée dans la première partie du XXᵉ siècle était à l'arrêt et devrait être relancée. La pensée intuitive a été enterrée sous une masse énorme d'obscures mathématiques. *Une foule de gros ego a barré la route,* nous dit Mead qui, à 78 ans, est une célébrité dans le monde des technologies. L'autoritarisme est en train de resurgir. Les honneurs, la gloire et l'argent, le buzz manipulent le jeu de la recherche. Plus un programme est cher, plus il crée de buzz et plus il est soutenu. Nous ne pouvons plus avoir confiance dans les directions prises par la recherche. Lee Smolin un physicien célèbre du Perimeter Institut à Waterloo, au Canada, dans son livre *The trouble with Physics,* critique le buzz autour de la théorie des cordes qui ne fait après vingt ans de recherches aucune prédiction falsifiable, mais qui recrute la majorité des jeunes chercheurs en physique théorique. Peter Wolt, professeur à Columbia, reprend le même thème dans son livre: *Même pas fausse.* La théorie des cordes attire, d'après lui, tous les crédits, alors qu'elle n'est qu'un mythe ou une théorie mathématique.

Au lieu de les encourager, nos institutions et nos écoles devraient lutter contre ces émergences nuisibles et chercher à remettre la pensée au centre du jeu.

CROYANCE

Le concept: *croyance* joue sur une ambiguïté; lorsque vous exposez une théorie scientifique, votre interlocuteur peut toujours la contester en affirmant qu'il s'agit de votre propre *croyance* et que lui *croit* autre chose. Votre interlocuteur considère que *croire* est un concept primitif. Il n'acceptera donc pas l'idée que l'on puisse distinguer entre mythe et théorie scientifique, il considérera que quelles que soient les confirmations expérimentales, leur interprétation est aussi mythique, il n'accepte pas l'idée qu'une explication puisse être meilleure qu'une autre. Tout dépend de la croyance. Cette attitude que j'ai pu constater parfois ne peut, par définition, pas être influencée en utilisant des arguments issus de la logique. Les croyances qui me paraissent dangereuses sont celles qui aveuglent, qui empêchent le cerveau de fonctionner et de réfléchir. Ce genre de pensée est malheureusement enseigné dans des milliers d'écoles de par le monde. Elle est en ligne directe des héritages d'Al-Ghazali et de St Augustin.

Certains prônent la tolérance à toute forme de croyance. On tolère un désagrément passager, on tolère un écart de ses enfants, un retard. On ne peut pas tolérer la croyance d'un autre sans le diminuer dans notre propre esprit. Tolérer un comportement c'est savoir qu'il est inadéquat, mais l'accepter quand même en fonction des circonstances. Il s'agirait plutôt d'accepter l'idée de la diversité des réalintés. La croyance fait partie de la réalité virtuelle de chacun, elle acquiert tout son sens dans le cadre de cette réalinté. Elle n'a pas de valeur absolue comme la pensée extrinsèque nous le dirait. Les croyances, en tant que mythes intrinsèques, ne sont pas comparables d'un peuple à l'autre; et ce n'est pas une question de tolérance, c'est simplement que ne vivant pas dans la même réalité virtuelle, je n'en comprends que les mots, comme un oiseau, de l'extérieur, je ne peux pas comprendre ce qui est vécu de l'intérieur par la grenouille.

Il est cependant important aussi d'affirmer que toutes les opinions ne se valent pas, que tout n'est pas sujet à opinions. Qu'il y a moyen d'étudier, d'expérimenter, de critiquer et de penser. Croire est un effet et pas la cause ultime. Nous croyons parce que certains mécanismes se sont mis en place. On ne peut pas voter sur la valeur de π, comme l'avait fait le parlement de l'Indiana, en 1897, en lui attribuant la valeur 3,0. L'opinion d'un homme honnête qui a passé dix ans à étudier un sujet est certainement plus fondée que celle de quelqu'un qui n'y a passé que dix minutes. Si nous n'acceptons pas cela, nous nions l'idée même d'apprentissage. Si notre interprétation de l'idée de démocratie nous impose ce type de confusion, il serait temps de changer d'interprétation.

UTOPIQUE AVENIR DE LA CONNAISSANCE

Je souhaiterais évidemment que quelques chercheurs en neurosciences cherchent à falsifier ou à confirmer le cerveau dual et à mieux en préciser le fonctionnement. Je souhaiterais que des scientifiques de toutes disciplines adoptent l'optique du cerveau intrinsèque et examinent ce que cela signifie pour leur spécialité. Je souhaiterais que des politiques, des enseignants et des religieux étudient les conséquences sur leur pensée et activité. Si le principe philosophique du cerveau intrinsèque me paraît difficile à contester, je me réjouis d'en voir les critiques. Je serais extrêmement heureux évidemment si des scientifiques l'adoptaient pour examiner les interprétations de leurs théories. Je suis certain que de nouvelles directions sont là, à notre porte. Je me réjouirais énormément si des disciplines telles que les *neurosciences des mathématiques* pouvaient voir le jour. Le cerveau capable de générer des mathématiques et des démonstrations telles que la diagonalisation de Cantor et d'autres théorèmes, trop complexe pour être abordés ici, reste un mystère. Je souhaiterais, puisque j'y suis, que la science puisse se développer librement en dehors du guide suprême qui l'oriente dans une direction unique. Parmi mes vœux se trouve aussi celui de mieux communiquer le goût de la science au public, de le faire participer à l'aventure et à ses difficultés. Arrêtons cette communication qui donne la fausse impression que nous allons de conquête en conquête, comme une armée en campagne, ce n'est pas vrai, pour la connaissance. Il faut du temps et de l'humilité, il faut apprendre à faire la différence entre un concept majeur et une technologie qui durera quelques mois. Cherchons à intéresser les jeunes par la connaissance et pas seulement par l'argent qu'ils pourront faire avec des brevets ou les start-ups. L'ambiance de conquête qui convient peut-être temporairement à l'économie n'est pas celle qui convient à la science qui demande plus d'humilité et d'intimité. Je souhaiterais que l'on trouve le moyen de calmer le jeu et de l'approfondir, la connaissance est une affaire vitale, mais à long terme. Le buzz est en train d'avaler la science, c'est l'heure maintenant d'inverser la tendance. Nous avons besoin maintenant de nouveaux Aristote, de nouveaux Leibniz et Einstein. Nous avons aussi besoin que nos scientifiques et nos ingénieurs possèdent un solide bagage humain sur lequel appuyer leur réflexion. Qu'ils n'oublient pas qu'ils travaillent pour nous, qu'ils fabriquent notre monde de demain. Nous sommes au début d'une nouvelle ère scientifique. Nous assistons à la naissance d'une science qui n'est plus limitée à quelques situations idéalisées et simplifiées. La complexité est en train de prendre toute sa place dans le paysage scientifique. Le réductionnisme commence à comprendre ses propres limites et à s'intégrer dans un cadre de compréhension plus large. La science du futur considérera l'homme et sa créativité, sa capacité à générer de la connaissance comme un processus faisant partie intégrante de l'univers au même titre que les atomes ou les étoiles.

La compréhension de la nature humaine et sa place dans le cosmos deviendra, je l'espère, un thème central de nos réflexions. Nous sortirons des certitudes mécanistes qui ne seront plus que considérées comme des rémanences anciennes de Newton pour entrer dans un paysage de pensée ou les arts ne seront plus opposés aux sciences, mais feront partie de niveaux entrelacés de la complexité. Ainsi, les montants faramineux dépensés à monter des expériences souvent inutiles seront mieux maîtrisés par l'introduction de paradigmes nouveaux. À quoi bon investir nos meilleurs cerveaux dans des entreprises qui s'avèrent être des obsessions d'un système dépassé?

Si nos lois doivent être falsifiables, il va devenir de plus en plus difficile de les falsifier. Les expériences du futur vont mettre en œuvre des énergies de plus en plus conséquentes pour obtenir des confirmations ou des falsifications. L'idée de falsification pourrait dans quelques centaines d'années devoir disparaître. Il va falloir que nous trouvions autre chose. Beaucoup d'expérimentations en particulier en biologie peuvent être remplacées par des simulations, à condition de bien comprendre ce que nous faisons.

Au fur et à mesure que nous comprendrons mieux le cerveau, les questions liées à l'observateur et aux concepts fondamentaux et primitifs s'éclairciront sous des jours nouveaux. Prenant en compte le cerveau comme l'unique producteur de la science, reléguant dans le passé l'idée que notre connaissance ne concerne que la nature là-dehors sans concerner le cerveau et sa structure, de nombreux mystères passés s'éclairciront sous un jour nouveau. En connaissant, nous construisons notre propre cerveau et décuplons ses capacités.

Il est à espérer que l'intérêt pour la science demeure intact et que l'utilitarisme qui a prévalu dès la deuxième partie du XXe siècle laissera suffisamment de place aux réflexions plus profondes et à long terme. Faute de quoi la robotisation ira croissant. Aucune science ne justifie par elle-même de son existence, nous avons besoin de métasciences qui guident nos réflexions, nous avons besoin de mythes.

La connaissance est notre seule issue de survie à long terme. Nous ne saurons pas nous protéger des aléas de la nature ni des perturbations dramatiques que nous pouvons nous-mêmes générer, sans une connaissance qui s'approfondit de jour en jour. De nouveaux problèmes se posent continûment. Nos problèmes ne sont pas les mêmes qu'il y a mille ans, ni même qu'il y a dix ans. Une croissance perpétuelle de la connaissance est indispensable. Il faut que nous maintenions un coup d'avance. Un coup de retard pourrait être fatal, comme il l'a été pour 99,99 % des espèces qui ont vécu et sont maintenant éteintes.

La constitution de larges bases de données est en train d'introduire une nouvelle forme de connaissance par l'observation de corrélations. Les corrélations remplacent les lois. La course aux bases de données comme moyen d'enrichissement est déjà bien avancée. Cette ouverture va nécessiter beaucoup de réflexion en particulier sur le plan éthique. Notre corps d'ombre va commencer à dépendre d'informations qui nous échappent complètement, vous pourriez vous retrouver sans le savoir rangé dans une catégorie donnée simplement parce que vous avez les yeux bleus et payez votre pizza avec une carte Mastercard, alors que vous payez vos livres avec une carte Visa. Ces corrélations sont statistiquement significatives, mais comment vont-elles être utilisées?

La connaissance ne peut pas exister dans quelques cerveaux seulement, il faut qu'elle soit distribuée à toute l'humanité comme un bien commun et essentiel. Une vision trop uniformisée se nourrissant d'une mythologie unique et commune met notre espèce en danger. Chacun, à sa manière, doit pouvoir participer à l'aventure. Pour cela de nouvelles structures seront nécessaires et nous avons les outils technologiques pour cela. Il nous suffit de savoir les utiliser convenablement. Tant que l'utilitarisme sera l'attitude dominante, nous n'y arriverons pas, puisque l'on ne peut pas savoir d'avance à quoi une connaissance va servir. J'insiste sur l'importance d'une vulgarisation (et je n'aime pas ce terme) large de la connaissance scientifique. Pas comme une curiosité parmi d'autres, mais comme l'effort central de l'humanité entière, une partie intégrante de la vie de chacun, une motivation de fond pour avancer, une curiosité permanente pour comprendre, critiquer, proposer. Un espoir.

De nombreuses expériences récentes montrent que, lorsque l'on soumet un problème au public, il est souvent prêt à y répondre avec beaucoup d'intelligence.

Nous ne dépasserons pas un certain niveau de connaissances sans un changement radical. La compétition, la protection de son petit jardin sont contraires à la générosité que suppose une société de la connaissance. La science n'avancera pas si l'humanité n'est pas morale. Un déséquilibre criant des conditions de vie des hommes nous fait perdre confiance dans la valeur de notre société et dans la science. Il n'est plus possible de se restreindre à une vision nationale en oubliant les souffrances d'une autre partie de la planète. Cela ne marche pas pour qui se met à penser. En pensant, il perd confiance dans les institutions qui ont créé ce déséquilibre et qui l'acceptent. Sans confiance dans l'humanité et ses institutions, il n'y aura pas d'avenir pour la science telle que nous la décrivons ici. La science deviendra alors de plus en plus un outil au service des puissants, elle sera de plus en plus orientée par l'industrie vers des applications rentables, ou par l'armée vers je ne sais quelle stupidité avenir. La science et la connaissance ne sont pas des outils pour autre chose, elles sont une finalité en soi, un jeu infini. Nous voulons connaître pour connaître et pas pour construire des armes nouvelles. Sans morale, pas de sciences.

Il faudra que nous sortions de cette ère de robotisation pour progressivement remplacer la coercition par la connaissance. Bien sûr que cela nous semble aujourd'hui utopique, mais c'est une condition nécessaire au progrès véritable et donc à notre survie.

Il nous faudra encourager la pensée, renoncer aux slogans simplistes, favoriser la curiosité, la créativité et l'espérance. La curiosité s'éteint devant la souffrance et la pauvreté. Elle s'éteint devant des enseignements autoritatifs et non explicatifs. Elle s'éteint si la valeur d'usage prime sur la compréhension. Elle s'éteint si elle doit laisser la place au timing. Elle s'éteint devant des personnages qui ont soi-disant déjà toutes les réponses, la connaissance est au sujet des questions, toutes les réponses sont provisoires. La curiosité a besoin d'interlocuteurs qui ont du temps et qui savent encore s'émerveiller. Elle a besoin de pouvoir faire des essais et donc de pouvoir faire des erreurs. La curiosité, si elle n'a pas besoin de réponses, a fortement besoin de terrains de jeu. Si nous mettions le même genre d'efforts de communication et de mises en valeur sur l'idée de connaissance que nous en mettons à la promotion d'un tube musical, qui de toute façon sera remplacé dans un an, je suis certain que nous pourrions, en quelques décennies, modifier nos attitudes et nos intérêts.

La mécanisation et la robotisation sont l'étouffoir parfait de la créativité. Les études spécialisées, sans mythologies, sans confrontations de domaines différents, assèchent. Ce qui nous interpelle ce sont les frontières du connu. Ce qui nous mobilise c'est de pouvoir les dépasser.

La créativité ne s'enseigne pas, elle se vit en observant chaque comportement des parents et des enseignants. Là encore ce ne sont pas les réponses qui importent, mais l'encouragement à apporter ses propres réponses et à les confronter.

Je vois l'enseignement des sciences non point comme une présentation des réponses obtenues à ce jour, mais comme une suite de critiques de toutes les explications possibles, un encouragement permanent à imaginer de nouvelles questions. L'histoire de la connaissance me paraît aussi très importante. Sans contexte, sans compréhension de l'effort historique de l'humanité, il est impossible de situer les perspectives.

L'idée morale d'égalité s'est étendue aux réponses et aux opinions de chacun. Toutes les opinions se valent et les réponses scientifiques sont des opinions comme les autres. Nous devons expliquer continûment ce qu'est une explication meilleure qu'une autre. L'égalitarisme est une catastrophe pour la connaissance, en fin de compte elle nous robotisera complètement. Il y a des lois bien au-dessus de la loi des hommes.

Ayant étudié les écoles que Miguel Nicolelis a créées dans des régions pauvres du Brésil, je vois un immense espoir de renouveau de l'éducation dans des régions qui n'ont pas encore été déformées par la mécanisation.

J'aimerais terminer ce paragraphe en disant que la création scientifique ne s'accommode pas du cadrage économique. Je pense que la création scientifique est une question d'amitié ou d'amour. Aucune science fondamentalement nouvelle n'a vraiment de chance d'apparaître sans l'amitié. Il faut au moins un ami véritable avec lequel l'on puisse échanger, partager sans crainte, se tromper sans risquer de dégrader son image, avec lequel on puisse faire des bêtises créatives, échanger des propos irréels et surréalistes, continuer à penser en dehors des horaires. Il faut au moins une personne qui fasse confiance au-dessus de tout et pour laquelle le résultat importe peu. Il faut une personne qui vous aime et qui croit. Je ne crois pas aux grands groupes structurés et organisés, cela convient peut-être pour des applications, mais pour la véritable création, il faut un ou des amis. En détruisant l'amitié, on détruira la créativité scientifique fondamentale. Peu de personnes font un effort suprême pour leur propre intérêt, ce type d'effort, nous les faisons pour ceux que nous aimons.

Ce qui est vrai pour la création scientifique fondamentale est aussi vrai dans bien d'autres domaines où la robotisation est une plaie destructive.

L'avenir par la connaissance, c'est l'idée que la connaissance est notre valeur ajoutée d'homme. Nous seuls pouvons la générer et elle seule permet la production de PNR. Le travail mécanique humain est progressivement remplacé par celui de machines. Le travail intellectuel, dans la mesure où il est computable, sera progressivement aussi remplacé par l'ordinateur. Ce que nous avons soutenu tout au long de ces pages est que la créativité, les sentiments, les mythes les plus profonds sont des attributs de l'homme seulement, car ils n'existent que dans les réalités virtuelles de nos cerveaux. L'époque est révolue où les dirigeants pouvaient asseoir leur pouvoir sur l'ignorance, la dissimulation et la fausse connaissance. La crainte n'est plus une méthode d'asservissement. L'essentiel de nos efforts en tant qu'humanité, doit porter sur la connaissance et sa diffusion.

THÈSE

La thèse de cet essai est celle du *cerveau intrinsèque et dual*, elle affirme que toute connaissance est modelée par la manière dont notre cerveau fonctionne. Le cerveau est le créateur des concepts engendrant la connaissance. Nous ne pouvons connaître que nos représentations. Nous vivons dans une réalité virtuelle générée par le cerveau: la réalinté. Le cerveau intrinsèque et dual génère des mythes, certains de ces mythes sont falsifiables et peuvent devenir des théories scientifiques. Les théories scientifiques sont des hypothèses en attentes d'être un jour éventuellement falsifiées, ce ne sont pas des vérités absolues. Là-dehors ne nous dévoile pas sa nature, il répond par oui ou non aux questions que nous sommes capables de poser en construisant des PNR qui encodent nos idées. La connaissance ne peut nous venir gratuitement, elle ne s'acquiert que par la confrontation à des problèmes. L'homme à cette capacité extraordinaire d'organiser des éléments de l'univers en structures telles que la nature, agissant seule, n'aurait pas générée. Il pourrait, s'il survit assez longtemps, transformer l'univers.

Le cerveau dual résout l'ancienne question de l'opposition entre dualisme cartésien et matérialisme scientifique, mais montre aussi que le cerveau n'est pas une machine de Turing et n'est donc pas simulable sur une machine de Turing. L'ordinateur ne digérera pas le cerveau.

L'application des conséquences du cerveau intrinsèque et dual aux concepts primitifs tels que l'information, le hasard ou le temps les éclaire autrement. Il pourrait éclairer autrement d'autres interprétations de nos connaissances.

En conclusion le mécanisme qui préside aux débordements constatés dans la première partie doit être combattu. Nous ne sommes pas des robots et les robots ne seront jamais humains, ils ne peuvent que nous imiter et sont fabriqués pour nous servir.

Notre thèse correspond à un profond changement de paradigme en ce qui concerne la relation de l'homme à l'univers. Au moins aussi profond que la révolution copernicienne. Si la thèse est relativement facile à accepter, il est probable que ses conséquences vont être rejetées et sous-estimées pendant bien longtemps encore.

ÉPILOGUE

Du tri des poubelles, aux courses alimentaires de la semaine et à l'ameublement de sa maison, du match de football au voyage touristique, la vie de l'homme consiste à déplacer ou à arranger de la matière. Pour arranger cette matière, il a besoin d'organiser de l'information afin de la transformer en connaissance. Le déplacement de la matière est de plus en plus confié à des machines. L'organisation de l'information ne peut pas l'être, les ordinateurs ne peuvent qu'organiser la matière qui supporte cette information, mais les choix, la création et les perspectives restent les rêves des hommes. La connaissance est intrinsèquement liée à la nature même de l'homme. Son développement modifie la manière dont nous organisons la matière, des PR aux PNR. Cette nouvelle organisation s'étend, elle a pratiquement recouvert la planète terre et, si nous ne nous détruisons pas avant, elle pourrait s'étendre à la galaxie.

L'objectivité est un concept né des Lumières. Nous avons découvert que l'objectivité n'est pas importante, simplement parce qu'elle n'est pas possible. Par contre, la quête de la connaissance est fondamentale. Nous courrons derrière quelque chose que nous savons être inatteignable. Par moment nous avons l'illusion de l'avoir provisoirement atteint. Jusqu'à la venue du prochain grand homme qui va tout remettre en cause.

Lorsque la grâce m'est donnée de pouvoir atteindre l'homme, bien trop rarement, j'aime ce que je trouve, j'adore ce que je trouve. Si je me suis toujours mieux senti dans des pays dits en voie de développement, c'est que l'homme y est plus atteignable. Nous sommes passés dans cet essai du ressenti que nous pouvons vivre quotidiennement à des réflexions scientifiques plus profondes. J'ai voulu regrouper ces aspects dans un même livre, car tout cela pour moi fait partie de la même réalité, celle que nous nous construisons et qui nous construit.

J'ai tendance à fuir les groupes, rarement les groupes font appel à ce qu'il y a de merveilleux en nous. Ils s'accommodent trop souvent de codes superficiels, ils encouragent les raccourcis et les affrontements. Je me sens plus à l'aise à discuter au coin du feu. Ou ailleurs. Je me sens mieux s'il n'y a rien à prouver à l'autre et si humblement ensemble nous pouvons être heureux d'aborder, en joignant nos esprits, un problème difficile. Comme des humains, petits nouveaux dans cet univers. Décidés à comprendre en donnant le meilleur de soi, émerveillés, éblouis, si faibles et si forts.

Je vous souhaite, chers lecteurs, cher ami, qui m'avez honoré en me lisant jusqu'au bout, de très nombreuses telles discussions. Au coin du feu. Ou ailleurs. Je sais que votre interlocuteur sera un humain.

APPENDICE I: Le miracle grec

Vous aurez sûrement compris que j'ai une grande tendresse pour la culture grecque et sa science. En voici un petit résumé.

On pourrait dire que la première période de la philosophie grecque commence 600 ans av. J.-C. dans la ville de Milet, une ancienne cité ionienne. Elle correspond à l'accession de l'ensemble des citoyens à la liberté et à l'égalité. Milet fut la ville natale de Thalès (né en — 625 et mort vers -547) personnage légendaire qui a su s'écarter de la mythologie pour favoriser une approche basée sur l'observation et la démonstration. Sa pensée était basée sur la raison, elle a vite pris racine dans une population éprise de liberté et d'égalité.

Diogène aurait écrit l'épigramme suivante à la mort de Thalès:

Tandis qu'il contemplait une lutte sportive,
Zeus Solaire, tu as, hors du stade, ravi
Thalès dont la sapience avait fait le renom.
Je te loue de l'avoir rappelé près de toi,
Car il était très vieux, et depuis cette terre
La force lui manquait pour observer les astres.

L'épisode du puits rapporté par Platon et repris plus tard par Jean de Lafontaine: «L'exemple de Thalès te le fera comprendre, Théodore. Il observait les astres et, comme il avait les yeux au ciel, il tomba dans un puits. Une servante de Thrace, fine et spirituelle, le railla, dit-on, en disant qu'il s'évertuait à savoir ce qui se passait dans le ciel, et qu'il ne prenait pas garde à ce qui était devant lui et à ses pieds».

L'homme est plus lui-même lorsqu'il garde un œil au ciel. C'est là qu'il questionne, qu'il doute, qu'il se remet à sa vraie place. C'est là aussi où il peut rêver, espérer, conquérir. S'il reste enchaîné, les yeux au sol, dans un horizon rétréci, ses qualités d'homme disparaissent, il songe au conflit, se bat pour des causes sans envergure, comptabilise et finalement se perd dans l'éphémère.

Mais si on peut organiser des Jeux olympiques pour juger de la force de chacun, comment départager les arguments des uns et des autres lors des controverses intellectuelles dont les Grecs étaient friands?

La deuxième période est celle de la domination d'Athènes. La démocratie est encore un élément central au développement des arts et des sciences. Elle favorise le débat public avec le droit de parole, elle oblige à convaincre, à structurer ses arguments et son discours.

Les sophistes s'instituent comme professionnels de la parole et développent un art de la persuasion et de la conviction. N'ayant en vue que la persuasion d'une assemblée, les sophistes développent des raisonnements dont le but est uniquement l'efficacité persuasive, et non la vérité, et qui à ce titre contiennent souvent des vices logiques, bien qu'ils paraissent à première vue cohérents. Les sophismes. Platon se dresse contre eux les accusant de ne pas s'embarrasser de questions d'éthique, de justice, ou de vérité. Un débat éminemment moderne et repris dans cet essai. Un travers ou une dérive de la démocratie.

Platon s'efforce de distinguer la philosophie du sophisme, et la science de l'opinion. Il accorde une grande importance à l'apprentissage des mathématiques pour former la raison. Nul n'entre ici s'il n'est géomètre, pouvait-on lire, dit-on, à l'entrée de l'Académie, son école.

Pour Platon la vérité existe en dehors du consensus populaire qui peut être manipulé par le sophisme. Pour la science moderne aussi sauf qu'on ne parle plus de vérité, mais d'hypothèses scientifiques (sauf pour les mathématiques).

Platon réfléchit également à la nature des objets mathématiques: pour lui ce sont des êtres abstraits et idéaux. Ainsi, une droite tracée dans le sable doit être nettement distinguée d'une droite mathématique, infinie et parfaite, qui n'existe que dans le monde des idées, dont le nôtre n'est qu'un pâle reflet. Sa philosophie encourage donc les mathématiciens sur la voie de l'abstraction pure.

Son élève, Aristote, n'a pas le même dédain pour le monde matériel : au contraire, il peut être considéré comme le fondateur des sciences physiques. Dans son œuvre immense, il définit ce que doit être une science: une suite de propositions déduites de «causes premières» par les règles de la logique. Il étudie et expose lui-même ces règles dans son traité l'Organon qui fait de lui un précurseur de la logique mathématique.

Ce contexte philosophique permet la naissance d'une science indépendante, c'est donc à cette époque qu'apparaissent des mathématiciens purs, tels qu'Eudoxe. On sait peu de choses sur eux, sinon qu'ils s'intéressent surtout à la géométrie, notamment aux constructions à la règle et au compas.

Mais un problème leur échappe: comment construire un carré d'aire égale à celle d'un disque donné? Cette question si difficile est passée dans le langage courant sous le nom de quadrature du cercle. Il faudra attendre 1882 pour que mathématicien Lindemann démontre, en utilisant des théories totalement inconnues des Grecs, que cette construction est impossible.

Un autre exemple est celui des courbes appelées coniques, étudiées par Apollonius, et qui restèrent une pure abstraction pendant près de 2000 ans avant d'être utilisées par Kepler en 1609 pour décrire les orbites des planètes autour du soleil!

Enfin, l'œuvre la plus importante de cette période est sans conteste les Éléments d'Euclide. C'est un recueil de connaissances mathématiques organisées en un tout cohérent et démontrées à partir d'un petit nombre d'axiomes, qui sont des affirmations qu'Euclide demande d'admettre sans preuve.

Pendant des siècles, les Éléments resteront un modèle de rigueur. Ce n'est qu'au XIXe siècle de notre ère que l'on donnera aux mathématiques des bases encore plus rigoureuses, et que l'on comprendra que la géométrie d'Euclide n'est qu'une des géométries possibles parmi d'autres. La philosophie était la préoccupation centrale des Grecs. Aujourd'hui, elle semble être réduite à la portion congrue.

La dernière période fait suite au règne d'Alexandre le Grand, elle est dominée par l'école d'Alexandrie et s'étend du IIIe siècle av. J.C. au IVe siècle de notre ère. Cette époque est à la fois celle d'approfondissements théoriques et d'applications spectaculaires, comme en témoignent les travaux d'Archimède, le plus génial savant de l'antiquité, ou ceux d'Ératosthène qui donne le premier une estimation de la circonférence terrestre et invente la méthode du crible pour déterminer les nombres premiers.

Après la mort de Cléopâtre en -31 vient la domination des Romains qui accordent moins de faveurs aux sciences abstraites que la dynastie des Ptolémées. L'école d'Alexandrie commence à décliner, et les mathématiciens se contentent de commenter les travaux antérieurs. La dernière représentante de cette période est aussi la première mathématicienne connue, Hypatie. Elle meurt assassinée vers l'an 415 par des chrétiens fanatiques, hostiles au savoir «païen» des Grecs.

APPENDICE 2: Constantes fondamentales

En physique, une constante fondamentale est une grandeur supposée fixe dans le temps et l'espace intervenant dans les équations de la physique et qui ne peut pas être déterminé par une théorie. Les constantes fondamentales doivent se mesurer.

La question est de savoir si nous pouvons construire une théorie, la plus générale possible, capable d'expliquer la valeur des constantes fondamentales. La valeur des constantes serait calculable dans la théorie. La question reste ouverte (2012).

De nombreuses constantes sont liées à des unités de mesure, distance, temps, température, charge… Leur valeur va donc dépendre du système d'unités choisi. En général elles rendent compatibles des concepts qui se sont développés indépendamment chez l'homme et dont plus tard on a constaté l'unité. Par exemple, la vitesse de la lumière dans le vide : c n'est qu'un moyen de convertir les unités de temps en unités d'espace. C nous dit qu'une seconde de temps équivaut à 300'000 kilomètres d'espace environ. Il s'agit donc d'un artéfact de notre système intrinsèque de compréhension du réel là-dehors.

Il en est de même pour la constante de gravitation G qui nous dit comment convertir de la masse en distance. Ainsi, la masse du soleil équivaut à environ trois kilomètres. Le rayon de Schwarzschild d'un trou noir décrit une relation entre sa masse, le rayon de l'horizon et la vitesse de la lumière. Ainsi si le soleil était compressé en trou noir son horizon serait à trois kilomètres.

D'autres constantes sont plus intrigantes. Elles sont indépendantes des unités que nous utilisons, elles sont sans dimension. Certaines sont semblables à des constantes mathématiques comme Pi et peuvent se calculer, mais d'autres ne peuvent que résulter de l'expérimentation.

L'exemple le plus connu est la «constante de structure fine». Elle s'exprime par : $e^2/\hbar c$ où $\hbar$ est la constante de Planck[1] et e la charge de l'électron. Elle n'a pas de dimension. Sa valeur mesurée est d'à peu près 1/137, 036. Personne ne sait pourquoi. Contrairement aux constantes avec dimensions, la constante de structure fine ne paraît pas être un artéfact de notre système de pensée intrinsèque.

---

[1] elle vaut 1.0546x10-27 g.cm2.sec dans le système CGS.

La constante de structure fine apparaît dans le modèle standard où elle correspond à une «constante de couplage», représentant la force d'interaction entre les électrons et les photons.

Il y a à peu près 29 de ces constantes sans dimension qui apparaissent toutes dans le modèle standard. La relativité générale et la physique quantique n'ont pas de constantes fondamentales sans dimension.

Richard Feynman qualifia la constante de structure fine du «plus grand mystère de la physique: un nombre magique qui va au-delà de la compréhension de l'homme.»[2]

La plupart des physiciens pensent que ces constantes disent quelque chose de caractéristique de notre univers. Adoptant le point de vue intrinsèque, ce type de constantes fondamentales doit dire aussi quelque chose sur le cerveau humain et sur sa relation à l'univers.

Souvenez-vous de la description de Tegmark:

La réalité physique extérieure n'est pas seulement décrite par les mathématiques, elle est mathématique. Et notre monde physique est un objet mathématique géant.

Voici ce que dit Leonard Susskind:

Ce paysage de possibilités est un espace mathématique représentant tous les environnements possibles que la théorie permet. Chaque environnement possible a ses propres lois de la physique et ses propres constantes de la nature. Certains de ces environnements sont similaires à notre coin du paysage, mais légèrement différents. Ils pourraient avoir des électrons, des quarks et toutes les particules usuelles, mais la gravitation y serait un milliard de fois plus puissante. D'autres auraient la même gravité que la nôtre, mais avec des électrons plus lourds que le noyau atomique. D'autres pourraient ressembler à notre monde, mais avec une force de répulsion (une constante cosmologique) qui déchire les atomes, les molécules et les galaxies. Même le nombre de dimensions d'espace n'est pas sacré. Certaines régions du paysage décrivent des mondes à 5,6,... 11 dimensions. La vieille question du XXe siècle, : «Que trouve-t-on dans l'univers», cède la place à «que ne trouve-t-on pas».

Nous ne sommes qu'à l'aube de notre aventure.

---

[2] Richard Feynman, QED: The Strange Theory of Light and Matter,

APPENDICE 3: Diagonalisation de Cantor

Admettons que nous ayons pu classer tous les nombres réels positifs, plus petits que un dans un ordre quelconque et faisons-en la liste en commençant par le premier. Ils ont tous, en tant que nombres réels, une infinité de décimales:

P_1: 0,134987...
P_2: 0,209753...
P_3: 0,879287...
....

Le processus de *diagonalisation*, inventé par Cantor, consiste à construire un nombre réel qui n'est pas dans la liste, alors que cette liste est censée être complète. Pour ce faire, on définit le nombre X tel que sa première décimale sera différente de la première décimale de P1, sa seconde décimale sera différente de la seconde décimale de P2 et ainsi de suite. X sera donc différent de chacun des nombres de notre liste. Notre liste ne peut donc pas être complète. C'est ainsi que Cantor montra qu'il y a strictement plus de nombres réels que de nombres entiers et qu'il y a plusieurs infinis. Ce même raisonnement a été utilisé par Gödel et Turing en particulier pour le Entscheidungsproblem.

Figures et Images

Index

Notes

[1] L'expérience de Milgram est une expérience de psychologie réalisée entre 1960 et 1963 par le psychologue américain Stanley Milgram. Cette expérience cherchait à évaluer le degré d'obéissance d'un individu devant une autorité qu'il juge légitime et à analyser le processus de soumission à l'autorité, notamment quand elle induit des actions qui posent des problèmes de conscience au sujet.

[2] La syntaxe est le respect, ou le non-respect, de la grammaire formelle d'un langage, c'est-à-dire des règles d'agencement des lettres ou symboles.

[3] Approche psychologique de la première moitié du XXe siècle, introduite par Skinner et qui se concentre sur les comportements observables des hommes et des animaux.

[4] Nous reviendrons sur une définition de la connaissance.

[5] Exprimée par Gordon Moore en 1965 dans « Electronics Magazine », Moore était ingénieur chez Fairchild Semiconductor, et devint l'un des trois fondateurs d'Intel

[6] Contax était une marque d'appareil de photo de prestige de Zeiss Ikon. Avec les Leica elle a contribué à lancer le format 24x36 dit petit format.

[7] Marvin Minsky est l'un des principaux initiateurs et chercheur en Intelligence artificielle.

[8] La méthode scientifique ne repose jamais explicitement sur l'induction : elle énonce des principes généraux puis tente de les falsifier.

[9] L'hédonisme est une doctrine grecque qui place la recherche du plaisir et l'évitement du déplaisir au centre des préoccupations humaines. Epicure en est un principal promoteur.

[10] Einstein a expliqué que ce phénomène était provoqué par l'absorption de photons, les quanta de lumière, lors de l'interaction du matériau avec la lumière.

[11] 1872-1970. Il fut l'un des mathématiciens les plus brillants de notre histoire. Russell de nationalité britannique était aussi logicien et philosophe. Il reçut, en 1950, le prix Nobel de littérature.

[12] Cette idée est toujours vivante, en fait elle est à la source de l'informatique telle que nous la connaissons. Kurt Gödel à montré en 1931 qu'elle était vouée à l'échec.

[13] Leibniz rêvait d'inventer une machine à résoudre tous les problèmes, ainsi qu'un langage universel—

[14] -460,-370 Philosophe grec. Considéré comme le père de la science moderne. Inventeur de l'atome. Suggère l'idée d'évolution ainsi que celle de mondes multiples.

[15] Elle remonte à Platon et il a fallu attendre Louis Pasteur en 1862 pour régler expérimentalement la question. Le vivant ne peut provenir que d'autres organismes vivants.

[16] 424- 348 avant JC. Mathématicien et philosophe, élève de Socrate et maître d'Aristote fût le fondateur de l'Académie. Un des hommes les plus influents de l'histoire humaine.

[17] Nous reviendrons sur l'idée de compressibilité au sens de Kolmogorov et de Chaitin pour analyser la relation entre information et hasard.

[18] Les thèses soutenues ici montreraient plutôt qu'il ne s'agit pas de notre vrai vie.

[19] Né en 1923, mathématicien et physicien a travaillé à l'institut for advanced studies à Princeton ou il a connu Gödel, Einstein,…

[20] Au chapitre 11, nous citerons Einstein qui donne sa définition de la réalité physique concernant l'expérience EPR

[21] L'exemple de la montre est dû au britannique William Paley (1743-1805) dans son livre publié en 1802. Son argument téléologique a originellement été imaginé pour prouver l'existence de Dieu. Il est, sous cette forme, à la source du créationnisme. Évidemment, nous n'utilisons pas du tout la montre dans le même sens que Paley.

[22] L'explication mécaniste ne laisse ainsi aucun mystère sur les relations cause effet : il

s'agit de chocs dont les lois sont parfaitement connues et expriment la conservation de la quantité de mouvement. Ayant suscité l'espoir de comprendre la nature de la connexion causale, il constitue un modèle indépassable d'explication scientifique satisfaisante pour l'esprit.

[23] Nous avons de bonnes raisons de penser que si nous pouvions la connaître nous trouverions son interprétation ridicule et fausse.

[24] Wikipédia : Le **rasoir d'Ockham** ou **rasoir d'Occam** est un principe de raisonnement philosophique entrant dans les concepts de rationalisme et de nominalisme. Son nom vient du philosophe franciscain Guillaume d'Occam (xive siècle), bien qu'il fût connu avant lui. On le trouve également appelé **principe de simplicité, principe d'économie** ou **principe de parcimonie** (en latin *lex parsimoniae*). Il peut se formuler comme suit : *Pluralitas non est ponenda sine necessitate*« Les multiples ne doivent pas être utilisés sans nécessité. »

[25] Entre le système de Ptolémée et l'héliocentrisme, la seule différence est une interprétation des données. Les data sont les même, mais l'interprétation change complètement notre compréhension de ceux-ci.

[26] De fait à ce moment la pensée n'est pas encore verbale. Ce n'est que plus loin dans le circuit que nous aboutissons à des pattern de haut niveau correspondant au nom bouteille.

[27] On estime à 50 le nombre de savants vivants et à une centaine le nombre de savants étudiés au cours de ce dernier siècle.

[28] Nous analyserons plus loin ce que signifie vraiment cette transmission d'informations

[29] Les potentiels d'action sont de brèves variations qui se produisent entre les parois de la membrane d'un neurone et se propage jusqu'à d'autres neurones. Nous utiliserons indifféremment spikes et potentiels d'action.

[30] Le plus grand. Voilà encore une construction de la langue qui ne s'applique pas dans ce cas mais qui conduit à un concept arc-en-ciel pour lequel il a fallu attendre Georg Cantor (1845- 1918) pour s'en rapprocher.

[31] Le réalisme scientifique d'après Wikipédia : « Le réalisme scientifique est la thèse selon laquelle une recherche scientifique validée produit des types de jugements ou de représentations qui sont d'authentiques connaissances au moins approchées de certains phénomènes, ces phénomènes subsistant comme des réalités indépendamment 1) de la théorie scientifique elle-même, 2) de l'observation ou encore 3) des procédures de construction des représentations de ces phénomènes ou des procédures de preuves des jugements portant sur ces phénomènes. » En effet, « Les nouvelles connaissances des objets d'étude ne viennent pas de l'observation, ni de l'expérience (comme cela se passe au niveau empirique), mais des jugements logiques dans le cadre d'une théorie donnée ou nouvellement développée (c'est-à-dire, des groupes particuliers de concepts et de rapports unis par des règles de la logique) »

[32] Ce problème sous une forme différente a fait l'objet d'un jeu télévisé « faisons un pari » plus connu sous le nom de son présentateur Monty Hall. Le jeu a remué les milieux académiques.

[33] Il s'agit en fait d'une application du théorème de Bayes, qui dit comment une nouvelle information modifie une probabilité précédemment attribuée.

[34] Paramètre ajouté par Einstein en février 1917 à ses équations de la relativité générale dans le but de rendre sa théorie compatible avec l'idée qu'il y avait alors un Univers statique

[35] Aristote défini l'homme dans son Organon comme le vivant qui possède la parole. Ses règles de la logique coïncident donc avec les règles de la grammaire grecque.

[36] Physicien écossais (1831-1879), créateur de la théorie classique de l'électromagnétisme. Les équations de Maxwell qu'il publia entre 1861 et 1862 montrent que l'électricité, la lumière et le magnétisme sont différentes manifestations de la même entité, le champ électromagnétique. Ces équations aux dérivées partielles sont à la base de l'électromagnétisme et de l'optique classique.

[37] Par exemple : Une société anonyme peut créer des *boucles internes* en constituant une filiale dans un paradis fiscal, filiale à qui elle vend son produit à bon marché pour diminuer son profit fiscalisé dans son pays d'origine. Muni de l'information appropriée, un dirigeant peut vendre ses actions de l'entreprise qu'il dirige pour les racheter à bas prix après l'annonce de mauvais résultats en réalisant un profit.

[38] L'ouvrage est sorti en 1910, 1912, 1913. Une seconde édition avec une révision importante est parue en 1927.

[39] 1916-2004, prix Nobel avec James Watson pour sa découverte de la double hélice de l'ADN en 1953. L'article, publié dans Nature, eu un impact énorme. Il résolvait un mystère perturbant : comment l'information pouvait-elle se transmettre de génération en génération.

[40] L'existence de champs électromagnétiques associés avec le cerveau ont étés mis en évidence vers 1875 par le physiologiste britannique Richard Canton qui fit des enregistrements à la surface de chiens et de chats.

[41] Un champ magnétique oscillant induit des champs électriques qui peuvent déclencher le potentiel d'action, alors que les patients subissant un IRM ils ne semblent subir aucune perturbation puisqu'il agit d'un champ statique.

[42] Mon ami Bob Bishop ancien patron de SGI me disait que c'était probablement une grande erreur d'avoir abandonné l'idée d'ordinateur analogique. Il semble cependant qu'une certaine activité dans ce domaine demeure.

[43] Signalons le raisonnement du philosophe écossais David Hume : Seule l'expérience donne aux humains l'autorité pour témoigner. C'est la même expérience qui nous assure des lois de la nature. Quand par conséquent ces deux expériences sont contraires, nous n'avons rien d'autre a faire qu'à soustraire l'une de l'autre, et nous faire une opinion. Ou bien d'un côté ou bien de l'autre. Mais d'après ce que j'explique ici cette soustraction en ce qui concerne toutes les religions populaires revient à une annihilation totale, et par conséquent nous pouvons établir comme une maxime qu'aucun témoignage ne peut avoir assez de force pour prouver un miracle et en faire une fondation pour aucune religion. William Paley demande dans quel cas est-ce que une révélation peut-être faite autrement que par des miracles.

[44] Les miracles sont rapportés par des observateurs qui témoignent d'un événement soit extrêmement improbable soit carrément interdit par les lois actuelles de la physique. Si ce miracle se produit dans le cadre d'un laboratoire scientifique expérimenté, il pourra éventuellement faire l'objet d'une publication dans une revue scientifique et son nom se transformera en découverte de la science.

[45] Non résoluble en un temps « raisonnable » sur un ordinateur de Turing Von Neumann. Par raisonnable on entend généralement que le temps de calcul augmente de manière polynomiale avec le nombre de décimales. Les problèmes tractables en ce sens sous désignés comme problèmes de la classe de complexité P. Les problèmes de la classe de complexité NP sont ceux pour lesquels ont peut vérifier qu'une solution est correcte en un temps polynomial. La question de savoir si P=NP est non résolue et considérée comme un problème mathématique difficile. Sa solution fait l'objet d'un prix d'un million de dollars par la fondation Clay.

[46] L'instrumentalisme est la position qui considère que les théories scientifiques ne sont que des instruments nous permettant de concevoir les phénomènes et de les devancer par des prédictions.

[47] Comme, lorsque vous enregistrez sur un CD l'information contenue sur un ancien disque en vinyle.

[48] Pour le raisonnement complet de Chaitin et une ouverture sur sa merveilleuse théorie de la complexité algorithmique, vous pouvez lire par exemple « Meta Math ! The quest for Omega, » publié en 2005. De nombreuses conférences de Chaitin se trouvent aussi sur Internet. Chaitin est considéré comme un successeur de Gödel, ayant mis à jour de nombreuses formes différentes d'incomplétude.

[49] Chaitin montre que la longueur d'un programme élégant ne dépend pas du langage informatique utilisé à un facteur additif près, ce qui donne sens à la théorie.

[50] Zone sphérique qui délimite la région d'où lumière et matière ne peuvent s'échapper. La vitesse de libération est supérieure à la vitesse de la lumière.

[51] Un observateur fondamental possède toujours les mêmes coordonnées dans la métrique dite FLRW qui permet la description de l'évolution de l'univers aux grandes échelles.

[52] En relativité générale, il faut se donner à priori un modèle d'univers. Si l'on veut étudier le champ créé par une répartition de masses, il faut préciser le modèle d'univers dans lequel se situe ce système de masses.

[53] Il s'agit de photographies du rayonnement électromagnétique fossile de l'époque où l'univers n'avait que quelques centaines de milliers d'années. Découvert en 1964 par Allan Penzias et Robert Wilson qui ont obtenus le prix Nobel en 1978 pour leur découverte. Le rayonnement de fonds de ciel est aussi appelé rayonnement fossile. Sa température est maintenant d'environ 2,73 K, ayant été refroidi par l'expansion de l'Univers. Il avait été prédit dès les années 1940, en particulier par le célèbre physicien George Gamow. Il représente l'Univers tel qu'il était environ 380'000 ans après le Big Bang.

[54] la fonction d'onde permet de calculer la densité de probabilité de présence d'une particule en certains points

[55] Nous verrons ci-dessous la conclusion de Tegmark en ce qui concerne les simulations mathématiques qui contiennent des observateurs.

[56] Vous voyager dans le passé et vous tuez votre grand-père avant qu'il n'ait conçu votre père. Vous ne pouvez donc pas exister ! Le paradoxe du grand-père a de très nombreuses variantes largement exploitées par les auteurs de science-fiction.

[57] En fait David Deutsch dans son article de 1991 montre que les inconsistances, telles le paradoxe du grand-père, disparaissent si l'on considère que la physique des courbes de type temps fermé est quantique.

[58] Principe fondateur de la physique quantique affirmant qu'on ne peut connaître simultanément sa position et sa vitesse. Plus précisément l'incertitude sur la position multipliée par l'incertitude sur le moment est supérieure à la moitié de la constante de Planck.

[59] Signalons l'œuvre gigantesque de Stephan Wolfram et son livre *A new kind of science*. Un simulateur d'évolution d'automates cellulaire peut se trouver http://www.mirekw.com/ca/index.html

www.ingramcontent.com/pod-product-compliance
Lightning Source LLC
Chambersburg PA
CBHW071354170526
45165CB00001B/45